人民交通出版社“十二五”
高职高专土建类专业规划教材

工程测量

主　编　王晓平
主　审　王光遐　潘朝晖

人民交通出版社
China Communications Press

内 容 提 要

本书为浙江省高校重点建设教材，共分为10章，其主要内容包括：测量基础知识，水准测量，角度测量，距离测量与直线定向，全站仪和GPS测量技术，地形图测绘和应用，工业与民用建筑施工测量，道路工程测量，桥梁工程测量以及管道工程测量等。

本书主要作为高等职业院校建筑工程相关专业、市政工程、道桥工程等专业教材，也可供相关行业的工程技术人员参考使用。

图书在版编目(CIP)数据

工程测量/王晓平主编. —北京 ：人民交通出版社，2013.8

ISBN 978-7-114-10863-1

Ⅰ.①工… Ⅱ.①王… Ⅲ.①工程测量—高等学校—教材 Ⅳ.①TB22

中国版本图书馆CIP数据核字(2013)第203750号

书　　名：工程测量
著 作 者：王晓平
责任编辑：邵　江　温鹏飞
出版发行：人民交通出版社股份有限公司
地　　址：(100011)北京市朝阳区安定门外外馆斜街3号
网　　址：http://www.ccpress.com.cn
销售电话：(010)59757973
总 经 销：人民交通出版社股份有限公司发行部
经　　销：各地新华书店
印　　刷：北京虎彩文化传播有限公司
开　　本：782×1092　1/16
印　　张：15.75
字　　数：366千
版　　次：2013年8月　第1版
印　　次：2020年9月　第6次印刷
书　　号：ISBN 978-7-114-10863-1
定　　价：39.00元
(有印刷、装订质量问题的图书由本公司负责调换)

高职高专土建类专业规划教材编审委员会

主任委员

吴　泽（四川建筑职业技术学院）

副主任委员

赵　研（黑龙江建筑职业技术学院）　危道军（湖北城市建设职业技术学院）　袁建新（四川建筑职业技术学院）
李　峰（山西建筑职业技术学院）　申培轩（济南工程职业技术学院）　王　强（北京工业职业技术学院）
许　元（浙江广厦建设职业技术学院）　韩　敏（人民交通出版社）

土建施工类分专业委员会主任委员

赵　研（黑龙江建筑职业技术学院）

工程管理类分专业委员会主任委员

袁建新（四川建筑职业技术学院）

委员（以姓氏笔画为序）

丁春静（辽宁建筑职业学院）　马守才（兰州工业学院）　毛燕红（九州职业技术学院）
王　安（山东水利职业学院）　王延该（湖北城市建设职业技术学院）　王社欣（江西工业工程职业技术学院）
邓宗国（湖南城建职业技术学院）　田恒久（山西建筑职业技术学院）　边亚东（中原工学院）
刘志宏（江西城市学院）　刘良军（石家庄铁道职业技术学院）　刘晓敏（黄冈职业技术学院）
吕宏德（广州城市职业学院）　朱玉春（河北建材职业技术学院）　张学钢（陕西铁路工程职业技术学院）
李中秋（河北交通职业技术学院）　李春亭（北京农业职业学院）　宋岩丽（山西建筑职业技术学院）
肖伦斌（绵阳职业技术学院）　陈年和（江苏建筑职业技术学院）　侯洪涛（济南工程职业技术学院）
钟汉华（湖北水利水电职业技术学院）　涂群岚（江西建设职业技术学院）　郭起剑（江苏建筑职业技术学院）
郭朝英（甘肃工业职业技术学院）　肖明和（济南工程职业技术学院）　蒋晓燕（浙江广厦建设职业技术学院）
韩家宝（哈尔滨职业技术学院）　蔡　东（广东建设职业技术学院）　谭　平（北京京北职业技术学院）

顾问

杨嗣信（北京双圆工程咨询监理有限公司）　尹敏达（中国建筑金属结构协会）
杨军霞（北京城建集团）　李永涛（北京广联达软件股份有限公司）

秘书处

邵　江（人民交通出版社）　温鹏飞（人民交通出版社）

高职高专土建类专业规划教材出版说明

近年来我国职业教育蓬勃发展，教育教学改革不断深化，国家对职业教育的重视达到前所未有的高度。为了贯彻落实《国务院关于大力发展职业教育的决定》的精神，提高我国土建领域的职业教育水平，培养出适应新时期职业要求的高素质人才，人民交通出版社深入调研，周密组织，在全国高职高专教育土建类专业教学指导委员会的热情鼓励和悉心指导下，发起并组织了全国四十余所院校一大批骨干教师，编写出版本系列教材。

本套教材以《高等职业教育土建类专业教育标准和培养方案》为纲，结合专业建设、课程建设和教育教学改革成果，在广泛调查和研讨的基础上进行规划和展开编写工作，重点突出企业参与和实践能力、职业技能的培养，推进教材立体化开发，鼓励教材创新，教材组委会、编审委员会、编写与审稿人员全力以赴，为打造特色鲜明的优质教材做出了不懈努力，希望以此能够推动高职土建类专业的教材建设。

本系列教材先期推出建筑工程技术、工程监理和工程造价三个土建类专业共计四十余种主辅教材，随后在2～3年内全面推出土建大类中7类方向的全部专业教材，最终出版一套体系完整、特色鲜明的优秀高职高专土建类专业教材。

本系列教材适用于高职高专院校、成人高校及二级职业技术学院、继续教育学院和民办高校的土建类各专业使用，也可作为相关从业人员的培训教材。

人民交通出版社

2011年7月

前言

又经过两年的教学实践，进一步深入工程施工现场调研，与现场施工技术人员探讨，并结合近年来测绘新技术、新方法和新设备的发展，突出高端技能型人才培养的特点，以岗位职业能力培养为基础构建课程教学体系。本教材在保持原基本体系的基础上，根据技能训练从简单到复杂、从单项到综合的递进过程，对教学内容和技能训练项目进行了较大幅度的调整，使之更适合测量技能的培养。为了使本教材能适用于道桥、市政专业测量课程教学，特对相关内容进行了调整增删，并将书名调整为《工程测量》。

本教材共分十章，参加本教材编写的人员有：浙江广厦建设职业技术学院王晓平（第4章、第5章、技能训练）、山西建筑职业技术学院赵雪云（第3章）、河北交通职业技术学院吴聚巧（第6章）、浙江广厦建设职业技术学院许尧芳（第7章）、山西建筑职业技术学院李永琴（第8章、第10章）、浙江广厦建设职业技术学院宁先平（第1章、第2章）、浙江广厦建设职业技术学院龙照华（第9章、实训、试题库）。最后由王晓平对全书进行了统稿。

本书承蒙北京测量学会王光遐和天津市建筑工程职工大学潘朝辉审阅，在逐字逐句地审阅过程中，提出了不少意见和改进建议，特此致谢！

由于编者水平有限，加之时间仓促，书中难免存在不妥之处，恳请读者批评指正。我们的电子信箱为：dywxp@tom.com。

编者

2012年9月

目录

MULU

第一章 测量基础知识

第一节 建筑工程测量的任务

一 测量学的概念

测量学是研究三维空间中各种物体的形状、大小、位置、方向和其分布的学科。它的内容包括测定和测设两部分。

(1)测定是指使用测量仪器和工具,通过测量和计算,得到一系列特征点的测量数据,或将地球表面的地物和地貌缩绘成地形图。测定也称测绘或测图。

(2)测设是指用一定的测量方法将设计图纸上规划设计好的建筑物位置,在实地标定出来,作为施工的依据。测设也称放样或放线。

测定和测设的工作程序和内容相反。前者把地上实物测到图纸上,后者将设计蓝图测到实地上,它们彼此是逆过程。

测量学按照研究对象及采用的技术不同,可分为以下几个分支学科:大地测量学、摄影测量与遥感学、地图制图学、海洋测绘学、普通测量学、工程测量学。工程测量学的内容很广泛,如建筑工程测量、公路测量、铁路测量、矿山测量、水利工程测量等。

二 建筑工程测量的任务

建筑工程测量是测量学的一个重要组成部分。它是研究建筑工程在勘测设计、施工和运营管理阶段所进行的各种测量工作的理论、技术和方法的学科。它的主要任务是:

(1)测绘大比例尺地形图

把工程建设区域内的各种地面物体的位置和形状,以及地面的起伏状态,依照规定的符号和比例尺绘成地形图,为工程建设的规划设计提供必要的图纸和资料。

(2)建筑物的施工测量

把图纸上已设计好的建(构)筑物,按设计要求在现场标定出来,作为施工的依据;配合建筑施工,进行各种测量工作,以保证施工质量;开展竣工测量,为工程验收、日后扩建和维修管理提供资料。具体包括建立施工场地的施工控制网、建筑场地的平整测量、建(构)筑物的定

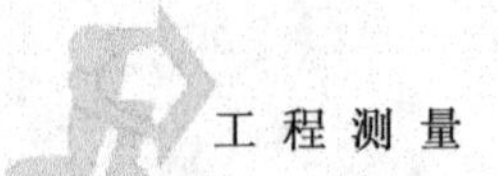

位、放线测量、基础工程的施工测量、主体工程的施工测量、构件安装时的定位测量和高程测量、施工质量的检验测量、竣工图测量。

(3)建筑物的变形观测

对于一些重要的建(构)筑物,在施工和运营期间,为了确保安全,应定期对建(构)筑物进行变形观测。

测量工作贯穿于工程建设的整个过程,是一项先导性的工作。测量工作的质量直接关系到工程建设的速度和质量。

第二节　地面点位的确定

一　地球的形状和大小

地球是自然球体,其表面是不平坦和不规则的,有高达 8 844.43m 的珠穆朗玛峰,也有深至 11 022m 的玛利亚那海沟,虽然它们高低起伏悬殊,但与半径为 6 371km 的地球比较,相对起伏还是很小的。另外,地球表面海洋面积约占 71%,陆地面积仅占 29%。因此,地球表面的大部分被水所包围。

1. 水准面和水平面

水准面:处处与重力方向线垂直的连续曲面,如静止时的广阔水面(海洋或湖泊等)。高低不同的水准面有无数个,水准面是曲面,而不是平面。与水准面相切的平面,称为水平面。

2. 大地水准面

人们设想以一个静止不动的海水面延伸穿越陆地,形成一个闭合的曲面包围了整个地球称为大地水准面,即与平均海水面相吻合的水准面,它具有唯一性。它是测量工作的基准面,是绝对高程的起算面,大地水准面上的绝对高程均为零。由大地水准面所包围的形体,称为大地体。

3. 铅垂线

重力的方向线称为铅垂线,它是测量工作的基准线,高程的大小必须沿铅垂线方向来衡量,高斯平面坐标的投影方向也必须是铅垂线方向。在测量工作中,取得铅垂线的方法如图 1-1所示。

4. 地球椭球体

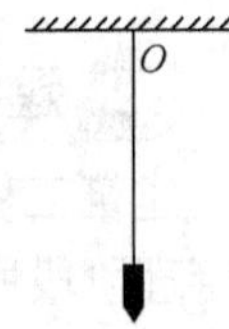

图 1-1　铅垂线

由于地球内部质量分布不均匀,致使大地水准面成为一个有微小起伏的复杂曲面,如图 1-2a)所示。参考椭球面:接近大地水准面,可用数学式表示的椭球面来作为测量计算工作基准面。选用参考椭球面来代替地球总的形状。参考椭球面是由椭圆 NWSE 绕其短轴 NS 旋转而成的,又称旋转椭球体,如图 1-2b)所示。

决定地球椭球体形状和大小的参数:椭圆的长半径 a,短半径 b 和扁率 α。其关系式为:

$$\alpha = (a-b)/a \tag{1-1}$$

我国目前采用的地球椭球体的参数值为:a=6 378 140m,b=6 356 755m,α=1∶298.257。

由于地球椭球体的扁率 α 很小,当测量的区域不大时,可将地球看作半径为 $R=(2a+b)/3=6371$km 的圆球。

由于地球半径较大，在小范围内（以 10km 为半径区域内）进行平面位置测量工作时，可以用水平面代替大地水准面。

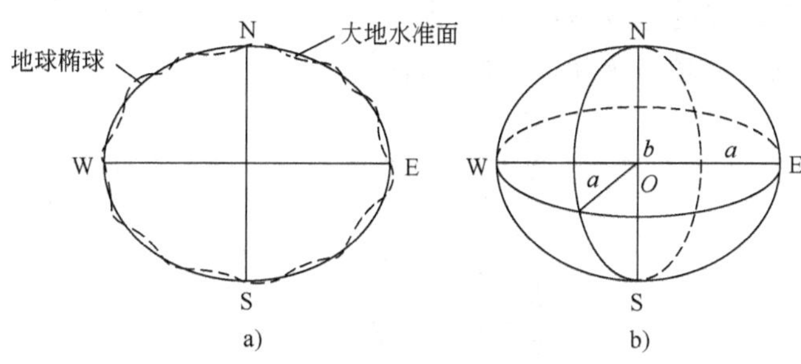

图 1-2　大地水准面与地球椭球体

a）大地水准面；b）参考椭球面

综上所述，人们对地球的认识过程为：自然球体→大地体→地球椭球体→球体→局部平面。

二　确定地面点位的方法

测量工作的实质是确定地面点的位置，而地面点的空间位置须由三个参数来确定，即该点在大地水准面上的投影位置（两个参数：λ、φ 或 x、y）和该点的高程 H（一个参数）。

1. 地面点在大地水准面上的投影位置

地面点在大地水准面上的投影位置，可用地理坐标、高斯平面直角坐标和独立平面直角坐标表示。

（1）地理坐标　地理坐标是用经度 λ 和纬度 φ 表示地面点在大地水准面上的投影位置，由于地理坐标是球面坐标，不便于直接进行各种计算。

（2）高斯平面直角坐标　利用高斯投影法建立的平面直角坐标系，称为高斯平面直角坐标系。在广大区域内确定点的平面位置，一般采用高斯平面直角坐标。1980 年以前，我国的国家坐标系统称为“1954 年北京坐标系”；1980 年以后，我国的国家坐标系统称为“1980 年国家大地坐标系”，以陕西省泾阳县永乐镇某点为坐标原点进行大地定位。

高斯投影法是将地球划分成若干带，然后将每带投影到平面上。

如图 1-3 所示，投影带是从首子午线（通过英国格林威治天文台的子午线）起，每隔经度 6°划分一带，称为 6°带，将整个地球划分成 60 个带。带号从首子午线起自西向东编，0°～6°为第 1 号带，6°～12°为第 2 号带……位于各带中央的子午线，称为中央子午线，第 1 号带中央子午线的经度为 3°，任意号带中央子午线的经度 λ_0，可按式（1-2）计算，如图 1-6 所示。

$$\lambda_0 = 6°N - 3° \tag{1-2}$$

式中：N——6°带的带号。

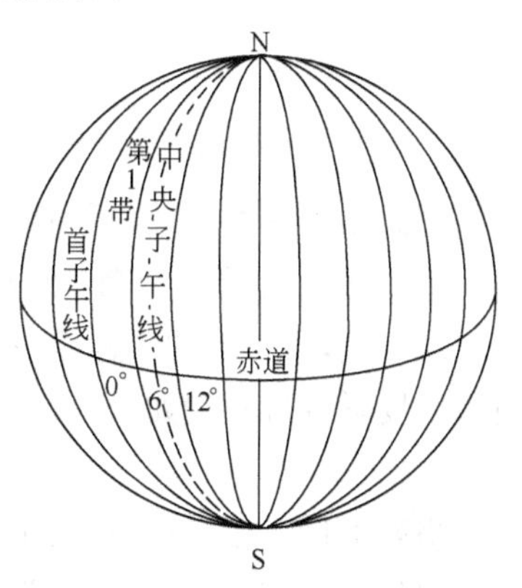

图 1-3　高斯平面直角坐标的分带

把地球看作圆球，并设想把投影面卷成圆柱面套在地球上，如图1-4所示，使圆柱的轴心通过圆球的中心，并与某6°带的中央子午线相切。将该6°带上的图形投影到圆柱面上。然后，将圆柱面沿过南、北极的母线KK'、LL'剪开，并展开成平面，这个平面称为高斯投影平面。中央子午线和赤道的投影是两条互相垂直的直线。

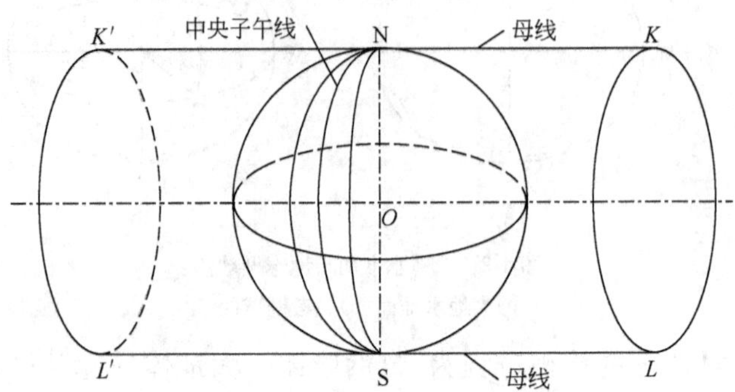

图1-4　高斯平面直角坐标的投影

规定：中央子午线的投影为高斯平面直角坐标系的纵轴x，向北为正；赤道的投影为高斯平面直角坐标系的横轴y，向东为正；两坐标轴的交点为坐标原点O。由此建立了高斯平面直角坐标系，如图1-5所示。

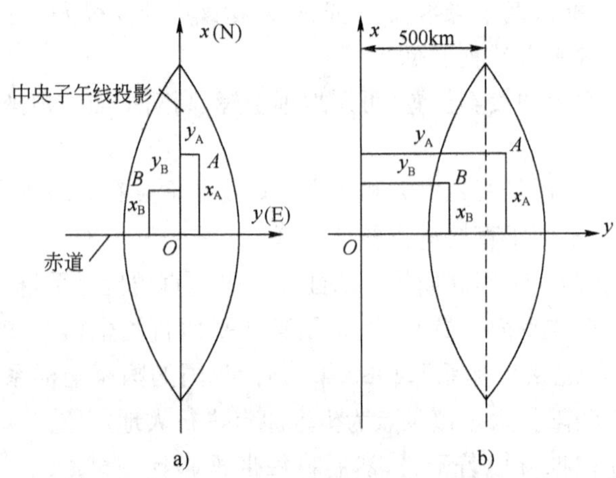

图1-5　高斯平面直角坐标

a)坐标原点西移前的高斯平面直角坐标；b)坐标原点西移后的高斯平面直角坐标

地面点的平面位置，可用高斯平面直角坐标x、y来表示。由于我国位于北半球，x坐标均为正值，y坐标则有正有负，如图1-5a)所示，$y_A=+136\ 780\text{m}$，$y_B=-272\ 440\text{m}$，为了避免y坐标出现负值，将每带的坐标原点向西移500km，如图1-5b)所示，纵轴西移后，规定在横坐标值前冠以投影带带号。如A、B两点均位于第20号带，则：

$$y_A = 20\ 636\ 780\text{m}, y_B = 20\ 227\ 560\text{m}$$

当要求投影变形更小时，可采用3°带投影。如图1-6所示，3°带是从东经1°30′开始，每隔经度3°划分一带，将整个地球划分成120个带。每一带按前面所叙方法，建立各自的高斯平面直角坐标系。各带中央子午线的经度λ'_0，可按式(1-3)计算。

$$\lambda'_0 = 3°n \quad (1\text{-}3)$$

式中：n——3°带的带号。

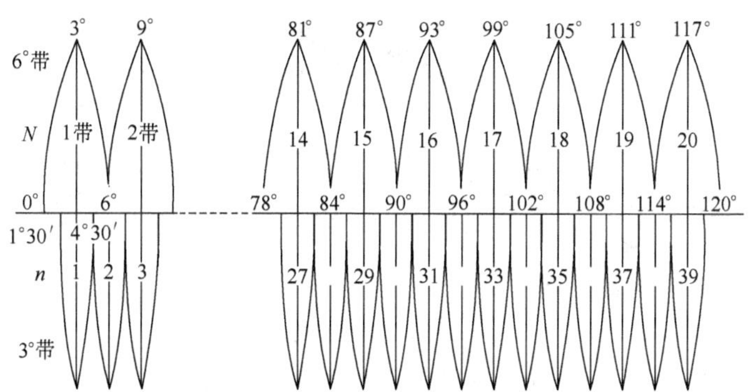

图 1-6　高斯平面直角坐标系 6°带投影与 3°带投影的关系

（3）独立平面直角坐标　在局部区域内确定点的平面位置，可以采用独立平面直角坐标。当测区范围较小时，可以用测区中心点 a 的水平面来代替大地水准面，如图 1-7 所示。在这个平面上建立的测区平面直角坐标系，称为独立平面直角坐标系。

如图 1-7 所示，在独立平面直角坐标系中，规定南北方向为纵坐标轴，记作 x 轴，x 轴向北为正，向南为负；以东西方向为横坐标轴，记作 y 轴，y 轴向东为正，向西为负；坐标原点 O 一般选在测区的西南角，使测区内各点的 x、y 坐标均为正值；坐标象限按顺时针方向编号，如图1-8 所示，其目的是便于将数学中的公式直接应用到测量计算中，而不需作任何变更。

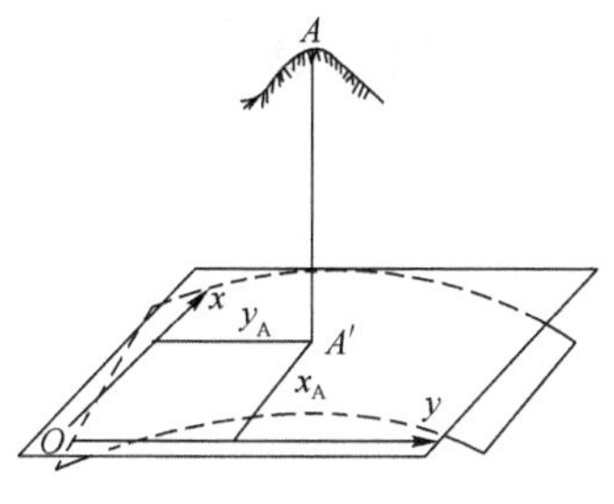

图 1-7　独立平面直角坐标系

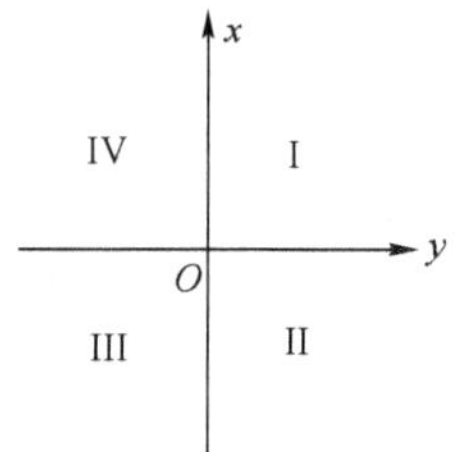

图 1-8　坐标象限

2. 地面点的高程

（1）绝对高程　地面点到大地水准面的铅垂距离，称为该点的绝对高程，简称高程，用 H 表示。如图 1-9 所示，地面点 A、B 的高程分别为 H_A、H_B。

目前，我国采用的是“1985 年国家高程基准”，在青岛建立了国家水准原点，其高程为 72.260m（1985 前我国采用的是“1956 年黄海高程系”，测得水准原点高程为 72.289m）。

（2）相对高程　地面点到假定水准面的铅垂距离，称为该点的相对高程或假定高程。如图 1-9 中，A、B 两点的相对高程为 H_A'、H_B'。在建筑施工测量中，常选用底层室内地坪面为该工程任何点相对高程起算的基准面，记为±0。建筑物某部位的高程，系指某部位的相对高程，即某部位距室内地坪的铅垂距离。

（3）高差　地面两点间的高程之差，称为高差，用 h 表示。在图 1-9 中，A、B 两点的高差也可理解为过 A、B 两点各作同心圆后，其半径之差。高差有方向和正负。

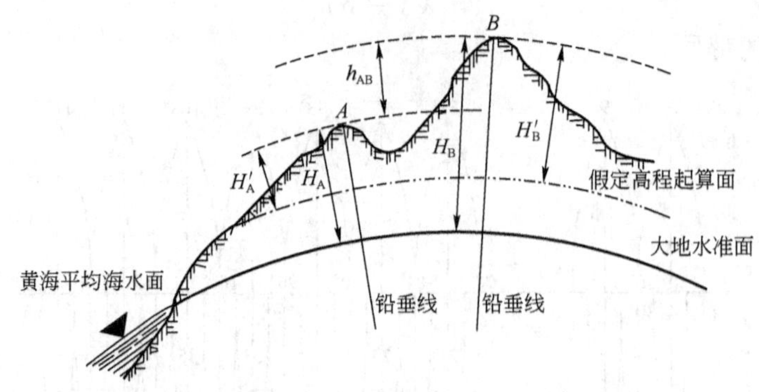

图 1-9 高程和高差

A、B 两点的高差为： $h_{AB}=H_B-H_A=H_B{}'-H_A{}'$ (1-4)

当 h_{AB} 为正时，B 点高于 A 点；当 h_{AB} 为负时，B 点低于 A 点，当 h_{AB} 为零时，B 点和 A 点一样高。由公式(1-4)看出高差的大小与高程起算面无关。

B、A 两点的高差为： $h_{BA}=H_A-H_B=H_A{}'-H_B{}'$ (1-5)

A、B 两点的高差与 B、A 两点的高差，绝对值相等，符号相反，即：

$$h_{AB}=-h_{BA} \tag{1-6}$$

根据地面点的三个参数 x、y、H，地面点的空间位置就可以确定了。

第三节　用水平面代替水准面的限度

当测区范围较小时，可以把水准面看作水平面。探讨用水平面代替水准面对距离、高差的影响，以便给出限制水平面代替水准面的限度。

一 对距离的影响

如图 1-10 所示，地面上 A、B 两点在大地水准面上的投影点是 a、b，用过 a 点的水平面代替大地水准面，则 B 点在水平面上的投影为 b'。则由公式(1-7)、(1-8)得表 1-1。

水平面代替水准面的距离误差和相对误差　　表 1-1

距离 D(km)	距离误差 ΔD(mm)	相对误差 $\Delta D/D$
10	8	1∶1 220 000
20	128	1∶200 000
50	1 026	1∶49 000
100	8 212	1∶12 000

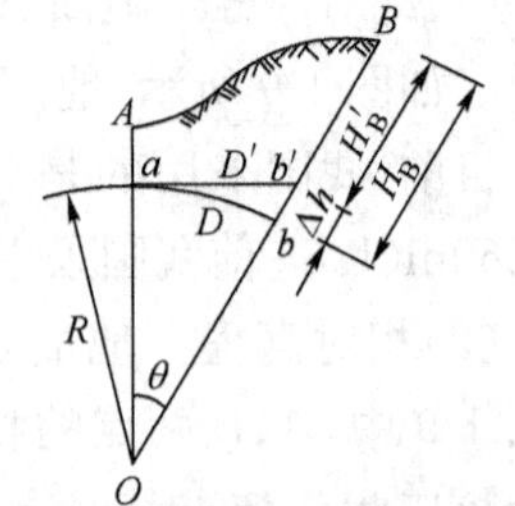

图 1-10 水平面代替水准面对距离和高程的影响

$$\Delta D=D^3/3R^2 \tag{1-7}$$

$$\Delta D/D = D^2/3R^2 \tag{1-8}$$

结论:在半径为 10km 的范围内,进行距离测量时,可以用水平面代替水准面,而不必考虑地球曲率对距离的影响。

二 对高程的影响

如图 1-10 所示,地面点 B 的绝对高程为 H_B,用水平面代替水准面后,B 点的高程为 H_B',H_B 与 H_B'的差值,即为水平面代替水准面产生的高程误差,用 Δh 表示。则由公式(1-9)得表 1-2。

$$\Delta h = D^2/2R^2 \tag{1-9}$$

水平面代替水准面的高程误差　　表 1-2

距离 D(km)	0.1	0.2	0.3	0.4	0.5	1	2	5	10
Δh(mm)	0.8	3	7	13	20	78	314	1 962	7 848

结论:用水平面代替水准面,对高程的影响是很大的,因此,在进行高程测量时,即使距离很短,也应顾及地球曲率对高程的影响。

第四节　测量工作概述

测量的基本工作

1. 平面直角坐标的测定

如图 1-11 所示,设 A、B 为已知坐标点,P 为待定点。首先测出了水平角 β 和水平距离 D_{AP},再根据 A、B 的坐标,即可推算出 P 点的坐标。

因此,测定地面点平面直角坐标的主要测量工作是测量水平角和水平距离。

2. 高程的测定

如图 1-12 所示,设 A 为已知高程点,P 为待定点。根据式(1-4)得:

$$H_P = H_A + h_{AP} \tag{1-10}$$

只要测出 A、P 之间的高差 h_{AP},利用式(1-10),即可算出 P 点的高程。

因此,测定地面点高程的主要测量工作是测量高差。

综上所述,测量的基本工作是:高差测量、水平角测量、水平距离测量。

二 测量工作的基本原则

地表形态和建筑物形状是由许多特征点决定的,在进行建筑工程测量时,就需要测定(或测设)许多特征点(也称碎部点)的平面位置和高程。如果从一个特征点开始逐点进行施测,虽可得到欲测各点的位置,但由于测量工作中存在不可避免的误差,会导致前一点的量度误差传递到下一点,这样累积起来,最后可能使点位误差达到不可容许的程度。因此,测量工作必须按照一定的原则进行。

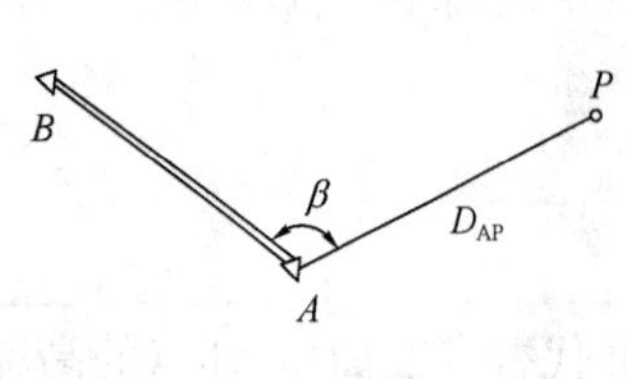

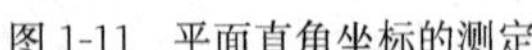
图 1-11 平面直角坐标的测定

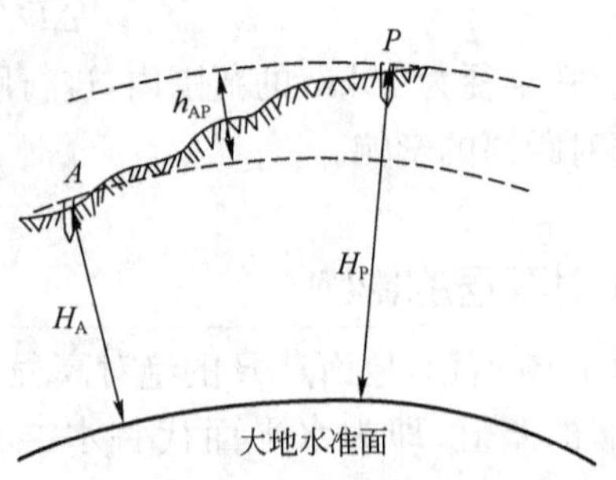

图 1-12 高程的测定

在实际测量工作中，应遵守的原则之一是“从整体到局部、先控制后碎部”。也就是在测区内选择一些有控制意义的点（称为控制点），把它们的平面位置和高程精准地测定出来，然后再根据控制点测定出附近碎部点位置。这种测量方法可以减少误差积累，而且可在几个控制点上进行测量，加快工作进度。此外，测量工作必须重视检核，防止发生错误，避免错误的结果对后续测量工作的影响。因此，“边工作边检查，前一步工作未作检核不进行下一步工作”，这是测量工作应遵守的又一个原则。

三 测量工作的基本要求

1. 严肃认真的工作态度

测量工作是一项严谨细致的工作，可谓“失之毫厘，差之千里”，施工测量的精度会影响到施工质量；施工测量的错误，将会直接给施工带来不可弥补的损失，甚至导致重大质量事故。因此，测量人员必须在测量工作中严肃认真、小心谨慎，坚持“步步检核”的原则。

2. 保持测量成果的真实、客观和原始性

测量工作的科学性，要求在测量工作中必须实事求是，尊重客观事实，严格遵守测量规则和规范，不得似是而非、随心所欲，更要杜绝弄虚作假、伪造成果。同时，为了随时检查和使用测量成果，应长期保存测量原始记录和成果。

3. 爱护测量仪器和工具

测量仪器精密贵重，是测量人员的必备武器，任何仪器的损坏或丢失，不仅造成较大的经济损失，而且会直接影响工程建设的质量和进度，因此，爱护测量仪器和工具是每个测量人员应有的品德。要求对测量仪器和工具要轻拿轻放、规范操作、妥善保管；操作仪器要心细手轻，各制动螺旋不可拧得太紧；仪器一经架设，不得离人等。

4. 培养团队合作精神

测量工作是一项实践性很强的集体性工作，任何个人很难单独完成，因此，在测量工作中必须发扬团队合作精神，各成员之间互学互助，默契配合。

5. 测量记录的基本要求

测量记录时要回读复核，记录手簿不允许使用橡皮，改正数据时将原数据用删除线标记，将改正后数据记录在原数据上方，以便将来检查复核，并做必要的备注说明；观测成果不能连环涂改；记录数据（包括计算数据）要注意有效数字取位适当，必须满足精度要求。

第五节　测量误差基本知识

一　测量误差及其分类

测量工作中，尽管测量仪器很精密，观测者也按规定操作要求认真进行观测，但在同一量的各观测值之间，各观测值与其理论值之间仍存在差异。例如，所测闭合水准路线的高差闭合差不等于零；又如对某一三角形的三个内角进行观测，其和不等于180°等，这说明观测值中不可避免地存在着测量误差。

误差就是某未知量的观测值与其真值(理论值)之差。研究测量误差的目的是分析测量误差产生的原因和性质；掌握误差产生的规律，采取各种措施消除或减小其误差影响，合理地处理含有误差的测量结果，求出未知量的最可靠值；正确地评定观测值的精度。

1.测量误差产生的原因

所有测量工作都是观测者使用测量仪器和工具，在一定的外界条件下进行的，因此测量误差产生的原因主要有以下几方面：

(1)观测者

由于观测者感觉器官鉴别能力的局限性所引起的误差。在仪器安置、照准、读数等工作环节中都会产生一定的误差，同时观测者的技术水平、工作态度及状态都对测量成果的质量有直接影响。

(2)测量仪器和工具

由于仪器和工具制造和校正不可能十分完善，存在残余误差，精度受到一定的限制，使观测结果的精确程度也受到一定限制。如钢尺的刻划误差、度盘的偏心等。

(3)外界条件的影响

观测是在一定的外界自然条件下进行的，如温度、亮度、湿度、风力和大气折光等因素的变化，也会使测量结果产生误差。

人、仪器和外界条件是引起测量误差的主要因素，通常把这三个方面综合起来称为观测条件。观测条件的好坏与观测成果的质量有着密切的联系。

观测条件相同的各次观测，称为等精度观测；

观测条件不相同的各次观测，称为非等精度观测。

在观测结果中，有时还会出现错误，称之为粗差。粗差在观测结果中是不允许存在的，例如：水准测量时，转点上的水准尺发生了移动；测角时目标瞄准错误；记录或计算产生差错等。所以，含有错误的观测值应舍去不用。为了杜绝和及时发现错误，必须严格按测量规范操作，认真仔细测量，并做好必要的测量检核措施。

2.测量误差的分类

由于测量结果中含有各种误差，除需要分析其产生的原因，采取必要的措施消除或减弱对观测结果的影响之外，还要对误差进行分类。测量误差按照对观测结果影响的性质不同，可分为系统误差和偶然误差两大类。

1)系统误差

在相同观测条件下，对某量进行一系列的观测，如果误差出现的符号和数值上都相同，或

按一定的规律变化，这种误差称为系统误差。

例如，用一把名义为30m长、而实际长度为30.025m的钢尺丈量距离，每量一尺段就要少量25mm，该25mm误差在数值上和符号上都是固定的，且随着尺段的倍数呈累积性。

系统误差在测量成果中具有累积性，对测量成果影响较大，但它具有一定的规律性，一般可采用以下方法消除或减弱其影响。

(1)用计算的方法加以改正。对某些误差应求出其大小，加入测量结果中，使其得到改正，消除误差影响。例如，用钢尺量距时，可以对观测值加入尺长改正数和温度改正数，来消除尺长误差和温度变化误差对钢尺的影响。

(2)检校仪器。对测量时所使用的仪器进行检验与校正，把误差减小到最小程度。例如，水准仪中水准管轴是否平行于视准轴检校后，i 角不得大于20″。

(3)采用合理的观测方法，可使误差自行消除或减弱。例如，在水准测量中，用前后视距离相等的方法能消除 i 角的影响；在水平角测量中，用盘左盘右观测取中数的方法，可以消除视准轴不垂直于横轴和横轴不垂直于竖轴及照准部偏心差等影响。

2)偶然误差

(1)偶然误差

在相同的观测条件下，对某量进行一系列的观测，如果观测误差的符号和大小都没有表现出一致的倾向，从表面上看没有任何规律性，这种误差称为偶然误差(或随机误差)。例如，测角时照准误差，水准测量在水准尺上的估读误差等。

在观测中，系统误差和偶然误差往往是同时产生的。当系统误差设法消除或减弱后，决定观测精度的关键是偶然误差。所以，本章中讨论的测量误差以偶然误差为主。

(2)偶然误差的特性

偶然误差从表面上看没有任何规律性，但是随着对同一量观测次数的增加，大量的偶然误差就表现出一定的统计规律性，并且服从正态分布规律。观测次数越多，这种规律性越明显。

在相同的观测条件下，对未知量观测了 n 次，观测值为 $l_1, l_2, \cdots, l_n$，未知量的真值为 X，则观测值的真误差为：

$$\Delta_i = l_i - X \tag{1-11}$$

式中：$i=1,2,3,\cdots,n$

例：在相同的观测条件下，独立地观测了测区内357个三角形的全部内角，三角形内角和的真值为 $X=180°$，三角形内角和的观测值为 l_i，则三角形内角和的真误差为：

$$\Delta_i = l_i - 180°(i = 1,2,3,\cdots,357);$$

计算每个三角形内角之和的偶然误差 Δ(三角形闭合差)，将它们分为负误差和正误差，按误差绝对值由小到大次序排列。以误差区间3″进行误差个数统计，偶然误差的统计见表1-3。

偶然误差的统计 表1-3

误差区间	正误差个数	负误差个数	总 计
0″～3″	45	42	87
3″～6″	39	40	79
6″～9″	33	34	67

续上表

误差区间	正误差个数	负误差个数	总计
9″～12″	23	21	44
12″～15″	17	16	33
15″～18″	13	13	26
18″～21″	6	7	13
21″～24″	3	2	5
24″～27″	1	2	3
27″以上	0	0	0
合计	180	177	357

从表1-3可以看出：

①绝对值较小的误差比绝对值较大的误差个数多。

②绝对值相等的正负误差的个数大致相等。

③最大误差不超过27″。

通过长期对大量测量数据分析和统计计算，总结出了偶然误差的四个特性：

①在一定观测条件下，偶然误差的绝对值有一定的限值，或者说，超出该限值的误差出现的概率为零。

②绝对值较小的误差比绝对值较大的误差出现的概率大。

③绝对值相等的正、负误差出现的概率相同。

④同一量的等精度观测，其偶然误差的算术平均值，随着观测次数 n 的无限增大而趋于零，即：

$$\lim_{x\to\infty}=\frac{[\Delta]}{n}=0 \tag{1-12}$$

式中：$[\Delta]$——偶然误差的代数和，$[\Delta]=\Delta_1+\Delta_2+\cdots+\Delta_n$。

偶然误差的第四个特性是由第三个特性导出的，说明偶然误差具有抵偿性，当观测次数无限增加时，偶然误差的算术平均值必然趋近于零。事实上，对任何一个未知量不可能进行无限次的观测，因此，偶然误差不能用计算改正或用一定的观测方法简单地加以消除。只能根据偶然误差的特性，合理地处理观测数据，减少偶然误差的影响，求出未知量的最可靠值，并衡量其精度。

二 衡量精度的标准

精度，就是观测成果的精确程度。为了衡量观测成果的精度，必须建立衡量的标准，在测量工作中通常用中误差、容许误差和相对误差作为衡量精度的标准。

1. 中误差

设在相同的观测条件下，对某量（其真值为 X）进行 n 次重复观测，其观测值为 $l_1,l_2,\cdots,l_n$，由式(1-11)可得相应的真误差为 $\Delta_1,\Delta_2,\cdots,\Delta_n$。为了防止正负误差互相抵消和避免明显地反映个别较大误差的影响，取各真误差平方和的平均值的平方根，作为该组各观测值的中误差

(或称为均方误差),以 m 表示:

$$m=\pm\sqrt{\frac{[\Delta\Delta]}{n}} \tag{1-13}$$

式中:$[\Delta\Delta]$——真误差的平方和,$[\Delta\Delta]=\Delta_1^2+\Delta_2^2+\cdots+\Delta_n^2$

上式表明,观测值的中误差并不等于它的真误差,只是一组观测值的精度指标,中误差越小,相应的观测成果的精度就越高,反之精度就越低。在计算中误差 m 时应取 2~3 位有效数字,并在数值前冠以"±"号,数值后写上"单位"。

【例 1-1】 设有 A、B 两组观测值,各组均为等精度观测,它们的真误差分别为:

A 组:+3″,-2″,-4″,+2″,0″,-4″,+3″,+2″,-3″,-1″;

B 组:0″,-1″,-7″,+2″,+1″,+1″,-8″,0″,+3″,-1″;

试计算 A、B 两组各自的观测精度。

【解】 根据式(1-13)计算 A、B 两组观测值的中误差为:

$$m_A=\sqrt{\frac{(+3'')^2+(-2'')^2+(-4'')^2+(+2'')^2+(0'')^2+(-4'')^2+(+3'')^2+(+2'')^2+(-3'')^2+(-1'')^2}{10}}$$

$$=\pm2.7''$$

$$m_B=\sqrt{\frac{(0'')^2+(-1'')^2+(-7'')^2+(+2'')^2+(+1'')^2+(+1'')^2+(-8'')^2+(0'')^2+(+3'')^2+(-1'')^2}{10}}$$

$$=\pm3.6''$$

比较 m_A 和 m_B 可知,A 组的观测精度比 B 组高。中误差所代表的是某一组观测值的精度,而不是这组观测中某一次的观测精度。

在观测次数 n 有限的情况下,中误差计算公式首先能直接反映出观测成果中是否存在着大误差,如上面 B 组就受到几个较大误差的影响。中误差越大,误差分布的越离散,说明观测值的精度较低。中误差越小,误差分布的就越密集,说明观测值的精度较高,如上面 A 组误差的分布要比 B 组密集的多。另外,对于某一个量同精度观测值中的每一个观测值,其中误差都是相等的,如上例中 A 组的十个三角形内角和观测值的中误差都是±2.7″。

2. 容许误差

在一定观测条件下,偶然误差的绝对值不应超过的限值,称为容许误差,也称极限误差。在现行规范中,为了严格要求,确保测量成果质量,常以两倍中误差作为偶然误差的容许误差或限差。

由偶然误差的第一个特性可知,在一定的观测条件下,偶然误差的绝对值不会超过一定的限值。经过大量的实践和误差理论统计,得到如下的规律性:在一系列同精度的观测误差中,偶然误差的绝对值大于中误差的出现个数约占总数的 32%;绝对值大于 2 倍中误差的出现个数约占总数的 4.5%;绝对值大于 3 倍中误差的出现个数约占总数的 0.27%。因此,在测量工作中,通常以三倍中误差作为偶然误差的容许误差,即:

$$\Delta_{容}=3m \tag{1-14}$$

如果某个观测值的偶然误差超过了容许误差,就可以认为该观测值含有粗差,应舍去不用或返工重测。

3. 相对中误差

上面讨论的真误差、中误差和容许误差，仅仅表示误差本身的大小，都是绝对误差。在某些情况下，用绝对误差还不能完全表达出观测值的精度高低。例如，在距离丈量中，就不能准确地反映出观测值的精度高低，两段距离通过丈量得到：$D_1=100\text{m}$，$m_1=\pm0.01\text{m}$；$D_2=300\text{m}$，$m_2=\pm0.01\text{m}$，虽然两者中误差相等，$m_1=m_2$，显然，后者的精度要高于前者。因此，观测量的精度与观测量本身的大小有关时，还必须引入相对误差的概念。

相对误差是绝对误差的绝对值与相应观测值之比，并化为分子为1的分数，即：

$$K=\frac{|m|}{D}=\frac{1}{\frac{D}{|m|}} \tag{1-15}$$

在上面所举例中：

$$K_1=\frac{|m|}{D}=\frac{0.01}{100}=\frac{1}{10\,000}$$

$$K_2=\frac{|m|}{D}=\frac{0.01}{300}=\frac{1}{30\,000}$$

可以直观地看出，后者精度高于前者。

三 算术平均值及其中误差

1. 算术平均值

在相同的观测条件下，对某量进行多次重复观测，根据偶然误差特性，可取其算术平均值作为最终观测结果。

设对某未知量进行了一组等精度观测，其真值为 X，观测值分别为 $l_1,l_2,\cdots,l_n$，相应的真误差为 $\Delta_1,\Delta_2,\cdots,\Delta_n$，则

$$\begin{aligned}\Delta_1&=l_1-X\\ \Delta_2&=l_2-X\\ &\vdots\\ \Delta_n&=l_n-X\end{aligned}$$

将上式取和再除以观测次数 n，得

$$\frac{[\Delta]}{n}=\frac{[l]}{n}-X=L-X$$

$$L=\frac{[l]}{n}=\frac{[\Delta]}{n}+X$$

$$\lim_{x\to\infty}L=\lim_{x\to\infty}\frac{[\Delta]}{n}+X=X \tag{1-16}$$

根据偶然误差的特性，由式(1-16)可知，当观测次数 n 无限增大时，算术平均值趋近于真值。但在实际测量工作中，观测次数总是有限的，通常取算术平均值 L 作为最后结果，它比所有的观测值更接近于真值，更可靠。因此，将最接近于真值的算术平均值称为最或然值或最可靠值。

2.由观测值改正数计算观测值中误差

1)观测值改正数

观测量的算术平均值与观测值之差,称为观测值改正数,用 v 表示。当观测次数为 n 时,有:

$$\left.\begin{aligned} \nu_1 &= L - l_1 \\ \nu_2 &= L - l_2 \\ &\vdots \\ \nu_n &= L - l_n \end{aligned}\right\} \tag{1-17}$$

将式(1-17)各式两边相加,得

$$[\nu] = nL - [l]$$

将 $L = \frac{[l]}{n}$ 代入上式,得

$$[\nu] = 0 \tag{1-18}$$

观测值改正数的重要特性,即对于等精度观测,观测值改正数的总和为零。

2)由观测值改正数计算观测值中误差

按式(1-13)计算中误差时,需要知道观测值的真误差,但在测量中,我们常常无法求得观测值的真误差。一般用观测值改正数来计算观测值的中误差。

由真误差与观测值改正数的定义可知:

$$\left.\begin{aligned} \Delta_1 &= l_1 - X \\ \Delta_2 &= l_2 - X \\ &\vdots \\ \Delta_n &= l_n - X \end{aligned}\right\} \tag{1-19}$$

$$\left.\begin{aligned} \nu_1 &= L - l_1 \\ \nu_2 &= L - l_2 \\ &\vdots \\ \nu_n &= L - l_n \end{aligned}\right\} \tag{1-20}$$

由式(1-19)和式(1-20)相加,整理后得:

$$\left.\begin{aligned} \Delta_1 &= (L - X) - \nu_1 \\ \Delta_2 &= (L - X) - \nu_2 \\ &\vdots \\ \Delta_n &= (L - X) - \nu_n \end{aligned}\right\} \tag{1-21}$$

将式(1-21)内各式两边同时平方并相加,得

$$[\Delta\Delta] = n(L - X)^2 + [\nu\nu] - 2(L - X)[\nu] \tag{1-22}$$

因为 $[\nu]=0$,令 $\delta=(L-X)$,代入(1-21),得

$$[\Delta\Delta] = [\nu\nu] + n\delta^2 \tag{1-23}$$

式(1-23)两边再除以 n,得

$$\frac{[\Delta\Delta]}{n} = \frac{[\nu\nu]}{n} + \delta^2 \tag{1-24}$$

又因为 $\delta=(L-X)$,$L=\frac{[l]}{n}$ 所以

$$\delta = L - X = \frac{[l]}{n} - X = \frac{[l-X]}{n} = \frac{[\Delta]}{n}$$

故
$$\delta^2 = \frac{[\Delta]^2}{n^2} = \frac{1}{n^2}(\Delta_1^2 + \Delta_2^2 + \cdots + \Delta_n^2 + 2\Delta_1\Delta_2 + 2\Delta_2\Delta_3 + \cdots + n\Delta_{n-1}\Delta_n)$$
$$= \frac{[\Delta\Delta]}{n^2} + \frac{2}{n^2}(\Delta_1\Delta_2 + \Delta_2\Delta_3 + \cdots + \Delta_{n-1}\Delta_n)$$

由于 $\Delta_1, \Delta_2, \cdots, \Delta_n$ 为真误差，所以 $\Delta_1\Delta_2 + \Delta_2\Delta_3 + \cdots + \Delta_{n-1}\Delta_n$ 也具有偶然误差特性。当 $n \to \infty$ 时，则有

$$\lim_{n \to \infty} \frac{\Delta_1\Delta_2 + \Delta_2\Delta_3 + \cdots + \Delta_{n-1}\Delta_n}{n} = 0$$

所以
$$\delta^2 = \frac{[\Delta\Delta]}{n^2} = \frac{1}{n}\frac{[\Delta\Delta]}{n} \tag{1-25}$$

将式(1-24)代入式(1-25)，得

$$\frac{[\Delta\Delta]}{n} = \frac{[w]}{n} + \frac{1}{n}\frac{[\Delta\Delta]}{n} \tag{1-26}$$

又由式(1—13)知 $m^2 = \frac{[\Delta\Delta]}{n}$，代入式(1-26)，得：

$$m^2 = \frac{[w]}{n} + \frac{m^2}{n}$$

整理后，得：

$$m = \pm\sqrt{\frac{[w]}{n-1}} \tag{1-27}$$

这就是用观测值改正数求观测值中误差的计算公式。

3. 算术平均值的中误差

由算术平均值的计算公式：

$$L = \frac{l_1 + l_2 + \cdots + l_n}{n} = \frac{1}{n}l_1 + \frac{1}{n}l_2 + \cdots + \frac{1}{n}l_n$$

上式中 $\frac{1}{n}$ 为常数，而各观测值是同精度的，所以它们的中误差都是 m，根据误差传播定律，可得出算术平均值的中误差：

$$M^2 = \frac{1}{n^2}m^2 + \frac{1}{n^2}m^2 + \cdots + \frac{1}{n^2}m^2 = \frac{1}{n^2}nm^2 = \frac{m^2}{n}$$

所以算术平均值 L 的中误差 M 的计算公式为：

$$M = \pm\frac{m}{\sqrt{n}} \tag{1-28}$$

上式表明，算术平均值的中误差 M 要比观测值的中误差 m 小 $\sqrt{n}$ 倍，观测次数越多，则算术平均值的中误差就越小，精度就越高。适当增加观测次数，可提高精度，当观测次数增加到一定程度后，算术平均值的精度提高就很微小，所以应该根据需要的精度，适当确定观测次数。

【例 1-2】 某一段距离共丈量了六次，结果如表 1-4 所示，求算术平均值、观测中误差、算

术平均值的中误差及相对误差。

表 1-4

观测次数	观测值(m)	观测值改正数 ν(mm)	νν
1	148.643	+15	225
2	148.590	−38	1 444
3	148.610	−18	324
4	148.624	−4	16
5	148.654	+26	676
6	148.647	+19	361
平均值	148.628	[ν]=0	3 046

【解】 $L=\frac{[l]}{n}=148.628\text{m}$

$$m=\pm\sqrt{\frac{[\nu\nu]}{n-1}}=\pm\sqrt{\frac{3\,046}{6-1}}=\pm 24.7\text{mm}$$

$$M=\pm\frac{m}{\sqrt{n}}=\frac{\pm 24.7}{\sqrt{6}}=\pm 10.1\text{mm}$$

$$m_{\text{k}}=\frac{|M|}{D}=\frac{0.010\,1}{148.628}=\frac{1}{14\,716}$$

复习思考题

1. 测量学的概念？测定与测设有何区别？

2. 建筑工程测量的概念？建筑工程测量的任务是什么？

3. 何谓铅垂线？何谓大地水准面？它们在测量中的作用是什么？

4. 测量工作的实质是什么？

5. 地面点在大地水准面上的投影位置，可用哪几种坐标表示？

6. 测量学中的独立平面直角坐标系与数学中的平面直角坐标系有何不同？

7. 何谓绝对高程？何谓相对高程？何谓高差？两点之间的绝对高程之差与相对高程之差是否相同？已知 $H_{\text{A}}=36.735\text{m}$，$H_{\text{B}}=48.386\text{m}$，求 h_{AB} 和 h_{BA}。

8. 何谓水平面？用水平面代替水准面对水平距离和高程分别有何影响？

9. 测量的基本工作是什么？测量的基本原则是什么？

10. 研究测量误差的目的是什么？产生观测误差的原因是哪些？

11. 测量误差分哪几种？在测量工作中如何消除或削弱？

12. 偶然误差和系统误差有什么区别？偶然误差有哪些特性？

13. 衡量精度的标准有哪些？在对同一量的一组等精度观测中，中误差与真误差有何区别？

14. 对某直线丈量了 7 次，观测结果分别为 168.135，168.148，168.120，168.129，168.150，168.137，168.131，试计算其算术平均值、算术平均值的中误差和算术平均值的相对误差。

15. 设同精度观测了某水平角 6 个测回，观测值分别为：56°32′12″、56°32′24″、56°32′06″、56°32′18″、56°32′36″、56°32′18″。试求观测一测回中误差、算术平均值及其中误差。

第二章
水 准 测 量

第一节　水准测量原理

测定地面点高程的工作，称为高程测量。按所使用的仪器和施测方法的不同，高程测量可以分为水准测量、三角高程测量、气压高程测量和 GPS 高程测量。在建筑装饰施工中也常用水平管和水平尺进行抄平。水准测量是精确测定地面点高程的一种主要方法。本章主要介绍水准测量。

一　水准测量原理

水准测量是利用水准仪提供的水平视线，借助于带有分划的水准尺，直接测定地面上两点间的高差，然后根据已知点高程和测得的高差，推算出未知点高程。

如图 2-1 所示，A、B 两点间高差 h_{AB} 为：

$$h_{AB} = a - b \tag{2-1}$$

设水准测量是由 A 向 B 进行的，则 A 点为后视点，A 点尺上的读数 a 称为后视读数；B 点为前视点，B 点尺上的读数 b 称为前视读数。因此，高差等于后视读数减去前视读数。如果 $a=b$，则高差 h_{AB} 为零，表示 B 点和 A 点一样高；如果 $a>b$，则高差 h_{AB} 为正，表示 B 点比 A 点高；如果 $a<b$，则高差 h_{AB} 为负，表示 B 点比 A 点低，即在同一水平视线下，某点的读数越大则该点就越低，反之亦然。

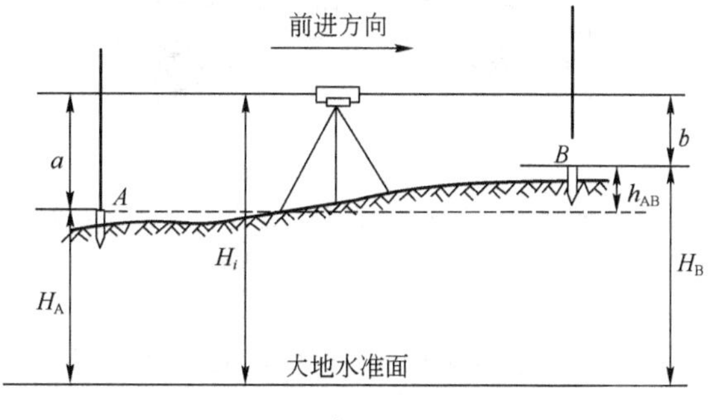

图 2-1　水准测量原理

二 计算未知点高程

1. *高差法*

测得 A、B 两点间高差 h_{AB}后，如果已知 A 点的高程 H_A，则 B 点的高程 H_B 为：

$$H_B = H_A + h_{AB} \tag{2-2}$$

其中

$$h_{AB} = a - b$$

这种直接利用高差计算未知点 B 高程的方法，称为高差法。

2. *视线高法(也称仪高法)*

如图 2-1 所示，B 点高程也可以通过水准仪的视线高程 H_i 来计算，即：

$$\begin{cases} H_i = H_A + a \\ H_B = H_i - b \end{cases} \tag{2-3}$$

这种利用仪器视线高程 H_i 计算未知点 B 点高程的方法，称为视线高法。在施工测量中，有时安置一次仪器，需测定多个地面点的高程，采用视线高法就比较方便。

综上所述，高差法与视线高法都是利用水准仪提供的水平视线测定地面点高程，主要区别在于计算方法不同。因此，只有望远镜视线水平时才能在标尺上读数，这是水准测量过程中要时刻牢记的关键操作。此外，施测过程中，水准仪安置的高度对测算地面点高程或高差并无影响。

第二节 水准测量的仪器和工具

水准测量所使用的仪器为水准仪，工具有水准尺和尺垫。

国产水准仪按其精度分，有 DS_{05}，DS_1，DS_3 及 DS_{10} 等几种型号，05、1、3 和 10 表示水准仪精度等级，用该仪器进行水准测量时，每千米往返测量高差中数的中误差(mm)。工程测量一般使用 DS_3 级水准仪，如图 2-2 所示。

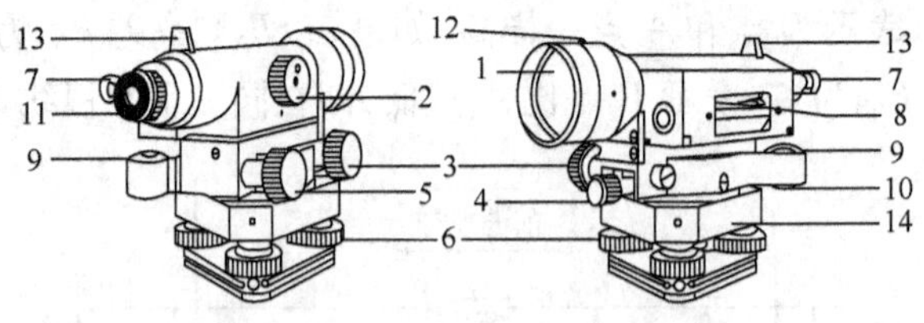

图 2-2 DS_3 微倾式水准仪的构造

1-物镜；2-物镜对光螺旋；3-水平微动螺旋；4-水平制动螺旋；5-微倾螺旋；6-脚螺旋；7-符合气泡观察镜；8-水准管；9-圆水准器；10-圆水准器校正螺丝；11-目镜调焦螺旋；12-准星；13-缺口；14-基座

水准仪主要担负各施工阶段中竖向高度的水准测量工作，主要有施工现场高程的引测、高程测设、坡度测设和沉降观测等。

一 DS₃ 微倾式水准仪的构造

DS_3 主要由望远镜、水准器及基座三部分组成。

1. 望远镜

望远镜是用来精确瞄准远处目标并对水准尺进行读数的。它主要由物镜、目镜、对光透镜和十字丝分划板组成，如图 2-3 所示。

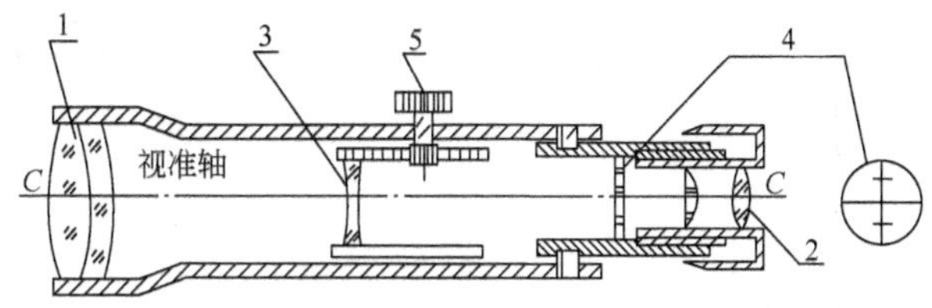

图 2-3 望远镜的构造示意图

1-物镜；2-目镜；3-对光透镜；4-十字丝分划板；5-物镜对光螺旋

(1)物镜：使瞄准的物体成像。

(2)物镜对光螺旋和对光凹透镜：转动物镜对光螺旋可以使对光透镜沿视线方向前后移动，从而使不同距离的目标均能清晰地成像在十字丝分划板平面上。

(3)目镜对光螺旋和目镜：调节目镜对光螺旋可以使十字丝清晰并将成像在十字丝分划板的物像连同十字丝一起放大成虚像。于是观测者在看清十字丝的同时又能清晰地照准目标。

(4)十字丝分划板：是用来准确照准目标和读数的。在中丝的上、下刻有两条对称的短丝，称为视距丝，用于测量仪器到目标的距离，如图 2-4 所示。

(5)视准轴：十字丝交点与物镜光心的连线，称为视准轴 CC。视准轴的延长线即为视线，水准测量就是在视准轴水平时，用十字丝的中丝在水准尺上截取读数的。

2. 水准器

(1)管水准器：管水准器(亦称水准管)用于精确整平仪器。如图 2-5 所示，它是一个密封的玻璃管，里面有一长形气泡。其纵剖面方向的内壁研磨成一定半径的圆弧形，水准管上刻有间隔为 2mm 的分划线，分划线的对称中点 O 称为水准管零点，通过零点与圆弧相切的切线 LL 称为水准管轴。水准管轴应平行于视准轴。

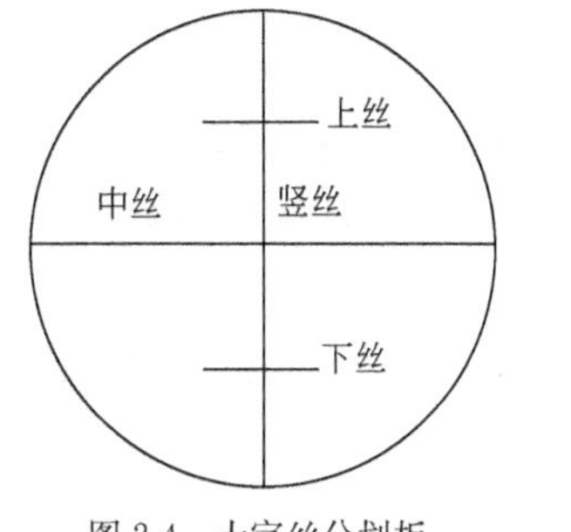

图 2-4 十字丝分划板

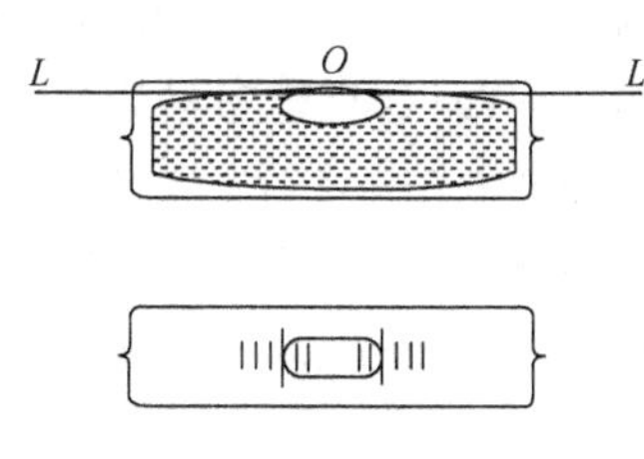

图 2-5 管水准器

水准管上 2mm 圆弧所对的圆心角 τ，称为水准管的分划值，水准管分划愈小，水准管灵敏度愈高，用其整平仪器的精度也愈高。DS_3 型水准仪的水准管分划值为 $20''$，记作 $20''/2\text{mm}$。

如图 2-6 所示。

为了提高水准管气泡居中的精度，采用符合水准器。如图 2-7 所示。

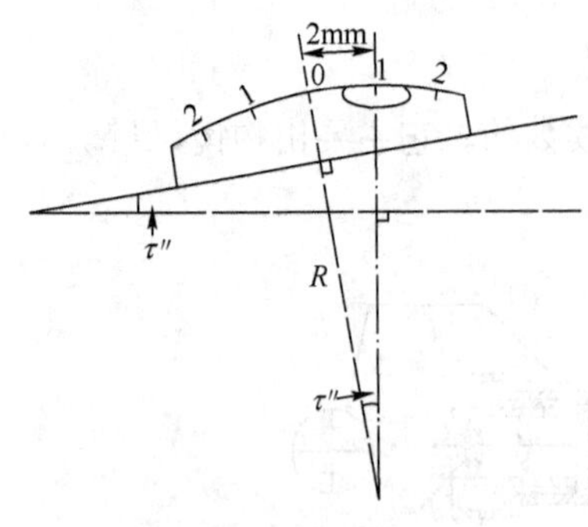

图 2-6　管水准器分划值

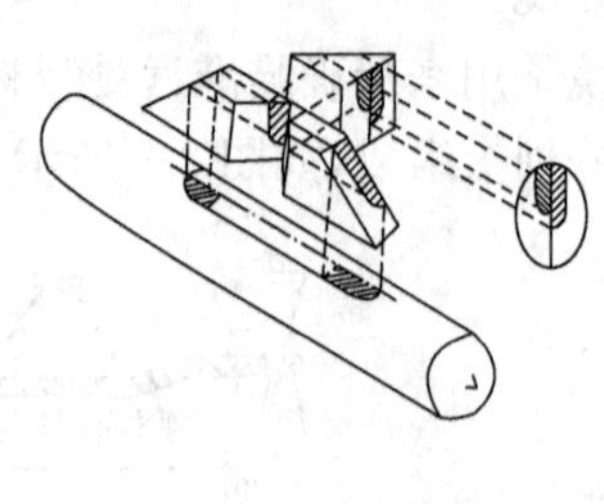

图 2-7　符合水准器

(2)圆水准器:圆水准器装在水准仪基座上，用于粗略整平。它是一个密封的玻璃圆盒，里面有一圆形气泡。圆水准器顶面的玻璃内表面研磨成球面，球面的正中刻有圆圈，其圆心称为圆水准器的零点。过零点的球面法线 $L'L'$，称为圆水准器轴。圆水准器轴 $L'L'$平行于仪器竖轴 VV。如图 2-8 所示。

气泡中心偏离零点 2mm 时竖轴所倾斜的角值，称为圆水准器的分划值，一般为 $8'\sim10'$，精度较低。

3. 基座

基座的作用是支承仪器的上部，并通过连接螺旋与三脚架连接。它主要由轴座、脚螺旋、底板和三角形压板构成。转动脚螺旋，可使圆水准器气泡居中。

二 水准尺和尺垫

1. 水准尺

水准尺是进行水准测量时与水准仪配合使用的标尺。常用的水准尺有塔尺和双面尺两种。

(1)塔尺　如图 2-9a)，是一种逐节缩小的组合尺，其长度为 3～5m，有三节或五节连接在一起，尺的底部为零点，尺面上黑白格相间，每格宽度为 1cm，有的为 0.5cm，在米和分米处有数字注记。

(2)双面水准尺　如图 2-9b)，尺长为 3m，两根尺为一对。尺的双面均有刻划，一面为黑白相间，称为黑面尺(也称主尺)；另一面为红白相间，称为红面尺(也称辅尺)。两面的刻划均为 1cm，在分米处注有数字。两根尺的黑面尺尺底均从零开始，而红面尺尺底，一根从 4.687m 开始，另一根从 4.787m 开始。在视线高度不变的情况下，同一根水准尺的红面和黑面读数之差应等于常数 4.687m 或 4.787m，这个常数称为尺常数，用 K 来表示，以此可以检核读数是否正确。

2. 尺垫

尺垫是由生铁铸成。一般为三角形板座，其下方有三个脚，可以踏入土中。尺垫上方有一突起的半球体，水准尺立于半球顶面。尺垫仅在转点处竖立水准尺时使用。

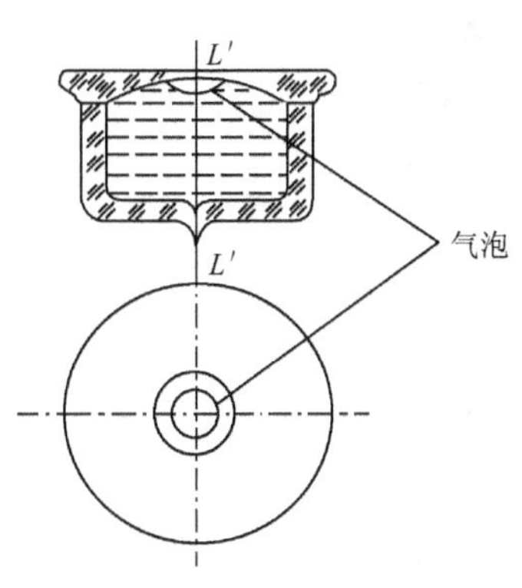

图 2-8　圆水准器

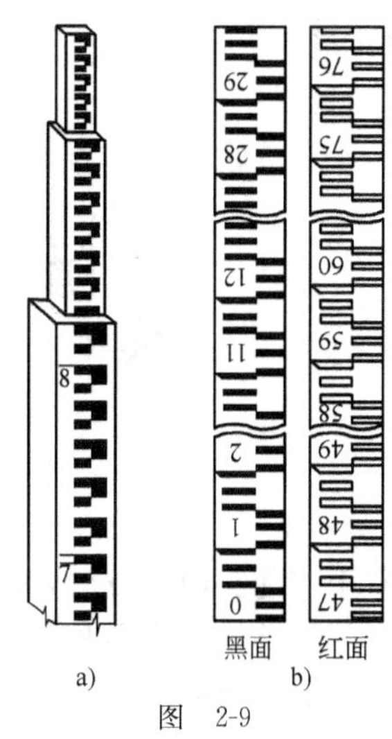

图　2-9

三 自动安平水准仪

在建筑工程施工测量中，自动安平水准仪的应用也较为广泛。自动安平水准仪是利用自动补偿器代替水准管，观测时只用圆水准器进行粗平，照准后不需要精平，然后借助自动补偿器自动把视准轴置平，即可读出视线水平时的读数。使用自动安平水准仪不仅简化了操作，提高了速度，同时对由于水准仪整置不当、地面有微小的振动或脚架的不规则下沉等原因的影响，也可以由补偿器迅速调整而得到正确的读数，从而提高了观测的精度。它的构造特点是没有水准管和微倾螺旋，有固定屋脊透镜，两个直角棱镜则用交叉的金属丝受重力作用自由悬吊在屋脊棱镜架上。因此，当仪器粗平后，视线倾斜的范围较小时，仪器的视线就自动水平了。其操作程序为：安置—粗平—照准—读数。应当注意的是，自动安平水准仪的补偿范围是有限的，当视线倾斜较大时，补偿器将会失灵。在使用前应对圆水准器进行检校。在使用、携带和运输过程中，严禁剧烈振动，防止补偿器失灵。

第三节　水准仪的使用

微倾式水准仪的基本操作程序为：安置仪器、粗略整平、瞄准水准尺、精确整平和读数。

一 安置仪器

(1)在测站上松开三脚架架腿的固定螺旋，按需要的高度调整架腿长度，再拧紧固定螺旋，张开三脚架将架腿踩实，并使三脚架架头大致水平。

(2)从仪器箱中取出水准仪，用连接螺旋将水准仪固定在三脚架架头上。

二 粗略整平

通过调节脚螺旋使圆水准器气泡居中。具体操作步骤如下。

(1)如图 2-10 所示，用两手按箭头所指的相对方向转动脚螺旋①和②，使气泡沿着①、②

连线方向由 a 移至 b。

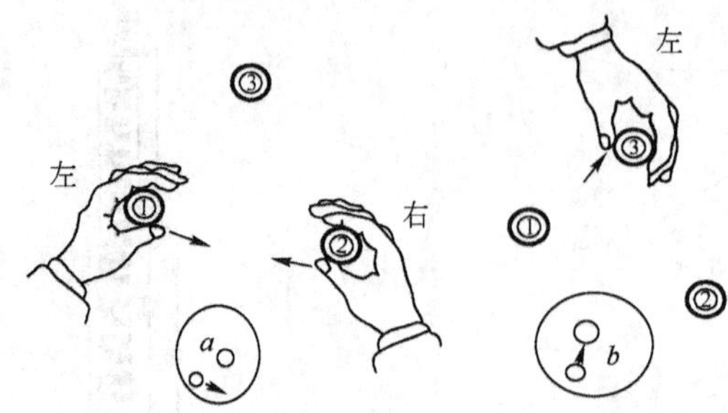

图 2-10　圆水准器整平

(2)用左手按箭头所指方向转动脚螺旋③,使气泡由 b 移至中心。

整平时,气泡移动的方向与左手大拇指旋转脚螺旋时的移动方向一致,与右手大拇指旋转脚螺旋时的移动方向相反。

三 瞄准水准尺

1. 目镜调焦

松开制动螺旋,将望远镜转向明亮的背景,转动目镜对光螺旋,使十字丝成像清晰。

2. 初步瞄准

通过望远镜筒上方的照门和准星瞄准水准尺,旋紧制动螺旋。

3. 物镜调焦

转动物镜对光螺旋,使水准尺的成像清晰。

4. 精确瞄准

转动微动螺旋,使十字丝的竖丝瞄准水准尺边缘或中央,如图 2-11 所示。

5. 消除视差

眼睛在目镜端上下移动,有时可看见十字丝的中丝与水准尺影像之间相对移动,这种现象叫视差。产生视差的原因是水准尺的尺像与十字丝平面不重合,如图2-12a)所示。视差的存在将影响读数的正确性,应予消除。消除视差的方法是仔细地转动物镜对光螺旋,直至尺像与十字丝平面重合,如图 2-12b)所示。

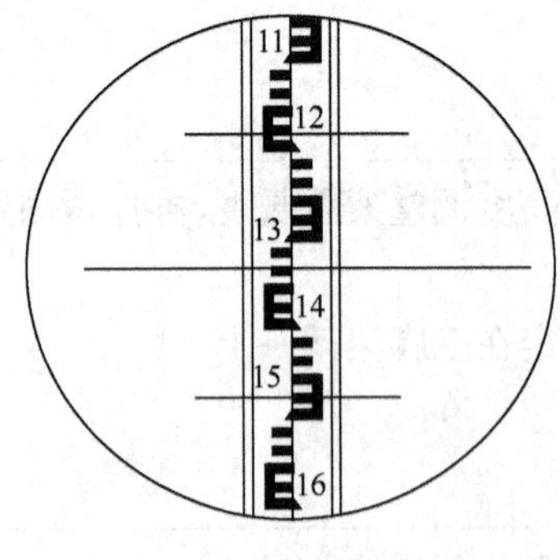

图 2-11　精确瞄准与读数

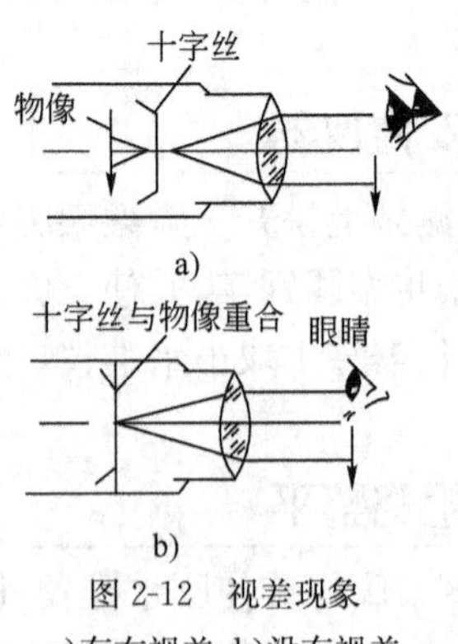

图 2-12　视差现象

a)存在视差;b)没有视差

四 精确整平

精确整平简称精平。眼睛观察水准气泡观察窗内的气泡影像，用右手缓慢地转动微倾螺旋，使气泡两端的影像严密吻合。此时视线即为水平视线。微倾螺旋的转动方向与左半侧气泡影像的移动方向一致，如图 2-13 所示。

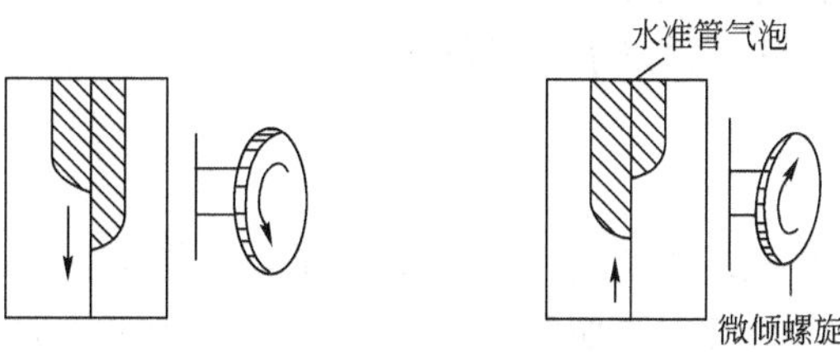

图 2-13　精确整平

五 读数

符合水准器气泡居中后，应立即用十字丝中丝在水准尺上读数。读数时应从小数向大数读，如果从望远镜中看到的水准尺影像是倒像，在尺上应从上到下读取。直接读取米、分米和厘米，并估读出毫米，共四位数。如图 2-11 所示，读数是 1.335m。读数后再检查符合水准器气泡是否居中，若不居中，应再次精平，重新读数。

第四节　水准测量的方法

一 水准点

用水准测量的方法测定的高程控制点，称为水准点，记为 BM(Bench Mark)。水准点有永久性水准点和临时性水准点两种。

1. 永久性水准点

国家等级永久性水准点，如图 2-14 所示。有些永久性水准点的金属标志也可镶嵌在稳定的墙角上，称为墙上水准点，如图 2-15 所示。

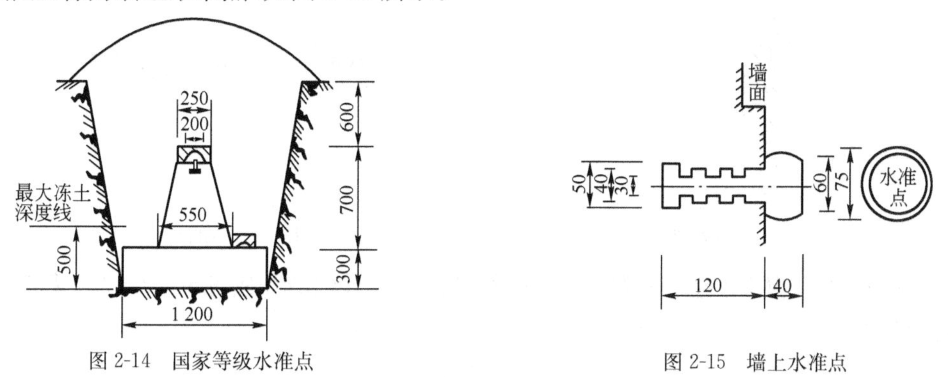

图 2-14　国家等级水准点

图 2-15　墙上水准点

2. 临时性水准点

临时性的水准点可用地面上突出的坚硬岩石或用大木桩打入地下，桩顶钉以半球状铁钉，作为水准点的标志，如图 2-16 所示。

二 简单水准测量、路线水准测量及成果检核

水准测量根据已知水准点与待定点之间的距离远近、高差大小、待定点个数多少可分为简单水准测量和路线水准测量。两者操作方法基本相同，区别在于前者一个测站即可求得待定点的高程，后者则要多站传递高程以求得各待定点的高程。

(一)简单水准测量

已知水准点到待定点之间的距离较近(小于 200 米)，高差较小(小于水准尺长)，由一个测站即可测出待定点的高程。其计算方法如第一节所讲的高差法或仪高法，由 A 点求 B 点的高程。

一个测站的基本操作程序是：

(1)在两点之间安置水准仪，进行粗平。

(2)照准后视已知水准点上的水准尺，精确整平，按横丝读出后视读数。

(3)松开水平制动螺旋，照准前视待定点上的水准尺，再次精确整平，按横丝读出前视读数。

(4)按式(2-1)～式(2-3)计算高差或视线高程，推算待定点的高程。

(二)路线水准测量

在水准点间进行水准测量所经过的路线，称为水准路线。相邻两水准点间的路线称为测段。

在一般的工程测量中，水准路线布设形式主要有以下三种形式。

1. 附合水准路线

(1)附合水准路线的布设方法　如图 2-17 所示，从已知高程的水准点 BM 出发，沿待定高程的水准点 1、2、3 进行水准测量，最后附合到另一已知高程的水准点 BM 所构成的水准路线，称为附合水准路线。

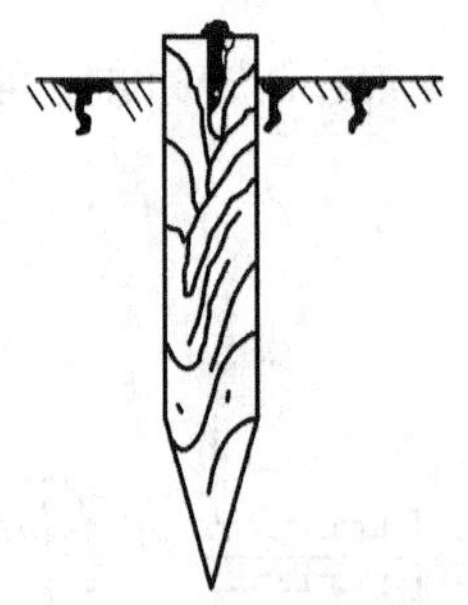

图 2-16　临时性水准点

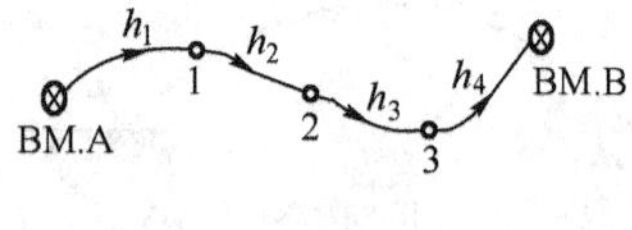

图 2-17　附合水准路线

(2)成果检核　从理论上讲，附合水准路线各测段高差代数和应等于两个已知高程的水准点之间的高差，即：

$$\sum h_{理} = H_B - H_A \tag{2-4}$$

各测段高差代数和 $\sum h_{测}$ 与其理论值 $\sum h_{理}$ 的差值，称为高差闭合差 f_h，即：

$$f_h = \sum h_{测} - \sum h_{理} = \sum h_{测} - (H_B - H_A) \tag{2-5}$$

2. 闭合水准路线

(1)闭合水准路线的布设方法　如图 2-18 所示,从已知高程的水准点 BM. A 出发,沿各待定高程的水准点 1、2、3、4 进行水准测量,最后又回到原出发点 BM. A 的环形路线,称为闭合水准路线。

(2)成果检核　从理论上讲,闭合水准路线各测段高差代数和应等于零,即:

$$\sum h_{理}=0$$

如果不等于零,则高差闭合差为:

$$f_{\mathrm{h}} = \sum h_{测} \tag{2-6}$$

3. 支水准路线

(1)支水准路线的布设方法　如图 2-19 所示,从已知高程的水准点 BM. A 出发,沿待定高程的水准点 1 进行水准测量,这种既不闭合又不附合的水准路线,称为支水准路线。支水准路线要进行往返测量,以资检核。

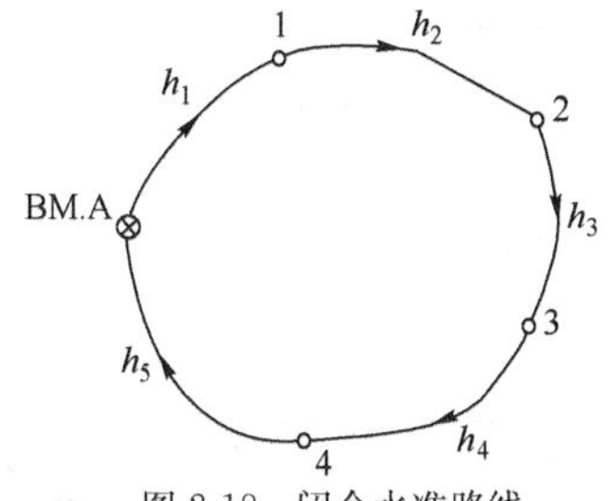

图 2-18　闭合水准路线

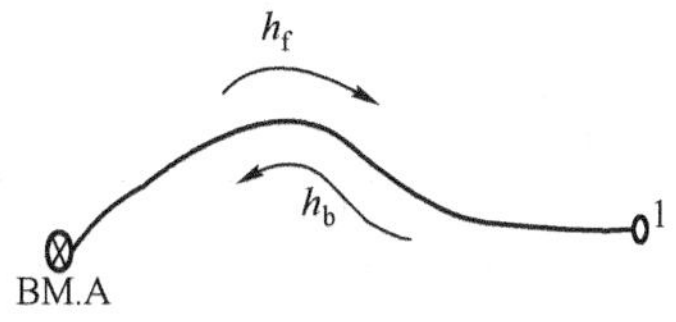

h_f
h_b
BM.A
1

图 2-19　支水准路线

(2)成果检核　从理论上讲,支水准路线往测高差与返测高差的代数和应等于零。

$$\sum h_{往} + \sum h_{返} = 0$$

如果不等于零,则高差闭合差为:

$$f_h = \sum h_{往} + \sum h_{返} \tag{2-7}$$

各种路线形式的水准测量,其高差闭合差均不应超过容许值,否则即认为观测结果不符合要求。

三　路线水准测量的施测方法

转点用 TP(Turning Point)表示,在水准测量中它们起传递高程的作用。如图 2-20 所示,已知水准点 BM. A 的高程为 H_A,现欲测定 B 点的高程 H_B。

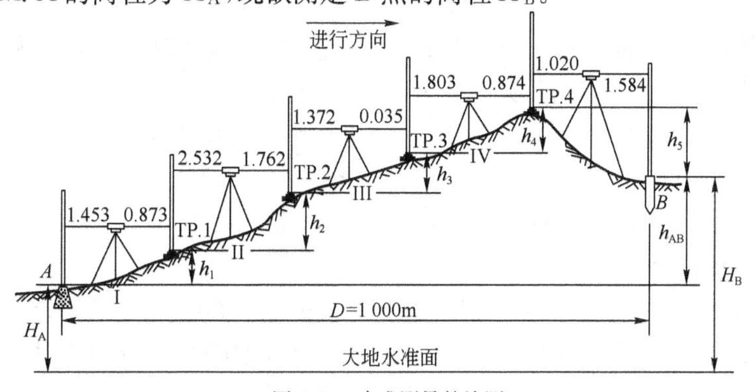

图 2-20　水准测量的施测

1. 观测与记录

将测站、测点、前视读数、后视读数及已知水准点 A 的高程填入表 2-1 中有关各栏内。

水准测量手簿 表 2-1

测站	测点	水准尺读数(m)		高差(m)		高程(m)	备注
		后视读数	前视读数	+	−		
1	2	3	4	5		6	7
I	BM.A	1.453		0.580		132.815	
	TP.1		0.873				
II	TP.1	2.532		0.770			
	TP.2		1.762				
III	TP.2	1.372		1.337			
	TP.3		0.035				
IV	TP.3	1.803		0.929			
	TP.4		0.874				
V	TP.4	1.020			0.564		
	B		1.584			135.867	
计算检核	$\sum$	8.180	5.128	3.616	0.564		
	$\sum a-\sum b=+3.052$			$\sum h=+3.052$		$h_{AB}=H_B-H_A=+3.052$	

2. 计算与计算检核

(1)计算：每一测站都可测得前、后视两点的高差，即：

$$h_1=a_1-b_1$$
$$h_2=a_2-b_2$$
$$\vdots$$
$$h_5=a_5-b_5$$

将上述各式相加，得：

$$h_{AB}=\sum h=\sum a-\sum b$$

则 B 点高程为：

$$H_B=H_A+h_{AB}=H_A+\sum h$$

(2)计算检核：为了保证记录表中数据的正确，应对后视读数总和减前视读数总和、高差总和、B 点高程与 A 点高程之差进行检核，这三个数据应相等。

$$\sum a-\sum b=8.180-5.128=+3.052(\text{m})$$
$$\sum h=3.616-0.564=+3.052(\text{m})$$
$$H_B-H_A=135.867-132.815=+3.052(\text{m})$$

3. 水准测量的测站检核

(1)变动仪器高法：在同一个测站上用两次不同的仪器高度，测得两次高差进行检核。要求：改变仪器高度应大于 10cm，两次所测高差之差不超过容许值(例如等外水准测量容许值为 ±6mm)，取其平均值作为该测站最后结果，否则须要重测。

（2）双面尺法：分别对双面水准尺的黑面和红面进行观测。利用前、后视的黑面和红面读数，分别算出两个高差。如果不符值不超过规定的限差（例如四等水准测量容许值为±5mm），取其平均值作为该测站最后结果，否则须重测。

第五节　水准测量的成果计算

进行水准测量成果计算时，要先检查野外观测手簿，计算各点间高差，经检核无误，则根据野外观测高差计算高差闭合差，若闭合差符合规定的精度要求，则调整闭合差，最后计算各点的高程。以上工作，称为水准测量的内业。

不同等级的水准测量，对高差闭合差有不同的规定。等外水准测量的高差闭合差容许值规定为：

平地　　$f_{h容}=\pm 40\sqrt{L}$

山地　　$f_{h容}=\pm 12\sqrt{n}$

式中：L——水准路线长度(km)；

n——测站数。

如每千米测站数少于15站，用平地式；如每千米测站数多于15站，用山地式。每千米测站数可按下式求得：每千米测站数$=n/L$。

一　附合水准路线的计算

【例 2-1】　图2-21是一附合水准路线等外水准测量示意图，A、B为已知高程的水准点，1、2、3为待定高程的水准点，h_1、h_2、h_3和h_4为各测段观测高差，n_1、n_2、n_3和n_4为各测段测站数，L_1、L_2、L_3和L_4为各测段长度。现已知$H_A=65.376$m，$H_B=68.623$m，各测段站数、长度及高差均注于图2-21中。

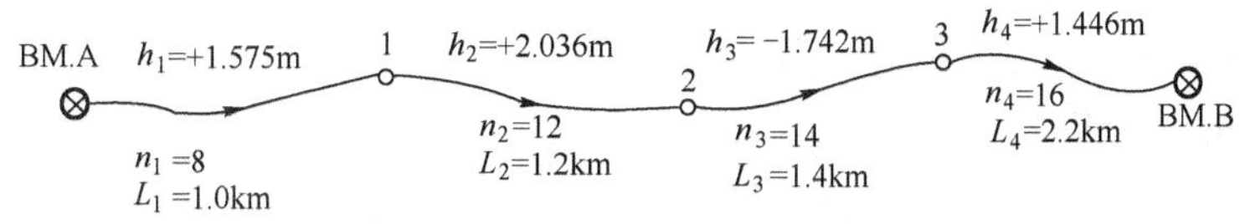

图2-21　附合水准路线示意图

【解】　1.填写观测数据和已知数据

将点号、测段长度、测站数、观测高差及已知水准点A、B的高程填入附合水准路线成果计算表2-2中有关各栏内。

2.计算高差闭合差

$$f_h=\sum h_{测}-(H_B-H_A)=3.315-(68.623-65.376)=+0.068\text{m}=+68\text{mm}$$

根据附合水准路线的测站数及路线长度计算每km测站数

$$\frac{\sum n}{\sum L}=\frac{50}{5.8}=8.6(\text{站/km})<15(\text{站/km})$$

故高差闭合差容许值采用平地公式计算。等外水准测量平地高差闭合差容许值$f_{h容}$的计

算公式为：

$$f_{h容}=\pm 40\sqrt{L}=\pm 40\sqrt{5.8}=\pm 96\text{mm}$$

水准测量成果计算表 表 2-2

点号	距离 (km)	测站数	实测高差 (m)	改正数 (mm)	改正后高差 (m)	高程 (m)	点号	备注
1	2	3	4	5	6	7	8	9
BM.A						65.376	BM.A	
	1.0	8	+1.575	−12	+1.563			
1						66.939	1	
	1.2	12	+2.036	−14	+2.022			
2						68.961	2	
	1.4	14	−1.742	−16	−1.758			
3						67.203	3	
	2.2	16	+1.446	−26	+1.420			
BM.B						68.623	BM.B	
Σ	5.8	50	+3.315	−68	+3.247			
辅助计算	$f_h=\sum h_{测}-(H_B-H_A)=3.315-(68.623-65.376)=+0.068(\text{m})=+68(\text{mm})$ $f_{h容}=\pm 40\sqrt{L}=\pm 40\sqrt{5.8}=\pm 96\text{mm}$ $\quad |f_h|<|f_{h容}|$							

因$|f_h|<|f_{h容}|$，说明观测成果精度符合要求，可对高差闭合差进行调整。如果$|f_h|>|f_{h容}|$，说明观测成果不符合要求，必须重新测量。

3. 调整高差闭合差

高差闭合差调整的原则和方法，是按与测站数或测段长度成正比例的原则，将高差闭合差反号分配到各相应测段的高差上，得改正后高差，即：

$$v_i=-\frac{f_h}{\sum n}n_i \quad 或 \quad v_i=-\frac{f_h}{\sum L}L_i \tag{2-8}$$

式中：v_i——第 i 测段的高差改正数(mm)；

$\sum n$、$\sum L$——水准路线总测站数与总长度；

n_i、L_i——第 i 测段的测站数与测段长度。

本例中，各测段改正数为：

$$v_1=-\frac{f_h}{\sum L}L_1=-\frac{68}{5.8}\times 1.0=-12\text{mm}$$

$$v_2=-\frac{f_h}{\sum L}L_2=-\frac{68}{5.8}\times 1.2=-14\text{mm}$$

$$v_3=-\frac{f_h}{\sum L}L_3=-\frac{68}{5.8}\times 1.4=-16\text{mm}$$

$$v_4=-\frac{f_h}{\sum L}L_4=-\frac{68}{5.8}\times 2.2=-26\text{mm}$$

计算检核： $\sum v_i=-f_h$

将各测段高差改正数填入表 2-2 中第 5 栏内。

4. 计算各测段改正后高差

各测段改正后高差等于各测段观测高差加上相应的改正数，即：

$$\bar{h}_i = h_{i测} + v_i \tag{2-9}$$

式中：$\bar{h}_i$——第 i 段的改正后高差(m)。

本例中，各测段改正后高差为：

$$\bar{h}_1 = h_1 + v_i = +1.575 + (-0.012) = +1.563\text{m}$$

$$\bar{h}_2 = h_2 + v_2 = +2.036 + (-0.014) = +2.022\text{m}$$

$$\bar{h}_3 = h_3 + v_3 = -1.742 + (-0.016) = -1.758\text{m}$$

$$\bar{h}_4 = h_4 + v_4 = +1.446 + (-0.026) = +1.420\text{m}$$

计算检核：　$\sum\bar{h}_i = H_B - H_A$

将各测段改正后高差填入表 2-2 中第 6 栏内。

5. 计算待定点高程

根据已知水准点 A 的高程和各测段改正后高差，即可依次推算出各待定点的高程，即：

$$H_1 = H_A + \bar{h}_1 = 65.376 + 1.563 = 66.939\text{m}$$
$$H_2 = H_1 + \bar{h}_2 = 66.939 + 2.022 = 68.961\text{m}$$
$$H_3 = H_2 + \bar{h}_3 = 68.961 + (-1.758) = 67.203\text{m}$$

计算检核：　$H_{B(推算)} = H_3 + \bar{h}_4 = 67.203 + 1.420 = 68.623\text{m} = H_{B(已知)}$

最后推算出的 B 点高程应与已知的 B 点高程相等，以此作为计算检核。将推算出各待定点的高程填入表 2-2 中第 7 栏内。

二 闭合水准路线成果计算

闭合水准路线成果计算的步骤与附合水准路线相同，但高差闭合差的公式不同，$f_h = \sum h_{测}$。

三 支线水准路线的计算

【例 2-2】 图 2-22 是一支线水准路线等外水准测量示意图，A 为已知高程的水准点，其高程 H_A 为 45.276m，1 点为待定高程的水准点，$h_{往}$ 和 $h_{返}$ 为往返测量的观测高差。$n_{往}$ 和 $n_{返}$ 为往、返测的测站数共 16 站，则 1 点的高程计算如下。

【解】 1. 计算高差闭合差

$$f_h = h_{往} + h_{返} = +2.532 + (-2.520) = +0.012\text{m} = +12\text{mm}$$

2. 计算高差容许闭合差

$$f_{h容} = \pm 12\sqrt{n} = \pm 12\sqrt{16} = \pm 48\text{mm}$$

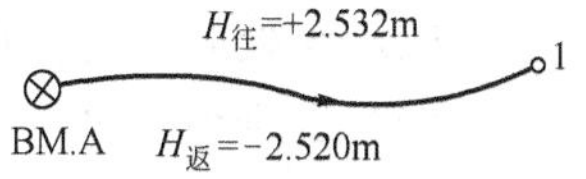

因 $|f_h| < |f_{h容}|$，故精确度符合要求。

$H_{往}$=+2.532m
1
BM.A
$H_{返}$=−2.520m

图 2-22　支线水准路线示意图

3. 计算改正后高差

取往测和返测的高差绝对值的平均值作为 A 和 1 两点间的高差，其符号和往测高差符号相同，即：

$$h_{A1} = \frac{+2.532 + 2.520}{2} = +2.526\text{m}$$

4. 计算待定点高程

$$H_1 = H_A + h_{A1} = 45.276 + 2.526 = 47.802\text{m}$$

第六节　高程测设与坡度线测设

一 高程测设

高程测设，是利用水准测量的方法，根据已知水准点，将设计高程测设到现场作业面上。

1. 测设已知高程

测设由设计所给定的高程是根据施工现场已有的水准点引测的。它与水准测量不同之处在于：不是测定两固定点之间的高差，而是根据一个已知高程的水准点，利用水准测量的方法，测设设计所给定点的高程。在建筑设计和施工的过程中，为了计算方便，一般把建筑物的室内地坪用±0.000 高程表示，基础、门窗等的高程都是以±0.000 为依据，相对于±0.000 测设的。

如图 2-23 所示，某建筑物的室内地坪设计高程 H_d 为 8.500m，附近有一水准点 BM.3，其高程为 H_B=8.350m。现在要求把该建筑物的室内地坪高程测设到木桩 A 上，作为施工时控制高程的依据。测设方法如下：

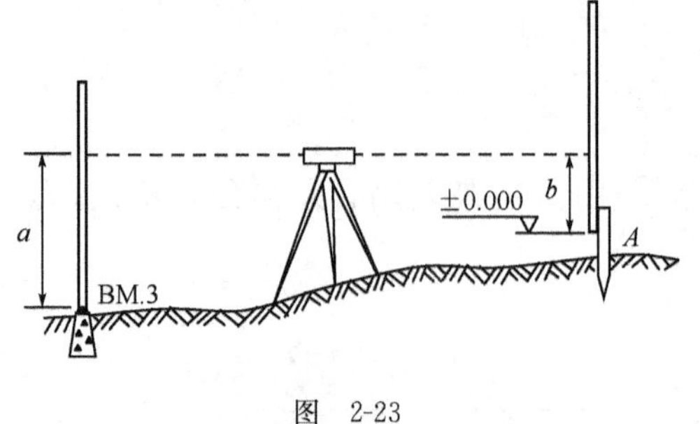

图　2-23

(1)在水准点 BM.3 和木桩 A 之间安置水准仪，在 BM.3 立水准尺上，用水准仪的水平视线测得后视读数 a 为 1.050m，此时视线高程 $H_视$ 为：

$$H_视 = H_B + a = 8.350 + 1.050 = 9.400\text{m}$$

(2)根据视线高程和室内地坪高程即可算出桩点尺上的应有读数 $b_应$ 为：

$$b_应 = H_视 - H_d = 9.400 - 8.500 = 0.900\text{m}$$

(3)在 A 点立尺，使尺根紧贴木桩一侧上下移动，直至水准仪水平视线在尺上的读数 $b_应$ 为 0.900m 时，紧靠尺底在木桩上划一道红线，此线就是室内地坪±0.000 高程的位置。

2. 高程传递

当向较深的基坑或较高的建筑物上测设已知高程点时，只用水准尺已无法测定点位的高程，就必须采用高程传递法，利用钢尺将地面水准点的高程(或室内地坪±0.000)向下或向上引测。

现以从高处向低处传递高程为例说明操作方法：

如图 2-24 所示，欲在一深基坑内设置一点 B，使其高程为 H。地面附近有一水准点 R，其高程为 H_R。

(1)在基坑一边架设吊杆，杆上吊一根零点向下的经检定的钢尺，尺的下端挂上一个与要求拉力相等的重锤，放在油桶内。

(2)在地面安置一台水准仪，设水准仪在 R 点所立水准尺上读数为 a_1，在钢尺上读数为 b_1。

(3)在基坑底安置另一台水准仪，设水准仪在钢尺上读数为 a_2。

(4)计算 B 点水准尺底高程为 H 时，B 点处水准尺的读数 b 应为：

$$b_2 = (H_R + a_1) - (b_1 - a_2) - H \tag{2-10}$$

用同样的方法，亦可从低处向高处测设已知高程的点。

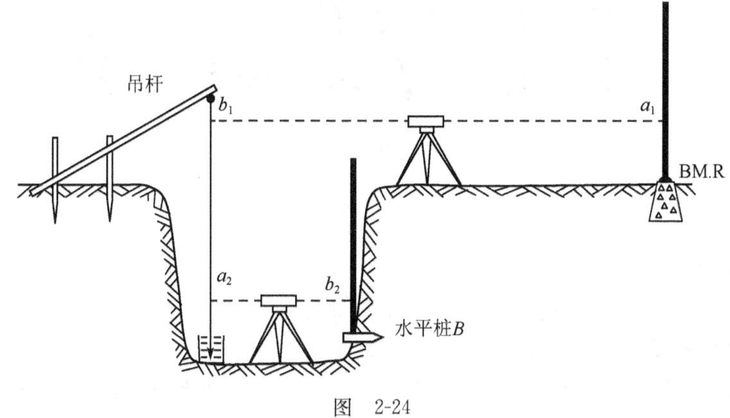

图 2-24

3. 测设水平面

工程施工中，欲测设设计高程为 $H_{设}$ 的某施工平面，如图 2-25 所示，可先在地面上按一定的间隔长度测设方格网，用木桩定出各方格网点。然后，根据已知高程测设的基本原理，由已知水准点 A 的高程 H_A 测设出高程为 $H_{设}$ 的木桩点。测设时，在场地与已知点 A 之间安置水准仪，读取 A 尺上的后视读数 a，则仪器视线高程 H_i 为：

$$H_i = H_A + a$$

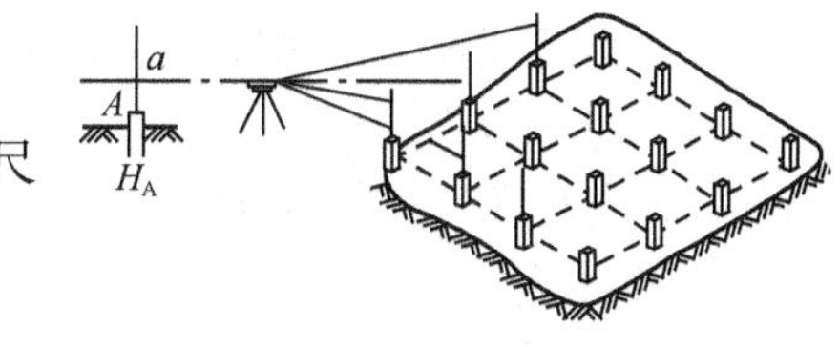

图 2-25

依次在各木桩上立尺，使各木桩顶或木桩侧面的尺上读数 $b_{应}$ 为：

$$b_{应} = H_i - H_{设}$$

此时各桩顶或桩侧面标记处构成的平面就是需测设的水平面。

二 坡度线测设

在道路建设、敷设上下水管道及排水沟等工程中，经常要测设指定的坡度线。

所谓坡度 i 是指直线两端的高差 h 与水平距离 D 之比：

$$i = \frac{h}{D}$$

由于高差有正负，所以坡度也有正负，坡度上升时 i 为正，反之为负。另外坡度是以百分率或千分率表示的。

已知坡度线的测设是根据现场附近水准点的高程、设计坡度和坡度端点的设计高程，用水准测量的方法将坡度线上各点的设计高程标定在地面上。测设的方法通常有水平视线法和倾斜视线法。

1. 水平视线法

如图 2-26 所示，A、B 为设计坡度线的两端，已知 A 点的高程 H_A，设计坡度为 i，则 B 点的设计高程为：

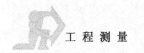

$$H_B = H_A + iD_{AB}$$

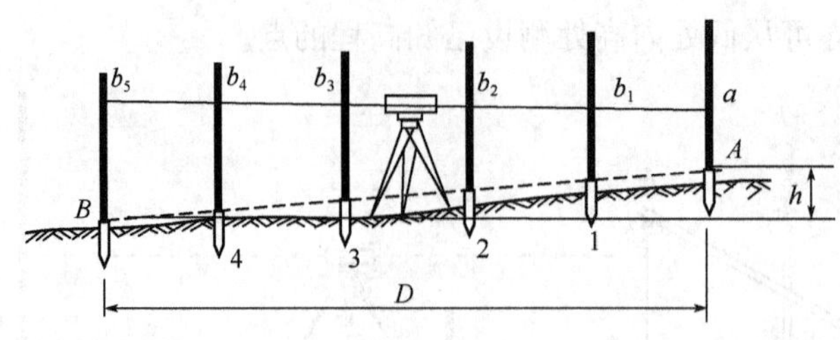

图 2-26

坡度测设步骤如下：

(1)沿 AB 方向，根据施工需要，按一定的间隔在地面上标定出中间点 1、2、3、4 的位置，测定每相邻两桩间的距离分别为 d_1、d_2、d_3、d_4、d_5。

(2)根据坡度定义和水准测量高差法，推算每一个桩点的设计高程 H_1、H_2、H_3、H_4、H_B。

$$h = i \cdot d \qquad\qquad H_{设} = H_{后} + h$$

(3)安置水准仪，读取已知高程点 A 上的水准尺后视读数 a，则视线高程 $H_{视}$：

$$H_{视} = H_A + a$$

(4)按测设高程的方法，利用水准测量仪高法，算出每一个桩点水准尺的应读数 $b_{应}$：

$$b_{应} = H_{视} - H_{设}$$

(5)指挥打桩人员，仔细打桩，使水准仪的水平视线在各桩顶水准尺读数刚好等于各桩点的应读数 $b_{应}$，则桩顶连线即为设计坡度线。若木桩无法往下打时，可将水准尺靠在木桩一侧，上下移动，当水准尺读数恰好为应有读数时，在木桩侧面沿水准尺底边画一条水平线，此线即在 AB 坡度线上。

2. 倾斜视线法

倾斜视线法根据视线与设计坡度线平行时，其两线之间的铅垂距离处处相等的原理，以确定设计坡度上的各点高程位置。此法适用于坡度较大，且地面自然坡度与设计坡度较一致的场合。

如图 2-27 所示，A、B 为坡度线的两端点，其水平距离为 D，设 A 点为已知高程 H_A，要沿 AB 方向测设一条设计坡度为 i_{AB} 的坡度线。测设方法如下：

(1)根据 A 点的高程、坡度 i_{AB} 和 A、B 两点间的水平距离 D，计算出 B 点的设计高程。

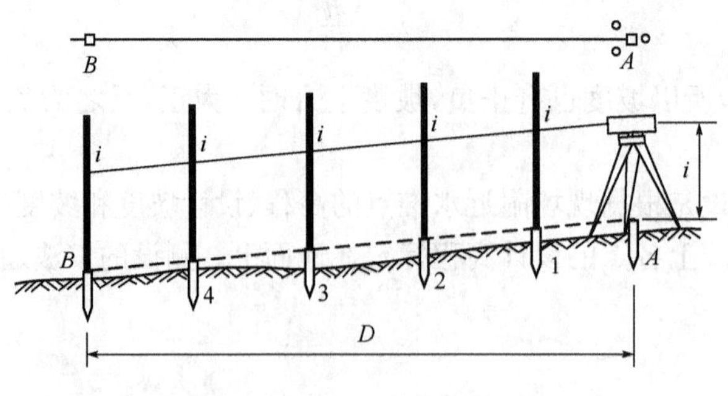

图 2-27

$$H_B = H_A + i_{AB}D_{AB}$$

(2)按测设已知高程的方法，在 B 点处将设计高程 H_B 测设于 B 桩顶上，此时，AB 直线即构成坡度为 i_{AB} 的坡度线。

(3)将水准仪安置在 A 点上，使基座上的一个脚螺旋在 AB 方向线上，其余两个脚螺旋的连线与 AB 方向垂直。量取仪器高度 i，用望远镜瞄准 B 点的水准尺，转动在 AB 方向上的脚螺旋或微倾螺旋，使十字丝中丝对准 B 点水准尺上等于仪器高 i 的读数，此时，仪器的视线与设计坡度线平行。

(4)在 AB 方向线上测设中间点，分别在 1、2、3、…处打下木桩，使各木桩上水准尺的读数均为仪器高 i，这样各桩顶的连线就是欲测设的坡度线。

由于水准仪望远镜纵向移动有限，若设计坡度较大，超出水准仪脚螺旋所能调节的范围，则可用经纬仪测设，其测设方法相同。

第七节　微倾式水准仪的检定

按照《中华人民共和国计量法》，光学测量仪器属国家依法管理的计量器具，检定周期一般为一年。对使用中的仪器必需每年到县级以上人民政府计量行政部门或委托部门送检，检定合格后才能使用。

一　水准仪应满足的几何条件

根据水准测量的原理，水准仪必须能提供一条水平的视线，它才能正确地测出两点间的高差。为此，水准仪在结构上应满足如图 2-28 所示的条件。

(1)圆水准器轴 $L'L'$ 应平行于仪器的竖轴 VV。

(2)十字丝的中丝应垂直于仪器的竖轴 VV。

(3)水准管轴 LL 应平行于视准轴 CC。

水准仪应满足上述各项条件，在水准测量之前，应对水准仪进行认真的检验与校正。

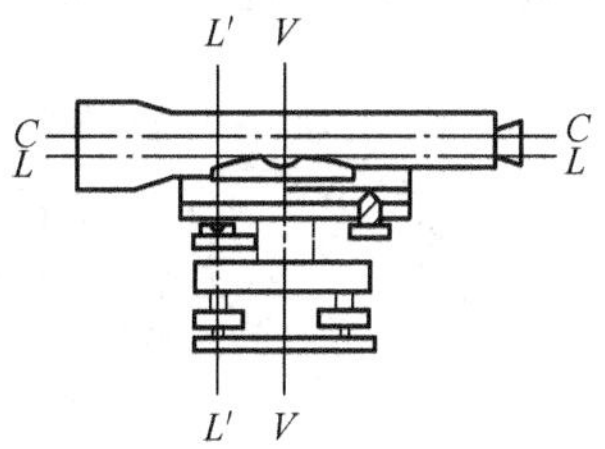

图 2-28　水准仪的轴线

二　水准仪的检验与校正

1. 外观检查

(1)正常条件观测时，望远镜视场中亮度均匀，像质良好，分划板注记清晰。

(2)光学零件表面应清洁，均无油迹、霉斑和有损成像质量的显着气泡、灰尘、擦痕等缺陷；胶合件不应脱胶；镀膜层不应损伤。

(3)管状水准泡上的分划线应清晰、均匀，且与水准泡管轴相垂直；符合水准器的符合分界线应均匀细直，气泡成像应清晰，两端影像应正交，并对称于符合分界线。

(4)仪器的转动机构及微动机构应运转灵活、平稳、舒适，无明显跳动、阻滞及回程现象。

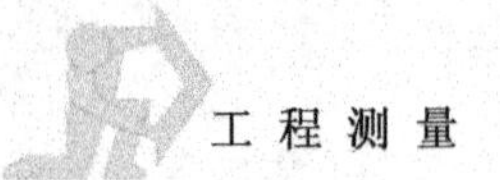

观察点状目标时，旋转微倾或微动手轮，其移动轨迹应为直线。

(5)制动机构及校正螺钉均应有效地发生作用，不应有松动现象；各校正和改正机构应留有调整余量。

(6)水准泡安装应牢固，微倾手轮运转时，气泡移动应均匀灵敏，不应有目视可见的跳动或阻滞现象。

(7)望远镜目镜调节时，视场内的十字线交点不应有明显地晃动现象。

(8)仪器与三脚架的联结应牢固，在照准部转动时，基座不应有晃动现象。

2. 圆水准器轴 $L'L'$ 平行于仪器竖轴 VV 的检验与校正

(1)检验方法　旋转脚螺旋使圆水准器气泡居中，然后将仪器绕竖轴旋转 180°，如果气泡仍居中，则表示该几何条件满足；如果气泡偏出分划圈外，则需要校正。

(2)校正方法　校正时，先调整脚螺旋，使气泡向零点方向移动偏离值的一半，此时竖轴处于铅垂位置。然后，稍旋松圆水准器底部的固定螺钉，用校正针拨动三个校正螺钉，使气泡居中，这时圆水准器轴平行于仪器竖轴且处于铅垂位置。

圆水准器校正螺钉的结构如图 2-29 所示。此项校正，需反复进行，直至仪器旋转到任何位置时，圆水准器气泡皆居中为止，最后旋紧固定螺钉。

3. 十字丝中丝垂直于仪器的竖轴检验与校正

(1)检验方法　安置水准仪，使圆水准器的气泡严格居中后，先用十字丝交点瞄准某一明显的点状目标 M，如图 2-30a)所示，然后旋紧制动螺旋，转动微动螺旋，如果目标点 M 不离开中丝，如图 2-30b)所示，则表示中丝垂直于仪器的竖轴；如果目标点 M 离开中丝，如图 2-30c)所示，则需要校正。

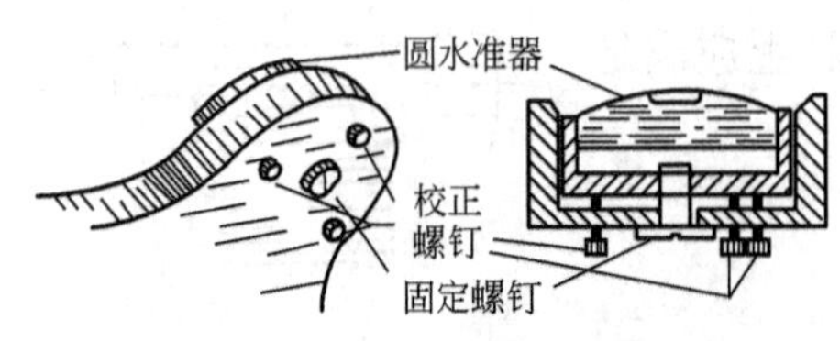

图 2-29　圆水准器校正螺钉

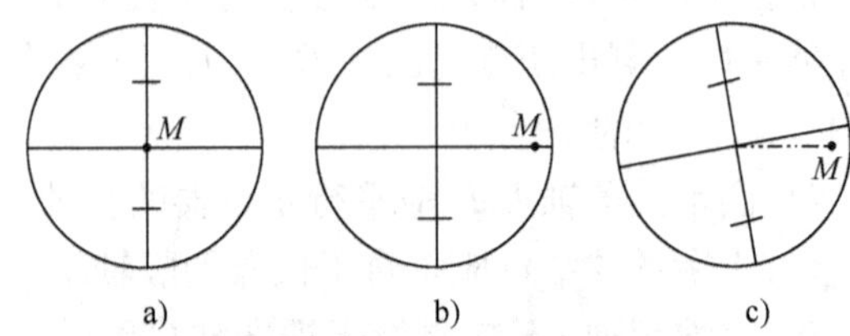

图 2-30　十字丝中丝垂直于仪器的竖轴的检验

(2)校正方法　松开十字丝分划板座的固定螺钉转动十字丝分划板座，使中丝一端对准目标点 M，再将固定螺钉拧紧。此项校正也需反复进行。

4. 水准管轴平行于视准轴的检验与校正

(1)检验方法　如图 2-31 所示，在较平坦的地面上选择相距约 80m 的 A、B 两点，打下木桩或放置尺垫。用皮尺丈量，定出 AB 的中间点 C。

①在 C 点处安置水准仪，用变动仪器高法，连续两次测出 A、B 两点的高差，若两次测定的高差之差不超过 3mm，则取两次高差的平均值 h_{AB} 作为最后结果。由于距离相等，视准轴与水准管轴不平行所产生的前、后视读数误差 x_1 相等，故高差 h_{AB} 不受视准轴误差的影响。

②在离 B 点大约 3m 左右的 D 点处安置水准仪，精平后读得 B 点尺上的读数为 $b2$，因水准仪离 B 点很近，两轴不平行引起的读数误差 x_2 可忽略不计。根据 b_2 和高差 h_{AB} 算出 A 点

尺上视线水平时的应读读数为：$a'_2 = b_2 + h_{AB}$

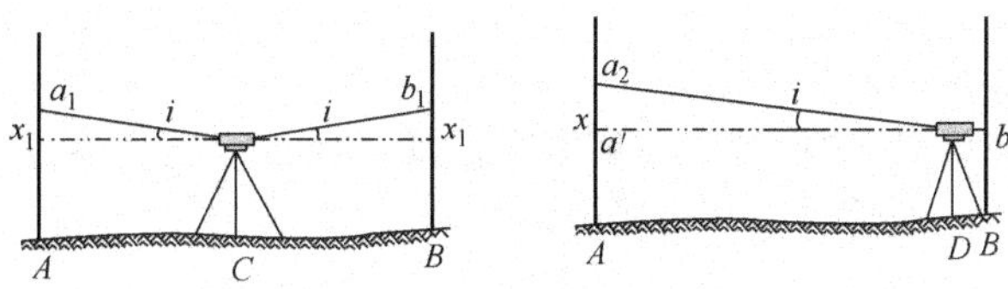

图 2-31　水准管轴平行于视准轴的检验

然后，瞄准 A 点水准尺，读出中丝的读数 a_2，如果 a_2' 与 a_2 相等，表示两轴平行。否则存在 i 角，其角值为：

$$i = \frac{a'_2 - a_2}{D_{AB}}\rho \tag{2-11}$$

式中：D_{AB}——A、B 两点间的水平距离(m)；

i——视准轴与水准管轴的夹角($''$)；

ρ——一弧度的秒值，$\rho = 206\ 265''$。

根据《水准仪检定规程 JJG 425—2003》规定，DS3 型水准仪的 i 角值不得大于 $12''$，如果超限，则需要校正。

(2)校正方法　转动微倾螺旋，使十字丝的中丝对准 A 点尺上应读读数 a_2'，用校正针先拨松水准管一端左、右校正螺钉，如图 2-32 所示，再拨动上、下两个校正螺钉，使偏离的气泡重新居中，最后要将校正螺钉旋紧。此项校正工作需反复进行，直至达到要求为止。

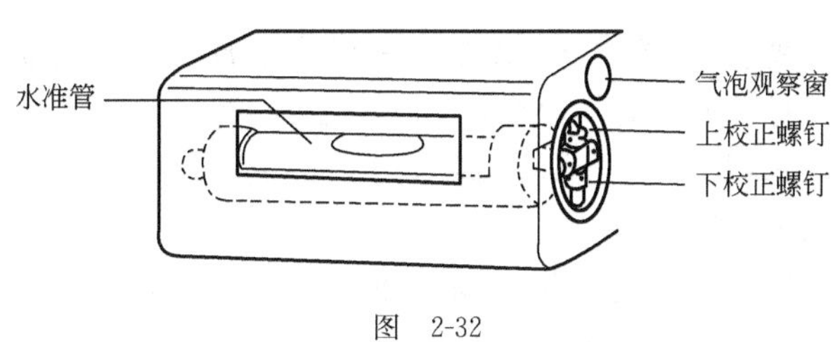

图　2-32

第八节　水准测量误差与注意事项

一 仪器误差

1. 水准管轴与视准轴不平行误差

水准管轴与视准轴不平行，虽然经过校正，仍然可存在少量的残余误差。这种误差的影响与距离成正比，只要观测时注意使前、后视距离相等，便可消除此项误差对测量结果的影响。

2. 水准尺误差

由于水准尺刻划不准确、尺长变化、弯曲等原因，会影响水准测量的精度。因此，水准尺要经过检核才能使用。

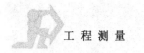

二 观测误差

1. 水准管气泡的居中误差

由于气泡居中存在误差，致使视线偏离水平位置，从而带来读数误差。为减小此误差的影响，每次读数时，都要使水准管气泡严格居中。

2. 估读水准尺的误差

水准尺估读毫米数的误差大小与望远镜的放大倍率以及视线长度有关。在测量作业中，应遵循不同等级的水准测量对望远镜放大倍率和最大视线长度的规定，以保证估读精度。

3. 视差的影响

当存在视差时，由于十字丝平面与水准尺影像不重合，若眼睛的位置不同，便读出不同的读数，而产生读数误差。因此，观测时要仔细调焦，严格消除视差。

4. 水准尺倾斜的影响误差

水准尺倾斜，将使尺上读数增大，从而带来误差。如水准尺倾斜 3°30′，在水准尺上 1m 处读数时，将产生 2mm 的误差。为了减少这种误差的影响，水准尺必须扶直。

三 外界条件的影响误差

1. 水准仪下沉误差

由于水准仪下沉，使视线降低，而引起高差误差。如采用“后、前、前、后”的观测程序，可减弱其影响。

2. 尺垫下沉误差

如果在转点发生尺垫下沉，将使下一站的后视读数增加，也将引起高差的误差。采用往返观测的方法，取成果的中数，可减弱其影响。

为了防止水准仪和尺垫下沉，测站和转点应选在土质坚实处，并踩实三脚架和尺垫，使其稳定。

3. 地球曲率及大气折光的影响

如图 2-33 所示，A、B 为地面上两点，大地水准面是一个曲面，如果水准仪的视线 $a'b'$ 平行于大地水准面，则 A、B 两点的正确高差为：

$$h_{AB} = a' - b'$$

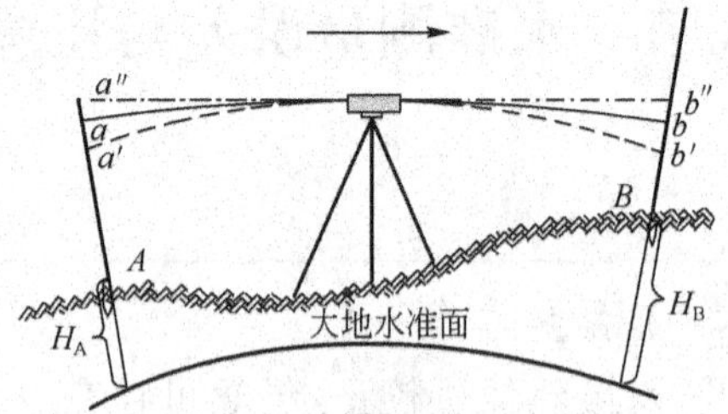

图 2-33 地球曲率及大气折光的影响

但是，水平视线在水准尺上的读数分别为 a''、b''。a'、a''之差与 b'、b''之差，就是地球曲率对读数的影响，用 c 表示。由式(1-12)知：

$$c = \frac{D^2}{2R} \tag{2-12}$$

式中：D——水准仪到水准尺的距离(km)；

R——地球的平均半径，R=6 371km。

由于大气折光的影响，视线是一条曲线，在水准尺上的读数分别为 a、b。a、a''之差与 b、b''之差，就是大气折光对读数的影响，用 r 表示。在稳定的气象条件下，r 约为 c 的 1/7，即：

$$r = \frac{1}{7}c = 0.07\frac{D^2}{R} \tag{2-13}$$

地球曲率和大气折光的共同影响为：

$$f = c - r = 0.43\frac{D^2}{R} \tag{2-14}$$

地球曲率和大气折光的影响，可采用使前、后视距离相等的方法来消除。

4. 温度的影响误差

温度的变化不仅会引起大气折光的变化，而且当烈日照射水准管时，由于水准管本身和管内液体温度的升高，气泡向着温度高的方向移动，从而影响了水准管轴的水平，产生了气泡居中误差。所以，测量中应随时注意为仪器打伞遮阳。

复习思考题

1. 水准仪是根据什么原理来测定两点之间高差的？

2. 何谓视差？发生视差的原因是什么？如何消除视差？

3. 后视点 A 的高程为 55.318m，读得其水准尺的读数为 2.212m，在前视点 B 尺上读数为 2.522m，问高差 h_{AB}是多少？B 点比 A 点高，还是比 A 点低？B 点高程是多少？试绘图说明。

4. 已知 A 点高程 H_A=147.250m，后视 A 点的读数 a=1.384m，前视 B_1，B_2，B_3 各点的读数分别为：b_1=1.846m，b_2=0.947m，b_3=1.438m，试用仪高法计算出 B_1，B_2，B_3 点高程。

5. 为了测得图根控制点 A、B 的高程，由四等水准点 BM.1(高程为 29.826m)以附合水准路线测量至另一个四等水准点 BM.2(高程为 30.386m)，观测数据及部分成果如图 2-34 所示。试列表进行记录，并计算下列问题：

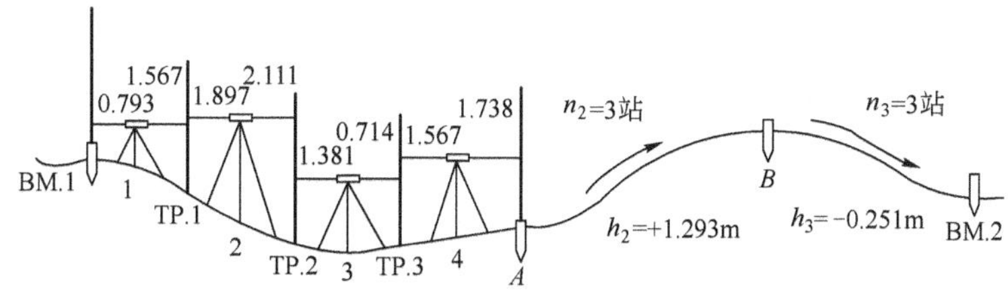

图 2-34　附合水准路线测量示意图

(1)将各段观测数据填入记录手簿，求出各段改正后的高差。

(2)根据观测成果算出 A、B 点的高程。

6. 如图 2-35 所示，为一闭合水准路线等外水准测量示意图，水准点 BM. 2 的高程为 45.515m，1、2、3、4 点为待定高程点，各测段高差及测站数均标注在图中，试计算各待定点的高程。

7. 建筑场地上水准点 A 的高程为 138.416m，欲在待建房屋的近旁的电线杆上测设出

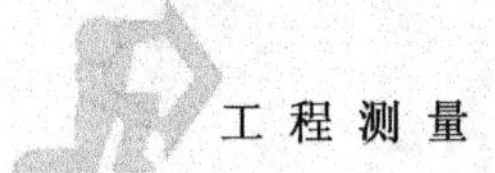

±0.000的高程，±0.000 的设计高程为 139.000m。设水准仪在水准点 A 所立水准尺上的读数为 1.034m，试说明测设方法。

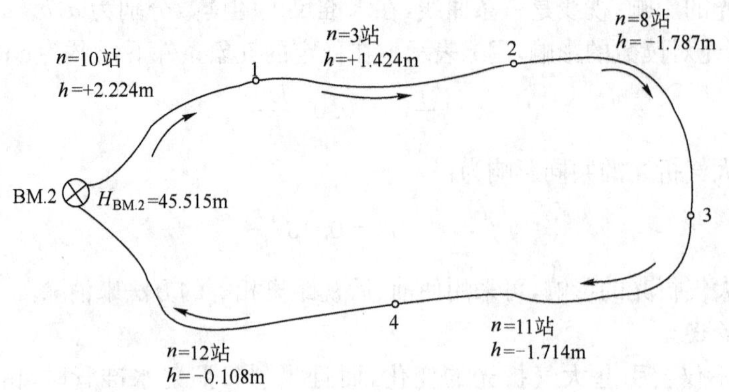

图 2-35 闭合水准路线示意图

8.水准仪有哪些轴线？它们之间应满足哪些条件？哪个是主要条件？为什么？

9.结合水准测量的主要误差来源，说明在观测过程中要注意哪些事项？

10.已知 A、B 两水准点的高程分别为：$H_A=44.286$m，$H_B=44.175$m。水准仪安置在 A 点附近，测得 A 尺上读数 $a=1.966$m，B 尺上读数 $b=1.845$m。问这架仪器的水准管轴是否平行于视准轴？若不平行，当水准管的气泡居中时，视准轴是向上倾斜，还是向下倾斜？如何校正？

第三章 角度测量

角度测量是测量工作的基本内容之一。它包括水平角测量和竖直角测量。其中水平角是确定地面点平面位置的要素之一；而竖直角可用来间接测定地面点的高程。

经纬仪是角度测量的主要仪器，在建筑工程测量中，最常用的普通仪器有 DJ_6 和 DJ_2 型光学经纬仪。

第一节　水平角测量原理

一 水平角的概念

水平角是地面上一点到两目标的方向线垂直投影在水平面上的夹角，用 β 来表示，其角值范围为 0°～360°。如图 3-1 所示，A、O、B 是地面上任意三个点，OA 和 OB 两条方向线所夹的水平角，就是通过 OA 和 OB 沿两个竖直面投影在水平面 P 上的两条水平线 $O'A'$ 和 $O'B'$ 的夹角 $\beta=\angle A'O'B'$。

二 水平角测角原理

如图 3-1 所示，为了获得水平角 β 的大小，在水平面 P 上可以放置一个顺时针方向刻划的圆形度盘(该圆形度盘相当于量角器的功能)，其中心置于 O' 点上，那么 $O'A'$ 和 $O'B'$ 在水平度盘上总有相应读数 a 和 b，则水平角为：

$$\beta = 右目标读数 - 左目标读数 = b - a \quad (3\text{-}1)$$

显然，此水平度盘只要保持水平放置且其中心在 O 点所决定的铅垂线上，置于任何位置均可。

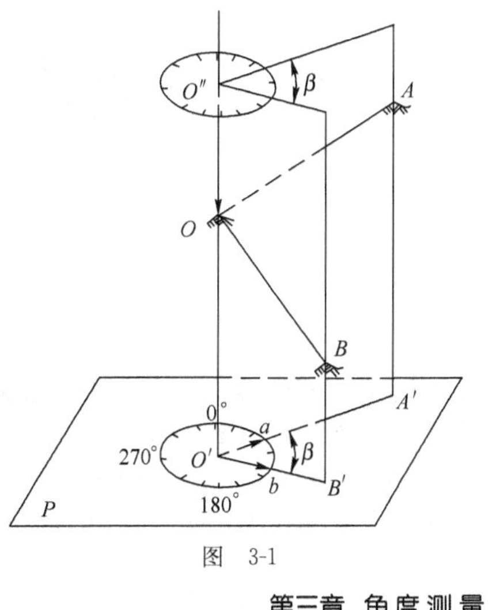

图 3-1

根据以上原理，经纬仪必须具备一个水平度盘及用于照准目标的望远镜。测水平角时，要求水平度盘能放置水平，且水平度盘的中心位于水平角顶点的铅垂线上，望远镜不仅可以水平转动，而且能俯仰转动来瞄准不同方向和不同高的目标，同时保证俯仰转动时望远镜视准轴扫过一个竖直面。这就是用经纬仪测水平角的原理。

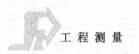

第二节　光学经纬仪

经纬仪有不同的种类和型号。按读数设备的不同，经纬仪可分为游标经纬仪、光学经纬仪和电子经纬仪三种，其中游标经纬仪已淘汰，目前使用的主要是光学经纬仪和电子经纬仪。

经纬仪是测量角度的主要仪器，在工程测量中主要利用经纬仪测角和能测铅垂面的特性，进行角度测设、建筑轴线投测、吊装中垂直度测控和倾斜测量等。

经纬仪按精度不同，可分为 DJ_{07}、DJ_1、DJ_2、DJ_6 和 DJ_{15} 等型号，其中“DJ”表示大地测量经纬仪，下标数字 2、6 等表示仪器的精度等级，即一测回方向观测的中误差，单位为秒。

经纬仪虽然种类多，但测角原理相同，其基本结构也大致相同，目前，DJ_6 型光学经纬仪在建筑工程测量中最常用，其次是 DJ_2 型光学经纬仪和电子经纬仪。所以，本章主要介绍 DJ_6 型光学经纬仪。

 一 DJ_6 型光学经纬仪的构造

如图 3-2 所示，DJ_6 型光学经纬仪主要由照准部、水平度盘和基座三大部分组成。

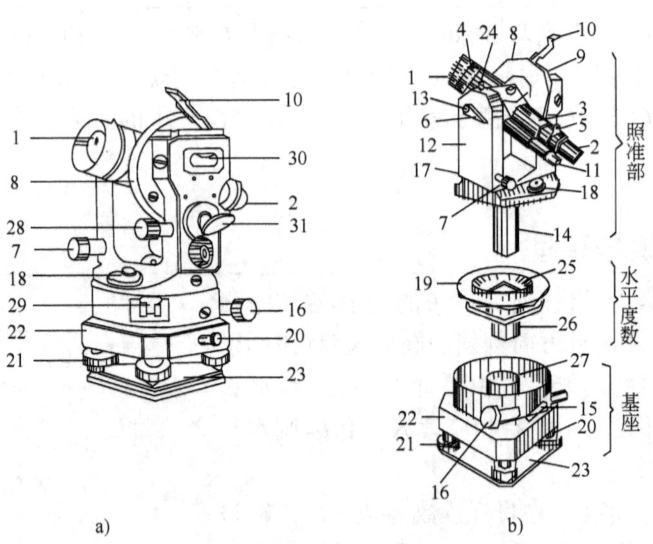

图 3-2　DJ_6 型光学经纬仪

1-望远镜物镜；2-望远镜目镜；3-望远镜调焦螺旋；4-准星；5-照门；6-望远镜固定扳手；7-望远镜微动螺旋；8-竖直度盘；9-竖盘指标水准管；10-竖盘指标水准管反光镜；11-读数显微镜目镜；12-支架；13-水平轴；14-竖轴；15-照准部制动扳手；16-照准部微动螺旋；17-水准管；18-圆水准器；19-水平度盘；20-轴套固定螺旋；21-脚螺旋；22-基座；23-三角形底板；24-罗盘插座；25-度盘轴套；26-外轴；27-度盘旋转轴套；28-竖盘指标水准管微动螺旋；29-水平度盘变换器；30-竖盘指标水准管；31-反光镜

1. 照准部

照准部是指经纬仪水平度盘上能绕竖轴旋转的部分。它主要由望远镜、支架、横轴、竖直度盘、读数设备、照准部水准管和竖轴等组成。

(1)望远镜:它固连在仪器横轴上,可绕横轴俯仰转动从而照准高低不同的目标,并由望远镜制动螺旋和微动螺旋控制。

(2)仪器横轴:安装在U型支架上,望远镜可绕仪器横轴俯仰转动。

(3)竖直度盘:固定在水平轴的一端,与水平轴垂直,且二者中心重合,并随望远镜一起旋转,同时设有竖盘指标水准管及其微动螺旋,以控制竖盘指标。此系统用于测量竖直角。

(4)读数设备:它为比较复杂的光学系统。光线由反光镜进入仪器,通过一系列透镜和棱镜,分别把水平度盘和竖直度盘及测微器的分划影象,反映在望远镜旁的读数显微镜内,以便读取水平度盘和竖直度盘的读数。图3-3为DJ_6型光学经纬仪的读数系统光路图。

(5)照准部水准管:用来精确整平仪器。

(6)仪器竖轴:又称照准部的旋转轴,插入基座上筒状形的轴套内,使整个照准部绕竖轴平稳地旋转。

2. 水平度盘

水平度盘是由光学玻璃制成的圆盘,其刻划为0°～360°按顺时针方向注记,独立装于仪器竖轴上,套在基座上筒状形的轴套内,与竖轴垂直。

照准部与水平度盘的离合关系由水平度盘变换手轮来控制。当转动照准部时,水平度盘不随之转动。若要改变水平度盘读数,可以转动度盘变换手轮使水平度盘读数调到指定的读数位置。

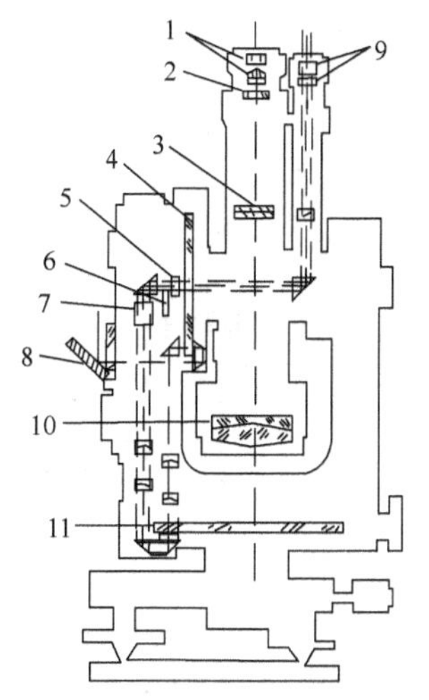

图3-3 DJ_6型光学经纬仪的读数系统光路图

1-目镜;2-十字丝;3-对光透镜;4-竖直度盘;5-读数指标;6-测微分划尺;7-平板玻璃;8-反光镜;9-读数显微目镜;10-物镜;11-水平度盘

3. 基座

基座是用来支承仪器并与三脚架连接的部件。主要包括轴座、轴座固定螺旋、脚螺旋、连接板等。转动脚螺旋,可使圆水准器和照准部水准管气泡居中。将三脚架头的连接螺旋旋进连接板,可使仪器与三脚架固连在一起。在连接螺旋下面的正中有一挂钩可悬挂垂球,当垂球尖端对准地面上欲测角度顶点的标志时,水平度盘的中心即位于该角顶点的铅垂线上。这项工作称为对中。为了提高对中精度和对中时不受风力影响,有的光学经纬仪装有光学对中器,代替垂球进行对中。如图3-4所示,它是由目镜、分划板、物镜和转向棱镜组成的小型折式望远镜。一般装在仪器的基座或照准部上。使用时先将仪器整平,再通过调焦使地面点清晰,并移动基座使对中器中的十字丝或小圆圈中心对准地面标志中心。

二 DJ_6型光学经纬仪的读数装置和读数方法

光学经纬仪上的水平度盘和竖直度盘都是用玻璃制成的圆盘,一般把整个圆周划分为

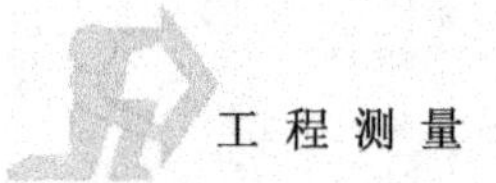

360°。最小度盘分划值一般为 60′或 30′,即每隔 60′或 30′有一条分划线,每度注记数字。度盘上小于度盘分划值的读数利用测微器读出。常见的光学经纬仪上的测微装置有分微尺、单平板玻璃测微器和度盘对径分划重合读数三种。其中 DJ_6 型光学经纬仪常用前两种方式。其读数方法如下:

1. 分微尺测微器的读数方法

装有分微尺的经纬仪,在读数显微镜内能看到两条带有分划的分微尺以及水平度盘和竖直度盘的分划影像,如图 3-5 所示,根据上下半部刻划可分别读出水平与竖直度盘的读数。两度盘分划值均为 1°,正好等于分微尺全长,显然,分微尺全长读数值亦为 1°。分微尺等分成 6 大格,等分线依次注一数字,从 0 到 6,每大格再分为 10 小格。因此,该读数窗读数可精确到 1′,估读到 6″(即 0.1′)。读数时,应先调节读数显微镜调焦螺旋与反光镜使读数清晰亮度合适,然后根据在分微尺上重叠的度盘分划线上的注记读出整度数,再根据该分划线与分微尺上 0 注记之间的刻划读出分和秒。如图 3-5 所示,其水平度盘读数为 164°06′30″,竖直度盘读数为 86°51′42″。

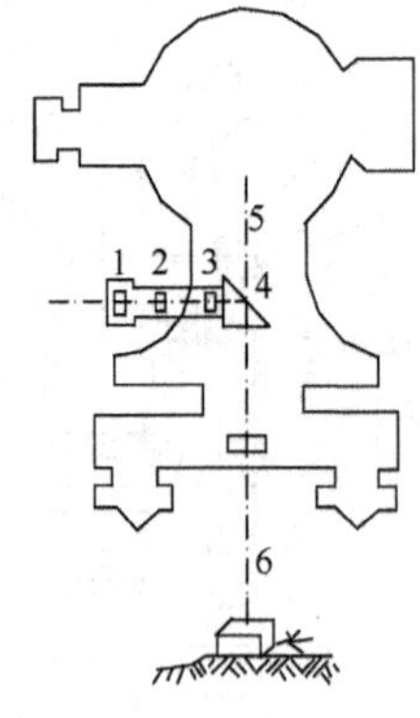

图 3-4 小型折式望远镜

1-目镜;2-分划板;3-物镜;4-旋转棱镜;5-竖轴轴线;6-光学垂线

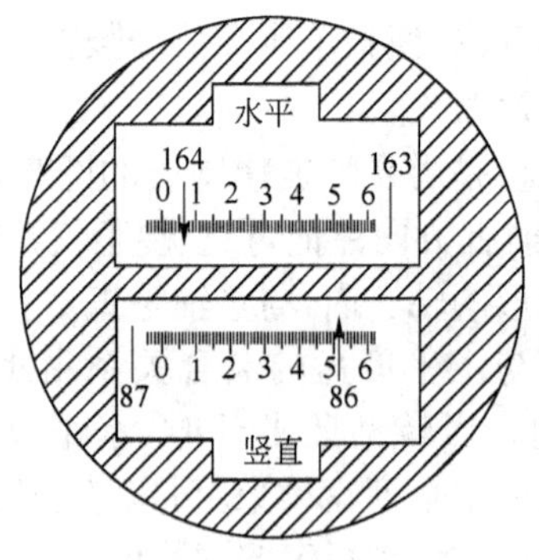

图 3-5 分微尺测微器的读数方法

2. 单平板玻璃测微器的读数方法

如图 3-6 所示,该读数窗由三部分组成,上面小窗口有测微尺分划和较长的单指标线,中间窗口有竖直度盘分划和双指标线,下面窗口有水平度盘分划和双指标线。显然,度盘分划值为 30′,每度指标线上有注记。测微尺全长读数值亦为 30′,再将其分成 30 大格,大格分划线逢 5 的倍数注一相应数字,每大格又分成三小格,因此,该读数窗读数可精确到 20″,估读到 2″。

单平板玻璃测微器的读数方法是:望远镜瞄准目标后,先转动测微轮,使度盘上某一分划精确移至双指标线的中央,读取该分划的度盘读数,再在测微尺上根据单指标线读取 30′以下的分、秒数,两数相加,即得完整的度盘读数。如图 3-6a)所示的水平度盘读数为 5°+11′54″=5°11′54″;如图 3-6b)所示的竖直度盘读数为 92°+21′54″=92°21′54″。

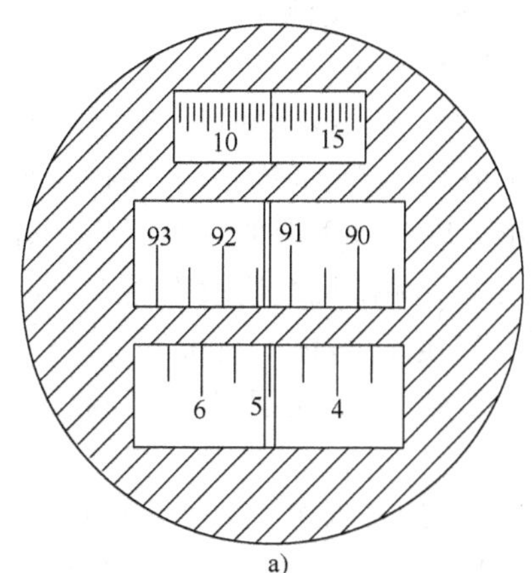

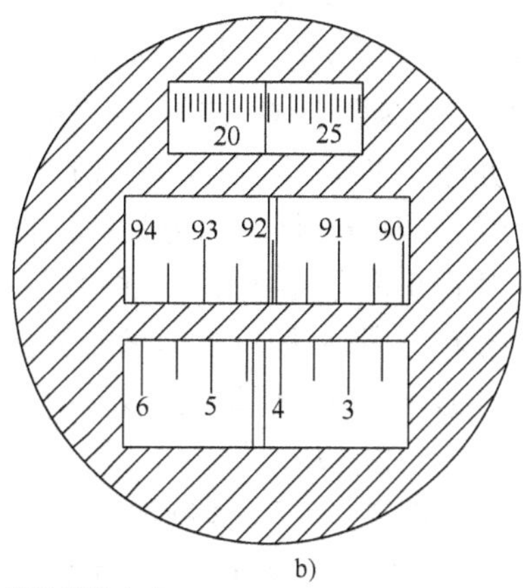

图 3-6 单平板玻璃测微器的读数方法

a)水平度盘读数；b)竖直度盘读数

三 DJ_2 型光学经纬仪简介

DJ_2 型光学经纬仪精度较高，常用于国家较高等级平面控制测量和精密工程测量。图 3-7 是苏州第一光学仪器厂生产的 DJ_2 型光学经纬仪的外形，与 DJ_6 型光学经纬仪相比，在结构上除望远镜的放大倍数较大，照准部水准管的灵敏度较高外，主要是读数设备及读数方法不同。另外，在 DJ_2 型光学经纬仪读数显微镜中，只能看到水平度盘和竖直度盘中的一种影像，如果要读另一种，就要转动换像手轮，使读数显微镜中出现需要读数的度盘影像。

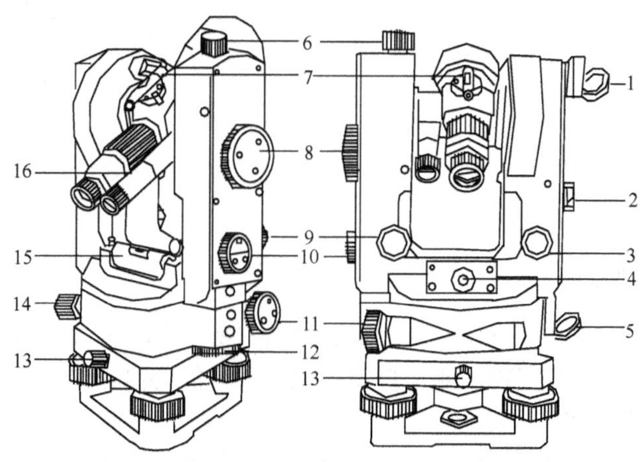

图 3-7

1-竖盘指标水准管观察镜；2-测微轮；3-竖盘指标水准管微动螺旋；4-光学对点器；5-水平度盘反光镜；6-望远镜制动螺旋；7-光学瞄准器；8-望远镜微动螺旋；9-换像手轮；10-照准部；11-水平度盘变换手轮；12-竖盘反光镜；13-轴座固定螺旋；14-照准部微动螺旋；15-照准部水准管；16-读数显微镜

在 DJ_2 型光学经纬仪中，一般都采用度盘对径分划重合的读数设备和方法，读数精度明显提高。现将常见读数形式和方法介绍如下：

第一种，如图 3-8 所示，大窗为度盘的影像，仍然是每度做一注记，每度分三格，度盘分划为 20′。小窗为测微尺的影像，左边注记数字从 0 到 10 以 1′为单位，右边注记数字从 0 到 10

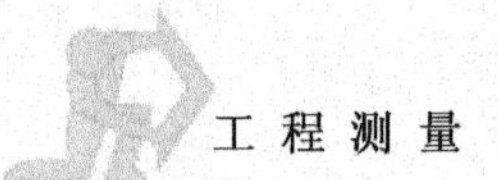

以 10″为单位，最小分划为 1″，可估读到 0.1″。当转动测微轮，使测微尺读数由 0′移动到 10′时，度盘正、倒像的分划线向相反的方向各移动半格(相当于 10′)。

读数时，先转动测微轮，使正、倒像的分划线精确重合，然后找出邻近的正、倒像相差 180°的分划线，并注意正像应在左侧，倒像在右侧，此时便可读出度盘的度数，即正像分划的数字；再数出正像的分划线与倒像的分划线之间的格数，乘以度盘分划值的一半(因正倒像相对移动)，即 10′便得出度盘读数的 10′数；最后从左边小窗中的测微尺上读取不足 10′的分数和秒数，其中分数和 10″数根据单指标线的位置和注记数字直接读出，估读到 0.1″。

如图 3-8a)所示，正、倒像的分划线没有精确重合，不能读数；应使用测微轮将其调节成如图 3-8b)所示，其读数为 62°28′48.3″。

第二种，如图 3-9 所示，其读数原理同第一种，所不同的是采用了数字化读数。其左下侧小窗为测微窗，读数方法完全同第一种(图中为 7′14.9″)；右下侧小窗为度盘对径分划线重合后的影像，没有注记，但在读数时必须转动测微轮使上下线精确重合才可以读数；上面的小窗左侧的数字为度盘读数，中间偏下的数字为整 10′的注记(图中为 75°30′)。所以，图中所示度盘读数为 75°30′+7′14.9″=75°37′14.9″。

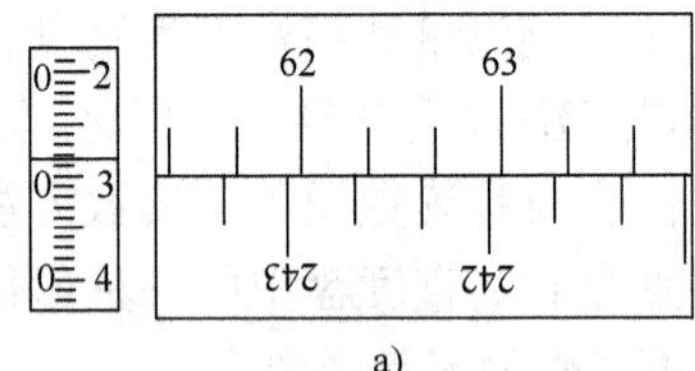

a)

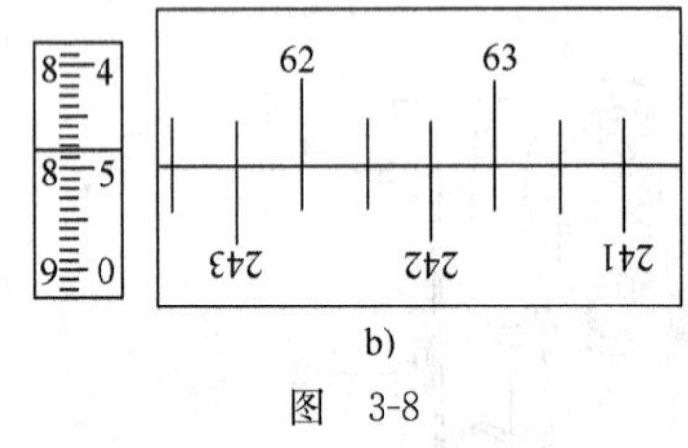

b)

图 3-8

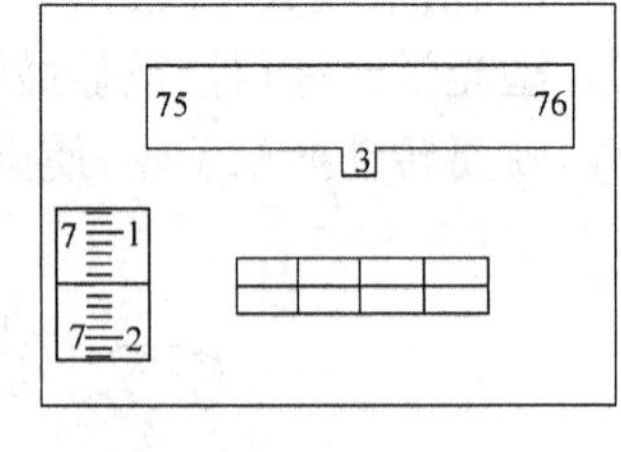

图 3-9

四 电子经纬仪简介

电子经纬仪是在光学经纬仪的基础上发展起来的新一代测角仪器，它的主要特点是：

(1)采用电子测角系统，实现了测角自动化、数字化，能将测量结果自动显示出来，减轻了劳动强度，提高了工作效率。

(2)可与光电测距仪组合成全站型电子速测仪，配合适当的接口可将观测的数据输入计算机，实现数据处理和绘图自动化。

1. 电子经纬仪测角原理

电子经纬仪仍然是采用度盘来进行测角的。与光学测角仪器不同的是，电子测角是从度盘上取得电信号，根据电信号再转换成角度，并自动以数字方式输出，显示在显示器上。电子测角度盘根据取得信号的方式不同，可分为光栅度盘测角、编码度盘测角和电栅度盘测角等。

图 3-10 为 DJ_2 级电子经纬仪，该仪器采用光栅度盘测角，水平、竖直度盘显示读数分辨率为 1″，测角精度可达 2″。图 3-11 为液晶显示窗和操作键盘。键盘上有 6 个键，可发出不同指

令。液晶显示窗中可显示提示内容、竖直角(V)和水平角(H_R)。

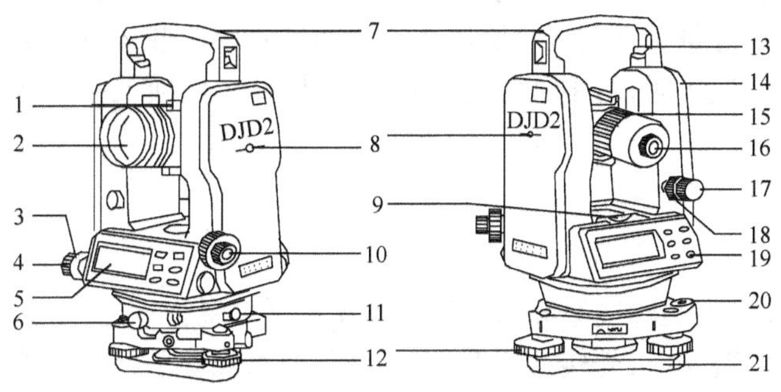

图 3-10 DJ_2 级电子经纬仪

1-粗瞄准器;2-物镜;3-水平微动螺旋;4-水平制动螺旋;5-液晶显示屏;6-基座固定螺旋;7-提手;8-仪器中心标志;9-水准管;10-光学对点器;11-通信接口;12-脚螺旋;13-手提固定螺钉;14-电池;15-望远镜调焦手轮;16-目镜;17-垂直微动手轮;18-垂直制动手轮;19-键盘;20-圆水准器;21-底板

2.电子经纬仪的使用

电子经纬仪使用时,首先要在测站点上安置仪器,在目标点上安置目标,然后调焦与照准目标,最后在操作键盘上按测角键,显示屏上即显示角度值。对中、整平以及调焦与照准目标的操作方法与光学经纬仪一样,键盘操作方法见使用说明书即可,在此不再详述。

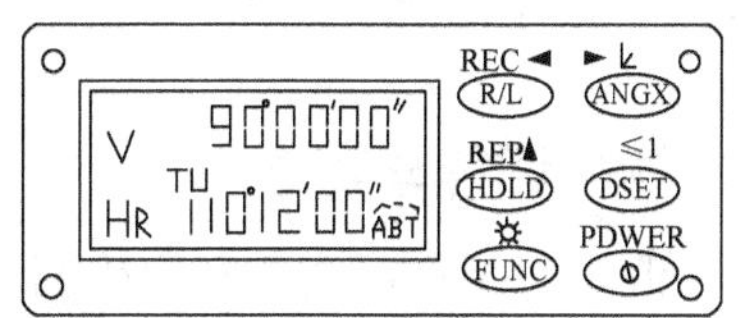

图 3-11 液晶显示窗和操作键盘

在 DJ_2 级电子经纬仪支架上可以加装红外测距仪,与电子手簿相结合,可组成组合式电子速测仪,能测水平角、竖直角、水平距离、斜距、高差、点的坐标值等。

第三节 经纬仪的使用

经纬仪的使用包括对中、整平、调焦和照准及读数四项基本操作。

一 对中

对中的目的是使仪器中心与测站点标志中心位于同一铅垂线上。具体操作方法为:

(1)先松开三脚架脚固定螺旋,按观测者身高调整好脚架的长度,然后将螺旋拧紧。

(2)将三脚架张开,目估使三脚架高度适中,架头水平,且架头中心与测站点位于同一铅垂线上。

(3)挂上垂球初步对中。如果相差太大,可前后左右摆动三脚架架腿,或整体移动三脚架,使垂球尖大致对准测站点标志,并注意架头基本保持水平,然后将三脚架的脚尖踩入土中。

(4)将仪器从仪器箱中取出,用连接螺旋将仪器安装在三脚架上。

(5)垂球精确对中。若垂球尖偏离测站点标志中心,可稍旋松连接螺旋,两手扶住仪器基座,在架头上平移仪器,使垂球尖精确对中测站点标志中心,最后旋紧连接螺旋。对中误差一般不应大于 3mm,光学对中误差一般不应大于 1mm。

另外,对中也可用光学对点器进行。由于光学对点器的视线与仪器竖轴重合,因此,只有在仪器整平后视线才处于铅垂位置。对中时，最好也先用垂球尖大致对中，概略整平仪器后取下垂球，再调节对中器的目镜和物镜，使分划板小圆圈和测站点标志清晰，并通过平移仪器的办法，使测站点标志中心位于分划板小圆圈中心。由于在平移仪器时，整平可能受到影响，所以再精确整平，在精确整平时，对中又可能受到影响，因此这两项工作需要反复进行，直到两者都满足为止。

二 整平

整平的目的是使仪器竖轴竖直和水平度盘处于水平位置。

如图 3-12a)所示，整平时，先转动仪器的照准部，使水准管平行于任意一对脚螺旋的连线，然后用两手同时相对转动两脚螺旋，直到气泡居中，注意气泡移动方向始终与左手大拇指移动方向一致；再将照准部转动 90°，如图 3-12b)所示，使水准管垂直于原两脚螺旋的连线，转动另一脚螺旋，使水准管气泡居中。如此反复进行，直到在这两个方向气泡都居中为止。居中误差一般不得大于一格。

实际工作中，对中整平应反复多次同时进行，一般是粗略对中（用光学对中器对中）、粗略整平（伸缩架腿长度使圆水准器气泡居中）、精确对中（旋松连接螺旋，平移仪器使光学对中器重新对中）、精确整平（调节脚螺旋使管水准器气泡居中）两次对中、整平完成。

三 调焦与照准

调焦包括目镜调焦和物镜调焦两部分，照准就是使望远镜十字丝交点精确照准目标。步骤如下：

（1）照准前先松开望远镜制动螺旋与照准部制动螺旋，将望远镜朝向明亮背景，调节目镜对光螺旋，使十字丝清晰。

（2）然后利用望远镜上的照门和准星粗略照准目标，拧紧照准部及望远镜制动螺旋。

（3）调节物镜对光螺旋，使目标清晰，并消除视差。

（4）转动照准部和望远镜微动螺旋，精确照准目标。

测水平角时，要使十字丝纵丝精确照准目标，并尽量使十字丝交点照准目标底部，如图 3-13b)所示；测竖直角时，要使十字丝横丝精确照准目标，也尽量用十字丝交点照准目标顶部。

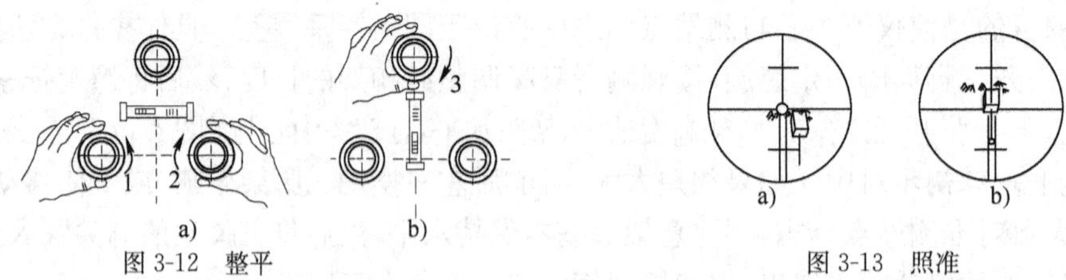

图 3-12 整平

图 3-13 照准

四 读数

调节反光镜，使读数系统亮度适中；调节读数显微镜目镜调焦螺旋，使度盘、测微尺及指标线的影象清晰；然后根据仪器的读数设备，按前述的读数方法读数。

第四节　水平角测量

水平角测量的方法应根据施测时目标的多少、所使用的仪器精度和测角精度要求的不同而定，常用的有测回法和方向观测法。现分述如下：

一 测回法

该方法适用于观测两个目标之间的单个角度。

如图 3-14 所示，即在某点 O 安置经纬仪，观测两个目标 A 和 B 确定某个单角$\angle AOB$。

具体施测步骤如下：

1. 准备工作

(1)首先将经纬仪安置于所测角的顶点 O 上，进行对中和整平；

(2)在 A、B 两点树立标杆或测钎等标志，作为照准标志。

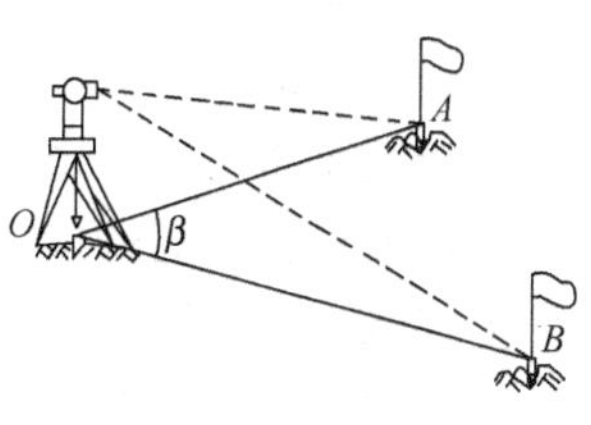

图 3-14

2. 盘左位置

首先将仪器置于盘左位置(竖盘位于望远镜的左测)，完成以下工作：

(1)顺时针方向旋转照准部，首先调焦与照准起始目标 A(即角的左边目标)，读取水平度盘读数 $a_{左}$，设为 $0°00'30''$，记入表 3-1 中。

测回法观测手簿　　表 3-1

测　站	竖盘位置	目　标	水平度盘读数 (°　′　″)	半测回角值 (°　′　″)	一测回角值 (°　′　″)	各测回平均值 (°　′　″)	备　注
第一测回 O	左	A	0　00　30	92　19　12	92　19　21	92　19　24	
		B	92　19　42				
	右	A	180　00　42	92　19　30			
		B	272　20　12				
第二测回 O	左	A	90　00　06	92　19　24	92　19　27		
		B	182　19　30				
	右	A	270　00　06	92　19　30			
		B	2　19　36				

(2)继续顺时针旋转照准部，调焦与照准右边目标 B，读数 $b_{左}$，设为 $92°19'42''$，记入表 3-1 中。

(3)计算盘左位置的水平角 $\beta_{左}$。

$$\beta_{左} = b_{左} - a_{左} = 92°19'42'' - 0°00'30'' = 92°19'12''$$

以上完成了上半测回工作，$\beta_{左}$ 即上半测回角值。

3. 盘右位置

倒转望远镜成盘右位置，完成以下工作：

(1)逆时针旋转照准部，首先调焦与照准右边目标 B，读数 $b_{右}$，设为 $272°20'12''$，记入表 3-1 中。

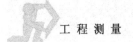

(2)继续逆时针旋转照准部，调焦与照准左边目标 A，读数 $a_{右}$，设为 180°00′42″，记入表 3-1中。

(3)计算盘右位置的水平角 $\beta_{右}$：

$$\beta_{右} = b_{右} - a_{右} = 272°20'12'' - 180°00'42'' = 92°19'30''$$

以上便完成了下半测回工作，$\beta_{右}$ 即下半测回角值。

3. 计算一测回角值

上下两个半测回称为一测回。对于 DJ_6 型光学经纬仪来说，当上、下半测回角值之差：

$$\Delta\beta = \beta_{左} - \beta_{右} = 92°19'12'' - 92°19'30'' = -18'' \leqslant \pm 40''$$

取其平均值作为一测回角值，即：

$$\beta = 1/2(\beta_{左} + \beta_{右}) = 92°19'21''$$

将结果记入表 3-1 中。

为了提高测角精度，对角度需要观测多个测回，此时各测回应根据测回数 n，按 $180°/n$ 的原则改变起始水平度盘位置，即配度盘。各测回值互差若不超过 40″(对于 J_6 级)，取各测回角值的平均值作为最后角值，记入表 3-1 中。

配度盘操作步骤为：

在盘左时先转动照准部精确调焦与照准左目标，然后再转动水平度盘变换手轮，使水平度盘读数为所配数值(如 0°或其附近)即可。

 方向观测法

在一个测站上当观测方向超过两个时，可将这些方向合并为一组一并观测，称为方向观测法。当方向数超过三个时，为保证精度每次测量须再次瞄准起始方向，称为全圆方向观测法。

1. 观测方法

(1)如图 3-15 所示，安置仪器于测站 O 点(包括对中和整平)树立标志于所有目标点，如 A、B、C、D 四点，选定起始方向(又称零方向)如 A 点。

(2)盘左位置，顺时针方向旋转照准部依次照准目标 A、B、C、D、A，分别读取水平度盘读数，并依次记入表 3-3。其中两次照准 A 目标是为了检查水平度盘位置在观测过程中是否发生变动，称为归零，其两次读数之差，称为半测回归零差，其限差要求为：J_6 级经纬仪不得超过 18″，J_2 级经纬仪不得超过 12″。计算中注意检核。以上称为上半测回。

(3)盘右位置，倒转望远镜成盘右位置，逆时针方向旋转照准部依次照准目标 A、B、C、D 和 A，分别读取水平度盘读数，并依次记入表 3-2，称为下半测回。同样注意检核归零差。

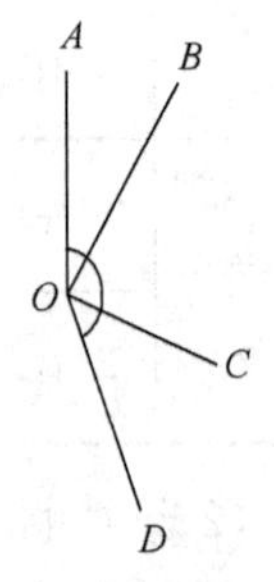

图 3-15 观测方法

这样就完成了一测回。如果为了提高精度需要测 n 个测回时，仍然需要配度盘，即每个测回的起始目标读数按 $180°/n$ 的原则进行配置，如表中测了两测回。

2. 计算方法(表 3-2)

(1)计算二倍视准轴误差 $2c$ 值：同一方向，盘左和盘右读数之差，即 $2c$＝盘左读数－(盘右读数±180°)，表中第一测回目标 A 的 $2c$＝0°02′12″－(180°02′00″－180°)＝＋12″。将各方向

$2c$ 值记入表的第 6 栏中。

同一测回各方向 $2c$ 互差：对于 J_2 型经纬仪不应超过±18″，J_6 经纬仪一般没有 $2c$ 互差的规定。

方向观测法观测手簿　　表 3-2

测站	测回数	目标	水平度盘读数		$2c$=左−(右±180°)	平均读数	归零后方向值	各测回归零后方向平均值	略图及角值
			盘左	盘右					
			(° ′ ″)	(° ′ ″)	(° ′ ″)	(° ′ ″)	(° ′ ″)	(° ′ ″)	
1	2	3	4	5	6	7	8	9	10
O	1	A	0 02 12	180 02 00	+12	(0 02 10) 0 02 06	0 00 00	0 00 00	A B C D O 37°42′04″ 72°44′48″ 39°45′41″
		B	37 44 15	217 44 05	+10	37 44 10	37 42 00	37 42 04	
		C	110 29 04	290 28 52	+12	110 28 58	110 26 48	110 26 52	
		D	150 14 51	330 14 43	+8	150 14 47	150 12 37	150 12 33	
		A	0 02 18	180 02 08	+10	0 02 13			
	2	A	90 03 30	270 03 22	+8	(90 03 24) 90 03 26	0 00 00		
		B	127 45 34	307 45 28	+6	127 45 31	37 42 07		
		C	200 30 24	20 30 18	+6	200 30 21	110 26 57		
		D	240 15 57	60 15 49	+8	240 15 53	150 12 29		
		A	90 03 25	270 03 18	+7	90 03 22			

(2)计算各方向的平均值：如 $2c$ 互差在规定的范围以内，取同一方向盘左和盘右的平均值，就是该方向的方向值：

$$方向值=1/2[盘左读数+(盘右读数\pm 180°)]$$

例如，起始目标 A 的方向值为 0°02′06″，由于归零，另有一个方向值为 0°02′13″，因此取两个方向值的平均值 0°02′10″，作为目标 A 的最后方向值，记入表中第 7 栏的第一行目标 A 的方向值上面的括号里。

(3)计算归零后的方向值：将起始方向值换算为 0°00′00″，即从各方向值的平均值中减去起始方向值的平均值，即得各方向的“归零后方向值”，填入表中第 8 栏相应位置。

(4)计算各测回归零后方向值的平均值：各测回中同一方向归零后的方向值较差限差：J_6 级经纬仪为 24″；J_2 级经纬仪为 9″。当观测结果在规定的限差范围内时，取各测回方向的平均值作为该方向的最后结果，填入表中第 9 栏相应位置。

最后根据各测回归零后方向值的平均值计算各水平角的角值并注于备注栏简图上。

第五节　竖直角测量

一　竖直角测量原理

竖直角是在同一竖直面内，一点到目标的方向线与水平线之间的夹角，又称倾角，用 α 表

示。如图 3-16 所示，方向线在水平线上方，竖直角为仰角，在其角值前加“+”；方向线在水平线下方，竖直角为俯角，在其角值前加“−”。竖直角的角值范围为 0°～±90°。

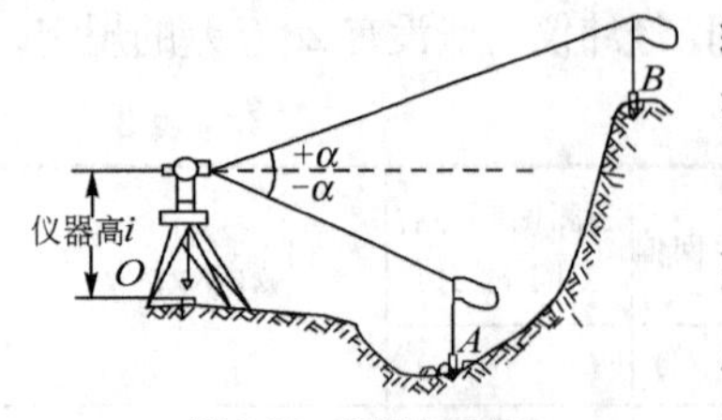

图 3-16　测量竖直角

竖直角是利用其竖直度盘来度量的。如图 3-16 所示，望远镜照准目标的方向线与水平线分别在竖直度盘上有对应读数，两读数之差即为竖直角的角值。由于在过 O 点的铅垂线上不同的位置设置竖直度盘时，所测竖直角值不同，所以应引起注意，需要量仪器高和目标高。

二 竖直度盘的构造

如图 3-17 所示，光学经纬仪竖直度盘的构造包括竖直度盘、竖盘读数指标、竖盘指标水准管和竖盘指标水准管微动螺旋。

竖直度盘固定在望远镜水平轴的一端，与水平轴垂直，且二者中心重合。望远镜与竖直度盘固连在一起，当仪器整平后，竖直度盘随望远镜在竖直面内转动；而竖盘读数指标固定于指定位置，不随望远镜转动。

竖盘读数指标与竖盘指标水准管固连在一起，通过竖盘指标水准管的微动螺旋，使水准管气泡居中，指标处于正确位置。现有的经纬仪设置有竖盘自动安平装置。

光学经纬仪的竖直度盘也是由玻璃制成，其度盘刻划按 0°～360°注记，其形式有顺时针和逆时针方向注记两种。如图 3-18 所示，a)为顺时针方向注记，b)为逆时针方向注记。

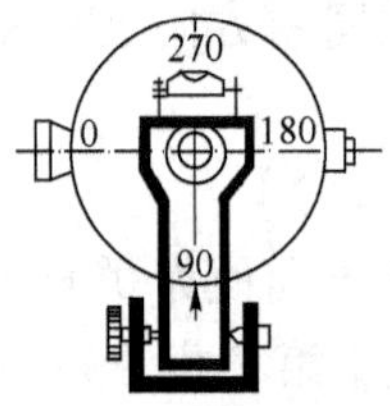

图 3-17　光学经纬仪竖直度盘的构造

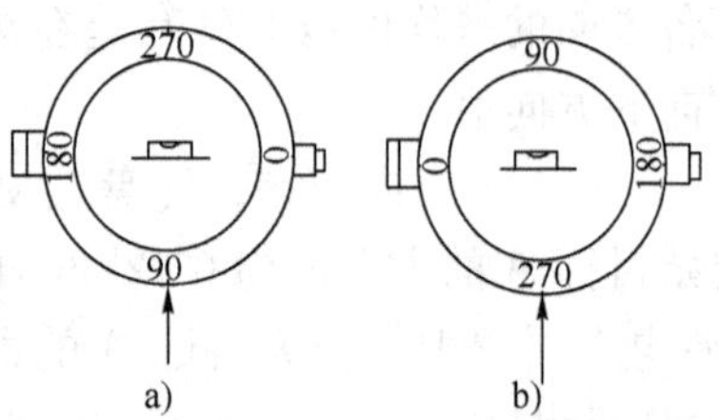

图 3-18　竖直度盘注记形式
a)顺时针方向注记；b)逆时针方向注记

竖盘构造的特点是：当望远镜视线水平、竖盘指标水准管气泡居中时，盘左和盘右位置的竖盘读数均为 90°或 90°的整数倍。

三 竖直角计算公式

根据竖直角测量原理，竖直角是在同一竖直面内目标方向线与水平线的夹角，测定竖直角也就是测出这两线在竖直度盘上的读数差。尽管竖直度盘的注记形式不同，但是根据其构造特点，当视准轴水平时，不论是盘左还是盘右，竖盘的读数都有个定值，正常状态应该是 90°的整数倍。所以测定竖直角，实际上只对视线照准目标进行读数。

在计算竖直角时，究竟是哪一个读数减哪一个读数，视线水平时的读数是多少，应按竖盘的注记形式来确定。如图 3-19 为常用的 J_6 型经纬仪的竖盘注记形式，设盘左时瞄准目标的

读数为 L，盘右时瞄准目标的读数为 R，盘左和盘右位置所测竖直角分别用 α_L 和 α_R，则其公式为：

$$\alpha_L = 90° - L \tag{3-2}$$

$$\alpha_R = R - 270° \tag{3-3}$$

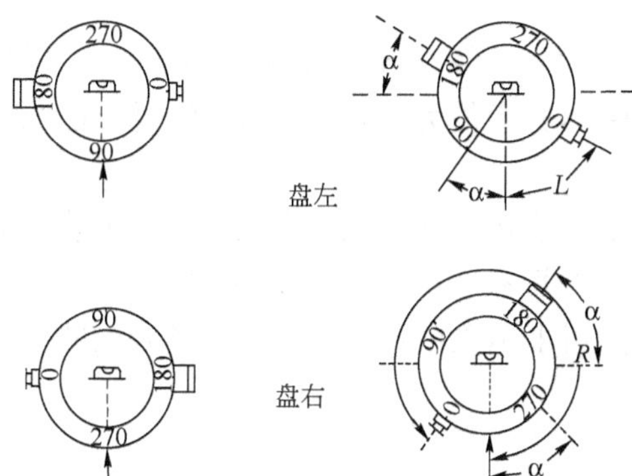

图 3-19 J_6 型经纬仪的竖盘注记

在实际操作仪器观测竖直角之前，将望远镜大致放置水平，观察一个读数，首先确定视线水平时的读数；然后上仰望远镜，观测竖盘读数是增加还是减少，若读数增加，则竖直角的计算公式为：

$$\alpha = (\text{瞄准目标时的读数}) - (\text{视线水平时的读数})$$

若读数减少，则

$$\alpha = (\text{视线水平时的读数}) - (\text{瞄准目标时的读数})$$

四 竖直角的观测

如图 3-16 所示，竖直角的观测、记录和计算步骤如下：

(1)准备工作：在目标点竖立标志；安置仪器于测站 O 点(包括对中和整平)；按前述方法确定仪器竖直角计算公式，为方便应用，可将公式记入表 3-3 中某个位置，如备注栏中。

(2)盘左位置，调焦与照准目标 A，使十字丝横丝精确瞄准目标。转动竖盘指标水准管微动螺旋，使水准管气泡严格居中，然后读取竖盘读数 L，设为 93°22′06″，记入表 3-3。

竖直角观测手簿 表 3-3

测站	目标	竖盘位置	竖盘读数	半测回竖直角	指标差	一测回竖直角	备注
1	2	3	4	5	6	7	8
O	A	左	93°22′06″	−3°22′06″	−21″	−3°22′27″	
		右	266°37′12″	−3°22′48″			
O	B	左	79°12′36″	10°47′24″	−18″	10°47′06″	
		右	280°46′48″	10°46′48″			

(3)盘右位置,重复步骤2,设其读数 R 为 266°37′12″,记入表3-3。

(4)根据竖直角计算公式计算,得

$$\alpha_L = 90° - L = 90° - 93°22'06'' = -3°22'06''$$
$$\alpha_R = R - 270° = 266°37'12'' - 270° = -3°22'48''$$

那么一测回竖直角为:

$$\alpha = 1/2(-3°22'06'' - 3°22'48'') = -3°22'27''$$

将计算结果分别记入手簿,其角值为负,显然是俯角。同理观测目标 B,其结果是正值,说明是仰角。

在竖直角观测中应注意,每次读数前必须使竖盘指标水准管气泡居中,才能正确读数。为防止遗忘并加快施测速度,有些厂家生产的经纬仪,其竖盘指标采用自动补偿装置,其原理与自动安平水准仪补偿器基本相同,从而明显提高了竖直角观测的速度和精度。

五 竖盘指标差

在竖直角计算公式中,认为当视准轴水平、竖盘指标水准管气泡居中时,竖盘读数应是90°的整数倍。但是实际上这个条件往往不能满足,竖盘指标常常偏离正确位置,这个偏离的差值 x 角,称为竖盘指标差。如图3-20所示盘左位置,由于存在指标差,其正确的竖直角计算公式为:

$$\alpha = (90° + x) - L = \alpha_L + x \quad 或 \quad \alpha = 90° - (L - x) = \alpha_L + x \tag{3-4}$$

同理,如图3-20所示盘右位置,其正确的竖直角计算公式为:

$$\alpha = (R - x) - 270° = \alpha_R - x \quad 或 \quad \alpha = R - (270° + x) = \alpha_R - x \tag{3-5}$$

式(3-4)和(3-5)相加,并除以2,得

$$\alpha = 1/2(R - L - 180°) = 1/2(\alpha_L + \alpha_R) \tag{3-6}$$

由此可见,在竖角测量时,用盘左、盘右法测竖直角可以消除竖盘指标差的影响。

将(3-4)和(3-5)相减,得

$$2x = (R + L) - 360 \tag{3-7}$$
$$x = 1/2[(R + L) - 360] \tag{3-8}$$

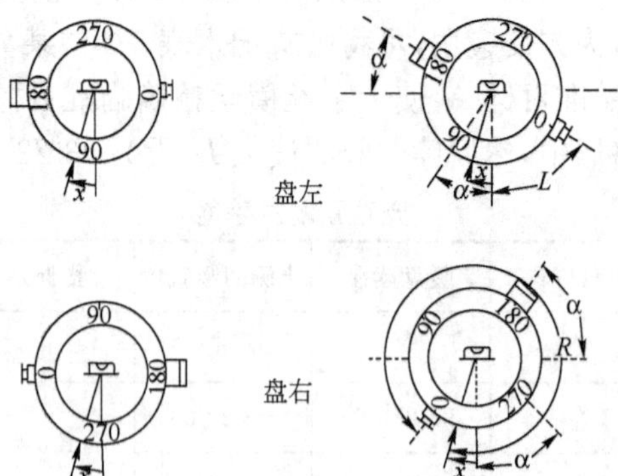

图 3-20

式(3-8)为竖盘指标差的计算式。指标差互差,即所求指标差之间的差值可以反映观测成果的精度。有关规范规定:竖直角观测时,指标差互差的限差:DJ_2 型仪器不得超过±15″;DJ_6 型仪器不得超过±25″。

第六节　角度测设

已知水平角的测设，就是在已知角顶点并根据一个已知边方向，标定出另一边的方向，使两方向的水平角等于已知水平角角值。

一　一般方法

当测设水平角的精度要求不高时，可采用盘左、盘右取中的方法测设。如图 3-21 所示，OA 为已知方向，欲在 O 点测设已知角值 β，定出该角的另一边 OB，可按下列步骤进行操作。

(1)安置经纬仪于 O 点，盘左瞄准 A 点，同时配置水平度盘读数为 $0°00'00''$。

(2)顺时针旋转照准部，使水平度盘增加角值 β 时，在视线方向定出一点 B'。

(3)纵转望远镜成盘右，瞄准 A 点，读取水平度盘读数。

(4)顺时针旋转照准部，使水平度盘读数增加角值 β 时，在视线方向上定出一点 B''。若 B' 和 B'' 重合，则所测设之角为 β。若 B' 和 B'' 不重合，取 B' 和 B'' 中点 B，得到 OB 方向，则 $\angle AOB$ 就是所测设的 β 角。因为 B 点是 B' 和 B'' 中点，故此法亦称为盘左、盘右取中法。

二　精确方法

当水平角测设精度要求较高时，可采用垂线支距法进行改正。如图 3-22 所示，水平角测设步骤如下：

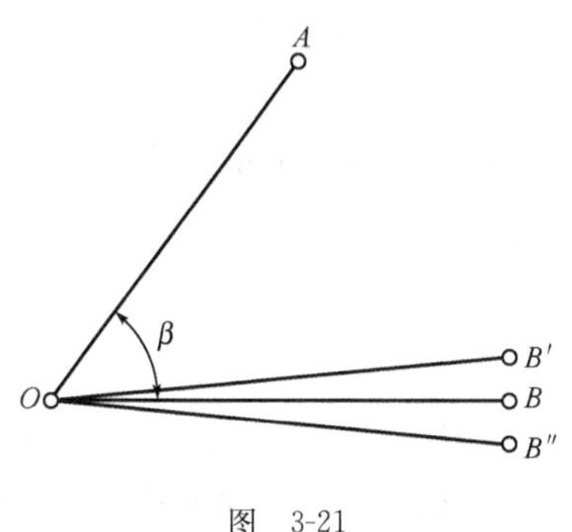

图 3-21

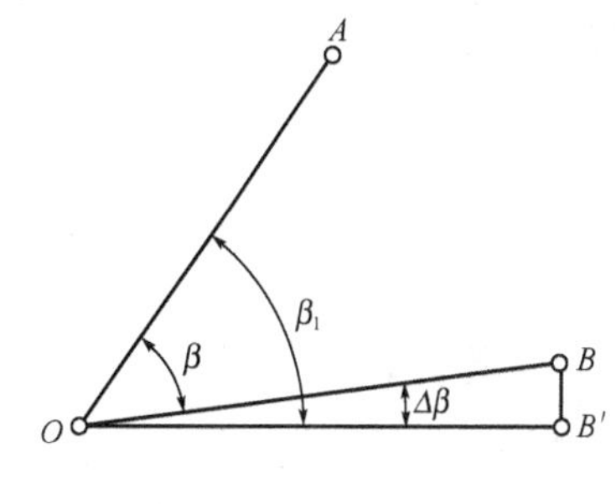

图 3-22

(1)在 O 点安置经纬仪，先用盘左、盘右取中的方法测设 β 角，在地面上定出 B' 点。

(2)用测回法对 $\angle AOB'$ 观测若干个测回，求出各测回平均值 β_1，并计算 $\Delta\beta=\beta-\beta_1$ 值。

(3)量取 OB' 的垂直距离。

(4)计算垂直支距距离。

$$BB' = OB'\tan\Delta\beta \approx OB'\frac{\Delta\beta}{\rho''} \tag{3-9}$$

式中：$\rho''=206\,265''$。

(5)自点 B' 沿 OB' 的垂直方向量出距离 BB'，定出 B 点，则 $\angle AOB$ 就是要测设的角度。

量取改正距离时，如 $\Delta\beta$ 为正，则沿 OB' 的垂直方向向外量取；如 $\Delta\beta$ 为负，则沿 OB' 的垂直方向向内量取。

【例 3-1】 已知地面上 A、O 两点，要测设直角$\angle AOB$。

【解】 测设方法：在 O 点安置经纬仪，利用盘左、盘右取中方法测设直角，得中点 B'，量得 $OB'=50\text{m}$，用测回法测了三个测回，测得$\angle AOB'=89°59'30''$。

$$\Delta\beta = 89°59'30'' - 90°00'00'' = -30''$$

$$BB' = OB'\frac{\Delta\beta}{\rho''} = 50 \times \frac{30''}{206\,265''} = 0.007\text{m}$$

过点 B'沿 OB'的垂直方向向外量出距离 $BB'=0.007\text{m}$ 定得 B 点，则$\angle AOB$ 即为直角。

第七节 经纬仪的检定

经纬仪的主要轴线有竖轴(VV)、横轴(HH)、视准轴(CC)和水准管轴(LL)。如图 3-23 所示，经纬仪各轴线之间应满足的几何条件有：

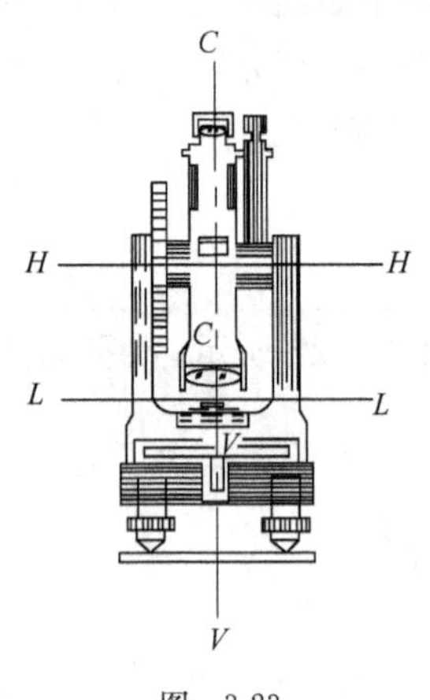

图 3-23

(1)水准管轴应垂直于竖轴($LL\perp VV$)；

(2)十字丝纵丝应垂直于水平轴；

(3)视准轴应垂直于水平轴($CC\perp HH$)；

(4)水平轴应垂直于竖轴($HH\perp VV$)；

(5)望远镜视准轴水平、竖盘指标水准管气泡居中时，指标读数应为 90°的整倍数，即竖盘指标差为零。

经纬仪在出厂时，上述几何条件是满足的。但是，由于仪器长期使用或受到碰撞、振动等影响，均能导致轴线位置发生变化。所以，在正式作业前，应对经纬仪进行检验，如发现上述几何条件不满足，必须校正，直到满足为止。经纬仪的检验与校正一般应由专门的检校单位来完成，所以本节只简单的介绍经纬仪的检验。

一 水准管轴的检验

先粗略整平仪器，然后转动照准部使水准管平行于任意两个脚螺旋的连线方向，调节这两个脚螺旋使水准管气泡居中，再将仪器旋转 180°，如水准管气泡仍居中或偏离中心不超过 1 格，说明水准管轴与竖轴垂直；若气泡不再居中，则说明水准管轴与竖轴不垂直，需要校正。原理如图 3-24 所示。

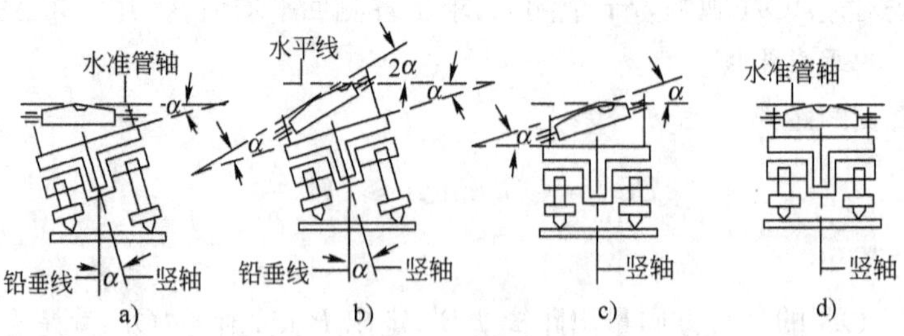

图 3-24 水准管轴的检验

二 十字丝纵丝的检验

首先整平仪器，用十字丝纵丝的上端或下端精确照准远处一明显的目标点，如图 3-25 所示，然后制动照准部和望远镜，转动望远镜微动螺旋使望远镜绕横轴作微小俯仰，如果目标点始终在纵丝上移动，说明条件满足，如图 3-25a）所示；否则需要校正，如图 3-25b）所示。

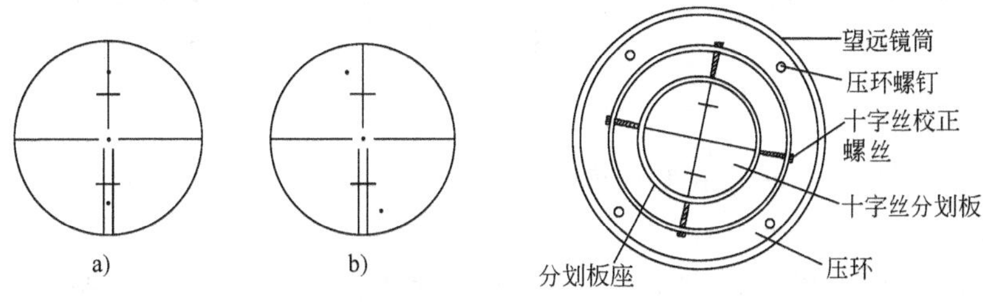

图 3-25 十字丝纵丝的检验

三 望远镜视准轴的检验

视准轴不垂直于水平轴所偏离的角值 c 称为视准轴误差。具有视准轴误差的望远镜绕水平轴旋转时，视准轴将扫过一个圆锥面，而不是一个平面。这样观测同一竖直面内不同高度的点，水平度盘的读数将不相同，从而产生测角误差。

这个误差通常认为是由于十字丝交点在望远镜筒内的位置不正确而产生的，其检验方法如下：

（1）在平坦地面上选择一条长约 100m 的直线 AB，将经纬仪安置在 A、B 两点的中点 O 处，如图 3-24 所示，并在 A 点设置一瞄准标志，在 B 点横放一根刻有毫米分划的尺子，使尺子与 OB 尽量垂直，标志、尺子应大致与仪器同高。

（2）用盘左瞄准 A 点，制动照准部，倒转望远镜在 B 点尺上读数 B_1，如图 3-26a）。

（3）用盘右再瞄准 A 点，制动照准部，倒转望远镜再在 B 点尺上读数 B_2，如图 3-26b）。

若 B_1 与 B_2 两读数相同，则说明条件满足。如不相同，由图可知，$\angle B_1OB_2 = 4c$，由此算得：

$$c'' = B_1B_2 \times \rho''/4D$$

式中 D 为 O 点到尺子的水平距离，若 $c'' > 60''$，则必须校正。

四 水平轴的检验

若水平轴不垂直于竖轴，则仪器整平后竖轴虽已竖直，水平轴并不水平，因而视准轴绕倾斜的水平轴旋转所形成的轨迹是一个倾斜面。这样，当照准同一铅垂面内高度不同的目标点时，水平度盘的读数并不相同，从而产生测角误差，影响测角精度，因此必须进行检校，方法如下：

（1）在距一垂直墙面 20～30m 处，安置经纬仪，整平仪器，如图 3-27 所示。

（2）盘左位置，照准墙上部某一明显目标 P，仰角稍大于 30°为宜。

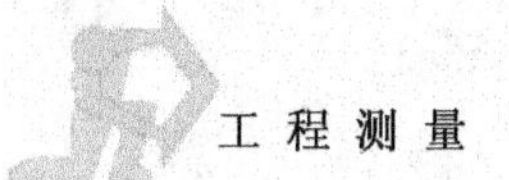

(3)然后制动照准部，放平望远镜在墙上标定 A 点。

(4)倒转望远镜成盘右位置，仍照准 P 点，再将望远镜放平，标定 B 点。

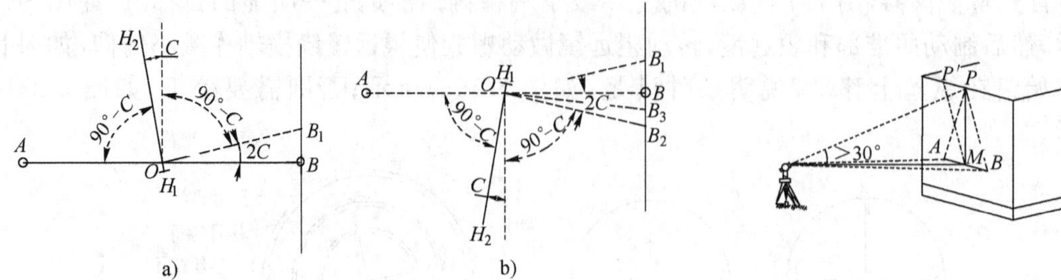

图 3-26　望远镜视准轴的检验

a)盘左；b)盘右

图 3-27　水平轴的检验

若 A、B 两点重合，说明水平轴是水平的，水平轴垂直于竖轴；否则，说明水平轴倾斜，水平轴不垂直于竖轴，需要校正。

五 竖盘水准管的检验

安置仪器，用盘左、盘右两个镜位观测同一目标点，分别使竖盘指标水准管气泡居中，读取竖盘读数 L 和 R，用式(3-8)计算竖盘指标差 x，若 x 值超过 $1'$时，应进行校正。

第八节　角度测量误差及注意事项

角度测量中也存在许多误差，其中水平角测量的误差比较复杂，也是本节着重介绍的内容。

水平角测量的误差来源主要有：仪器误差、安置仪器误差、目标偏心误差、观测误差和外界条件的影响等。只有了解这些误差产生的原因和规律，才能自觉地有针对性地采取相应措施，尽量消除或减小误差，从而提高测量的精度与速度。

一 仪器误差

仪器误差可分为两部分：一是由于仪器制造和加工不完善而引起的误差，如度盘分划不均匀，水平度盘中心和仪器竖轴不重合而引起度盘偏心误差；这些误差不能通过检校来消除或减小，只能用适当的观测方法予以消除或减弱。二是由于仪器检校不完善而引起的误差，如望远镜视准轴不垂直于水平轴、水平轴不垂直于竖轴、水准管轴不垂直于竖轴等。这些仪器检校后的残余误差，可以采用适当的观测方法来消除或减弱其影响。

消除或减弱上述误差的具体方法如下：

(1)采用盘左、盘右两个位置取平均值的方法，可以消除视准轴不垂直于水平轴、水平轴不垂直于竖轴和水平度盘偏心等误差的影响；

(2)采用变换度盘位置观测取平均值的方法，可以减弱由于水平度盘分划不均匀给测角带来的误差影响；

(3)仪器竖轴倾斜引起的水平角测量误差，无法采用一定的观测方法来消除。因此，在经纬仪使用之前应严格检校，确保水准管轴垂直于竖轴；同时，尤其是在视线倾斜较大的地区测量水平角时，要特别注意仪器的严格整平。

二 安置仪器误差

1. 对中误差

如图 3-28 所示，O 为测站点，O' 为仪器中心，仪器对中误差对水平角的影响，与测站点的偏心距 e、边长 D，以及观测方向与偏心方向的夹角 θ 有关。观测的角值 β' 与正确的角值 β 之间的关系为：

$$\beta = \beta' + (\delta_1 + \delta_2)$$

因 δ_1 和 δ_2 很小，故

$$\delta_1 = \frac{e\sin\theta}{D_1}\rho''$$

$$\delta_2 = \frac{e\sin(\beta' - \theta)}{D_2}\rho''$$

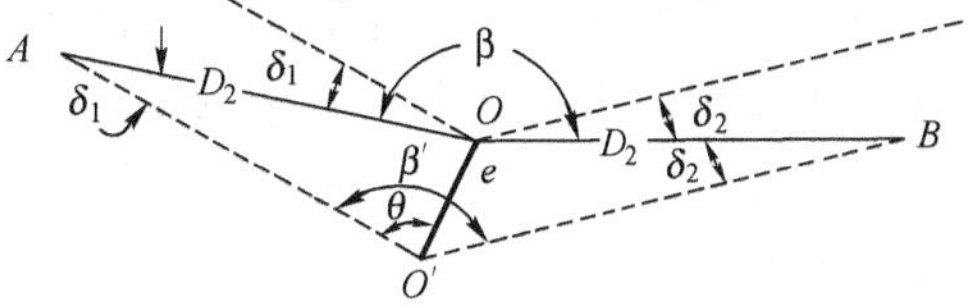

图 3-28

故仪器对中误差对水平角的影响为：

$$\delta = \delta_1 + \delta_2 = \rho'' e[\sin\theta / D_1 + \sin(\beta' - \theta)/D_2] \tag{3-10}$$

当 $\beta' = 180°$，$\theta = 90°$ 时，δ 最大。设 $D_1 = D_2 = 100\text{m}$，$e = 3\text{mm}$，则

$$\delta = \frac{2e}{D\rho''} = \frac{2 \times 3}{(100 \times 10^3) \times 206\ 265''} = 12.4''$$

由上式可见，仪器对中误差对水平角的影响与偏心距成正比，与测站点到目标的距离 D 成反比，e 愈大，距离愈短，误差 δ 愈大。而且此项误差不能用观测方法来消除，因此，当边长较短时，更应注意仪器的对中，把对中误差限制到最小的限度。精度较高的光学经纬仪上都装配有光学对中器，以提高对中的精度。一般规定在观测过程中，对中误差不得大于 3mm。

2. 整平误差

整平误差引起的竖轴倾斜误差，在同一测站竖轴倾斜的方向不变，其对水平角观测的影响与视线倾斜角有关，倾角越大，影响也越大。因此，如前所述，应注意水准管轴与竖轴垂直的检校和使用中的整平。一般规定在观测过程中，水准管偏离零点不得超过一格。

三 目标偏心误差

水平角观测时，常用标杆或其他工具立于目标点上作为照准标志，当标杆倾斜或没有立在目标点的中心时，将产生目标偏心误差。如图 3-29 所示，设 L 为标杆长度，α 为标杆与铅垂线的夹角，目标的偏心距 $e = L\sin\alpha$。目标偏心对水平角观测的影响与对中误差的影响类似，当偏心方向与观测方向垂直时，对水平角测量的影响最大，其误差为：

$$\Delta = \frac{e\rho''}{D} = L\rho'' \frac{\sin\alpha}{D} \tag{3-11}$$

设标杆长为2m，标杆倾斜$\alpha=15'$，边长=100m，则：

$$\delta = 2\times\sin 15'\times 206\,265''\div 100$$
$$=2\times 0.004\,4\times 206\,265''\div 100 = 18''$$

由式(3-11)可见，边长愈短，偏心距愈大，目标偏心误差对水平角观测的影响愈大；同时，照准标志愈长、倾角愈大，偏心距愈大。因此，在水平角观测中，除注意把标杆立直外，还应尽量照准目标的底部。边长愈短，更应注意。

四 观测误差

1. 照准误差

影响望远镜照准精度的因素主要有人眼的分辨能力，望远镜的放大倍率，以及目标的大小、形状、颜色和大气的透明度等。

正常人眼睛的最小分辨角为60″，即当所观测的两点在眼睛构成的视角小于60″时就不能分辨。当使用放大倍率为V的望远镜照准目标时，眼睛的鉴别能力可提高V倍，此时用该仪器的照准误差为$60''/V$。一般DJ_6型光学经纬仪望远镜的放大倍率为25～30倍，因照准误差一般为2.0″～2.4″。

此外，在观测中我们应尽量消除视差，选择适宜的照准标志，熟练操作仪器，掌握照准方法，并仔细照准以减小误差。

2. 读数误差

读数误差主要取决于仪器的读数设备，同时也与照明情况和观测者的经验有关。对于DJ_6型光学经纬仪，用分微尺测微器读数，一般估读误差不超过分微尺最小分划的十分之一，即不超过6″。如果反光镜进光情况不佳，读数显微镜调焦不好，以及观测者的操作不熟练，则估读的误差可能会超过6″。因此，读数时必须仔细调节读数显微镜，使度盘与测微尺分划影像清晰，也要仔细调整反光镜，使影像亮度适中，然后再仔细读数。使用测微轮时，一定要使度盘分划线位于双指标线正中央。

五 外界条件的影响

外界条件的影响很多，如大风、松软的土质会影响仪器的稳定，地面的辐射热会引起物像的跳动，观测时大气透明度和光线的不足会影响照准精度，温度变化影响仪器的正常状态等，这些因素都直接影响测角的精度。因此，要选择有利的观测时间和避开不利的观测条件，使外界条件的影响降低到较小的程度。例如，安置经纬仪时要踩实三脚架腿；晴天观测时要打测伞，以防止阳光直接照射仪器；观测视线应尽量避免接近地面、水面和建筑物等，以防止物像跳动和光线产生不规则的折光，使观测成果受到影响。

复习思考题

1. 何谓水平角？若某测站点与两个不同高度的目标点位于同一竖直面内，那么其构成的水平角是多少？

2. 简述经纬仪各部件和螺旋的作用。

3. 观测水平角时，对中整平的目的是什么？试述用光学对点器对中整平的步骤和方法。

4. 为什么安置经纬仪比安置水准仪的步骤复杂？

5. 简述测回法测水平角的步骤。

6. 完成表 3-4 测回法测水平角的计算。

测回法观测手簿 表 3-4

测　站	竖盘位置	目　标	水平度盘读数 (° ′ ″)	半测回角值 (° ′ ″)	一测回角值 (° ′ ″)	各测回平均值 (° ′ ″)	备　注
第一测回 O	左	A	0 01 00				
		B	98 20 48				
	右	A	180 01 30				
		B	278 21 12				
第二测回 O	左	A	90 00 06				
		B	188 19 36				
	右	A	270 00 36				
		B	8 20 00				

7. 计算水平角时，如果被减数不够减时为什么可以再加 360°？

8. 观测水平角时，若测三个测回，各测回盘左起始方向读数应配为多少？

9. 完成表 3-5 全圆方向观测法观测水平角的计算。

10. 试述竖直角观测的步骤。

11. 某经纬仪视线水平时，盘左竖直度盘读数为 0°，并为顺时针刻划，试推算它的竖直角计算公式。

12. 何谓竖盘指标差？观测竖直角时如何消除竖盘指标差的影响？

13. 请完成表 3-6 的计算（注：盘左视线水平时指标读数为 90°，仰起望远镜读数减小）

14. 水平角测设的方法有哪些？各适用于什么情形？

15. 欲在地面上测设一个直角∠AOB，先按一般测设方法测设出该直角，经检测其角值为 90°01′34″，若 OB = 150m，为了获得正确的直角，试计算 B 点的调整量并绘图说明其调整方向。

16. 经纬仪有几条主要轴线？各轴线间应满足怎样的几何关系？为什么要满足这些条件？这些条件如不满足，如何进行检验？

17. 采用盘左盘右可消除哪些误差？能否消除仪器竖轴倾斜引起的误差？

18. 当边长较短时，更要注意仪器的对中误差和瞄准误差对吗？为什么？

全圆方向观测手簿

表 3-5

测站	测回数	目标	水平度盘读数		2c=左−(右±180°)	平均读数	归零后方向值	各测回归零后方向平均值	略图及角值
			盘左	盘右					
			(° ′ ″)	(° ′ ″)	(° ′ ″)	(° ′ ″)	(° ′ ″)	(° ′ ″)	
O	1	A	0 02 30	180 02 36					
		B	60 23 36	240 23 42					
		C	225 19 06	45 19 18					
		D	290 14 54	110 14 48					
		A	0 02 36	180 02 42					
	2	A	90 03 30	270 03 24					
		B	150 23 48	330 23 30					
		C	315 19 42	135 19 30					
		D	20 15 06	200 15 00					
		A	90 03 24	270 03 18					

竖直角观测手簿

表 3-6

测站	目标	竖盘位置	竖盘读数 (° ′ ″)	半测回竖角 (° ′ ″)	指标差 (″)	一测回竖角 (° ′ ″)	备注
O	A	左	78 18 24				
		右	281 42 00				
	B	左	91 32 42				
		右	268 27 30				

第四章
距离测量与直线定向

距离测量是测量的基本工作之一。测量中常常需要测量两点间的水平距离，所谓水平距离是指地面上两点垂直投影在同一水平面上的直线长度。实际工作中，需要测定距离的两点一般不在同一水平面上，所以需通过一定的方法进行测量，得到水平距离。测定水平距离的方法有钢尺量距、视距测量、光电测距等。两点间除有水平距离外，还有一个方位问题，需要测量两点连线的方向，即直线定向。这就是本章叙述的内容。

第一节　钢 尺 量 距

一 距离丈量的工具

距离丈量的工具主要是尺。根据丈量所要达到的精度要求可选用不同性质的尺，如钢尺、皮尺，如图 4-1 所示。丈量时还须有其他的辅助工具，如标杆、测钎、垂球等，如图 4-2 所示。

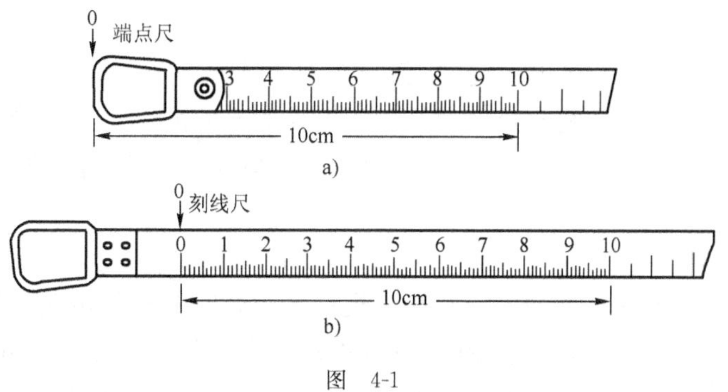

图　4-1

1. 钢尺

钢尺是建筑工地丈量长度最常用的工具。钢尺也称钢卷尺，有架装和盒装两种。尺厚约 0.4mm，宽约 10～15mm，长度有 20m、30m 和 50m 等几种。

根据尺的零点位置不同，有端点尺和刻线尺两种。端点尺（如图 4-1a）以尺的最外端为尺的零点，从建筑物墙边量距比较方便，刻线尺（如图 4-1b）以尺前端的第一条刻度线为尺的零点，使用时注意区别。

钢尺的性质：

(1)钢尺抗拉强度高，不易拉伸，所以量距精度较高，在工程测量中常用钢尺量距。

(2)钢尺性脆，易折断，易生锈，使用时要避免扭折、防止受潮和车轧。

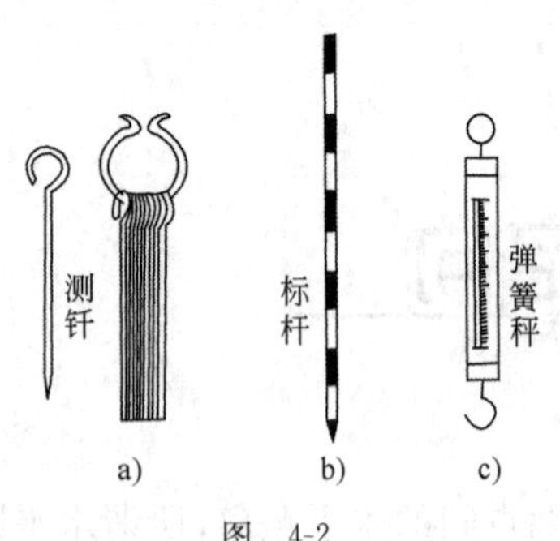

图 4-2

2. 皮尺

在丈量精度要求较低时，直线丈量可用皮尺。皮尺是由麻与金属丝编织而成的带状卷尺，两面涂有防腐油漆，并印有分划和标记，长度有 10m、20m、30m 和 50m 等四种。尺面上最小分划为厘米。由于是编织物，受拉力影响较大，使用时应注意用力均匀。

3. 标杆

标杆多用木料或铝合金制成，直经约 3cm、全长有 2m、2.5m及 3m 等几种规格。杆上油漆成红、白相间的 20cm 色段，非常醒目，标杆下端装有尖头铁脚，便于插入地面，作为照准标志。

4. 测钎

测钎用钢筋制成，一端卷成小圆环，一端磨成尖锥状，直径 3～6mm，长度 30～40cm，用油漆涂成红、白相间的色段。通常 6 根或 11 根为一组。量距时，将测钎插入地面，作为丈量的尺段标记，亦可作为近处目标的瞄准标志。

5. 锤球、弹簧秤和温度计等

锤球也称线垂，用金属制成，呈圆锥形，上端中心系一细绳，悬吊后，锤球尖与细绳在同一垂线上。用于铅垂投递点位位置。

弹簧秤和温度计等用于精密量距。

二 直线定线

水平距离测量时，当地面上两点间的距离超过一整尺长时，或地势起伏较大，此时要在直线方向上设立若干个中间点，将全长分成几个等于或小于尺长的分段，以便丈量，这项在地面上标定出直线丈量的方向线的工作称为直线定线。按精度要求的不同，直线定线有目估定线和经纬仪定线两种方法。

1. 目估定线

如图 4-3 所示，A、B 两点为地面上互相通视的两点，欲在 A、B 两点间的直线上定出 1、2 等点。先在 A、B 两点上各竖立一根标杆，观测者甲立于 A 点后适当位置，用单眼观测 A、B 两点标杆同一侧，提供一条视线。观测者乙侧身持另一标杆立于 1 点附近，听从甲的指挥移动标杆位置。当甲指挥乙又观测到乙所持标杆竖立在视线上时，则 1 点即在 AB 直线上。同法可在直线 AB 上定出其他各点。

2. 经纬仪定线

当量距精度要求较高时，应采用经纬仪定线。如图 4-4 所示，欲在 A、B 两点间精确定出 1、2、…点的位置，可将经纬仪安置于 A 点，用望远镜瞄准 B 点，固定照准部制动螺旋，沿 AB 方向用钢尺进行概量，按稍短于一尺段长的位置，由经纬仪指挥打下木桩。桩顶高出地面

10～20cm，并在桩顶钉一小钉，使小钉在 AB 直线上；或在木桩顶上划十字线，使十字线其中的一条在 AB 直线上，小钉或十字线交点即为丈量时的标志。

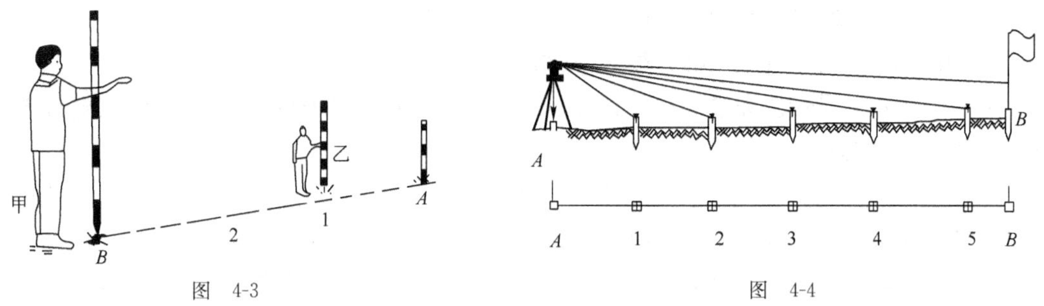

图 4-3　　　　图 4-4

三 钢尺量距的方法

1. 钢尺量距的一般方法

一般方法量距是指采用目估定线，将钢尺拉平，整尺法丈量。一般方法精度不高，相对误差一般只能达到 1/1 000～1/5 000。量距时，一般需要三人，分别担任前尺手、后尺手及记录工作。丈量方法随地面情况而有所不同。

1)平坦地面上的量距方法

量距中目估定线和尺段丈量可以同时进行，如图 4-5 所示。丈量的具体步骤如下：

(1)量距时，先在 A、B 两点上竖立测杆(或测钎)，标定直线方向，然后，后尺手持钢尺的零端位于 A 点，前尺手持尺的末端并携带一组测钎，沿 AB 方向前进，至一尺段长处停下。

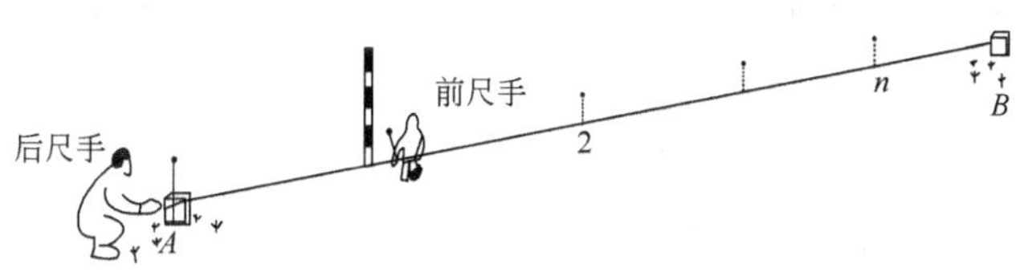

图 4-5

(2)用目估定线方法，由后尺手以手势指挥前尺手将钢尺拉在 AB 直线方向上；后尺手以尺的零点对准 A 点，两人同时将钢尺拉紧、拉平、拉稳后，前尺手喊“预备”，后尺手将钢尺零点准确对准 A 点，并回答“好”，这时前尺手随即将测钎对准钢尺末端刻划竖直插入地面(在坚硬地面处，可用铅笔在地面划线作标记)，得 1 点。这样便完成了第一尺段 A-1 的丈量工作。

(3)接着两人同时携尺前进，后尺手走到 1 点时，即喊“停”。同法丈量第二尺段，然后后尺手拔起 1 点上的测钎。如此继续丈量下去，直至最后量出不足一整尺的余长 q。丈量中量完每一尺段，后尺手应将插在地面上的测钎拔出收好，用来计算已丈量过的整尺段数 n。

(4)A、B 两点间的水平距离为：

$$D_{往} = nl + q_{往} \tag{4-1}$$

式中：n——整尺段数(即在 A、B 两点之间所拔测钎数)；

l——钢尺长度(m)；

q——不足一整尺段的余长(m)。

上述由 A 向 B 的丈量工作称为往测，其结果为 $D_{往}$。

(5)为了防止丈量错误和提高精度，一般还应由 B 点向 A 点进行返测，返测时应重新进行定线。其结果为 $D_{返}$。

$$D_{返} = nl + q_{返} \tag{4-2}$$

(6)计算相对误差 K 和 AB 的水平距离 $D_{平均}$。

往返丈量距离之差的绝对值与距离平均值 $D_{平均}$ 之比称为丈量的相对误差 K，通常化为分子为 1 的分数形式。用相对误差 K 来衡量距离丈量的精度。当相对误差符合精度要求时，则取往、返测距离的平均值作为直线 AB 最终的水平距离。若相对误差超过限度要求，则需进行重测。

$$D_{平均} = \frac{1}{2}(D_{往} + D_{返}) \tag{4-3}$$

$$K = \frac{|D_{往} - D_{返}|}{D_{平均}} = \frac{1}{\dfrac{D_{平均}}{|D_{往} - D_{返}|}} \tag{4-4}$$

相对误差分母愈大，则 K 值愈小，精度愈高；反之，精度愈低。在平坦地区，钢尺量距一般方法的相对误差一般不应大于 1/3 000；在量距较困难的地区，其相对误差也不应大于 1/1 000。

【例 4-1】 用 30m 长的钢尺往返丈量 A、B 两点间的水平距离，丈量结果分别为：往测 4 个整尺段，余长为 9.98m；返测 4 个整尺段，余长为 10.02m。计算 A、B 两点间的水平距离 D_{AB} 及其相对误差 K。

【解】 $D_{往} = nl + q_{往} = 4 \times 30 + 9.98 = 129.98\text{m}$

$D_{返} = nl + q_{返} = 4 \times 30 + 10.02 = 130.02\text{m}$

$D_{平均} = \frac{1}{2}(D_{往} + D_{返}) = \frac{1}{2}(129.98 + 130.02) = 130.00\text{m}$

$K = \frac{|D_{往} - D_{返}|}{D_{平均}} = \frac{|129.98 - 130.02|}{130.00} = \frac{0.04}{130.00} = \frac{1}{3\,250}$

2)倾斜地面上的量距方法

(1)平量法　如果地面起伏不大时，可将钢尺拉平进行丈量。如图 4-6 所示，丈量由高处 A 点向低处 B 点进行，后尺手以尺的零点对准地面 A 点，并指挥前尺手将钢尺拉在 AB 直线方向上，同时前尺手抬高尺子的一端，并目估使尺水平，将锤球绳紧靠钢尺上某一分划，用锤球尖投影于地面上，再插以测钎，得 1 点。此时钢尺上分划读数即为 $A-1$ 两点间的水平距离。同法继续丈量其余各尺段。当丈量至 B 点时，应注意锤球尖必须对准 B 点。各测段丈量结果的总和就是 A、B 两点间的往测水平距离。为方便丈量，返测也应由高处向低处丈量。若精度符合要求，则取往返测的平均值作为最后结果。

(2)斜量法　当倾斜地面的坡度比较均匀或坡度较大时，可用斜量法。如图 4-7 所示，可以沿倾斜地面丈量出 A、B 两点间的斜距 L，用经纬仪测出直线 AB 的倾斜角 α，或测量出 A、B 两点的高差 h，然后计算 AB 的水平距离 D，即：

$$D=L\cos\alpha \tag{4-5}$$

或

$$D=\sqrt{L^2-h^2} \tag{4-6}$$

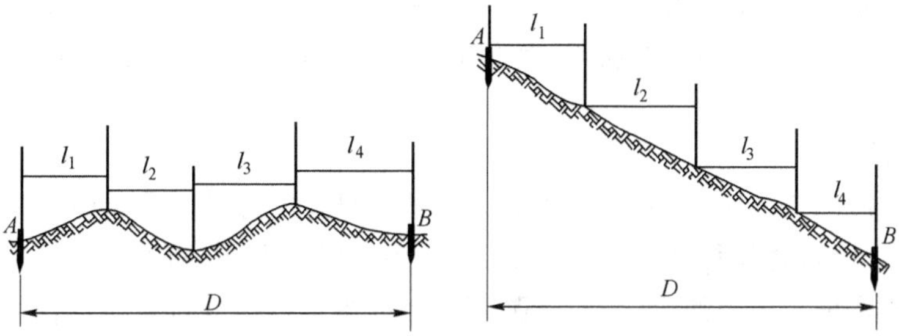

图 4-6

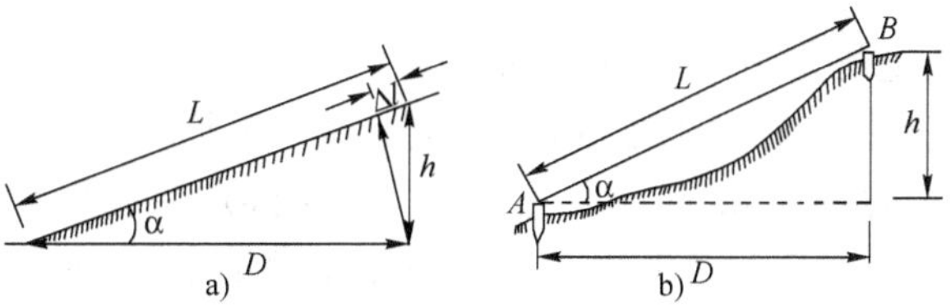

图 4-7

2.钢尺量距的精密方法

前面介绍的钢尺量距的一般方法，精度不高，相对误差一般只能达到 1/1 000～1/5 000。但在实际测量工作中，一些基线、主要轴线对量距精度要求较高，要求达到 1/10 000 以上。这时应采用钢尺量距的精密方法。采用精密量距方法精度可达到 1/10 000～1/50 000。

钢尺量距的精密方法，是指用经纬仪定线，使用检定后的钢尺用串尺法丈量，用弹簧秤控制拉力(使拉力与钢尺检定时拉力一致)，用水准仪测量桩顶间高差，用温度计测量钢尺的实际长度。

1)尺长方程式

钢尺由于材料原因、刻划误差、长期使用的变形以及丈量时温度和拉力不同的影响，其实际长度往往不等于尺上所标注的长度即名义长度，因此，精密量距前应将钢尺送专门的计量单位进行检定。钢尺的实际长度与温度、拉力、尺长改正数等因素有关。由于拉力可以通过施加标准拉力加以控制，因此，钢尺的实际长度可表达为温度的函数，即尺长方程式：

$$l_t = l_0 + \Delta l + \alpha(t - t_0)l_0 \tag{4-7}$$

式中：l_t——钢尺在温度 t 时的实际长度(m)；

l_0——钢尺的名义长度(m)；

Δl——尺长改正数，即钢尺在温度 t_0 时的改正数(m)；

α——钢尺的膨胀系数，一般取 $\alpha=1.25\times10^{-5}(℃)^{-1}$；

t_0——钢尺检定时的温度(℃)；

t——钢尺使用时的温度(℃)。

式(4-7)所表示的含义是：钢尺在施加标准拉力下，其实际长度等于名义长度与尺长改正数和温度改正数之和。钢尺检定时的标准拉力为 49N,标准温度为 20℃。

2)钢尺精密量距方法

(1)准备工作

准备工作包括丈量场地的清理、直线定线和测定桩顶间高差等工作。场地清理是清除待丈量线段间的障碍物,以便于丈量工作的进行。当待丈量线段长度超过一整尺段时,需用经纬仪进行定线,按前所述。利用水准仪,测出各相邻桩顶间高差,目的是将倾斜长度换算成水平长度。

(2)丈量方法

精密量距一般由 5 人组成,2 人拉尺,2 人读数,1 人测定丈量时的钢尺温度兼记录员。

丈量时,后尺手将弹簧秤挂在钢尺零端,前尺手执尺子末端,两人同时拉紧钢尺,把钢尺有刻划的一侧贴于木桩顶十字线交叉点,待弹簧秤指针指示在标准拉力时,由后尺手发出"预备"口令,两人拉稳尺子,由前尺手喊"好",前后尺手在此瞬间同时读数,估读至 0.5mm,记录员依次记入观测手簿,并计算尺段长度。

用前后移动钢尺位置的方法(串尺法),同一尺段丈量三次,由三组读数算得的长度之差不应超过 2mm,否则应重测。如在限差之内,取三次丈量的平均值作为该尺段的观测成果。每一尺段应测定温度一次,估读至 0.5℃。同法依次丈量至终点完成往测。完成往测后,应立即进行返测。返测完成后再测量一次桩顶间高差,两次所测的同桩顶间的高差互差,不应超过 ±10mm,在限差内取其平均值作为相邻桩顶间的高差。

(3)成果计算

①尺长改正数

$$\Delta l_{\mathrm{d}} = \frac{\Delta l}{l_0} l_i \tag{4-8}$$

②温度改正

$$\Delta l_{\mathrm{t}} = \alpha(t - t_0) l_i \tag{4-9}$$

$$\Delta l_{\mathrm{h}} = -\frac{h_i^2}{2l_i} \tag{4-10}$$

③倾斜改正

④改正后尺段长和往、返丈量总长

$$D_i = l_i + \Delta l_{\mathrm{d}} + \Delta l_{\mathrm{t}} + \Delta l_{\mathrm{h}} \tag{4-11}$$

$$D_{往} = \sum D_{i往} \qquad D_{返} = \sum D_{i返} \tag{4-12}$$

计算相对误差 K,如符合精度要求,则取往返的平均值作为最终的丈量结果。否则,应重测。计算时取位至 0.1mm。

对表 4-1 中,以 A—1 测段为例进行三项改正计算:

尺长改正:$\Delta l_{\mathrm{d}} = \frac{\Delta l}{l_0} l_i = (0.0030/30) \times 27.6130 = 0.0027\mathrm{m}$

温度改正:$\Delta l_{\mathrm{t}} = \alpha(t - t_0) l_i = 0.0000125 \times (14.5 - 20) \times 27.6130 = -0.0018\mathrm{m}$

倾斜改正:$\Delta l_{\mathrm{h}} = -\frac{h_i^2}{2l_i} = -\frac{(-0.351)^2}{2 \times 27.6130} = -0.0022\mathrm{m}$

A—1 段尺长:$D_{\mathrm{A1}} = 27.6130 + 0.027 - 0.018 - 0.022 = 27.6117\mathrm{m}$

精密量距记录计算手簿 表 4-1

钢尺号码：No. 016　　钢尺膨胀系数：1.25×10^{-5}　　钢尺检定时温度 t_0：20℃　　记录者：王健

名义长度：30m　　钢尺检定长度：30.003 0m　　钢尺检定时拉力：100N　　日期：2006. 4. 16

尺段编号	实测次数	前尺读数(m)	后尺读数(m)	尺段长度(m)	温度(℃)	高差(m)	尺长改正数(mm)	温度改正数(mm)	倾斜改正数(mm)	改正后长度(m)
A—1	1	27.745 0	0.132 0	27.613 0	+14.5	−0.351	+2.7	−1.8	−2.2	27.611 7
	2	27.685 5	0.072 0	27.613 5						
	3	27.823 5	0.211 0	27.612 5						
	平均			27.613 0						
1—2	1	29.465 5	0.061 0	29.404 5	+15.0	+0.480	+2.9	−1.8	−3.9	29.401 7
	2	29.516 0	0.111 0	29.405 0						
	3	29.639 0	0.235 0	29.404 0						
	平均			29.404 5						
2—B	1	24.925 5	0.050 0	24.879 5	+16.5	−0.375	+2.5	−1.1	−2.3	24.879 1
	2	24.994 5	0.114 0	24.880 5						
	3	25.045 0	0.165 0	24.880 0						
	平均			24.880 0						
总和				81.897 5			+8.1	−4.7	−8.4	81.892 5
B—2	1	24.982 5	0.101 0	24.881 5	+18.5	+0.382	+2.5	−0.5	−2.9	24.880 6
	2	25.117 5	0.235 5	24.882 0						
	3	24.923 5	0.042 5	24.881 0						
	平均			24.881 5						
2—1	1	29.463 5	0.062 5	29.401 0	+20.5	−0.487	+2.9	+0.2	−4.0	29.400 6
	2	29.545 0	0.143 0	29.402 0						
	3	29.598 5	0.197 0	29.401 5						
	平均			29.401 5						
1—A	1	27.832 5	0.217 5	27.615 0	22.0	+0.359	+2.7	+0.7	−2.3	27.616 1
	2	27.753 5	0.138 0	27.615 5						
	3	27.689 0	0.074 5	27.614 5						
	平均			27.615 0						
总和				81.898 0			+8.1	+0.4	−9.2	81.897 3

其余各段的改正同 $A-1$ 段，将各测段改正后长度求和得 AB 的全长为 81.892 5m。AB 段的返测值为 81.897 3m，根据计算相对误差 K 为 1/170 00，符合精度要求，所以往返测量的平均值 81.894 9m 为最终丈量结果。

四 钢尺量距的误差及注意事项

在钢尺丈量过程中不可避免的存在测量误差。为了提高丈量精度，必须了解产生钢尺丈量误差的原因和规律，以便采取相应的措施与丈量方法来消除或减弱其对钢尺的影响，得到符合精度要求的丈量成果。

1. 尺长误差

钢尺的名义长度和实际长度不符，产生尺长误差。尺长误差具有系统累积性，它与所量距离成正比。因此新购的或使用一段时间后的钢尺应经过检验，以便进行尺长改正。

2. 温度改正

钢尺的长度随温度变化，丈量时温度与检定钢尺时温度不一致，或测定的空气温度与钢尺温度相差较大，都会产生温度误差。所以，精度要求较高的丈量，应进行温度改正，并尽可能用半导体温度计测定尺温，或尽可能在阴天进行，以减小空气温度与钢尺温度的差值。

3. 拉力误差

钢尺具有弹性，拉力的大小会影响钢尺的长度。一般量距时，只要保持拉力均匀即可。精密量距时，必须使用弹簧秤，以控制钢尺在丈量时所受拉力与检定时拉力相同。

4. 钢尺不水平的误差

用平量法丈量时，钢尺不水平，会使所量距离增大。用平量法丈量时应尽可能使钢尺水平。

精密量距时，测出尺段两端点的高差，进行倾斜改正，可消除钢尺不水平的影响。

5. 定线误差

丈量时钢尺偏离定线方向，将使测线成为一折线，导致丈量结果偏大，这种误差称为定线误差。当距离较长或精度要求较高时，可利用仪器定线。

6. 丈量误差

钢尺端点对不准、测钎插不准及尺子读数误差等都属于丈量误差。这种误差对丈量结果的影响有正有负，大小不定。属于偶然误差，无法完全消除。在量距时应尽量认真操作，以减小丈量误差。

第二节 视 距 测 量

视距测量是根据光学原理，利用望远镜内的视距丝，同时间接测定两点间水平距离和高差的一种方法。这种方法具有操作方便、速度快、一般不受地形限制等优点。虽然精度较低（普通视距测量仅能达到 1/200～1/300 的精度），但能满足测定碎部点位置的精度要求。所以视距测量被广泛地应用于地形测图中。

一 视距测量的计算公式

经纬仪、水准仪等光学仪器的望远镜中都有与横丝平行、上下等距对称的两根短丝，称为视距丝。利用视距丝配合标尺就可以进行视距测量。

(一)视线水平时的距离和高差公式

如图 4-8 所示，欲测定 A、B 两点间的水平距离 D、及高差 h，在 A 点安置仪器，B 点竖立标尺，望远镜视准轴水平时，照准 B 点标尺，视线与标尺垂直交于 Q 点。根据光学原理，标尺上 M、N 两点成像在十字丝分划板上的两根视距丝 m、n 处，则标尺上 M、N 点的读数可由上、下视距丝读得。上、下视距丝读数之差称为视距间隔或尺间隔，用 l 表示。

由$\triangle MFN$ 和$\triangle m'Fn'$相似得：

$$\frac{FQ}{l}=\frac{f}{p} \quad \Rightarrow \quad FQ=\frac{f}{p}\cdot l$$

式中：l——尺间隔；

f——物镜焦距；

p——视距丝间隔。

再由图可以得出：$$D=FQ+f+\delta$$

其中，δ——物镜到仪器中心的距离。

设 $K=\frac{f}{p}$，$C=f+\delta$，则 $D=Kl+C$

目前测量用的内对光望远镜，在设计制造时，已适当组合焦距及其有关参数，使 $K=100$，C 接近于零。比例系数 K 称为视距乘常数，C 为视距加常数。因而视准轴水平时的视距公式为：

$$D=Kl=100l \tag{4-13}$$

同时，由图 4-8 可知，A、B 两点间的高差 h 为：

$$h=i-v \tag{4-14}$$

式中：i——仪器高，即桩顶到仪器中心的高度(m)；

v——觇高程，即十字丝中丝在视距尺上的读数(m)。

(二)视线倾斜时的距离和高差公式

在地面起伏较大的地区进行视距测量时，必须使望远镜视线处于倾斜位置才能瞄准尺子。如图 4-9 所示，此时视线便不再垂直于竖立的标尺尺面，因此式(4-13)和式(4-14)不能适用。下面介绍视线倾斜时的水平距离和高差的计算公式。

如果把竖立在 B 点上标尺的尺间隔 MN，换算成与视线相垂直的尺间隔 $M'N'$，就可用式(4-13)计算出倾斜距离 D'。然后再根据 D' 和竖直角，算出水平距离 D 和高差 h。

从图 4-9 可知，在$\triangle GM'M$ 和$\triangle GN'N$ 中，由于 φ 角很小(约 $34'$)，可把$\angle GM'M$ 和$\angle GN'N$视为直角。而$\angle MGM'=\angle NGN'=\alpha$，因此

$$M'N'=M'G+GN'=MG\cos\alpha+GN\cos\alpha=(MG+GN)\cos\alpha=MN\cos\alpha$$

式中 $M'N'$就是假设视距尺与视线相垂直的尺间隔 l'，MN 是尺间隔 l，所以

$$l'=l\cos\alpha$$

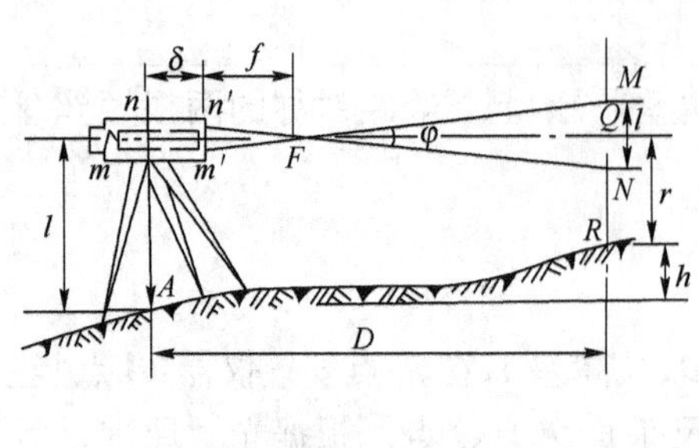

图 4-8

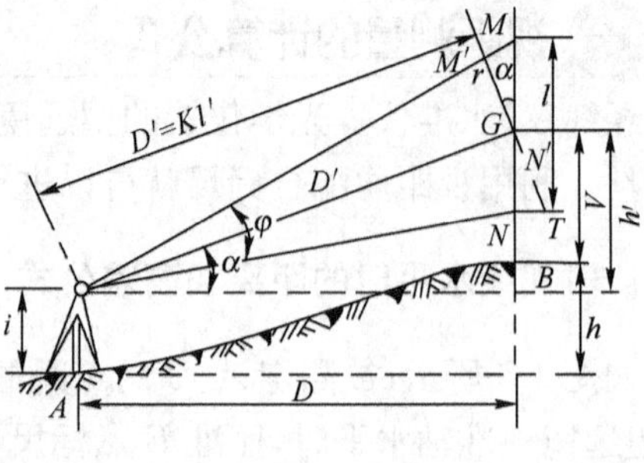

图 4-9

将上式代入式(4-13)，得倾斜距离 D'

$$D' = Kl' = Kl\cos\alpha$$

因此，A、B 两点间的水平距离为：

$$D = D'\cos\alpha = Kl\cos^2\alpha \tag{4-15}$$

式(4-15)为视线倾斜时水平距离的计算公式。

由图 4-9 可以看出，A、B 两点间的高差 h 为：

$$h = h' + i - v$$

而 $h' = D'\sin\alpha = Kl\cos\alpha\sin\alpha = Kl\sin2\alpha$

所以
$$h = \frac{1}{2}Kl\sin2\alpha + i - v \tag{4-16}$$

式(4-16)为视线倾斜时高差的计算公式。

在实际测量中，一般尽可能使觇高程 v 等于仪器高 i，这样可以简化高差 h 的计算。

式(4-15)和式(4-16)为视距测量计算的基本公式，当视线水平，竖直角 $\alpha=0$ 时，即成为式(4-13)和式(4-14)。

二 视距测量的观测和计算

1. 视距测量的观测

(1)在测站上安置仪器，量取仪器高并记入手簿。

(2)转动经纬仪，用盘左照准标尺，读取上、中、下三丝标尺读数，并算出尺间隔。

(3)调节竖直度盘指标水准管使气泡居中，读取竖盘读数并计算竖直角 α。

(4)计算水平距离 D 和高差 h。

实际照准读数时，常使中丝瞄准仪器高 i 的数值而读取竖直角 α；使上丝照准标尺整米数，以便直接读取尺间隔 z，这样，可以简化计算。

2. 视距测量的计算

视距观测结果按式(4-15)、式(4-16)用计算器即可算出两点间的水平距离和高差，亦可根据公式编制计算程序，使用计算机更加简便、快速地计算。

【例 4-2】 如图 4-9 所示，在 A 点安置经纬仪并量取仪器高 i 为 1.400m，转动照准部和望远镜照准 B 点标尺，分别读取上丝、中丝、下丝的读数 1.242m、1.400m、1.558m，测得竖直角角值 α 为 $-3°27'$，求 A、B 两点间水平距离和高差。

【解】 尺间隔　　　　　　$l=1.558-1.242=0.316\text{m}$

则水平距离　　$D=Kl\cos^2\alpha=100\times0.316\times\cos^2(-3°27')=31.49\text{m}$

高差 $h=\frac{1}{2}Kl\sin2\alpha+i-v=\frac{1}{2}\times100\times0.316\times\sin(-6°54')+1.40-1.40=-1.90\text{m}$

三 视距测量误差及注意事项

1. 读数误差

视距丝在标尺上的读数误差，与尺上最小分划、视距的远近、望远镜放大倍率等因素有关。施测时距离不能过大，不要超过规范中限制的范围，读数时注意消除视差，认真读取三丝读数。

2. 垂直折光影响

由于视线通过的大气密度不同而产生垂直折光差，而且视线越接近地面垂直折光差的影响也越大，因此观测时应使视线离开地面至少 1m 以上(上丝读数不得小于 0.3m)。

3. 标尺倾斜误差

标尺立得不直，前后倾斜时将给视距测量带来较大误差，其影响随着尺子倾斜度和地面坡度的增加而增加。因此标尺必须严格铅直(尺上应有水准器)，特别是在山区作业时。

4. 视距常数 K 的误差

由于仪器制造及外界温度变化等因素，使视距常数 K 值不为 100。因此，对视距常数 K 要严格测定。K 值应在 100 ± 0.1 之内，否则应加以改正，或采用实测值。

此外，还有标尺分划误差、竖直角观测误差等，对视距测量都会带来误差。由实验资料分析可知，在较好的观测条件下，视距测量所测平距的相对误差为 1/200～1/300。

第三节　光 电 测 距

随着光电技术的发展，出现了以红外光、激光、电磁波为载波的光电测距仪。光电测距仪是以光波为载波，通过测定光波在测线两端点间的往返传播的时间来测量距离。与钢尺量距和视距测量相比，光电测距具有精度高、作业效率高、受地形影响小等优点，被广泛应用于测量工作中。

测距仪按测程不同，可分为短程测距仪(小于 3km)、中程测距仪(3～15km)和远程测距仪(大于 15km)。按测距精度来分，有Ⅰ级(5mm)、Ⅱ级(5mm～10mm)和Ⅲ级(>10mm)。短程测距仪常以红外光作载波故称为红外测距仪。红外测距仪采用半导体砷化镓(GaAs)发光二极管作为光源，波长为 6 700～9 300Å($1\text{Å}=10^{-10}\text{m}$)。该种二极管具有耗电省、体积小、亮度高、功耗低、寿命长，且能连续发光，加载交变电压后，可直接发射调制光波。因此，红外测距仪被广泛应用于工程测量和地形测量中。

一 测距原理

如图 4-10 所示，欲测定 A、B 两点间的距离 D，在 A 点上安置测距仪，在 B 点上安置反射棱镜。由 A 点测距仪发射光波，该光波经 B 点反射棱镜反射回测距仪。光波在空气中的传播速度 c 是已知的，设光波在 A、B 两点间的往返传播时间为 t，可按下式求出 A、B 两点的距离 D。

$$D=\frac{1}{2}ct \tag{4-17}$$

由式(4-17)可知，只要测定出光波在 A、B 之间往返传播时间 t，便可求出距离 D。根据测定时间 t 的方法的不同，测距仪又分为脉冲式测距仪和相位式测距仪两种。

目前脉冲式测距仪的测距精度一般能达到 ±0.5m，测距精度较低。高精度的测距仪上，均采用相位法测距。

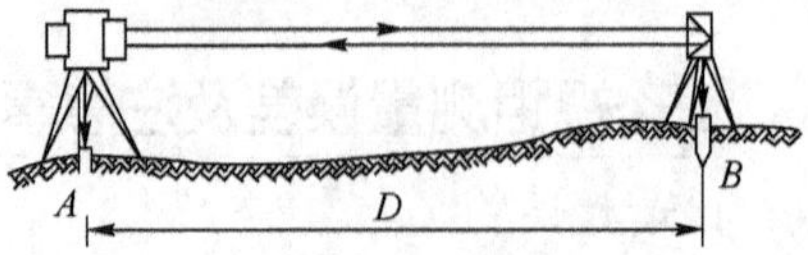

相位法测距是将测量时间变成测量调制光波在测线中传播的相位差，通过测定相位差来间接测定距离。

图 4-10

红外测距仪是一种相位式测距仪。它通过测定发射的调制光波与接收到的光波相位移来间接测定时间 t，从而求得距离 D。为便于说明问题，将反射光波沿测线展开成图 4-11 形状。

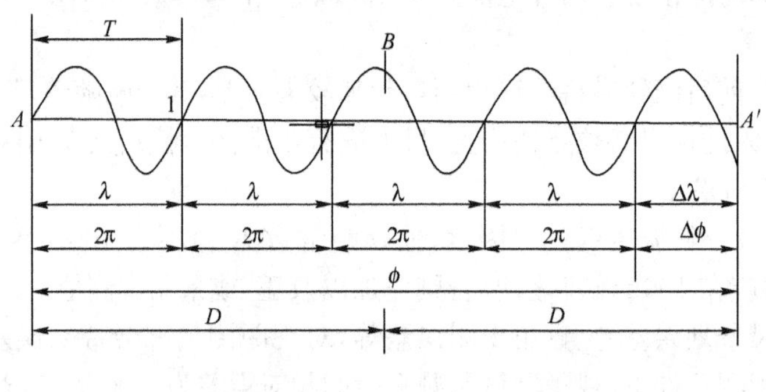

图 4-11

从图上可以看出，调制波经往、返程后，引起的总相位移为：

$$\begin{aligned}\phi&=2\pi ft\\ t&=\phi/2\pi f\end{aligned} \tag{4-18}$$

式中：ϕ——光波往返传播总相位移；

f——调制波频率；

t——光波传播时间。

将式(4-18)代入式(4-17)得：

$$D=\frac{c}{2f}\frac{\phi}{2\pi} \tag{4-19}$$

从图可得：

$$\phi=2\pi N+\Delta\phi \tag{4-20}$$

式中：N——光波往返传播之整周期数；

$\Delta\phi$——不足整周期的相位移尾数。

将式(4-20)代入式(4-19)得

$$D=\frac{c}{2f}\left(N+\frac{\Delta\phi}{2\pi}\right) \tag{4-21}$$

因光波波长 $\lambda=c/f$，则式(4-21)可写成：

$$D=\frac{\lambda}{2}\left(N+\frac{\Delta\phi}{2\pi}\right)=N\frac{\lambda}{2}+\Delta N\frac{\lambda}{2} \tag{4-22}$$

式中 $\Delta N=\frac{\Delta\phi}{2\pi}$,因为 $\Delta\phi$ 为不足整周期的相位移尾数,所以 $\Delta\phi<2\pi$,则 $\Delta N<1$。

式(4-22)即为相位法测距的基本公式。

令

$$L_D=\frac{\lambda}{2}$$

将上式代入式(4-22),则得相位法测距的基本公式为:

$$D = L_D(N+\Delta N) = NL_D+\Delta NL_D \tag{4-23}$$

将式(4-23)与钢尺量距式(4-1)相比较,可以看出二者完全相似。因此,L_D 常称为"光尺"。相当于以半波长 $\lambda/2$ 为整尺长的"光尺"进行测距,N 相当于整尺段数,$\Delta N\frac{\lambda}{2}$ 为不足一尺段的余长。

在测距时要测定测线的温度、气压和湿度,对所测距离进行气象改正。

由式(4-23)知,要测出距离 D,除知道光尺的尺长 $\lambda/2$ 外,还必须知道光尺的整尺段数 N。然而,在相位法测距仪内,用于测定相位变化的相位计只能测出 0~2π 之间的相位变化,或者说只能测出相位变化的尾数 $\Delta\phi$,而不能测出整周期数 N。这样测得的距离只是余长而非总长。解决的方法是设计长光尺,使所测距离 D 小于光尺的一整尺长,即让 $N=0$,由式(4-23)知,这样测出的距离便是 D。利用长光尺虽然可以解决测程问题,但却解决不了测距精度问题。这是因为光尺越长,其误差越大。如光尺为 10m 时,测距精度为±0.01m;光尺为 1000m 时,测距精度为±1m。为兼顾测程与精度,目前测距仪常采用多个调制频率(即几个测尺)进行测距。如短光尺(称精尺)测定米及以下长度,以保证测距精度,用长光尺测定 10m 及以上长度,以保证测程。两者结合起来用以测定全长,其计算工作是由仪器自动完成的。

例如,某双频测距仪,测程为 2km,设计了精、粗两个测尺,精尺为 10m(载波频率 $f_1=$ 15MHz),粗尺为 2000m(载波频率 $f_2=75$kHz)。用精尺测 10m 以下小数,粗尺测 10m 以上大数。如实测距离为 1 356.678m,其中:

精测距离	6.678m
粗测距离	1 350m
仪器显示距离	1 356.678m

对于更远测程的测距仪,可以设计若干个测尺配合测距。

二 REDmini 型红外测距仪

图 4-12 为 REDmini 型红外测距仪,仪器测程为 0.8km。测距仪的支座下有插孔及制紧螺旋,可使测距仪牢固地安装在经纬仪的支架上方。旋紧测距仪支架上的竖直制动螺旋后,可调节微动螺旋使测距仪在竖直面内上下转动。测距仪发射接收镜的目镜内有十字丝分划板,用以瞄准反射棱镜。图中是单块反射棱镜,当测程大于 300 时,可换上三块棱镜组。

测距仪横轴到经纬仪横轴的高度应与觇牌中到反射棱镜中心的高度相同,从而使经纬仪瞄准觇牌中心的视线与测距仪瞄准反射棱镜中心的视线平行,以便测量与计算。

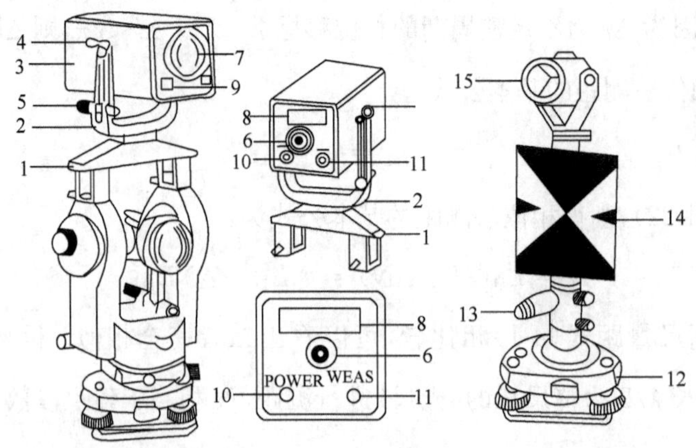

图 4-12

1-支架座；2-支架；3-主机；4-竖直制动螺旋；5-竖直微动螺旋；6-发射接收镜的目镜；7-发射接收镜的物镜；8-显示窗；9-电源电缆插座；10-电源开关键(POWER)；11-测量键(MEAS)；12-基座；13-光学对中器目镜；14-照准觇牌；15-反射棱镜

三 距离测量与计算

1. 距离测量

(1)在测站上安置经纬仪，对中、整平，通过连接件将测距仪主机安装于经纬仪上方。在直线另一端点镜站上安置反射棱镜，对中、整平棱镜，并用粗瞄器将棱镜对准测距仪。

(2)调整经纬仪望远镜，使十字丝对准和、反射棱镜的觇牌中心；调整测距仪望远镜，使十字丝对准反射棱镜中心。

(3)装上电池后用测距仪望远镜照准反射棱镜，按下电源开关"POWER"键，进行自检，自检完成并表明仪器正常和显示相关参数。

(4)按测量键"MEAS"，显示窗显示斜距，一般重复 3～5 次，若较差不超过 5mm，则取平均值作为观测值。用经纬仪观测竖直角，用温度计和气压计测定测站温度和气压。

2. 距离计算

光电测距仪测定的距离，需要进行常数改正、气象改正和倾斜改正，才能得到测线的水平距离。

(1)仪器常数改正。将测距仪进行检定，可以测得测距仪的乘常数 R 和加常数 K。则常数改正值为：

$$\Delta L_k = K + RL' \tag{4-24}$$

式中：R——测距仪的乘常数，单位为 mm/km；

L'——距离观测值，单位为 km。

(2)气象改正。RED mini 红外测距仪的气象改正按下式计算

$$\Delta L_t = \left(278.96 - \frac{0.3872P}{1 + 0.003661t}\right)L'$$

式中：ΔL_t——气象改正值单位为 mm；

P——测站气压单位为 mmHg，1mmHg=133.322Pa；

t——测站温度单位为℃；

L'——距离观测值，单位为 km。

(3)倾斜改正。测距仪测定的距离如果是斜距，在经过前两项改正后还要换算成平距，若经纬仪已测定了测线竖直角 α 为，则平距 D 为：

$$D = L\cos\alpha \tag{4-25}$$

式中：L——经过常数改正和气象改正后斜距。

四 光电测距的注意事项

(1)红外测距仪是一种精密仪器，在使用和运输过程中应十分小心，防止冲击和振动。

(2)测距仪要避免直对阳光，防止日晒雨淋，以免损坏光电器件。

(3)不使用仪器时应关闭电源，仪器长期不用时，应将电池取出。

(4)在测距时，应避免在同一直线上有两个以上反射体及其他明亮物体，以免测错距离。

(5)测线应离开地面障碍物一定高度，避免通过发热体和较宽的水面上空，避开强电磁场的干扰。

(6)应在大气条件比较稳定和通视良好的条件下观测。

(7)在测量现场移动时，应把测距仪从经纬仪上取下后放入箱中再搬运。

目前国内外生产的光电测距仪型号很多，它们的基本工作原理大致相同，使用方法大体上也相同，但也有一些区别。使用光电测距仪并不难，但应认真阅读使用说明书，熟悉键盘及操作指令，才能正确用好仪器。

第四节　水平距离测设

已知水平距离的测设，是从地面上一个已知点出发，沿给定的方向，量出已知(设计)的水平距离，在地面上定出这段距离另一端点的位置。

一 钢尺测设

1. *一般方法*

当测设精度要求不高时，从已知点出发，沿给定的方向，用钢尺直接丈量出已知水平距离，定出这段距离的端点。为了检核，应返测丈量一次，若两次丈量的相对误差在 1/3 000～1/5 000内，取平均位置作为该端点的最后位置。

2. *精确方法*

当测设精度要求 1/10 000 以上时，则用精密方法，使用检定过的钢尺，用经纬仪定线，水准仪测定高差，根据已知水平距离 D 经过尺长改正 Δl_d、温度改正 Δl_t 和倾斜改正 Δl_h 后，用下列公式计算出实地测设长度 L，再根据计算结果，用钢尺进行测设。

$$L = D - \Delta l_d - \Delta l_t - V l_h \tag{4-26}$$

【例 4-3】 如图 4-13 所示，已知待测设的水平距离 D=26.000m，在测设前进行概量定出端点，并测得两点间的高差 h_{AB}=+0.800m，所用钢尺的尺长方程式为：

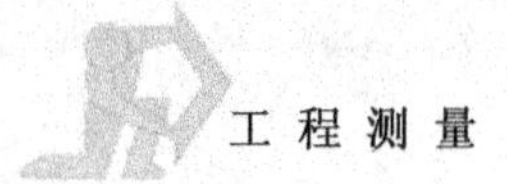

$$l_t = 30 + 0.003 + 0.000\,012 \times 30(t - 20℃)\text{m}$$

测设时温度 t=25℃,拉力与检定钢尺时拉力相同,求 L 的长度

【解】 (1)尺长改正

$$\Delta l_d = \frac{\Delta l}{l_0} \cdot D = 0.003/30 \times 26.000 = +0.0026\text{m}$$

(2)温度改正

$$\Delta l_t = \alpha(t - 20)D = 0.000012 \times (25 - 20) \times 26.000 = +0.0016\text{m}$$

(3)倾斜改正

$$\Delta l_h = -\frac{h_2}{2D} = -\frac{0.8^2}{2 \times 26} = -0.0123\text{m}$$

(4)最后结果

$$L = D - \Delta l_d - \Delta l_t - \Delta l_h = 26 - 0.0026 - 0.0016 + 0.0123 = 26.0081\text{m}$$

故测设时应在已知方向上量出 26.0081m 定出端点 B,要测设两次求其平均位置并进行校核。

二 光电测距仪测设

随着电磁波测距仪的逐渐普及,现在测量人员已很少使用钢尺精密方法丈量距离,而采用光电测距仪(或全站仪)。

如图 4-14 所示,安置光电测距仪于 A 点,瞄准已知方向。沿此方向移动棱镜位置,使仪器

显示值略大于测设距离 D,定出 C'点。在 C'点安置棱镜,测出棱镜的竖直角 α 及斜距 L,计算水平距离:

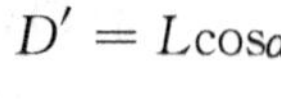

$$D' = L\cos\alpha$$

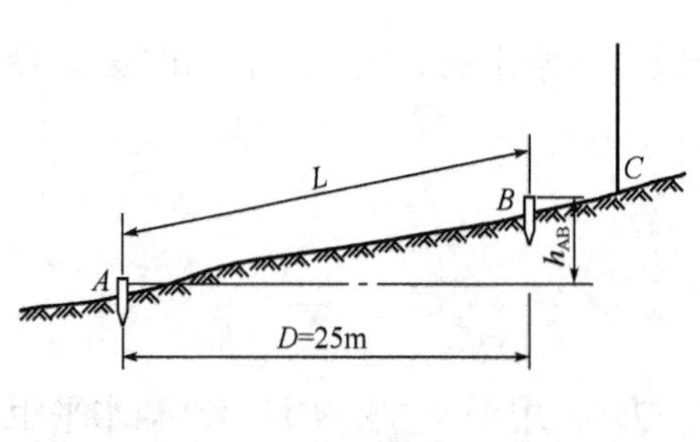

图 4-13

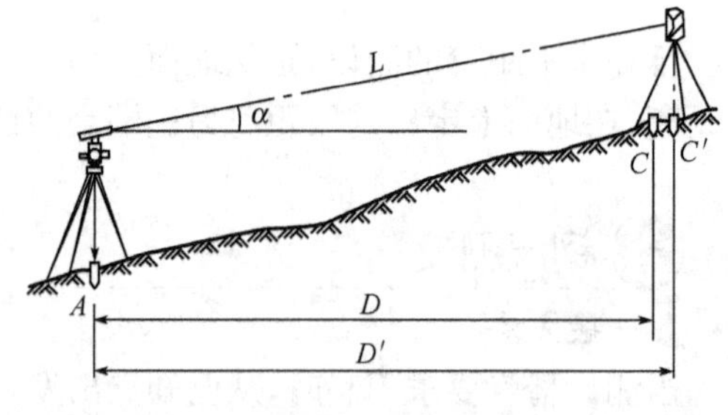

图 4-14

求出 D'与应测设的已知水平距离 D 之差 $\Delta D = D - D'$。根据 ΔD 的符号在实地用钢尺沿已知方向改正 C'至 C 点,并在木桩上标定其点位。为了检核,应将棱镜安置于 C 点,再实测 AC 的水平面距离,与已知水平距离 D 比较,若不符合要求,应再次进行改正,直到测设的距离符合限差要求为止。

第五节 点的平面位置测设

在掌握测设的三项基本工作:水平距离测设、水平角测设、高程测设的基础上,进行点的平

面位置测设。点的平面位置测设的基本方法有直角坐标法、极坐标法、角度交会法和距离交会法等。可根据施工控制网的布设形式、控制点的分布、地形情况、测设精度要求以及施工现场条件等，选用适当的测设方法。

一 直角坐标法

直角坐标法是根据直角坐标原理，利用纵横坐标之差，测设点的平面位置。直角坐标法适用于施工控制网为建筑方格网或建筑基线的形式，且量距方便的建筑施工场地。

1. 计算测设数据

如图 4-15 所示，设Ⅰ、Ⅱ、Ⅲ、Ⅳ为建筑场地的建筑方格网点，a、b、c、d 为需测设的某建筑物的四个角点，根据设计图上各点坐标，可求出建筑物的长度、宽度及测设数据。

建筑物的长度 $ad = y_c - y_a = 680.00 - 630.00 = 50.00\text{m}$

建筑物的宽度 $ab = x_c - x_a = 550.00 - 520.00 = 30.00\text{m}$

$$\Delta x = x_a - x_{\text{I}} = 520.00 - 500.00 = 20.00\text{m}$$

$$\Delta y = y_a - y_{\text{I}} = 630.00 - 600.00 = 30.00\text{m}$$

2. 点位测设方法

(1)在Ⅰ点安置经纬仪，瞄准Ⅳ点，沿视线方向测设距离 30.00m，定出 m 点，继续向前测设 50.00m，定出 n 点。

(2)在 m 点安置经纬仪，瞄准Ⅳ点，按逆时针方向测设 90°角，由 m 点沿视线方向测设距离 20.00m，定出 a 点，作出标志，再向前测设距离 30.00m，定出 b 点，作出标志。

(3)在 n 点安置经纬仪，瞄准Ⅰ点，按顺时针方向测设 90°角，由 n 点沿视线方向测设距离 20.00m，定出 d 点，作出标志，再向前测设距离 30.00m，定出 c 点，作出标志。

(4)检查建筑物四角是否等于 90°，各边长是否等于设计长度，其误差均在限差以内。

测设上述距离和角度时，可根据精度要求分别采用一般方法或精密方法。

在直角坐标法中，一般用经纬仪测设直角，但在精度要求不高、支距不大、地面较平坦时，可采用钢尺根据勾股定理进行测设。

极坐标法

极坐标法是根据一个水平角和一段距离测设点的平面位置。极坐标法适用于量距方便，且待测设点距离控制点较近的建筑施工场地。

1. 计算测设数据

如图 4-16 所示，A、B 为已知平面控制点，其坐标值为 $A(x_A, y_A)$、$B(x_B, y_B)$，P 点为建筑物的一个角点，其坐标为 $P(x_P, y_P)$。现根据 A、B 两点，用极坐标法测设 P 点，

其测设数据计算方法如下。

(1)计算 AB 边的坐标方位角 α_{AB} 和 AP 边的坐标方位角 α_{AP}，按坐标反算公式计算。

$$\alpha_{AB} = \arctan\frac{\Delta Y_{AB}}{\Delta X_{AB}} \qquad \alpha_{AP} = \arctan\frac{\Delta Y_{AP}}{\Delta X_{A}}$$

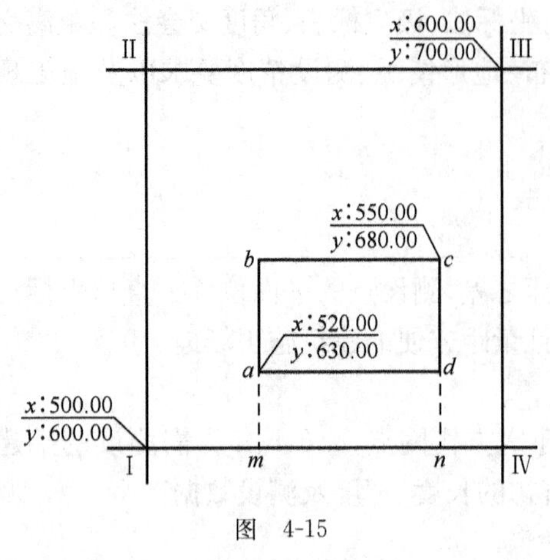

图 4-15

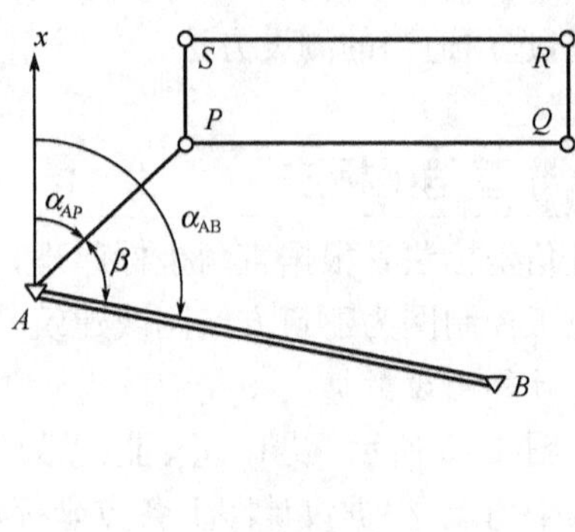

图 4-16

计算每条边的方位角时，应根据 Δx 和 Δy 的正负情况，判断该边所属象限。

(2)计算 AP 与 AB 之间的夹角。

$$\beta=\alpha_{AB}-\alpha_{AP}$$

(3)计算 A、P 两点间的水平距离。

$$D_{AP}=\sqrt{(X_P-X_A)^2+(Y_P-Y_A)^2}=\sqrt{\Delta X_{AP}^2+\Delta Y_{AP}^2}$$

【例 4-4】 已知 $x_A=348.758\text{m}$，$y_A=433.570\text{m}$，$x_P=370.000\text{m}$，$y_P=458.000\text{m}$，$\alpha_{AB}=103°48'48''$，试计算测设数据 β 和 D_{AP}。

【解】 $\alpha_{AP}=\arctan\dfrac{\Delta Y_{AP}}{\Delta X_{AP}}=\arctan\dfrac{458.000-433.570}{370.000-348.758}=48°59'34''$

$$\beta=\alpha_{AB}-\alpha_{AP}=103°48'48''-48°59'34''=54°49'14''$$

$$D_{AP}=\sqrt{(370.000-348.758)^2+(458.000-433.570)^2}=32.374\text{m}$$

2. 点位的测设方法

(1)在 A 点安置经纬仪，瞄准 B 点，按逆时针方向测设 β 角，定出 AP 方向。

(2)沿 AP 方向测设水平距离 D_{AP}，定出 P 点，作出标志。

(3)用同样的方法测设建筑物的另外三个角点。全部测设完毕后，检查建筑物四角是否等于 90°，各边长是否等于设计长度，其误差均应在限差以内。

在测设距离和角度时，可根据精度要求分别采用一般方法或精密方法。

各种型号的全站仪均设计了极坐标法测设点的平面位置的功能。它能适应各类地形和施工现场情况，而且精度较高，操作简单，在生产实践中已广泛采用。

三 角度交会法

角度交会法是在两个或多个控制点上安置经纬仪，通过测设两个或多个已知水平角角度，交会出待定点的平面位置。这种方法又称为方向交会法。角度交会法适用于待定点离控制点较远，且量距较困难的建筑施工场地。

1. 计算测设数据

如图 4-17a)所示，A、B、C 为已知平面控制点，P 为待测设点，其坐标均为已知，现根据 A、

B、C 三点，用角度交会法测设 P 点，测设数据计算如下。

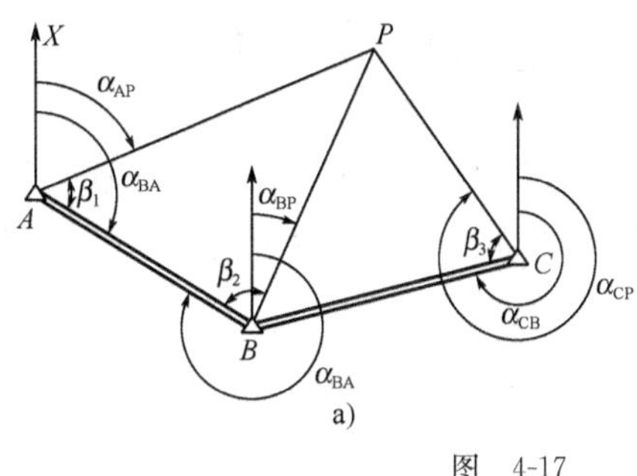

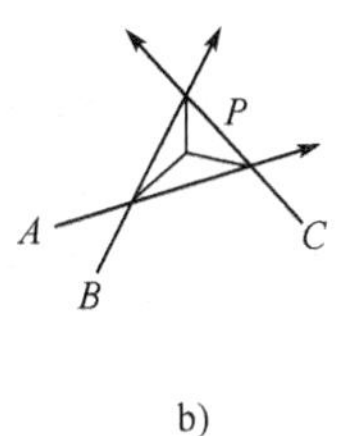

图 4-17

(1)按坐标反算公式，分别求出 α_{AB}、α_{AP}、α_{BP}、α_{CB}和 α_{CP}。

(2)计算水平角 β_1、β_2 和 β_3。

2. 点位测设方法

(1)在 A、B 两点同时安置经纬仪，同时测设水平角 β_1 和 β_2 定出两条方向线，在两条方向线相交处钉一个木桩，并在木桩上沿 AP、BP 绘出方向线及其交点。

(2)在 C 点安置经纬仪，测设水平角 β_3，同样在木桩上沿 CP 绘出方向线。

(3)如果交会没有误差，则此方向线应通过前两方向线的交点，此交点即为待测点 P 点。由于测设有误差，往往三个方向不交于一点，而形成一个误差三角形，如图 4-17b)所示。如果此三角形最长边不超过允许范围，则取三角形的重心作为 P 点的最终位置。

测设 β_1、β_2 和 β_3 时，视具体情况可采用一般方法或精密方法。

四 距离交会法

距离交会法是根据两个控制点测设两段已知水平距离，交会定出待测点的平面位置。距离交会法适用于场地平坦，量距方便，且控制点离测设点不超过一尺段长的建筑施工场地。

1. 计算测设数据

如图 4-18 所示，A、B 为已知平面控制点，P、Q、R、S 为一建筑物的四个待测角点，其坐标均为已知。现根据 A、B 两点用距离交会法测设 P 点，其测设数据 D_{AP}、D_{BP}根据 A、B、P 三点的坐标值分别计算。

2. 点位测设方法

(1)将钢尺的零点对准 A 点，以 D_{AP}为半径在地上画一圆弧。

(2)将钢尺的零点对准 B 点，以 D_{BP}为半径在地上再画一圆弧。两圆弧的交点即为 P 点的平面位置。

(3)用同样方法测设出 Q、R、S 的平面位置。

(4)测量各条边的水平距离，与设计长度进行比较，其误差应在限差以内。

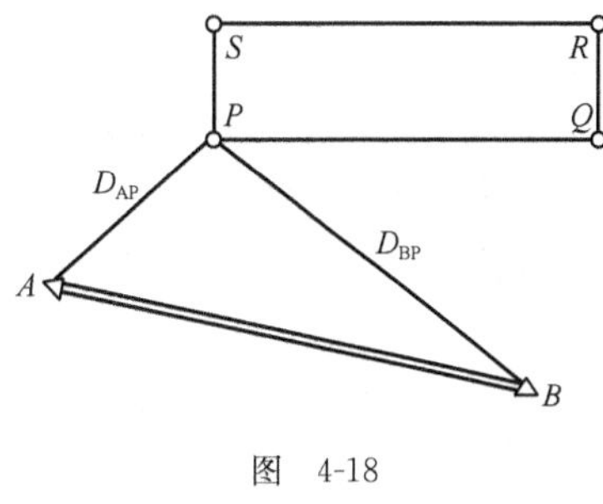

图 4-18

测设时如有两根钢尺，则可将钢尺的零点同时对准 A、B 点，由一人同时拉紧两根钢尺，使两根钢尺读数分别为 D_{AP}、D_{BP}，则此两读数相交处即为待测设的 P 点。

第六节　直线定向

确定地面上两点之间的相对位置，除了需要测定两点之间的水平距离外，还需确定两点所连直线的方向。直线方向，是根据某一标准方向与该直线之间所夹的水平角来衡量的。确定直线与标准方向之间的角度关系，称为直线定向。

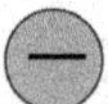 一 标准方向

直线定向时，常用的标准方向有：真子午线方向、磁子午线方向和坐标纵线方向。

1. 真子午线方向（真北方向）

过地球南北极的平面与地球表面的交线叫真子午线。通过地球表面某点的真子午线的切线方向，称为该点的真子午线方向。真子午线方向是用天文测量的方法或用陀螺经纬仪测定的。

2. 磁子午线方向（磁北方向）

磁子午线方向是在地球磁场作用下，磁针在某点自由静止时其轴线所指的方向。指向北端的方向为磁北方向。磁子午线方向可用罗盘仪测定。

由于地球的南北两磁极与地球南北极不一致（磁北极约在北极 74°、西经 110°附近；磁南极约在南纬 69°、东经 114°附近）。因此，地面上任一点的真子午线方向与磁子午线方向也是不一致的，两者间的夹角称为磁偏角，用 δ 表示。地面上不同地点的磁偏角是不同的。

3. 坐标纵轴方向（轴北方向）

在测量工作中通常采用高斯平面直角坐标或独立平面直角坐标确定地面点的位置，因此取坐标纵轴（X 轴）方向线，作为直线定向的标准方向。在高斯平面直角坐标系中，坐标纵轴线方向就是地面点所在投影带的中央子午线方向。在同一投影带内，各点的坐标纵轴线方向是彼此平行的；在独立平面直角坐标系中，可以测区中心某点的磁子午线方向作为坐标纵轴方向。

 二 方位角

测量工作中，常采用方位角表示直线的方向。从直线起点的标准方向北端起，顺时针方向量至该直线的水平夹角，称为该直线的方位角。方位角取值范围是 0°～360°。

1. 方位角的种类

如图 4-19 所示，因标准方向有三种，因此对应的方位角也有三种：

(1)真方位角

由真子午线方向的北端起，顺时针量到直线间的夹角，称为该直线的真方位角，一般用 A 表示。

(2)磁方位角

由磁子午线方向的北端起，顺时针量至直线间的夹角，称为该直线的磁方位角，用 A_m 表示。

(3)坐标方位角

由坐标纵轴方向的北端起，顺时针量到直线间的夹角，称为该直线的坐标方位角，常简称方位角，用 α 表示。

测量工作中，一般采用坐标方位角表示直线方向。如图 4-20 所示，直线 01、02、03、04 的坐标方位角分别为 α_{01}、α_{02}、α_{03}、α_{04}。

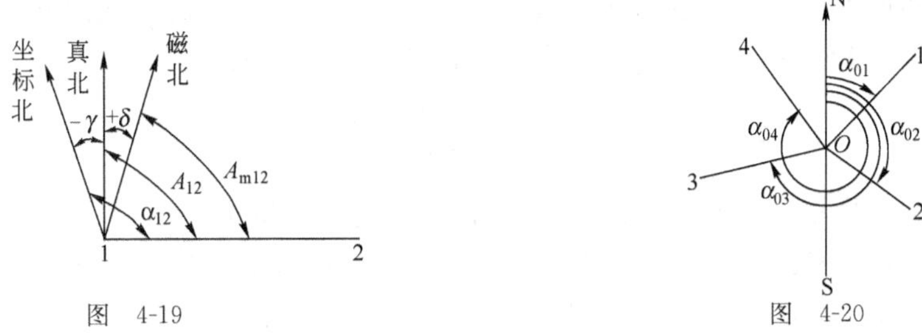

图 4-19　　图 4-20

2. 三种方位角之间的关系

因标准方向选择的不同，使得一条直线有不同的方位角，如图 4-20 所示。过 1 点的真北方向与磁北方向之间的夹角称为磁偏角，用 δ 表示。过 1 点的真北方向与坐标纵轴北方向之间的夹角称为子午线收敛角，用 γ 表示。

δ 和 γ 的符号规定相同：当磁北方向或坐标纵轴北方向在真北方向东侧时，δ 和 γ 的符号为"＋"；当磁北方向或坐标纵轴北方向在真北方向西侧时，δ 和 γ 的符号为"－"。同一直线的三种方位角之间的关系为：

$$A = A_m + \delta \tag{4-27}$$

$$A = \alpha + \gamma \tag{4-28}$$

$$\alpha = A_m + \delta - \gamma \tag{4-29}$$

3. 坐标方位角的推算

(1)正、反坐标方位角

每条直线段都有两个端点，若直线段从起点 1 到终点 2 为直线的前进方向，则在起点 1 处的坐标方位角 α_{12} 称为直线 12 的正方位角，在终点 2 处的坐标方位角 α_{21} 称为直线 12 的反方位角。从图 4-21 中可看出同一直线段的正、反坐标方位角相差为 180°。即

$$\alpha_{反} = \alpha_{正} \pm 180° \tag{4-30}$$

式中，当 $\alpha_{正} < 180°$ 时，上式用加 180°；当 $\alpha_{正} > 180°$ 时，上式用减 180°。

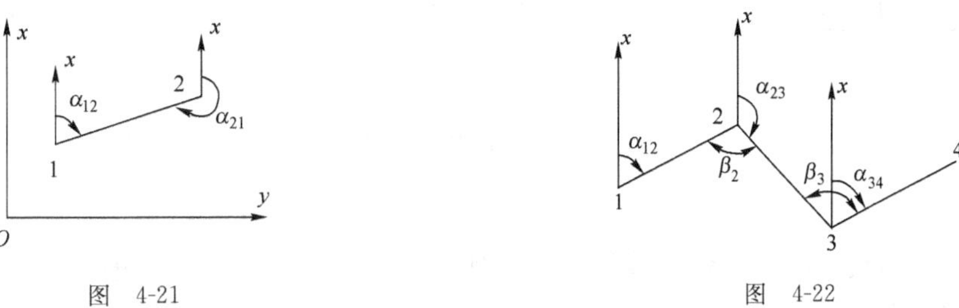

图 4-21　　图 4-22

(2)坐标方位角的推算

在实际工作中并不需要测定每条直线的坐标方位角，而是通过与已知坐标方位角的直线

连测后，推算出各直线的坐标方位角。如图 4-22 所示，已知直线 12 的坐标方位角 α_{12}，观测了水平角 β_2 和 β_3，要求推算直线 23 和直线 34 的坐标方位角。

由图 4-18 分析可得：

$$\alpha_{23} = \alpha_{21} - \beta_2 = \alpha_{12} + 180° - \beta_2$$
$$\alpha_{34} = \alpha_{32} + \beta_3 = \alpha_{23} + 180° + \beta_3$$

因 β_2 在推算路线前进方向的右侧，该转折角称为右角；β_3 在推算路线前进方向的左侧，该转折角称为左角。从而可归纳出推算坐标方位角的一般公式为：

$$\alpha_{前} = \alpha_{后} + 180° + \beta_{左} \tag{4-31}$$
$$\alpha_{前} = \alpha_{后} + 180° - \beta_{右} \tag{4-32}$$

如果计算的结果大于 360°，应减去 360°，为负值，则加上 360°。

【例 4-5】 如图 4-16 所示，α_{12} 为 42°30′，β_2 为 93°45′，β_3 为 95°16′，试求 α_{23}、α_{34}。

【解】 $\alpha_{23} = \alpha_{12} + 180° - \beta_2 = 42°30' + 180° - 93°45' = 128°45'$

$\alpha_{34} = \alpha_{23} + 180° + \beta_3 = 128°45' + 180° + 95°16' = 44°01'$

 象限角

1. 象限角

直线的方向，有时也采用小于 90°的锐角及所在象限名称来表示。由坐标纵轴的北端或南端起，沿顺时针或逆时针方向量至直线的锐角，并注出象限名称，称为该直线的象限角，用 R 表示，其角值范围为 0°～90°。如图 4-23 所示，直线 01、02、03 和 04 的象限角分别为北东 R_{01}、南东 R_{02}、南西 R_{03} 和北西 R_{04}。

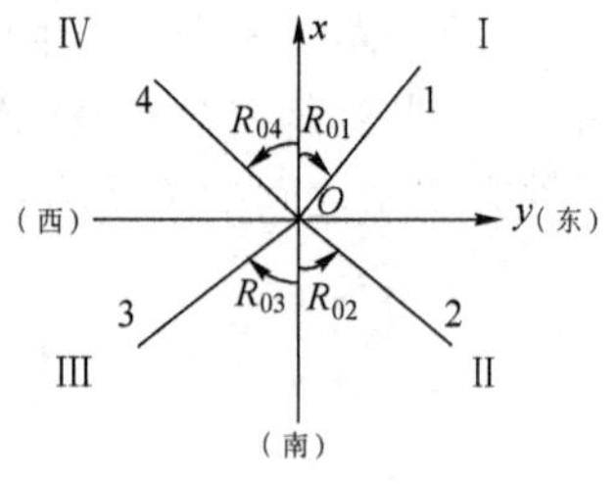

图 4-23

2. 坐标方位角与象限角的换算关系

由方位角和象限角定义，可以得到坐标方位角与象限角的换算关系，见表 4-2。

表 4-2

直 线 定 向	由坐标方位角推算坐标象限角	由坐标象限角推算坐标方位角
北东(NE)，第Ⅰ象限	$R=\alpha$	$\alpha=R$
南东(SE)，第Ⅱ象限	$R=180°-\alpha$	$\alpha=180°-R$
南西(SW)，第Ⅲ象限	$R=\alpha-180°$	$\alpha=180°+R$
北西(NW)，第Ⅳ象限	$R=360°-\alpha$	$\alpha=360°-R$

复习思考题

1. 什么叫直线定线？直线定线的目的是什么？有哪些方法？如何进行？
2. 简述用钢尺在平坦地面量距的步骤。
3. 钢尺量距时有哪些主要误差？如何消除和减少这些误差？
4. 某直线用一般方法往测丈量为 125.092m，返测丈量为 125.105m，该直线的距离为多

少？其精度如何？

5. 某钢尺的名义长度为 30m，在标准温度、标准拉力、高差为零的情况下，检定其长度为 29.992 5m，用此钢尺在 25℃条件下丈量一段坡度均匀、长度为 165.455 0m 的距离。丈量时的拉力与钢尺检定时的拉力相同，并测得该段距离的两端点高差为 1.5m，试求其正确的水平距离。

6. 在坡度一致的倾斜地面上要测设水平距离为 126.000m 的线段，所用钢尺的尺长方程式为：$l_t=30-0.007+0.000\,012\times30(t-20℃)$m，预先测定线段两端的高差为 +3.6m，测设时的温度为 25℃，试计算用这把钢尺在实地沿倾斜地面应量的长度。

7. 点的平面位置测设方法有哪几种？各适用于什么场合？各需要哪些测设数据？

8. 一建筑工程的某一角点 P 的坐标为 $x_P=25.000$m，$y_P=25.000$m。附近有 A、B 两个控制点，其坐标分别为 $x_A=55.000$m，$y_A=55.000$m，$x_B=25.000$m，$y_B=85.000$m，用极坐标法根据 A 点测设 P 点，并写出测设 P 点的具体步骤。

9. 直线定向的目的是什么？它与直线定线有何区别？

10. 标准方向有哪几种？它们之间有什么关系？

11. 设直线 AB 的坐标方位角 $\alpha_{AB}=223°10'$，直线 BC 的坐标象限角为南偏东 $50°25'$，试求小夹角 $\angle CBA$，并绘图示意。

12. 直线 AB 的坐标方位角 $\alpha_{AB}=106°38'$，求它的反方位及象限角，并绘图示意。

第五章 全站仪和GPS测量技术

第一节 全站仪概述

全站仪是由电子经纬仪、光电测距仪和微处理器组成的一种新型测量仪器。全站仪能够在一个测站上完成采集水平角、垂直角和倾斜距离三种基本数据的功能，并通过仪器内部的中央处理器，由这三种基本数据计算出平距、高差、高程及坐标等数据。由于只要一次安置仪器，便可完成在该测站上所有的测量工作，故被称为全站型电子速测仪，简称全站仪。

全站仪可以完成几乎所有的常规测量工作，现已应用于控制测量、地形测量、工程测量等测量工作中。

全站仪的主要特点：

(1)可在一个测站上同时实现多项功能，并能存储一定数量的观测数据。

全站仪可以实现的功能：

①测角度：水平角(HR或HL)与垂直角(V)。

②测距离：斜距(SD)、平距(HD)、高差(VD)。

③测坐标：X、Y、Z。

④放样：线放样与坐标放样。

(2)可以通过传输接口把野外采集的数据与计算机、绘图仪连接起来，再配以数据处理软件和绘图软件，可实现测图的自动化。

(3)全站仪内部有双轴补偿器，可自动测量仪器竖轴和水平轴的倾斜误差，并对角度观测值施加改正。

第二节 全站仪的构造

目前，世界上许多著名的测绘仪器生产厂商均生产有各种型号的全站仪。如日本的宾得、索佳、拓普康、尼康；美国的天宝、瑞士的徕卡、德国的蔡司、我国南方的NTS系列、苏一光的OTS系列和RTS系列等，在我国众多的工程单位都有广泛的应用。现以我国南方的NTS-350系列全站仪进行简要介绍。

南方的NTS-350系列全站仪采用中文界面、功能丰富、操作简单，按键采用软键和数字键结合，操作方便、快捷。仪器具有丰富的测量程序，同时具有数据存储功能和参数设置功能，可以方便地进行内存管理，可对数据进行增加、删除、修改、传输，并自动记录测量数据和坐标数据，可直接与计算机传输数据，实现真正的数字化测量。

一 全站仪的外部结构

如图 5-1 所示为 NTS-350 系列全站仪的外部结构：

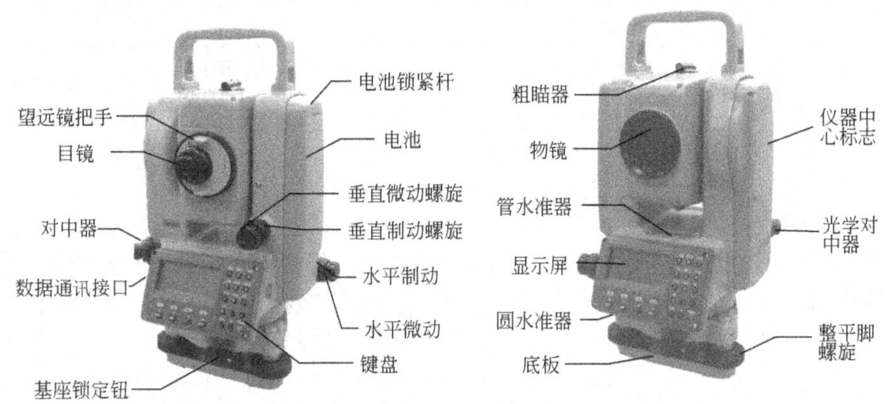

图 5-1　NTS-350 系列全站仪

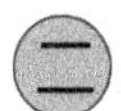 全站仪显示屏及各键的基本

1. 显示屏

如图 5-2 所示，采用点阵式液晶显示，可显示 4 行，每行 20 个字符。

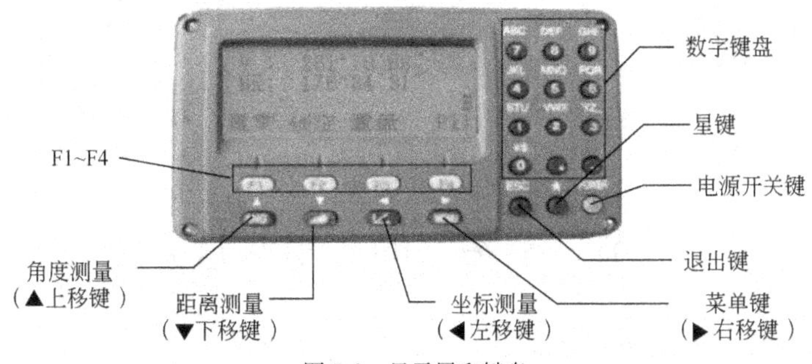

图 5-2　显示屏和键盘

2. 键盘

仪器设有双操作面板，可方便使用，各操作面板上有一些基本操作按键、数字键和四个功能软键，基本按键的作用和操作说明如表 5-1 所示。

基本按键的作用和操作说明　　表 5-1

按　键	名　称	功　能
ANG	角度测量键	进入角度测量模式(▲上移键)
◢	距离测量键	进入距离测量模式(▼上移键)

续上表

按 键	名 称	功 能
↗	坐标测量键	进入坐标测量模式(◀左移键)
MENU	菜单键	进入菜单模式(▶右移键)
ESC	退出键	返回上一级状态或返回测量模式
POWER	电源开关键	电源开关
F1～F4	软键(功能键)	对应于显示的软键信息
0～9	数字键	输入数字和字母、小数点、负号
★	星键	进入星键模式

三 全站仪的辅助设备和工具

全站仪要完成测量工作,必须借助必要的辅助设备和工具,常用的有:反射棱镜或反射片、三脚架、垂球、管式罗盘、温度计和气压表、打印连接电缆、数据通信电缆以及电池和充电器等。

反射棱镜:有单(三)棱镜组,可通过基座连接器将棱镜组连接在基座上,安置于三脚架上,也可直接安置在对中杆上。用于测量时立于测点,供望远镜照准,其形式如图 5-3 所示。

图 5-3 各种棱镜形式

第三节 全站仪的基本测量方法

不同型号的全站仪,其规格和性能不尽相同,在具体操作方法会有较大的差异。因此要全面了解、掌握不同型号的全站仪,就必须详细阅读其使用说明书。下面简要介绍全站仪的基本操作与使用方法。

一 测量前的准备工作

1. 电池的安装

(1)把电池盒底部的导块插入装电池的导孔。

(2)按电池盒的顶部直至听到"咔嚓"响声。

(3)向下按解锁钮,取出电池。

注意：测量前电池需充足电，一般充电时间需 12～15h。

2. 仪器的安置

（1）在测量场地上根据要求选择好测站和观测点。

（2）将全站仪安置于测站点，进行对中、整平。

（3）在观测点安置棱镜组。

3. 设置仪器参数

（1）检查已安装好的电池，打开电源开关。

（2）显示屏显示测量模式，一般是水平度盘和竖直度盘模式，要进行其测量时可通过菜单进行调节。

（3）根据测量的具体要求，通过仪器的键盘操作来选择和设置参数。主要包括：观测条件参数设置、日期和时钟的设置、通信条件参数的设置和计量单位的设置等。

二 全站仪的操作和使用

全站仪可以完成角度（水平角、垂直角）测量、距离（斜距、平距、高差）测量、坐标测量、放样测量、交会测量及对边测量等十多项测量工作。这里主要介绍水平角、距离、坐标及放样测量等基本方法。

1. 角度测量

（1）选择水平角显示方式。水平角显示具有左角 HL（逆时针角）和右角 HR（顺时针角）两种形式可供选择，进行测量前，应首先将显示方式进行定义。

（2）进行水平度盘读数设置：测定两条直线间的夹角，先将其中一点 A 作为第一目标，通过键盘操作，将望远镜照准该方向时水平度盘的读数设置为 $0°00'00''$。

（3）照准第二个目标 B，此时显示的水平度盘读数即为两方向间的水平夹角，记入测量手簿即可。

（4）如果测竖直角，可在读取水平度盘的同时读取竖盘的显示读数。

（5）如果测量方位角，可在已知点上设站，照准另一已知点时，则该方向的坐标方位角是已知量，此时可设置水平度盘的读数为已知坐标方位角值，称为水平度盘定向。此后，照准其他方向时，水平度盘显示的读数即为该方向的坐标方位角值。

2. 距离测量

（1）设置棱镜常数

测距前须将棱镜常数输入仪器中，仪器会自动对所测距离进行改正。棱镜常数已在厂家所附的说明书或在棱镜上标出，供测距时使用。在精密测量中，为减少误差，应使用仪器检定时使用的棱镜类型。

（2）设置大气改正值或气温、气压值

光在大气中的传播速度会随大气的温度和气压而变化，15℃和 760mmHg 是仪器设置的一个标准值，此时的大气改正为 0ppm。实测时，可输入温度和气压值，全站仪会自动计算大气改正值（也可直接输入大气改正值），并对测距结果进行改正。

（3）量仪器高、棱镜高并输入全站仪。应注意，有些型号的全站仪在距离测量时不能设定仪器高和棱镜高，显示的高差值是全站仪横轴中心与棱镜中心的高差。

(4)距离测量

①测距模式的选择。全站仪距离测量有精测、速测(或称粗测)和跟踪测等模式可供选择，故应根据测距的要求通过键盘预先设定。

②照准目标棱镜中心，按测距键，进入距离测量模式，当精确瞄准目标点上的棱镜时，通过设定的信号音响，即可检查返回信号的强弱。

③同时开始距离测量，测距完成时显示水平角 HR、水平距离 HD、高差 VD 或水平角 HR、竖直角 V、斜距 SD。

全站仪的测距模式有精测模式、跟踪模式两种模式。精测模式是最常用的测距模式，分单次精测和连续精测，最小显示单位 1mm；跟踪模式，常用于跟踪移动目标或放样时连续测距。

3. 坐标测量

如图 5-4 所示，A、B 两点是地面上的控制点，平面坐标和高程已知。C 点为待测点。用全站仪测定地面点 C 三维坐标的方法如下：

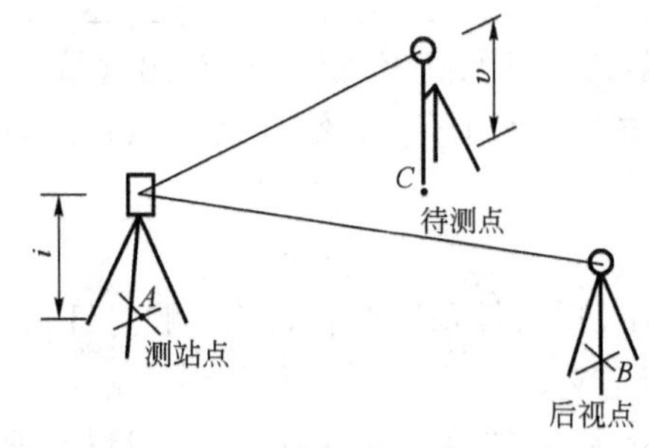

图 5-4　坐标测量

(1)全站仪安置在 A 点上，该点称为测站点，B 点称为后视点。全站仪对中、整平后，进行气象等基本设置。

(2)定向设置：输入测站点的坐标 x_A、y_A，高程 H_A，全站仪的仪高 i，后视点的坐标 x_B、y_B，按计算方位键，精确瞄准后视点 B 按设方位键，仪器自动计算出 AB 方向的方位角 α_{AB}，并将其设为当前水平角。(这时，仪器水平度盘被锁定，水平度盘 0°方向为坐标纵轴 x 方向)。

(3)转动全站仪瞄准 C 点，输入反射棱镜高 v，按坐标测量键，仪器就能根据 α_{AC} 和距离 D_{AC} 以及测站点的坐标自动计算出 C 点位置的坐标 x_C、y_C，高程 H_C，做好记录。[因为在(2)步骤给仪器确定了坐标纵轴 x 方向，当仪器瞄准 C 点棱镜，按测距键就能测出 AC 的水平距离和坐标的方位角，所以仪器能自动计算出 C 点的坐标。]

注意：若全站仪未设置输入反射棱镜高 v、仪高 i，仪器在自动计算时就没有考虑棱镜高 v、仪高 i 的因素。因此，所测定地面点的高程成果错误。

4. 地形碎部测量

地物和地貌的特征点称为碎部点。按照坐标测量方法，若将棱镜安置在地物和地貌的特征点上，用全站仪就可以分别测出地物、地貌特征点坐标，利用这些点的坐标值能很方便的绘制出测绘区域的地物、地貌图(即地形图)。如图 5-5 所示，A、B 为控制点，1～26 为地物特征点的编号，全站仪参照坐标测量步骤，依次测出每个点的坐标与高程，将这些点的坐标数据在坐标方格网内进行展绘、连线就可以得出该水塘按比例缩绘的形状。为了便于检查，防止遗漏，一般均采用顺时针观测法，边测边绘，绘制出局部地形图。

5. 放样测量

放样测量用于实地上测设出所要求的点。在放样过程中，通过对照准点角度、距离或者坐标的测量，仪器将显示出预先输入的放样数据与实测值之差以指导放样进行。显示的差值由下式计算：

水平角差值＝水平角实测值－水平角放样值

斜距差值＝斜距实测值－斜距放样值

平距差值＝平距实测值－平距放样值

高差差值＝高差实测值－高差放样值

全站仪均有线放样及坐标放样的功能。

(1)线放样(又称极坐标放样)

线放样即按角度和距离放样，是根据相对于某参考方向转过的角度和至测站点的距离测设出所需要的点位，如图5-6所示。

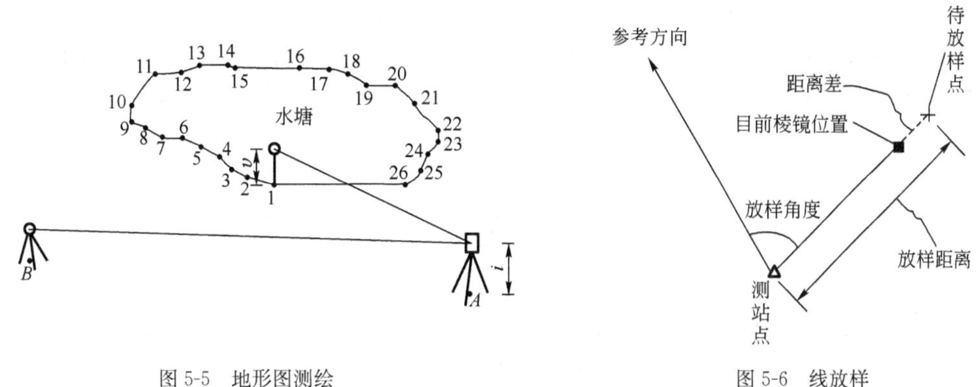

图5-5 地形图测绘

图5-6 线放样

其放样步骤如下。

①全站仪安置于测站点，精确照准选定的参考方向；并将水平度盘读数设置为0°00′00″。

②选择放样模式，依次输入距离和水平角的放样数值。

③进行水平角放样：在水平角放样模式下，转动照准部，当转过的角度值与放样角度值的差值显示为零时，固定照准部。此时仪器的视线方向即角度放样值的方向。

④进行距离放样：在望远镜的视线方向上安置棱镜，并移动棱镜被望远镜照准，选取距离放样测量模式，按照屏幕显示的距离放样引导，朝向或背离仪器方向移动棱镜，直至距离实测值与放样值的差值为零时，定出待放样的点位。

一般全站仪距离放样测量模式有：斜距放样测量、平距放样测量、高差放样测量供选择。

(2)坐标放样

地面控制点A、B两点的坐标和A点的高程H_A已知，C点的设计坐标已知。用全站仪确定地面C点的步骤如下(简称坐标放样)：

①如图5-7所示，全站仪安置在A点上，该点称为测站点，B点称为后视点。全站仪对中、整平后，进行气象等相关设置。输入测站点的坐标X_A、Y_A，高程H_A(或调用预先输入的文件中测站坐标和高程)，全站仪的仪高i，后视点的坐标X_B、Y_B，按计算方位键，转动仪器精确瞄准后视点B按设方位键，按保存(此步骤称为设方位角或定向)。

②进入坐标放样，输入反射棱镜高v和C点位置的坐标X_C、Y_C及H_C，并确认，仪器自动计算测设数据。

③转动全站仪，使水平角度对准0°附近，水平制动，调水平微动使水平度盘对准0°00′00″。

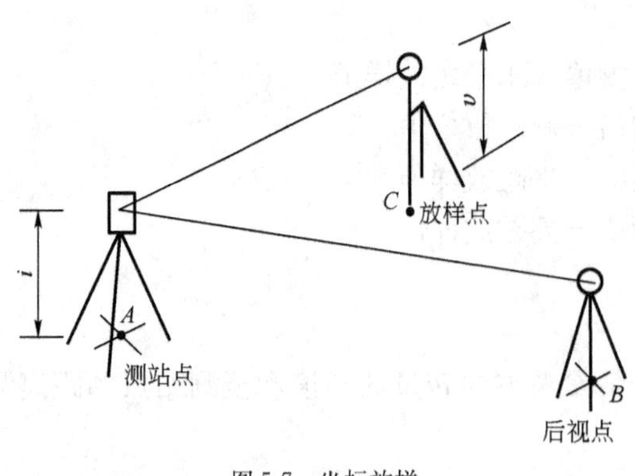

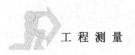

图 5-7　坐标放样

④指挥反射棱镜移动至 0°00′00″方向线上，按测距键，指挥棱镜前后移动使测出的水平距离为 0.000m，这点的位置就是放样点 C。

⑤如需进行高程放样，则将棱镜置于放样点 C 上，在坐标放样模式下，测量 C 点的坐标 H，根据其与已知 H_C 的差值，上、下移动棱镜，直至差值显示为零时，放样点 C 的位置即确定，再在地面上做出标志。

⑥对于不同的设计坐标值的坐标放样，只要重复②、③、④步骤即可。

全站仪的种类很多，各种仪器的使用方式由自身的程序设计而定。不同型号的全站仪使用方法大体相同，但也有一些区别。学习使用全站仪，需认真阅读使用说明书，熟悉键盘及操作指令，就能正确掌握仪器的使用。

第四节　全站仪使用的注意事项与维护

全站仪是集电子经纬仪、光电测距仪和微处理器为一体的现代精密测量仪器，其结构复杂且价格昂贵，因此必须严格按操作规程进行操作和维护。

(1)全站仪是精密贵重的测量仪器，要防日晒、防雨淋、防碰撞振动、防尘和防潮。

(2)在阳光下使用全站仪测量时，一定要撑伞遮掩仪器，严禁用望远镜对准太阳。

(3)当架设仪器在三脚架上时，尽可能用木制三脚架，因为使用金属三脚架可能会产生振动，从而影响测量精度。

(4)近距离将仪器和脚架一起搬动时，应保持仪器竖直向上。仪器运输应将仪器装于箱内进行，运输时应小心避免挤压、碰撞和剧烈振动。

(5)仪器不使用时，应将其装入箱内，置于干燥处。

(6)湿环境中工作，作业结束，要用软布擦干仪器表面的水分及灰尘后装箱。回到办公室后立即开箱取出仪器放于干燥处，彻底凉干后再装箱内。

(7)冬天室内、室外温差较大时，仪器搬出室外或搬入室内，应隔一段时间后才能开箱。

(8)仪器长期不使用时，应将仪器上的电池卸下分开存放。在装卸电池时，必须先关断电源。电池应每月充电一次。

总之，只有在日常的工作中，注意全站仪的使用和维护，注意全站仪电池的充放电，才能延长全站仪的使用寿命，使全站仪的功效发挥到最大。

第五节　GPS 定位系统概述

全球定位系统 GPS(Global　Positioning System)于 1973 年由美国组织研制，1993 年全部建成。最初的主要目的是为美国海陆空三军提供实时、全天候和全球性的导航服务。

GPS定位系统，可以在全球范围内实现全天候、连续、实时的三维导航定位和测速，还能够进行高精度的时间传递和高精度的精密定位。随着GPS定位技术的发展，在大地测量、工程测量、工程与地壳变形监测、地籍测量、航空摄影测量和海洋测量等各个领域的应用已甚为普及。

目前全世界一共有四大全球卫星导航系统，除了美国已经在成熟商业化运行的GPS系统外，中国的北斗系统、欧洲的伽利略系统、俄罗斯的格洛纳斯系统还都在建设当中。我国的北斗导航系统建设进展顺利，到现在为止已经发射了15颗，已经开始向中国及周边地区提供连续的导航定位和授时服务的试运行服务。北斗卫星导航系统除了在导航精度上不逊于欧美外，还有着其他三大卫星系统不具备的独有特点，即其他卫星导航系统只是告诉在什么地方，而北斗卫星导航系统解决了何人、何事、何地的问题。

一 GPS系统的特点

相对于经典的测量技术来说，这一新技术的主要特点如下：

(1)观测站之间无需通视。既要保持良好的通视条件，又要保障测量控制网的良好结构，这一直是经典测量技术在实践方面的困难问题之一。GPS测量不要求观测站之间相互通视，因而不再需要建造觇标。这一优点既可大大减少测量工作的经费和时间，同时也使点位的选择变得甚为灵活。

但由于进行GPS测量时，要求观测站上空开阔，以使接收GPS卫星的信号不受干扰，因此GPS测量在有些环境下并不适用，如地下工程测量、两边有高大楼房的街道或巷内的测量及紧靠建筑物的一些测量工作等。

(2)定位精度高。现已完成的大量实验表明，目前在小于50km的基线上，其相对定位精度可达到$(1\sim2)\times10^{-6}$，而在100～500km的基线上可达到$10^{-7}\sim10^{-6}$。随着光测技术与数据处理方法的改善，可望在1 000km的距离上，相对定位精度达到或优于10^{-8}。

(3)观测时间短。目前，利用经典的静态定位方法完成一条基线的相对定位所需要的观测时间，根据要求的精度不同，一般为1～3h。为了进一步缩短观测时间，提高作业速度，近年来发展的短基线(例如不超过20km)快速相对定位法，其观测时间仅需数分钟。

(4)提供三维坐标。GPS测量在精确测定观测站平面位置的同时，可以精确测定观测站的大地高程。GPS测量的这一特点，不仅为研究大地水准面的形状和确定地面点的高程开辟了新途径，同时也为其在航空物探、航空摄影测量及精密导航中的应用，提供了重要的高程数据。

(5)操作简便。GPS测量的自动化程度很高，在观测中，测量员的主要任务只是安装并开关仪器、量取仪器高、监控仪器的工作状态和采集环境的气象数据，而其他观测工作，如卫星的捕获、跟踪观测和记录等均由仪器自动完成。另外GPS用户接收机一般重量较轻、体积较小，携带和搬运都很方便。

(6)全天候作业。GPS观测工作，可以在任何地点、任何时间连续进行，一般不受天气状况的影响。所以，GPS定位技术的发展，对于经典的测量技术是一次重大的突破。

二 GPS系统的构成

全球定位系统(GPS)由三大部分组成，即空间部分、地面控制部分和用户部分，如图5-8所示。GPS的空间部分构成如图5-9所示。

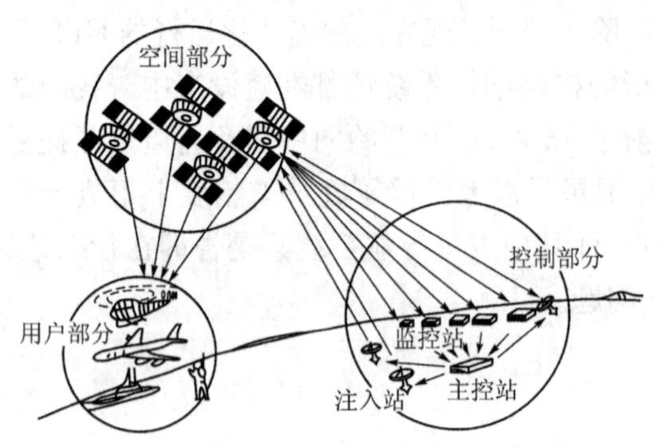

图5-8　全球定位系统(GPS)构成示意图

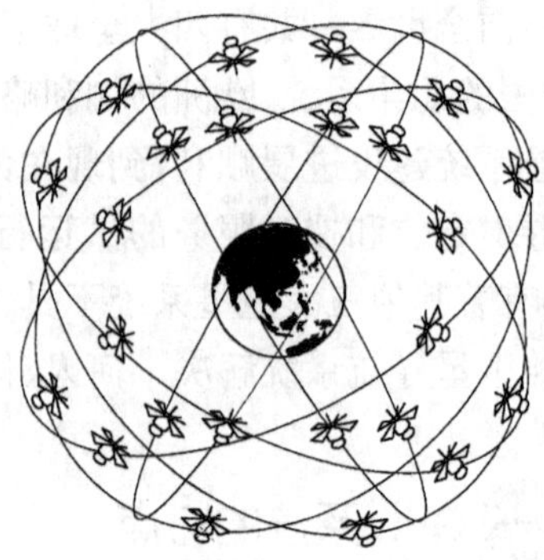

图5-9　GPS的空间部分

1. 空间部分

GPS的空间部分是由24颗作卫星所组成，这些GPS工作卫星共同组成了GPS卫星星座，其中21颗为用于导航的卫星，3颗为活动的备用卫星。这24颗卫星分布在6个倾角为55°的轨道上绕地球运行。卫星的运行周期约为12恒星时。每颗GPS工作卫星都发出用于导航定位的信号。GPS用户正是利用这些信号来进行工作。

2. 控制部分

GPS的控制部分由分布在全球的由若干个跟踪站所组成的监控系统所构成，根据其作用不同，这些跟踪站又被分为主控站、监控站和注入站。主控站有一个，位于美国科罗拉多(Colorado)的法尔孔(Falcon)空军基地，它的作用是根据各监控站对GPS的观测数据，计算出卫星的星历和卫星钟的改正参数等，并将这些数据通过注入站注入卫星；同时，它还对卫星进行控制，向卫星发布指令，当工作卫星出现故障时，调度备用卫星替代失效的工作卫星工作；另外，主控站也具有监控站的功能。监控站有5个，除了主控站外，其他4个分别位于夏威夷(Hawaii)、阿松森群岛(Ascencion)、迭哥伽西亚(Diego Garcia)和卡瓦加兰(Kwajalein)，监控站的作用是接收卫星信号，监测卫星的工作状态；注入站有3个，它们分别位于阿松森群岛、迭哥伽西亚和卡瓦加兰，注入站的作用是将主控站计算出的卫星星历和卫星钟的改正数等注入卫星。

3. 用户部分

GPS的用户部分由GPS接收机、数据处理软件及相应的用户设备如计算机气象仪器等所组成。它的作用是接收GPS卫星所发出的信号，利用这些信号进行导航定位等工作。

目前，国际、国内适用于测量的GPS接收机产品众多，更新更快，许多测量单位也拥有了一些不同型号的GPS接收机。如图5-10所示为南方测绘灵锐S82 RTK GPS接收机。

三 GPS坐标系统

任何一项测量工作都需要一个特定的坐标系统(基准)。由于GPS是全球性的定位导航系统，其坐标系统也必须是全球性的，根据国际协议确定，称为协议地球坐标系。目前，GPS 测量中使用的协议地球坐标系称为 1984 年世界大地坐标系（WGS-84）。

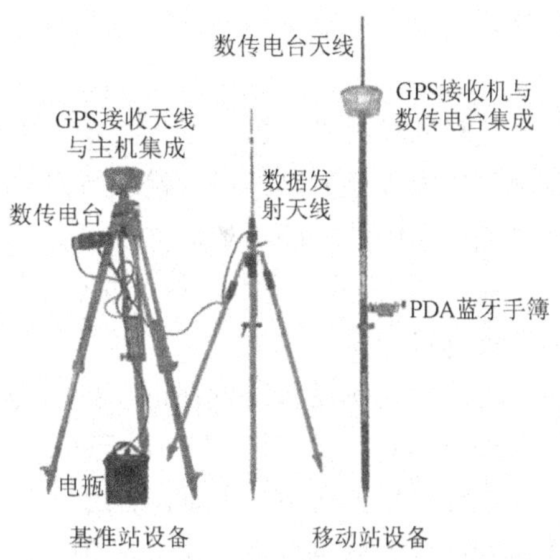

图 5-10　南方测绘灵锐 S82 RTK GPS 接收机

WGS-84 是 GPS 卫星广播星历和精密星历的参考系，它由美国国防部制图局所建立并公布。从理论上讲它是以地球质心为坐标原点的地心坐标系，其坐标系的定向与 BIH 1 984.0 所定义的方向一致。它是目前最高水平的全球大地测量参考系统之一。

现在，我国已建立了 1980 年国家大地坐标系（简称 C80）。它与 WGS-84 世界大地坐标系之间可以相互转换。在实际工作中，虽然 GPS 卫星的信号依据于 WGS-84 坐标系，但求解结果则是测站之间的基线向量和三维坐标差。在数据处理时，根据上述结果，并以现有已知点（三点以上）的坐标值作为约束条件，进行整体平差计算，得到各 GPS 测站在当地现有坐标系中的实用坐标。

第六节　GPS 的定位原理

GPS 的定位原理就是卫星不间断地发送自身的星历参数和时间信息，用户接收到这些信息后，经过计算求出接收机的三维位置、三维方向以及运动速度和时间信息。它广泛地应用于导航和测量定位工作中。

一　绝对定位原理

绝对定位也称单点定位，通常是指在协议地球坐标系（如 WGS-84 坐标系）中，直接确定观测站，相对于坐标系原点绝对坐标的一种定位方法。“绝对”一词，主要是为了区别以后将要介绍的相对定位方法。绝对定位和相对定位，在观测方式、数据处理、定位精度以及应用范围等方面均有原则上的区别。

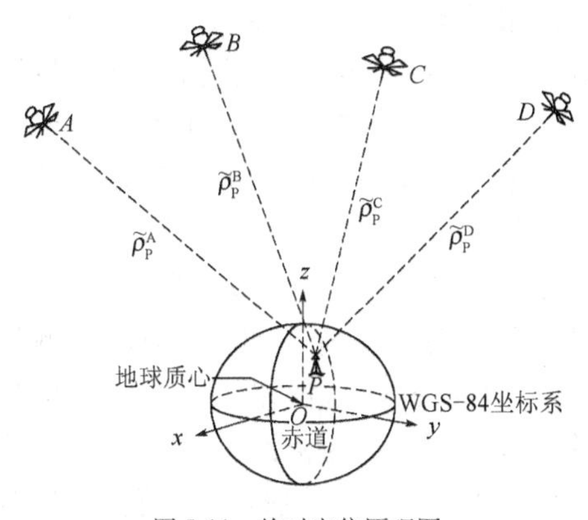

图 5-11　绝对定位原理图

利用 GPS 进行绝对定位的基本原理，是以 GPS 卫星和用户接收机天线之间的距离（或距离差）观测量为基础，并根据已知的卫星瞬时坐标，来确定用户接收机的点位，即观测站的位置。如图 5-11 为绝对定位原理图。

以 GPS 卫星与用户接收机天线之间的几何距离观测量 ρ 为基础，并根据卫星的瞬时坐标（X_S，Y_S，Z_S），以确定用户接收机天线所对应的点位，即观测站的位置。

设接收机天线的相位中心坐标为（X，Y，Z），

则有：

$$\rho=\sqrt{(X_S+X)^2+(Y_S-Y)^2+(Z_S-Z)^2}$$

卫星的瞬时坐标(X_S,Y_S,Z_S)可根据导航电文获得，所以式中只有X、Y、Z三个未知量，只要同时接收3颗GPS卫星，就能解出测站点坐标(X,Y,Z)。可以看出，GPS单点定位的实质就是测量学中的空间距离后方交会。

应用GPS进行绝对定位，根据用户接收机天线所处的状态不同，又可分为动态绝对定位和静态绝对定位。

当用户接收设备安置在运动的载体上，并处于动态的情况下，确定载体瞬时绝对位置的定位方法，称为动态绝对定位。动态绝对定位，一般只能得到没有(或很少)多余观测量的实时解。这种定位方法被广泛地应用于飞机、船舶以及陆地车辆等运动载体的导航。另外，在航空物探和卫星遥感也有着广泛的应用。

当接收机天线处于静止状态地情况下，用以确定观测站绝对坐标的方法，称为静态绝对定位。这时，由于可以连续观测卫星到接收机位置的伪距，可以获得充分的多余观测量，以便在测后，通过数据处理提高定位的精度。静态绝对定位法主要用于大地测量，以精确测定观测站在协议地球坐标系中的绝对位置。

目前，无论是动态绝对定位或静态绝对定位，所依据的观测量都是所测卫星至观测站的伪距，所以相对的定位方法，通常也称伪距定位法。

因为根据观测量的性质不同，伪距有测码伪距和测相伪距之分，所以，绝对定位又可分为测码绝对定位和测相绝对定位。

二 相对定位原理

利用GPS进行绝对定位(或单点定位)时，其定位精度，将受到卫星轨道误差、钟差及信号传播误差等诸多因素的影响，尽管其中一些系统性误差，可以通过模型加以消弱，但其残差仍是不可忽略的。实践表明，目前静态绝对定位的精度，约可达米级，而动态绝对定位的精度仅为10～40m。这一精度远不能满足大地测量精密定位的要求。

GPS相对定位也称差分GPS定位，是目前GPS定位中精度最高的二种，广泛用于大地测量、精密工程测量、地球动力学研究和精密导航。

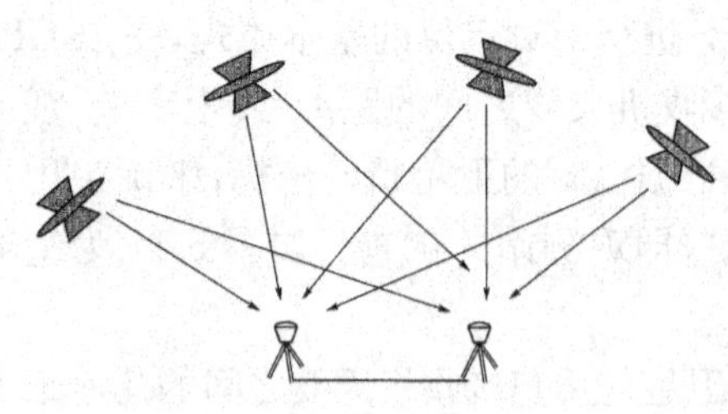

图5-12　相对定位原理示意图

相对定位的最基本情况，是两台GPS接收机，分别安置在基线的两端，并同步观测相同的GPS卫星，以确定基线端点，在协议地球坐标系中的相对位置或基线向量。这种方法，一般可以推广到多台接收机安置在若干基线的端点，通过同步观测GPS卫星，以确定多条基线向量的情况(如图5-12所示)。

因为在两个观测站或多个观测站，同步观测相同卫星的情况下，卫星的轨道误差、卫星钟差、接收机钟差以及电离层和对流层的折射误差等，对观测量的影响具有一定的相关性，所以利用这些观测量的不同组合，进行相对定位，便可有效地消除或者减弱上述误差的影响，从而提高相对定位的精度。

根据用户接收机，在定位过程中所处的状态不同，相对定位有静态和动态之分。

1. 静态相对定位

安置在基线端点的接收机固定不动，通过连续观测，取得充分的多余观测数据，改善定位精度。

静态相对定位，一般采用载波相位观测值（或测相伪距）为基本观测量。这一定位方法是当前 GPS 定位中精度最高的一种方法，在精度要求较高的测量工作中，均采用此种方法。在载波相位观测的数据处理中，为了可靠地确定载波相位的整周未知数，静态相对定位一般需要较长的观测时间（1～3h 不等），此种方法一般也被称为经典静态相对定位法。

在高精度静态相对定位中，当仅有两台接收机时，一般应考虑将单独测定的基线向量联结成向量网（三角网或导线网），以增强几何强度，改善定位精度。当有多台接收机时，应采用网定位方式，可检核和控制多种误差对观测量的影响，明显提高定位精度。

此类测量方法的代表：南方测绘的静态 GPS 接收机 9 600 北极星，平面测量精度为±5mm＋1ppm，高程精度为±10mm＋2ppm，一般同步测量时间为 45min。

2. 准动态相对定位法

1985 年美国的里蒙迪（Remondi，B. W.）发展了一种快速相对定位模式，基本思想是：利用起始基线向量确定初始整周未知数或称初始化，之后，一台接收机在参考点（基准站）上固定不动，并对所有可见卫星进行连续观测；而另一台接收机在其周围的观测站上流动，并在每一流动站上静止进行观测，确定流动站与基准站之间的相对位置。这种方法通常称为准动态相对定位法。

准动态相对定位法的主要缺点：接收机在移动过程中必须保持对观测卫星的连续跟踪。此类测量方法的代表：南方测绘的 9 200 后差分系统。作用距离为 100km，定位精度为中误差小于 1m。

3. 动态相对定位

用一台接收机安置在基准站上固定不动，另一台接收机安置在运动载体上，两台接收机同步观测相同卫星，以确定运动点相对基准站的实时位置。

动态相对定位根据采用的观测量不同，分为以测码伪距为观测量的动态相对定位和以测相伪距为观测量的动态相对定位。

（1）测码伪距动态相对定位法

目前，进行实时定位的精度可达米级，是以相对定位原理为基础的实时差分 GPS，由于可以有效地减弱卫星轨道误差、钟差、大气折射误差以及 SA 政策的影响，其定位精度，远较测码伪距动态绝对定位的精度要高，所以这一方法获得了迅速的发展。

此类测量方法的代表：南方测绘的 9700 海王星测量系统。9700 信标机平面精度为 1～3m；作用距离为 50km。

（2）测相伪距动态相对定位法

测相伪距动态相对定位法，是以预先初始化或动态解算载波相位整周未知数为基础的一种高精度动态相对定位法。目前在较小的范围内（例如小于 20km），获得了成功的应用，其定位精度可达 1～2cm。流动站和基准站之间，必须实时地传输观测数据或观测量的修正数据。

这种处理方式,对于运动目标的导航、监测和管理具有重要意义。

此类 GPS 测量方法的代表:南方测绘的灵锐 S80RTK 测量系统。平面测量测量精度为±2cm+1ppm;高程测量精度为±5cm+1ppm。

第七节 GPS 测量实施

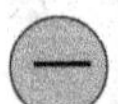 GPS 测量实施的工作程序

GPS 测量工作与经典大地测量工作相类似,按其性质可分为外业和内业两大部分。其中:外业工作主要包括选点(即观测站址的选择)、建立观测标志、野外观测作业以及成果质量检核等;内业工作主要包括 GPS 测量的技术设计、测后数据处理以及技术总结等。如果按照 GPS 测量实施的工作程序,则大体可分为这样几个阶段:技术设计、选点与建立标志、外业观测、成果检核与处理。

GPS 测量是一项技术复杂、要求严格、耗费较大的工作,对这项工作总的原则是,在满足用户要求的情况下,尽可能地减少经费、时间和人力的消耗。因此,对其各阶段的工作都要精心设计和实施。

为了满足用户的要求,GPS 测量作业应遵守统一的规范和细则,在这里将以这些规范为参考,主要介绍一下有关 GPS 测量作业的基本方法和原则。

以载波相位观测量为根据的相对定位方法,是目前 GPS 测量中普遍采用的精密定位方法,所以将要介绍实施这种高精度 GPS 测量工作的基本程序与作业模式。

1. GPS 网的技术设计

GPS 网的技术设计是 GPS 测量工作实施的第一步,是一项基础性工作。这项工作应根据网的用途和用户的要求来进行,其主要内容包括精度指标的确定,网的图形设计和基准设计。

对 GPS 网的精度要求,主要取决于网的用途。在 GPS 网总体设计中,精度指标是比较重要的参数,它的数值将直接影响 GPS 网的布设方案、观测数据的处理以及作业的时间和经费。在实际设计工作中,用户可根据所作控制的实际需要和可能,合理地制定。既不能制定过低而影响网的精度,也不必要盲目追求过高的精度造成不必要的支出。

2. 选点与埋石

由于 GPS 测量观测站之间无需相互通视,而且网的图形结构也比较灵活,所以选点工作远较经典控制测量的选点工作简便。但由于点位的选择对于保证观测工作的顺利进行和可靠地保证测量成果精度具有重要意义,所以,在选点工作开始之前,应充分收集和了解有关测区的地理情况以及原有测量标志点的分布及保持情况,以便确定适宜的观测站位置。选点工作通常应遵守的原则如下:

(1)观测站(即接收天线安置点)应远离大功率的无线电发射台和高压输电线,以避免其周围磁场对 GPS 卫星信号的干扰。接收机天线与其距离一般不得小于 200m。

(2)观测站附近不应有大面积的水域或对电磁波反射(或吸收)强烈的物体,以减弱多路径效应的影响。

(3)观测站应设在易于安置接收设备的地方,且视野开阔。在视场内周围障碍物的高度角

一般应为 10°～15°。

(4)观测站应选在交通方便的地方,并且便于用其他测量手段联测和扩展。

(5)对于基线较长的 GPS 网,还应考虑观测站附近具有良好的通信设施和电力供应,以供观测站之间的联络和设备用电。

(6)点位选定后(包括方位点),均应按规定绘制点位注记,其主要内容应包括点位、点位略图、点位的交通情况以及选点情况等。

3. 外业观测

外业观测主要是利用 GPS 接收机获取 GPS 信号,它是外业阶段的核心工作,对接收设备的检查、天线设置、选择最佳观测时段、接收机操作、气象数据观测、测站记录等项内容。

(1)天线设置。观测时,天线需安置在点位上,操作程序为:对中、整平、定向和量天线高度。

(2)接收机操作。在离开天线不远的地面上安放接收机,接通接收机至电源、天线和控制器的电缆,并经预热和静置,即可启动接收机进行数据采集。观测数据由接收机自动形成,并保存在接收机存储器中,供随时调用和处理。

4. 成果检核和数据处理

(1)成果检核。观测成果的外业检查是外业观测工作的最后一个环节,每当观测结束,必须按照《全球定位系统(GPS)测量规范》要求,对观测数据的质量进行分析并作出评价,以保证观测成果和定位结果的预期精度。然后,进行数据处理。

(2)数据处理。由于 GPS 测量信息量大、数据多,采用的数学模型和解算方法有很多种。在实际工作中,数据处理工作一般由计算机通过一定的计算软件处理完成。

二 GPS 定位系统在建筑工程测量中的应用

1. 在建筑工程控制测量中的应用

由于 GPS 测量能精密确定 WGS-84 三维坐标,所以能用来建立平面和高程控制网,在基本控制测量中的应用是:建立新的地面控制网点;检核和改善已有地面网;对已有的地面网进行加密等。在大型工程建立独立控制网中,如在大型公用建筑工程、铁路、公路、地铁、隧道、水利枢纽和精密安装等工程中有着重要的作用。

2. 在工程变形监测中的应用

工程变形包括:建筑物的位移和由于气象等外界因素造成的建筑物变形或地壳变形。由于 GPS 具有三维定位能力,可以成为工程变形监测的重要手段,它可以监测大型建筑物变形、大坝变形、城市地面及资源开发区地面的沉降、滑坡、山崩;还能监测地壳变形,为地震预报提供数据。

3. 在建筑施工中的作用

在建筑施工中,GPS 系统用来进行建筑施工的定位检测。如上海已建成的 8 万人体育场的定位测量、北京鸟巢国家体育场的定位测量和首都机场扩建中的定位测量都使用了 GPS 系统进行定位检测。

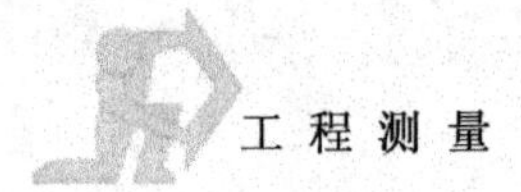

复习思考题

1. 全站仪基本组成部分有哪些？全站仪有哪些主要功能？
2. 结合所使用的全站仪，分别简述水平角、距离的操作步骤。
3. 怎样测定待定点的坐标和高程？
4. 试述坐标放样的操作步骤。
5. GPS 由哪些部分组成？各部分的功能和作用？

第六章 地形图测绘和应用

第一节 小区域控制测量

一 控制测量概述

控制测量是指在整个测区范围内，选定若干个具有控制作用的点（称为控制点），组成一定的几何图形（称为控制网），通过外业测量，并根据外业测量数据进行计算，来获得控制点的平面位置和高程的工作。

控制测量分为平面控制测量和高程控制测量，测定控制点平面位置（ x, y ）的工作称为平面控制。按照控制点之间组成的几何图形的不同，平面控制的形式又分为导线测量和三角测量；测定控制点高程 H 的工作称为高程控制测量，根据采用测量方法的不同，高程控制测量又分为水准测量和三角高程测量。

1. 平面控制测量

国家平面控制网的布设形式主要是三角网。按其精度分成一、二、三、四等。一等网精度最高，逐级降低；而控制点的密度则是一等网最小，逐级增大。图 6-1 所示，一等三角网一般称为一等三角锁，遍及全国范围内，是沿经纬线方向布设的，并且在经纬交点处设有起算边。它是国家平面控制网的骨干；二等三角网布设于一等三角锁环内，是一等三角网的加密，它是国家平面控制的全面基础；三、四等三角网是二等网的进一步加密，以满足测图和各项工程建设的需要。在某些局部地区，当采用三角测量困难时，也可用同等级的导线测量代替。

用于工程的平面控制一般是建立小区域平面控制，布设形式采用导线和小三角，根据工程的需要和测区面积的大小分级建立测区首级控制和图根控制。图根控制点的密度取决于测图比例尺、地物、地貌的复杂程度，可参照表 6-1 的规定。

图根控制点密度 表 6-1

测图比例尺	1∶500	1∶1 000	1∶2 000	1∶5 000
图幅尺寸(cm)	50×50	50×50	50×50	40×40
图根点(个数)	8	12	15	30

2. 高程控制测量

国家高程控制网的建立主要采用水准测量的方法，其精度分为一、二、三、四等，如图 6-2 所示。一等水准网是国家最高等级的高程控制骨干，沿经纬线方向布设；二等水准网是一等水准网的加密，是国家高程控制的全面基础；三、四等水准网为二等网基础上的加密，直接为各种测区提供必要的高程控制。用于工程的小区域高程控制网，也应视测区面积大小和工程要求，采用分级的方法建立。一般以国家或城市等级水准点为基础，在测区建立三、四等水准路线或水准网；再以三、四等水准点为基础，测定图根点的高程。

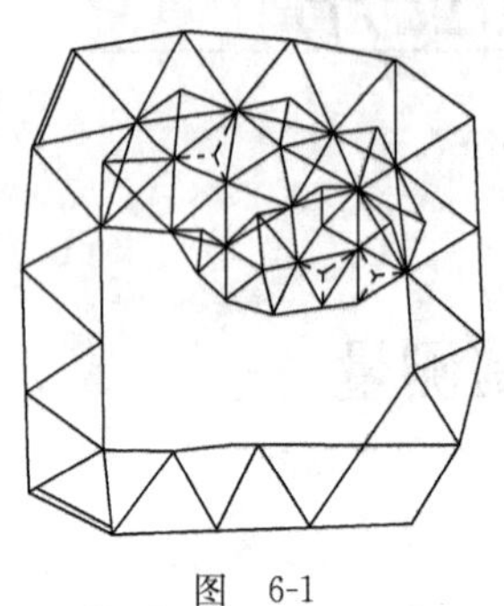

图 6-1

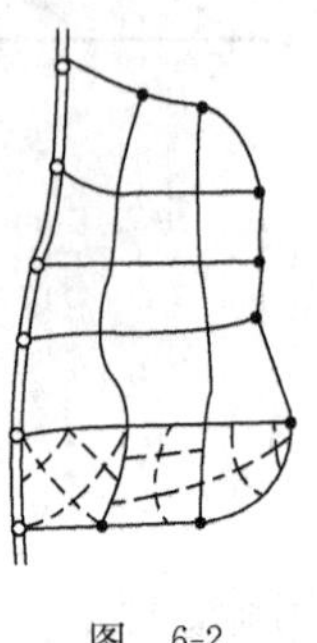

图 6-2

对于山区或困难地区，还可以采用三角高程测量的方法建立高程控制。

二 导线测量

导线测量是平面控制测量中的一种方法，主要用于隐蔽地区、带状地区、城建区、地下工程、公路、铁路和水利等。

将测区内相邻控制点连成直线而构成的折线图形，称为导线。构成导线的控制点称为导线点，折线边称为导线边。导线测量就是依次测定各导线边的长度和各转折角；根据起算数据，推算各边的坐标方位角，从而求出各导线点的坐标。

1. 导线的布设形式

根据测区的情况和要求，导线有以下三种布设形式：

(1)闭合导线：如图 6-3a)所示，从一已知点出发，经过若干个点之后，最后又回到该已知点，构成一个闭合多边形，这种形式称为闭合导线。导线起始方位角和起始坐标可以分别测定或假定。导线附近若有高级控制点(三角点或导线点)，应尽量使导线与高级控制点连接，图 b)和图 c)是导线直接连接和间接连接的形式，其中 β_A、β_C 为连接角，D_{A1} 为连接边。连接可获得起算数据，使之与高级控制点连成统一的整体。闭合导线多用在面积较宽阔的独立地区作测图控制。

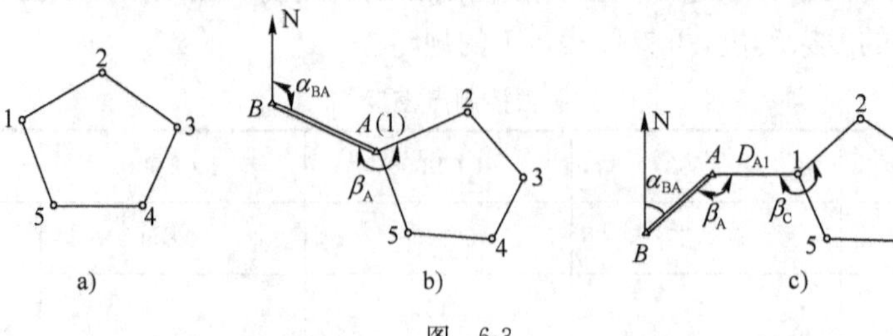

图 6-3

(2)附合导线:如图 6-4 所示,从一个已知高级控制点出发,最后附合到另一个已知高级控制点上,这种布设形式称为附合导线。附合导线多用于带状地区的控制测量。此外,也广泛用于公路、铁路、水利等工程的勘测与施工中。

(3)支导线:如图 6-5 所示,从一个已知控制点出发,既不闭合也不附合于已知控制点上。

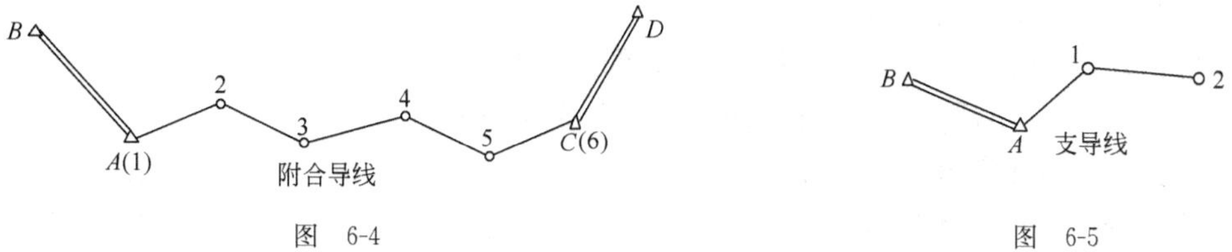

图 6-4　　图 6-5

闭合导线和附合导线在外业测量与内业计算中都能校核,它们是布设导线的主要形式。支导线没有校核条件,差错不易发现,故支导线的点数不宜超过两个,一般仅作为补点使用。此外,根据测区的具体条件,导线还可以布设成具有结点或多个闭合环的导线网,如图 6-6 所示。

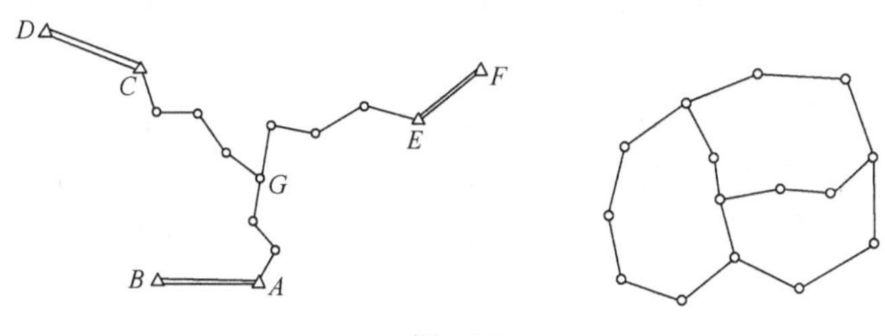

图 6-6

2. 导线的等级

在局部地区的地形测量和一般工程测量中,根据测区范围及精度要求,导线测量分为一级导线、二级导线、三级导线和图根导线四个等级。它们作为国家四等控制点的加密,也可以作为独立测区的首级控制。各级导线测量的主要技术要求参考表 6-2。

城市光电测距导线测量技术指标表　　表 6-2

等级		导线长度(km)	平均边长(km)	测角中误差(″)	测回数		角度闭合差(″)	相对闭合差
					DJ_6	DJ_2		
一级		3.6	0.3	5	4	2	$10\sqrt{n}$	1/14 000
二级		2.4	0.2	8	3	1	$16\sqrt{n}$	1/10 000
三级		1.5	0.12	12	2	1	$24\sqrt{n}$	1/6 000
图根	1∶500	0.9	0.08	20	1	—	$40\sqrt{n}$	1/4 000
	1∶1 000	1.8	0.15					
	1∶2 000	3.0	0.25					

导线测量按测定边长的方法分为:钢尺量距导线(也叫经纬仪导线)、视距导线以及电磁波测距导线等。本节所叙述的是钢尺量距和电磁波测距(全站仪)导线。

3. 导线测量的外业

导线测量的外业工作包括:踏勘选点及建立标志、量边、测角。

1)踏勘选点及建立标志

选点前,应调查搜集测区已有的地形图和控制点的资料,先在已有的地形图上拟定导线布设方案,然后到野外去踏勘、核对、修改和落实点位。如果测区没有地形图资料,则需详细踏勘现场,根据已知控制点的分布、地形条件及测图和施工需要等具体情况,合理地选定导线点的位置。选点时应满足下列要求:

(1)相邻点间必须通视良好,地势较平坦,便于测角和量距。

(2)点位应选在土质坚实处,便于保存标志和安置仪器。

(3)视野开阔,便于测图或放样。

(4)导线各边的长度应大致相等,除特殊条件外,相邻边长度比一般不大于 1∶3,平均边长符合表 6-2 的规定。

(5)导线点应有足够的密度,分布较均匀,便于控制整个测区。

确定导线点位置后,应在地上打入木桩,桩顶钉一小钉作为导线点的标志,如导线点需长期保存,可埋设水泥桩或石桩,桩顶刻凿十字或嵌入锯有十字的钢筋作标志。导线点应按顺序编号,为便于寻找,可根据导线点与周围地物的相对关系绘制导线点点位略图。

2)导线边长测量

导线边长测量可用钢尺丈量方法,也可用光电测距仪测定。钢尺量距时,用检定过的钢尺,往、返丈量各一次。丈量的相对误差不应超过表 6-2 规定。满足要求时,取其平均值作为丈量的结果。用电磁波测距仪(或全站仪)测定导线边长的中误差一般约为:±1cm。

3)测角

导线的转折角有左、右之分,在导线前进方向左侧的称为左角,而右侧的称为右角:对于附合导线应统一观测左角或右角;对于闭合导线,则观测内角:当采用顺时针方向编号时,闭合导线的右角即为内角,逆时针方向编号时,则左角为内角。

4. 导线测量的内业计算

导线测量的最终目的是要获得每个导线点的平面直角坐标,因此外业工作结束后就要进行内业计算。求算各导线点的坐标,需要依次推算各导线边的坐标方位角;由导线边的边长和坐标方位角,计算两相邻导线点的坐标增量,然后推算各点的坐标。坐标计算的基本公式:

1)坐标方位角的推算

如图 6-7a)所示:α_{12} 为起始方位角,β_2 为右角,推算 2—3 边的坐标方位角为:

$$\alpha_{23} = \alpha_{12} - \beta_2 \pm 180^\circ$$

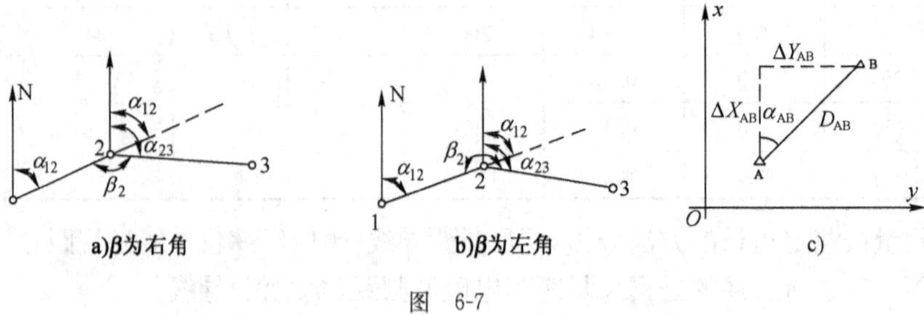

图 6-7

因此用右角推算方位角的一般公式为:

$$\alpha_{前} = \alpha_{后} - \beta_{右} \pm 180^\circ \tag{6-1}$$

式中：$\alpha_{前}$——前一条边的方位角；

$\alpha_{后}$——后一条边的方位角。

同时，图 6-7b) β_2 为左角，推算方位角的一般式为：

$$\alpha_{前} = \alpha_{后} + \beta_{左} \pm 180^\circ \tag{6-2}$$

必须注意，推算出的方位角如大于 360°，则应减去 360°，若出现负值时，则应加上 360°。

2)坐标正算

根据已知点坐标、已知边长和坐标方位角计算未知点坐标。如图 6-7c) 所示，设 A 为已知点、B 为未知点，当 A 点的坐标(x_A，y_A)、边长 D_{AB} 均为已知时，则可求得 B 点的坐标(x_B，y_B)。这种计算称为坐标正算。由图知

$$\begin{cases} x_B = x_A + \Delta x_{AB} \\ y_B = y_A + \Delta y_{AB} \end{cases} \tag{6-3}$$

其中：

$$\begin{cases} \Delta x_{AB} = D_{AB}\cos\alpha_{AB} \\ \Delta y_{AB} = D_{AB}\sin\alpha_{AB} \end{cases} \tag{6-4}$$

所以式(6-4)又可写成：

$$\begin{cases} x_B = x_A + D_{AB}\cos\alpha_{AB} \\ y_B = y_A + D_{AB}\sin\alpha_{AB} \end{cases} \tag{6-5}$$

式中：Δx_{AB}、Δy_{AB} ——分别称为纵、横坐标增量。

坐标方位角和坐标增量均带有方向性，注意下标的书写。当坐标方位角位于第一象限时，坐标增量均为正数；当坐标方位角位于第二象限时，Δx_{AB} 为负数，Δy_{AB} 为正数；当坐标方位角位于第三象限时，坐标增量均为负数；当坐标方位角位于第四象限时，Δx_{AB} 为正数，Δy_{AB} 为负数。

3)坐标反算

导线边的坐标方位角可根据两端点的已知坐标反算出，这种计算称为坐标反算。如图 6-7c) 所示，设 A、B 为两已知点，其坐标分别为(x_A，y_A)和(x_B，y_B)，则可得：

$$\tan\alpha_{AB} = \frac{\Delta y_{AB}}{\Delta x_{AB}} \tag{6-6}$$

$$D_{AB} = \Delta y_{AB}/\sin\alpha_{AB} = \Delta x_{AB}/\cos\alpha_{AB} \tag{6-7}$$

式中：

$$\Delta x_{AB} = y_B - x_A$$

$$\Delta y_{AB} = y_B - y_A$$

由式(6-7)算出两个 D_{AB}，用作相互校核，边长也可以用下式计算：

$$D_{AB} = \sqrt{\Delta x_{AB}^2 + \Delta y_{AB}^2}$$

按式(6-6)求得的 α_{AB} 可在四个象限之内，计算器上得到的是象限角，因此应根据 Δx_{AB} 和 Δy_{AB} 的正、负符号，按其所在象限换算成相应的坐标方位角。

5. 闭合导线坐标计算

闭合导线坐标计算是按一定的次序在表 6-3 中进行，也可以用计算程序在计算机上计算。计算前应检查外业观测成果是否符合技术要求，然后将角度、起始边方位角、边长和起算点坐

闭合导线计算表

表 6-3

点号	观测角(右角)	改正后的角值	坐标方位角	边长(m)	坐标增量计算值(m)		改正后坐标增量(m)		坐标(m)		备注
					Δx	Δy	Δx	Δy	x	y	
1	2	3	4	5	6	7	8	9	10	11	
1									500.00	500.00	
			132°50′00″	129.34	+0.02 −87.93	−0.02 94.85	−87.91	94.83			
2	+15″ 73°00′12″	73°00′27″							412.09	594.83	
			239°49′33″	80.18	+0.02 −40.30	−0.01 −69.32	−40.28	−69.33			
3	+15″ 107°48′30″	107°48′45″							371.81	525.50	
			312°00′48″	105.22	+0.02 70.43	−0.02 −78.18	70.45	−78.20			
4	+15″ 89°36′30″	89°36′45″							442.26	447.30	
			42°24′03″	78.16	+0.02 57.72	−0.01 52.71	57.74	52.70			
1	+15″ 89°33′48″	89°34′03″							500.00	500.00	
			132°50′00″								
2											
Σ				392.90	−0.08	+0.06	0.00	0.00			
辅助计算	$\sum\beta_{测}=359°59'$　　$\sum D=392.90$ $f_\beta=\sum\beta_{测}-(n-2)\times180°=-1'$　　$f_x=-0.08$，$f_y=+0.06$，$f=\sqrt{f_x^2+f_y^2}=0.10$ $f_{容}=\pm40\sqrt{n}=\pm80''$　　$K=\frac{0.10}{392.90}=\frac{1}{3\,929}<\frac{1}{2\,000}$										

标分别填入表2、4、5、10、11栏，或输入计算机，计算时还应绘制导线略图。现以闭合四边形导线为例，说明闭合导线坐标计算的步骤。

(1)角度闭合差的计算与调整

闭合导线实测的 n 个内角总和 $\sum\beta_{测}$ 不等于其理论值 $(n-2)\times180^\circ$，其差值称为角度闭合差，以 f_β 表示

$$f_\beta=\sum\beta_{测}-(n-2)\times180^\circ \tag{6-8}$$

各级导线角度闭合差的容许值 $f_{\beta容}$ 可参照表6-2所示。例如图根导线：

$$f_{\beta容}=\pm40''\sqrt{n}$$

若 $f_\beta\leqslant f_{\beta容}$，则把角度闭合差调整到观测角度中，否则，应分析情况进行重测。角度闭合差的调整原则是，将角度闭合差 f_β 以相反的符号平均分配到各个观测角中，即各个角度的改正数为：

$$v_\beta=-f_\beta/n \tag{6-9}$$

计算时，根据角度取位的要求，改正数可凑整到 $1''$。若不能平均分配，一般情况下，应在短边相邻的角上多分配一点，使各角改正数的总和与反号的闭合差相等，即：$\sum v_\beta=-f_\beta$。

表6-3为四边形图根导线的计算实例，$f_\beta=-1'$，将闭合差按相反符号平均分配到各角上。分配的改正数应写在各观测角的上方，然后计算改正后的角值，填入3栏。

(2)推算各边的坐标方位角

根据起始方位角及改正后的转折角，可按下式依次推算各边的坐标方位角，填入表中4栏。

$$\begin{cases}\alpha_{前}=\alpha_{后}-\beta_{右}\pm180^\circ\\ \alpha_{前}=\alpha_{后}+\beta_{左}\pm180^\circ\end{cases} \tag{6-10}$$

在推算过程中，如果算出的 $\alpha_{前}>360^\circ$，则应减去 360°；如果算出的 $\alpha_{前}<0$，则应加上 360°。为了发现推算过程中的差错，最后必须推算至起始边的坐标方位角，看其是否与已知值相等，以此作为计算校核。

(3)计算各边的坐标增量

根据各边的坐标方位角 α 和边长 D，按式(6-4)计算各边的坐标增量，将计算结果填入表6、7栏。

(4)坐标增量闭合差的计算与调整

闭合导线的纵横坐标增量总和的理论值应为零，即

$$\begin{cases}\sum\Delta x_{理}=0\\ \sum\Delta y_{理}=0\end{cases} \tag{6-11}$$

由于测量误差，改正后的角度仍有残余误差，坐标增量总和的测量计算值 $\sum\Delta x_{理}$ 与 $\sum\Delta y_{理}$ 一般都不为零，其值称为坐标增量闭合差，以 f_x 与 f_y 表示，(图6-8所示)。即

$$\begin{cases}f_{x测}=\sum\Delta x_{测}\\ f_{y测}=\sum\Delta y_{测}\end{cases} \tag{6-12}$$

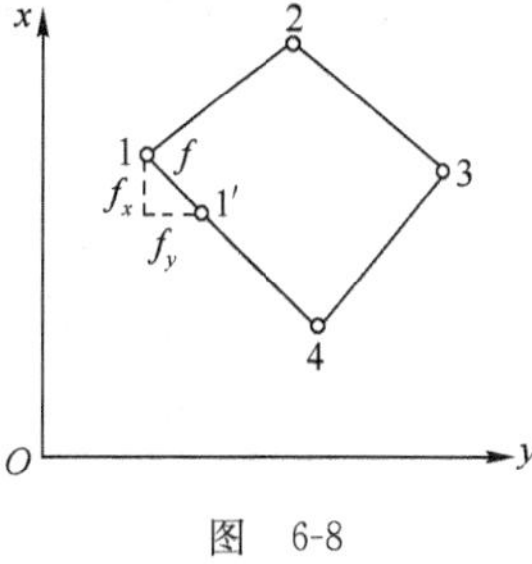

图 6-8

这说明，实际计算的闭合导线并不闭合，而是存在一个缺口，这个缺口的长度称为导线全长闭合差，以 f 表示。由图(6-8)可知：

$$f=\sqrt{f_x^2+f_y^2}$$

导线越长，全长闭合差也越大。因此，通常用相对闭合差来衡量导线测量的精度，导线的全长相对闭合差按下式计算：

$$K=\frac{f}{\sum D}=\frac{1}{\frac{\sum D}{f}} \tag{6-13}$$

式中：$\sum D$——导线边长的总和。

导线的全长相对闭合差应满足表 6-2 的规定。否则，应首先检查外业记录和全部内业计算，必要时到现场检查，重测部分或全部成果。若 K 值符合精度要求，则可将坐标增量闭合差 f_x、f_y 以相反符号，按与边长成正比分配到各边坐标增量中。任一边分配的改正数，$v_{\Delta x_{i,i+1}}$，$v_{\Delta y_{i,i+1}}$ 按下式计算：

$$\begin{cases} v_{\Delta x_{i,i+1}}=-\dfrac{f_x}{\sum D}\cdot D_{i,i+1} \\ v_{\Delta y_{i,i+1}}=-\dfrac{f_y}{\sum D}\cdot D_{i,i+1} \end{cases} \tag{6-14}$$

改正数应按坐标增量取位的要求调整到厘米(cm)或毫米(mm)，并且必须使改正数的总和与反符号闭合差相等，即

$$\begin{cases} \sum v_{\Delta x}=-f_x \\ \sum v_{\Delta y}=-f_y \end{cases}$$

计算出来的改正数填入表中(5)坐标计算

根据起始点的已知坐标和改正后的坐标增量，按照式(6-5)依次计算各点的坐标，填入表中 10、11 栏。

6. 附合导线坐标计算

附合导线的坐标计算与闭合导线的坐标计算基本上相同，但由于附合导线两端与已知点相连，所以在计算角度闭合差和坐标增量闭合差上有所不同。下面介绍这两项的计算方法。

(1)角度闭合差的计算

如图 6-9a)为观测左角，图 b)为观测右角时的导线略图，A、B、C、D 均为高级控制点，它们的坐标为已知，起始边 AB 和终止边 CD 的坐标方位角 α_{AB}、α_{CD} 可根据式(6-6)求得。由起始方位角 α_{AB} 经各转折角推算终止边的方位角。α'_{CD} 与已知值 α_{CD} 不相等，其差数即为附合导线角度闭合差 f_β，即

$$f_\beta=\alpha'_{CD}-\alpha_{CD} \tag{6-15}$$

参照图 6-9，按式(6-1)或式(6-2)可推算终止边的坐标方位角。

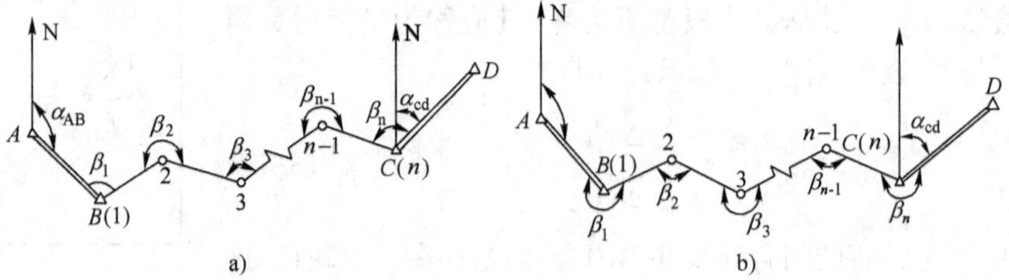

图 6-9

β为左角时：

$$\alpha'_{12}=\alpha'_{AB}+\beta_1\pm180°$$
$$\alpha'_{23}=\alpha'_{12}+\beta_2\pm180°$$
$$\alpha'_{34}=\alpha'_{23}+\beta_3\pm180°$$
$$\cdots\cdots$$
$$\alpha'_{CD}=\alpha'_{(n-1)n}+\beta_n\pm180°$$

将上式相加得：

$$\alpha'_{CD}=\alpha_{AB}+\sum\beta_{左}\pm n\times180°$$

同理可得β为右角时：

$$\alpha'_{CD}=\alpha_{AB}-\sum\beta_{右}\pm n\times180°$$

代入式(6-15)后，角度闭合差为：

$$f_\beta=(\alpha_{AB}-\alpha_{CD})+\sum\beta_{左}\pm n\times180°$$

或 $$f_\beta=(\alpha_{AB}-\alpha_{CD})-\sum\beta_{右}\pm n\times180°$$

将上式写成一般式为：

$$f_\beta=(\alpha_{始}-\alpha_{终})+\sum\beta_{左}\pm n\times180°$$

或 $$f_\beta=(\alpha_{始}-\alpha_{终})-\sum\beta_{右}\pm n\times180° \tag{6-16}$$

必须特别注意，在调整角度闭合差时，若观测角为左角，则应以与闭合差相反的符号分配角度闭合差；若观测角为右角，则应以与闭合差相同的符号分配角度闭合差。

(2)坐标增量闭合差的计算

附合导线的起点及终点均是已知的高级控制点，其误差可以忽略不计。附合导线的纵、横坐标增量的总和，在理论上应等于终点与起点的坐标差值，即

$$\begin{cases}\sum\Delta x_{理}=x_{终}-x_{始}\\ \sum\Delta y_{理}=y_{终}-y_{始}\end{cases} \tag{6-17}$$

由于量边和测角有误差，因此计算出的坐标增量总和$\sum\Delta x_{测}$、$\sum\Delta y_{测}$与理论值不相等，其差数即为坐标增量闭合差：

$$\begin{cases}f_x=\sum\Delta x_{测}-(x_{终}-x_{始})\\ f_y=\sum\Delta y_{测}-(y_{终}-y_{始})\end{cases} \tag{6-18}$$

附合导线起始边与终止边的坐标方位角，可按式(6-6)计算。附合导线坐标计算实例参照表6-4。

三 高程控制测量

小区域地形测图或施工测量中，通常采用三、四等水准测量作为高程控制测量的首级控制，在丘陵地区或山区，由于地面高低起伏较大，或当水准点位于较高建筑物上，用水准测量作高程控制时，困难大且速度也慢，或无法施用，这时可采用三角高程测量。

附合导线计算表 表 6-4

点号	观测角（右角）	改正后的角值	坐标方位角	边长（m）	坐标增量计算值（m） Δx	Δy	改正后坐标增量（m） Δx	Δy	坐标（m） x	y	备注
1	2	3	4	5	6	7	8	9	10	11	
A											
			157°00′52″								
B	−06″ 192°14′24″	192°14′18″							2 299.83	1 303.80	
			144°46′34″	139.03	−0.03 −113.57	−0.03 80.19	−113.60	80.16			
2	−06″ 236°48′36″	236°48′30″							2 186.23	1 383.96	
			87°58′04″	172.57	−0.04 6.12	−0.04 172.46	6.08	172.42			
3	−06″ 170°39′36″	170°39′30″							2 192.31	1 556.36	
			97°18′34″	100.07	−0.02 −12.51	−0.02 99.29	−12.53	99.27			
4	−07″ 180°00′48″	180°00′41″							2 179.76	1 655.65	
			97°17′53″	102.48	−0.03 −13.02	−0.03 101.65	−13.04	101.62			
C	−06″ 230°32′36″	230°32′30″							2 166.74	1 757.27	
			46°45′23″								
D(Σ)				392.90	−0.11	+0.12	−133.09	453.47			

辅助计算：

$\sum\beta_{右}=1010°16'00''$　　$\sum D=514.15$　$\sum\Delta x_{测}=-132.98, \sum\Delta y_{测}=453.59$

$f_\beta=(\alpha_{AB}-\alpha_{CD})-\sum\beta_{右}\pm n\times180°=-31''$　$f_x=0.11, f_y=0.12$　$f=\sqrt{f_x^2+f_y^2}=0.16$

$f_{容}=\pm40\sqrt{n}=\pm89''$　　$K=\frac{0.16}{514.15}=\frac{1}{3\,213}<\frac{1}{2\,000}$

1. 三、四等水准测量

1）三、四等水准测量的技术要求

三、四等水准测量起算点的高程一般引自国家一、二等水准点，若测区附近没有国家水准点，也可建立独立的水准网，这样起算点的高程应采用假设高程。三、四等水准网的布设形式：如果是作为测区的首级控制，一般布设成闭合环线；如果是进行加密，则多采用附合水准路线或支水准路线。三、四等水准路线一般沿公路、铁路或管线等坡度较小、便于施测的路线布设。其点位应选在地基稳固，能长久保存标志和便于观测的地点，其点（水准点）的选定及标志可参考第一章的有关规定。水准点的间距一般为 1～1.5km，山岭重丘区可根据需要适当加密，一个测区一般至少埋设三个以上的水准点。三、四等水准测量的精度要求列于表 6-5 中。

水准测量精度 表 6-5

等级	往、返较差、附合或环线闭合差（mm）		检测已测测段高差之差（mm）
	平原微丘区	山岭重丘区	
三等	$\pm12\sqrt{L}$	$\pm3.5\sqrt{n}$或$\pm15\sqrt{L}$	$\pm20\sqrt{L_i}$
四等	$\pm20\sqrt{L}$	$\pm6.0\sqrt{n}$或$\pm25\sqrt{L}$	$\pm30\sqrt{L_i}$
图根	$\pm30\sqrt{L}$	$\pm45\sqrt{L}$	$\pm40\sqrt{L_i}$

2）三、四等水准测量的施测方法

三、四等水准测量一般采用双面尺法，且应采用一对水准尺，其每一站的技术要求列于表 6-6 中。

水准测量技术要求 表 6-6

等级	水准仪型号	视线长度（m）	前后视距较差（m）	前后视距累积差（m）	视线离地面最低高度（m）	红黑面读数差（mm）	红黑面高差之差（mm）
三等	DS_1	100	3	6	0.3	1.0	1.5
	DS_3	75				2.0	3.0
四等	DS_3	100	5	10	0.2	3.0	5.0
图根	DS_3	100	大致相同	—	—	—	—

（1）一个测站的观测顺序

①照准后视尺黑面，精平，分别读取下、上、中三丝读数，并填入表 6-7 中为（1）、（2）、（3）。

②照准前视尺黑面，精平，分别读取下、上、中三丝读数，并填入表 6-7 中为（4）、（5）、（6）。

③照准前视尺红面，精平，读取中丝读数，并填入表中为（7）。

④照准后视尺红面，精平，读取中丝读数，并填入表中为（8）。

记录顺序见表 6-7。

上述这四步观测，简称为“后—前—前—后（黑—黑—红—红）”，这样的观测步骤可消除或减弱仪器或尺垫下沉误差的影响。对于四等水准测量，规范允许采用“后—后—前—前（黑—红—黑—红）”的观测步骤，这种步骤比上述的步骤要简便些。

（2）一个测站的计算与检核

①视距的计算与检核

后视距：(9)＝[(1)－(2)]×100m

前视距：(10)＝[(4)－(5)]×100m　　三等：≤75m，四等：≤100m

前、后视距差：(11)＝(9)－(10)　　三等：≤3m，四等：≤5m

前、后视距差累积：(12)＝本站(11)＋上站(12)　　三等：≤6m，四等：≤10m

四等水准测量记录表　　表 6-7

		后尺 下丝 / 上丝	前尺 下丝 / 上丝	测点编号	点号 黑面 (m)	点号 红面 (m)	K＋黑－红 (mm)	平均高差 (m)
		后视距	前视距					
		视距差 Δd (m)	∑Δd (m)					
		(1)	(4)		(3)	(8)	(14)	(18)
		(2)	(5)		(6)	(7)	(13)	
		(9)	(10)		(15)	(16)	(17)	
		(11)	(12)					
	BM1 | BM2	1.426	0.801	后	1.211	5.996	＋2	＋0.625 5
		0.995	0.371	前	0.586	5.270	＋3	
		43.1	43.0	后－前	＋0.625	＋0.726	－1	
		＋0.1	＋0.1					
2	BM2 | BM3	1.815	0.572	后	1.552	6.242	－3	＋1.235 0
		1.297	0.056	前	0.318	5.106	－1	
		51.8	51.6	后－前	＋1.234	＋1.136	－2	
		＋0.2	0.3					
3	BM3 | BM4	0.889	1.713	后	0.698	5.487	－2	－0.825
		0.507	1.333	前	1.523	6.212	－2	
		38.2	38.0	后－前	－0.825	－0.725	0	
		＋0.2	＋0.5					
4	BM4 | BM5	1.891	0.758	后	1.708	6.398	－3	＋1.134
		1.525	0.390	前	0.574	5.364	－3	
		36.6	36.8	后－前	＋1.134	＋1.034	0	
		－0.2	＋0.3					
5	BM5 | BM6	1.569	0.896	后	1.233	6.018	＋3	0.671 5
		0.896	0.222	前	0.559	5.249	－2	
		67.3	67.4	后－前	0.674	＋0.769	＋5	
		－0.1	＋0.2					

②水准尺读数的检核

同一根水准尺黑面与红面中丝读数之差：

前尺黑面与红面中丝读数之差(13)＝(6)＋K－(7)

后尺黑面与红面中丝读数之差(14)＝(3)＋K－(8)　　　三等：≤2mm，四等：≤3mm

（上式中的 K 为红面尺的起点数，为 4.687m 或 4.787m）

③高差的计算与检核

黑面测得的高差(15)＝(3)－(6)

红面测得的高差(16)＝(8)－(7)

校核：黑、红面高差之差(17)＝(15)－[(16)±0.100]

或(17)＝(14)－(13)　　　三等：≤3mm，四等：≤5mm

在测站上，当后尺红面起点为 4.687m，前尺红面起点为 4.787m 时，取＋0.100，反之取－0.100。

3)每页计算检核

(1)高差部分在每页上，后视红、黑面读数总和与前视红、黑面读数总和之差，应等于红、黑面高差之和。

对于测站数为偶数的页：

$\sum[(3)+(8)]-\sum[(6)+(7)]=\sum[(15)+(16)]=2\sum(18)$

对于测站数为奇数的页：

$\sum[(3)+(8)]-\sum[(6)+(7)]=\sum[(15)+(16)]=2\sum(18)\pm0.100$

(2)视距部分

在每页上，后视距总和与前视距总和之差应等于本页末站视距差累积值与上页末站视距差累积值之差。校核无误后，可计算水准路线的总长度。

$\sum(9)-\sum(10)$＝本页末站之(12)－上页末站之(12)，水准路线总长度＝$\sum(9)+\sum(10)$

4)成果整理

三、四等水准测量的闭合路线或附合路线的成果整理，首先其高差闭合差应满足表 6-5 的要求。然后，对高差闭合差进行调整，调整方法可参见第一章有关内容，最后按调整后的高差计算各水准点的高程。若为支水准路线，则满足要求后，取往返测量结果的平均值为最后结果，据此计算水准点的高程。

2. 三角高程测量

根据所采用的仪器不同，三角高程测量分为测距仪三角高程测量和经纬仪三角高程测量。

1)三角高程测量的原理

三角高程测量是根据地面上两点间的水平距离 D 和测得的竖直角，来计算两点间的高差。如图 6-10 所示，已知 A 点高程为 H_A 现欲求 B 点高程 H_B。则在 A 点安置经纬仪，同时量出 A 点至经纬仪横轴的高度 i，称为仪器高。在 B 点竖立觇标，其高度为 l，用望远镜的十字丝交点瞄准觇标顶端，测出竖直角

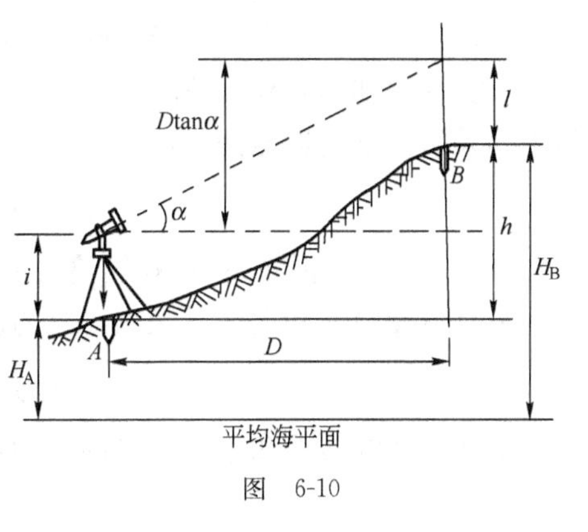

图 6-10

α，另外，若已知 A、B 两点间的水平距离 D_{AB}，则可求得 A、B 两点之间的高差 h_{AB}

$$h_{AB} = D_{AB}\tan\alpha + i - l \tag{6-19}$$

由此得到 B 点的高程为：

$$H_B = H_A + D_{AB}\tan\alpha + i - l \tag{6-20}$$

具体应用上述公式时，要注意竖直角的正负号，当竖直角 α 为仰角时取正号，当竖直角 α 为俯角时取负号。

2)三角高程测量的等级及技术要求

对于三角高程控制测量，一般分为两级，即四等和五等三角高程测量，它们可作为测区的首级控制。其技术要求见表 6-8 所示。

三角高程测量技术指标表 表 6-8

等级	仪器	测距边测回数	竖直角测回数		指标差较差(″)	竖直角较差(″)	对向观测高差较差(mm)	附合或环线闭合差(mm)
			三丝法	中丝法				
四等	DJ_2	往返各一次	—	3	≤7	≤7	$40\sqrt{D}$	$20\sqrt{\Sigma D}$
五等	DJ_2	1	1	2	≤10	≤10	$60\sqrt{D}$	$30\sqrt{\Sigma D}$

注：D 为光电测距长度(km)。

3)地球曲率和大气折光的影响(球气两差改正数)

在做三角高程测量时，在一定情况下，还需要考虑地球曲率和大气折光对所测高差的影响，即要进行地球曲率和大气折光的改正，简称球气两差改正。

(1)地球曲率的改正　在用三角高程测量两点间的高差时，若两点间的距离较长(超过 300m)，则图 6-10 中的大地水准面不能再用水平面来代替，而应按曲面看待，因此用式(6-18)或式(6-19)计算时，还应考虑地球曲率影响的改正，简称为球差改正，其改正数用 f_1 表示。

$$f_1 = \Delta h = D^2/2R$$

式中：R——地球曲率半径，取 6371km；

D——两点间的水平距离。

(2)大气折光的改正　在观测竖直角时，由于大气的密度不均匀，视线将受大气折光的影响而总是成为一条向上拱起的曲线，这样使所测得的竖直角(水平方向与视线的切线方向)总是偏大，因此，要进行大气折光的改正，简称气差改正，其改正数用 f_2 表示。因大气折光由气温、气压、日照、时间、地表情况及视线高度等诸多因素而定，所以，很难对其作精确的计算，应用中均采用如下的近似公式：

$$f_2 = -KD^2/2R$$

式中：K——大气折光系数，其经验值为：$K=0.14$。

综合地球曲率和大气折光对高差的影响，便得到球气两差改正数，用 f 表示。则：

$$f = f_1 + f_2 = 0.43D^2/R$$

上述的球气两差在单向三角高程测量中，必须进行改正，即式(6-19)写为：

$$h_{AB} = D_{AB}\tan\alpha + i - l + f$$

但对于双向三角高程测量(又称对向观测或直反觇观测，即先在已知高程的 A 点安置经纬仪，在另一点 B 立觇标，测得高差 h_{AB}，称为直觇。然后再在 B 点安置经纬仪，A 点立觇标，测得高差 h_{BA}，称为反觇。)来说，若将直、反觇测得的高差值取平均值，可以抵消球气两差的影响，所以三角高程测量一般都采用对向观测，且宜在较短的时间内完成。

4)三角高程测量的施测方法

三角高程测量的观测与计算应按下述步骤进行：

(1)安置仪器于测站上，量出仪器高 i，觇标立于测点上，量出觇高程 l，读数精确至毫米(mm)。

(2)用经纬仪或测距仪采用测回法观测竖直角 α，取平均值作为最后结果。

(3)采用对向观测，方法同前两步。

(4)应用式(6-19)和式(6-20)计算高差及高程。

以上观测与计算均应满足表 6-8 的要求。

第二节　地形图的基本知识

 地形图的基本知识

地球表面是复杂多样的，在测量中将地球表面上天然和人工形成的各种固定物，称为地物。将地球表面高低起伏的形态，称为地貌。地物和地貌统称为地形。地形图测绘就是将地球表面某区域内的地物和地貌按正射投影的方法和一定的比例尺，用规定的图示符号测绘到图纸上，这种表示地物和地貌平面位置和高程的图称为地形图；如果只测地物，不测地貌，即在测绘的图上只表示地物的情况，不表示地面的高低情况，这种图称为平面图。地形图的测绘应遵循“从整体到局部”、“先控制后碎部”的原则。

 地形图比例尺

1.地形图比例尺的定义

就地图制图而言，要把地面上的线段描绘到地图平面上，要经过如下主要过程，即：首先将地面线段沿垂线投影到大地水准面上，然后归化到椭球体面上，再按某种方法将其投影到平面上，最后按某一比率将它缩小到地图上，这个缩小比率就是地图比例尺。

因此，地形图的比例尺可定义为：地形图上某线段的长度与实地对应线段的投影长度之比，即

$$\frac{1}{M}=\frac{l}{L} \tag{6-21}$$

式中：M——地形图比例尺分母；

l——地形图上某线段的长度；

L——实地相应的投影长度。

利用式(6-2)还可以求出地图上某区域面积与实地对应区域的投影面积之比的关系式，即

$$\frac{1}{M^2}=\frac{f}{F} \tag{6-22}$$

式中：f——地图上某区域的面积；

F——实地对应区域的投影面积。

2.地形图比例尺精度

地形图比例尺的大小，对于图上内容的显示程度有很大关系。因此，必须了解各种比例尺地图所能达到的最大精度。显然，地形图所能达到的最大精度取决于人眼的分辨能力和绘图与印刷的能力。其中，人眼的分辨能力是主要的因素。

由对人眼的分辨能力的分析可知，在一般情况下，人眼的最小鉴别角为 $\theta=60''$。若以明视距离 250mm 计算，则人眼能分辨出的两点间的最小距离约为0.1mm。因此，某种比例尺地形图上 0.1mm 所对应的实地投影长度，称为这种比例尺地形图的最大精度，或称该地形图比例尺精度。例如：1∶100 万、1∶1 万、1∶500 的地图比例尺精度依次为 100m、1m、0.05m，见表 6-9。

比 例 尺 精 度 表 　　表 6-9

比例尺	1∶500	1∶1 000	1∶2 000	1∶5 000	1∶10 000
比例尺精度(m)	0.05	0.1	0.2	0.5	1.0

三 地形图图名、图号、图廓及接合图表

(1)图名：一幅地形图的名称，一般用图幅中最具有代表性的地名、景点名、居民地或企事业单位名称命名，并标在图纸的上方正中央位置。

(2)图号：为了便于贮存、检索和使用系列地形图，每张地形图除有图名外，还编有一定的图号，图号是该幅图相应的分幅编号，标在图名和外图廓线之间。

地形图分幅的方法分为两类：

①按经纬线分幅的梯形分幅法(国际分幅法)；

②按坐标格网分幅的矩形分幅法。

(3)图廓：图廓有内外图廓之分，内图廓线就是测量边界线。内图廓之内绘有 10cm 间隔互相垂直交叉的短线，称为坐标格网。

(4)接合图表：接合图表是表示本图幅与四邻图幅的相邻关系的图表，表上注有邻接图幅的图名或图号，它绘在本幅图的上图廓的左上方(图 6-11)。

四 地物符号

地物在地形图中是用地物符号来表示的。地物符号分为比例符号、非比例符号与半比例符号。有些占地面积较大的(以比例尺精度衡量)地物，如地面上的房屋、桥梁、旱田、湖泊、植被等地物可以按测图比例尺缩小，用地形图图式中的规定符号绘出，称为比例符号。某些地物的占地面积很小，如三角点、导线点、水准点、水井、旗杆等按比例无法在图上绘出，只能用特定的符号表示它的中心位置，称为非比例符号。对一些呈现线状延伸的地物，如铁路、公路、管线、围墙、篱笆、渠道、河流等，其长度能按比例缩绘，但其宽则不能按比例表示的符号称为半比例符号。

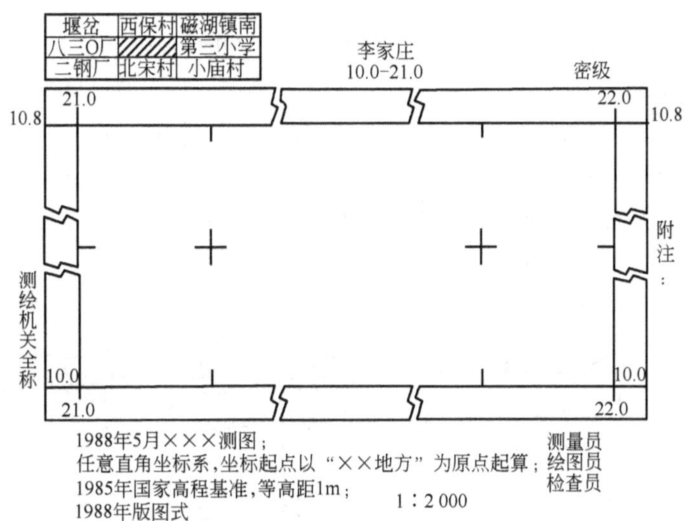

图 6-11

在不同比例尺的地形图上表示地面上同一地物，由于测图比例尺的变化，所使用的符号也会变化。某一地物在大比例尺地形图上用比例符号表示，而在中、小比例尺地形图上则可能就变成为非比例尺符号或半比例符号。

五 地貌符号

在地形图上最常用的表示地面高低起伏变化的方法是等高线法，所以等高线是常见的地貌符号。但对梯田、峭壁、冲沟等特殊的地貌，不便用等高线表示时，可根据地形图图式绘制相应的符号。

1. 等高线的概念

在图 6-12 中，有一高地被等距离的水准面 P_1、P_2、P_3 所截，在各水准面上得到相应的截交线，将这些截交线眼垂直方向投影到同一个水平面 M 上，便得到一组表示该高地起伏情况的闭合曲线，即等高线。所以等高线就是地面上高程相等的的相邻各点连成的闭合曲线。

图 6-12

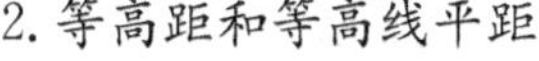

2. 等高距和等高线平距

地形图上，相邻两等高线间的高差称为等高距(或称等高线间隔)，用 h 表示。相邻等高线之间的水平距离，称为等高线平距，用 d 表示。地面的坡度可以写成：

$$i = \frac{h}{d \cdot M}$$

在同一幅地形图上只能有一个等高距，通常按测图比例尺和测区地形类别，确定测图的基本等高距。上式表明：i 与 d 成反比，即在地形图上等高线越密集，表示地面坡度越大，等高线越稀疏，地面坡度越小。

3. 典型地貌的等高线

地貌的形态多种多样，仔细分析后，发现它们由以下几种典型的地貌综合而成。

(1)山头和洼地

如图 6-13a)所示，较四周显著凸起的高地称为山，大者叫山岳，小者叫山丘；山的最高点叫山顶，尖的山顶叫山峰。如图 6-13b)所示，四周高中间低的地形叫盆地。最低处称盆底。盆地没有泄水道，水都停滞在盆地中最低处。湖泊实际上是汇集有水的盆地。

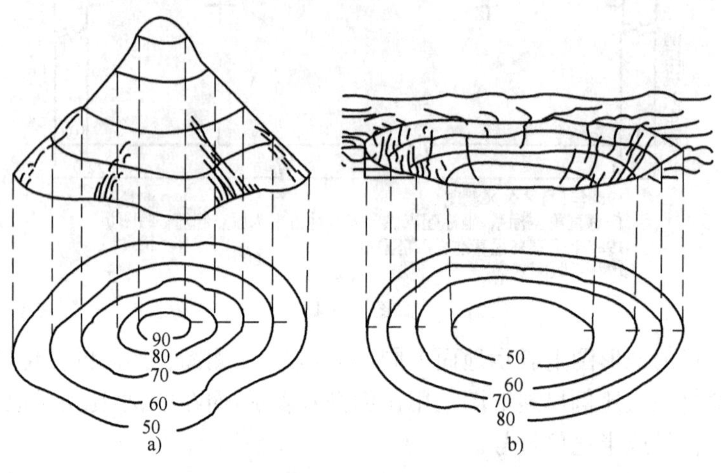

图 6-13 山头和洼地

a)山头；b)洼地

(2)山脊和山谷

如图 6-14a)所示，山的凸棱由山顶延伸至山脚者叫山脊，山脊最高的棱线称为山脊线(或分水线)。如图 6-14b)所示，两山脊之间的凹部称为山谷。两侧称谷坡。两谷坡相交部分叫谷底。谷底最低点连线称山谷线(又称合水线)。谷地与平地相交处称谷口。

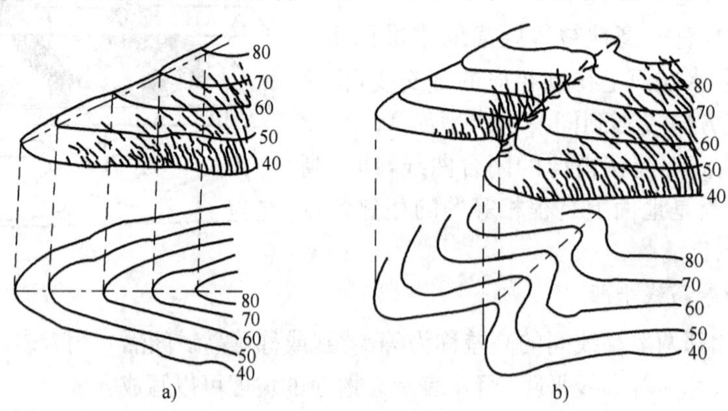

图 6-14 山脊和山谷

a)山脊；b)山谷

(3)鞍部

鞍部是相邻两山头之间呈马鞍形的低凹部位(图 6-15 中 S)。鞍部的等高线是由两组相对的山脊和山谷等高线组成，即在一圈大的闭合曲线内，套有两组小的闭合曲线。

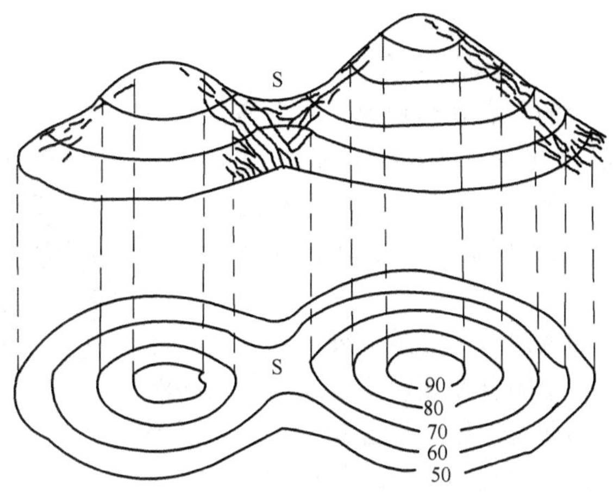

图 6-15　鞍部

(4)陡崖和悬崖(图 6-16)

如图 6-16 所示陡崖是坡度在 70° 以上的陡峭崖壁,有石质和土质之分。图是石质陡崖的表示符号。悬崖是上部突出,下部凹进的陡崖,这种地貌的等高线出现相交如图 6-16 所示。俯视时隐蔽的等高线用虚线表示。

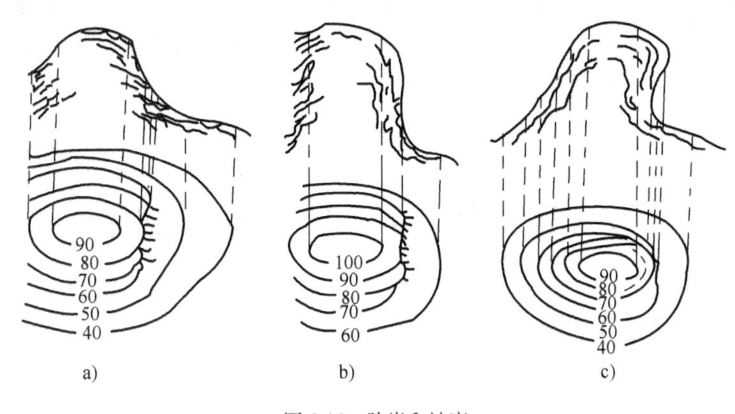

图 6-16　陡崖和坡度

a)陡崖;b)坡度

(5)其他

如冲沟、雨裂、滑坡、崩塌等,其表示方法参见地形图图示。

4. 等高线分类

为了更好地表示地貌的特征,便于识图用图,地形图上主要采用下列三种等高线:

(1)首曲线(又称基本等高线),即按基本等高距测绘的等高线。

(2)计曲线(又称加粗等高线),每隔四条首曲线加粗描绘一根等高线:其目的是为了计算高程方便。

(3)间曲线(又称半距等高线),是按 1/2 基本等高距测绘的等高线,以便显示首曲线不能显示的地貌特征:在平地,当首曲线间距过稀时,可加测间曲线,间曲线可不闭合,但一般应对称。图 6-17 表示首曲线、计曲线、间曲线的情况。

5. 等高线的特性

等高线的规律和特性可归纳如下几条：

(1)在同一条等高线上的各点高程相等。因为等高线是水准面与地表面的交线，而在一个水准面上的高程是一样的。但是不能得出结论说：凡高程相等的点一定在同一条等高线上。当水准面和两个山头相交时，会得出同样高程的两条等高线。

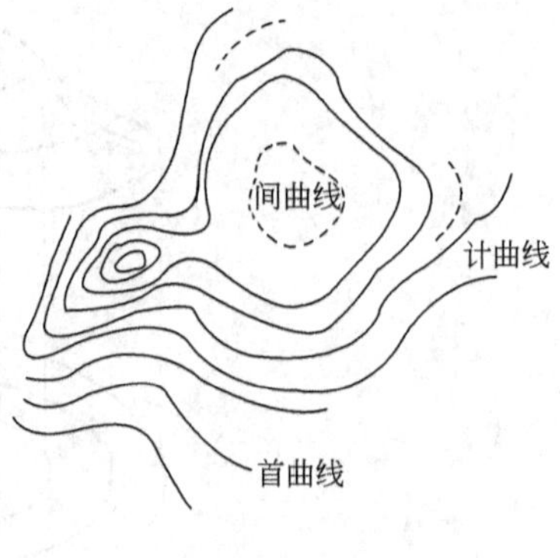

图 6-17

(2)等高线是闭合的曲线。一个无限伸展的水准面和地表面相交，构成的交线是一个闭合曲线，所以某一高程线必然是一条闭合曲线。由于具体测绘地形图范围是有限的，所以等高线若不在同一幅图内闭合，也会跨越一个或多个图幅闭合。

(3)不同高程的等高线一般不能相交。但是一些特殊地貌，如陡壁、陡坎的等高线就会重叠在一起，图 6-16a)所示，这些地貌必须加用陡壁、陡坎符号表示。通过悬崖的等高线才可能相交(图 6-16b)。

(4)等高线与地性线正交。由于等高线在经过山脊或山谷时，几何对称地在另一山坡上延伸，这样就形成了等高线与山脊线、山谷线成正交。如图 6-14 所示，A 为山脊线，B 为山谷线。

(5)两等高线之间的水平距离称为平距，等高线间平距的大小与地面坡度的大小成反比。在同一幅地形图上，平距愈大，地面坡度愈小；反之，平距愈小，地面坡度愈大。换句话说，坡度陡的地方，等高线愈密集；坡度缓的地方，等高线愈稀疏。

(6)等高线跨越河流时，不能直穿而过，要绕经上游通过。

第三节　大比例尺地形图的测绘

一　测图前的准备工作

1. 图纸的准备

目前作业单位已广泛地采用聚脂薄膜代替图纸进行测图。这种经打毛后的聚脂薄膜，其特点是：伸缩性小、无色透明、牢固耐用、化学性能稳定、质量轻、不怕潮湿、便于携带和保存。

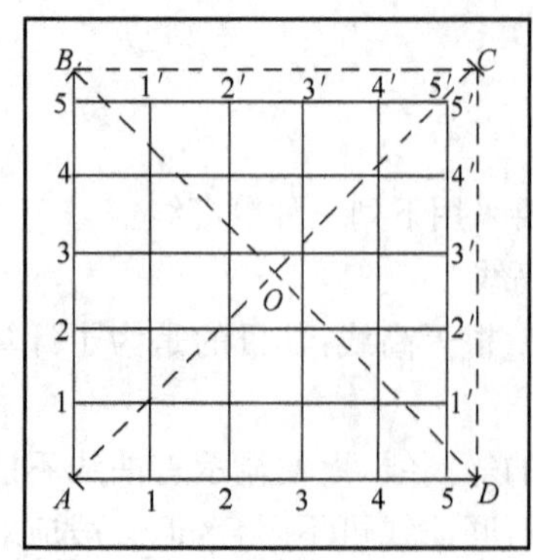

图 6-18　坐标网格法

测图时，在测板上先垫一张硬胶板和浅色薄纸，衬在聚脂薄膜下面，然后用胶带纸或铁夹将其固定在图板上，即可进行测图。

2. 坐标格网(方格网)的绘制

控制点是根据其直角坐标的 x、y 值，先展绘在图纸上，然后到野外测图。为了能使控制点位置绘得比较准确，则需在图纸上先绘制直角坐标格网，又称方格网，其常用的绘制方法为：

(1)用直尺和圆规绘制坐标格网

如图 6-18 所示，在裱糊好的图板上，用直尺和铅笔轻轻画出两条对角线，设相交于 O 点，以 O 点为圆心沿对角线截取相等长度 OA、OB、OC、OD，用铅笔连接各点，得到矩形 $ABCD$，再在各边上以 10cm 的长度截取 1、2、3、4、5 和 1′、2′、3′、4′、5′诸点，连接相应各点即得坐标格网。

(2)用坐标格网尺绘制坐标格网

如图 6-19 所示的坐标格网尺，是一种带有方眼的金属直尺，尺上有间隔为 10cm 的 6 个小孔，每孔有一斜面，起始孔斜面边缘为一直线，其上刻有一细线表示该尺长度的起始点(即零点)。其余各孔以及末端的斜面边缘是以零点为圆心，各以 10cm、20cm、…、50cm 以及 70.711cm为半径的圆弧。70.711 是边长为 50cm 的正方形对角线长度，可以用它直接绘制 50cm×50cm 的正方形，以及 10cm×10cm 的方格网。

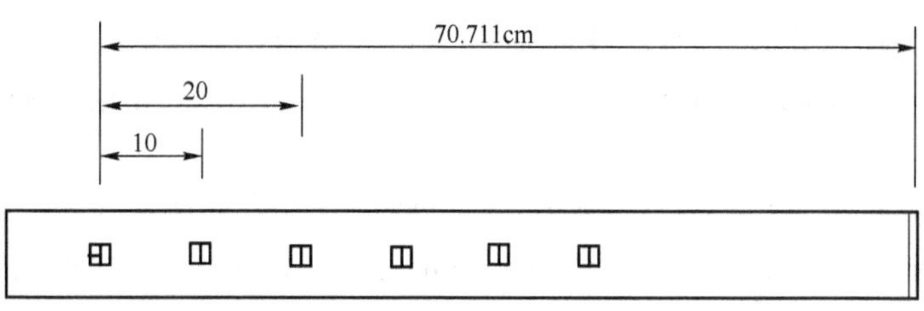

图 6-19　坐标格网尺(尺寸单位：cm)

如图 6-20 所示是坐标格网尺的具体使用方法。以绘制 50cm×50cm 方格网为例。图 a)在图纸下方绘一条直线，左端取一点 A 使格网尺的零点对准 A，并使尺亡各孔的斜面中心通过该直线，然后沿孔斜边画短弧与直线相交，直接定出 5 个点，最右端点为 B。图 b)将尺子零点对准 B，并使尺子大致与 AB 直线垂直，再沿各孔画短弧线。图 c)将尺子零点仍对准 A，使尺子末端斜边缘与右边最上短弧线相交，得 C 点，连接 CB 定出右边各点。图 d)也是将尺子零点仍对准 A，并使尺子大致与 AB 线垂直，再沿各孔画短弧线。图 e)是将尺子零点对准 C 点，并使尺子大致与 BC 垂直，尺子左端最后一孔的弧线与左上方的弧线相交得 D 点，再沿其余各孔画短弧线，连接 AD、CD 即得 50cm×50cm 的正方形。图 f)将上下、左右对应的各点相连接得 10cm×10cm 的坐标格网。

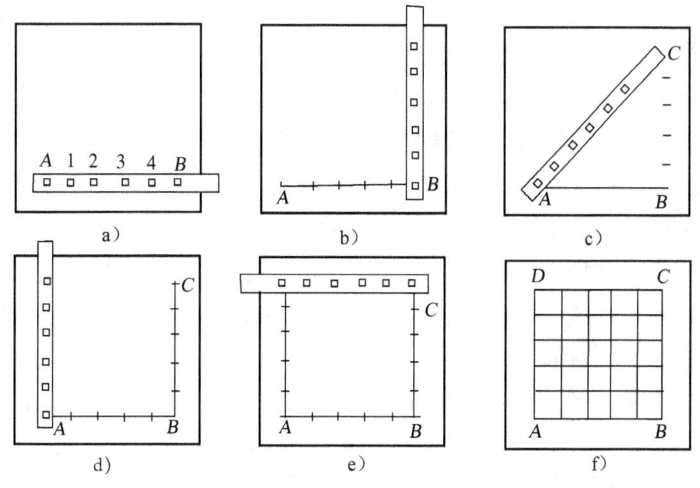

图 6-20　坐标格网尺的用法

坐标格网绘好后,应进行检查。将直尺边沿方格的对角线方向放置,各方格的角点应在一条直线上,偏离不应大于 0.2mm;再检查各个方格的对角线长度应为 14.14cm,容许误差为±0.2mm,检查合格后方可进行控制点的展绘。

3. 展绘图廓点及控制点

展绘图廓点(梯形分幅时)及控制点的坐标位置,按比例展绘到图纸上。展点质量的好坏与成图质量有着密切的关系,因此需本着"过细"的精神,"认真"地对待。

根据测区"平面控制布置及分幅图",抄录并核对有关图幅内控制点的点号及坐标、高程、等级及相邻点间的距离等,用来进行展点并留作测图时检查之用。

在展点时,首先确定控制点所在的方格,如图 6-21 中,控制点 2 的坐标 x_2=5 674.10m,y_2=8 662.72m,根据点 2 的坐标,知道它是在 *kl*nm 方格内,然后从 *m* 点和 *n* 点起用比例尺向上量取 74.10,得出 *a*、*b* 两点,再从 *k*、*m* 向右量取 62.72。得出 *c*、*d* 两点,*ab* 和 *cd* 的交点即为 2 点的位置。

同法将其它各点展绘在坐标方格网内,各点展绘好后,也要认真检查一次,此时可用比例尺在图上量取各相邻控制点之间的距离,和已知的边长相比较,其最大误差在图纸上不得超过 0.3mm,否则应重新展绘。

当控制点的平面位置绘在图纸后,还应注上点号和高程。

用一般直尺展点只能估读到尺子最小值的 1/10。

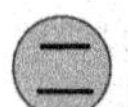

二 地形图测绘的方法

1. 碎部点的选择

碎部点又称为地形点,它指的地物和地貌的特征点。碎部点的选择直接关系到测图的速度和质量。选择碎部点的根据是测图比例尺及测区内地物和地貌的状况。碎部点应该选在能反映地物和地貌特征的点上。

对于地物其特征点为地物的轮廓线和边界线的转折或交叉点。例如建筑物、农田等面状地物的棱角点和转角点;道路、河流、围墙等线形地物交叉点,电线杆、独立树、井盖等点状地物的几何中心等。由于有些地物形状极不规则,一般规定主要地物凸凹部分在图上大于 0.4mm(在实地应为 0.4*M*mm,*M* 为比例尺分母)时均应表示出来;若小于 0.4mm 则可用直线连接。

对于地貌其特征点为地性线上的坡度或方向变化点。地性线主要有:山脊线(分水线)、山谷线(集水线)、山脚线、最大坡度线(流水线)等。地貌形态尽管各不相同,但地貌的表面都要可以近似地看成是由各种坡面组成的。只要选择这些地性线和轮廓线上的转折点和棱角点(包括坡度转折点、方向转折点、最高点、最地点及连接相邻等坡段的点),就能把不同走向、不同坡度随地貌变化的地性线,用各等坡度线段测绘出来,如图 6-22 示,以这样的等坡线段勾绘等高线,就能形象地把地貌描绘在地形图上。

为了保证测图质量,即使在地面坡度无明显变化处,也应测绘一定数量的碎部点,一般规定:在图纸上碎部点间的最大间距不应超过表 6-10 中的规定。由于碎部点到测站点的距离和高差是用视距方法测得,而视距测量的误差是随距离的增大而增大,故在进行碎部测量时,碎部点到测站点的最大视距不应超过表 6-10 的规定。

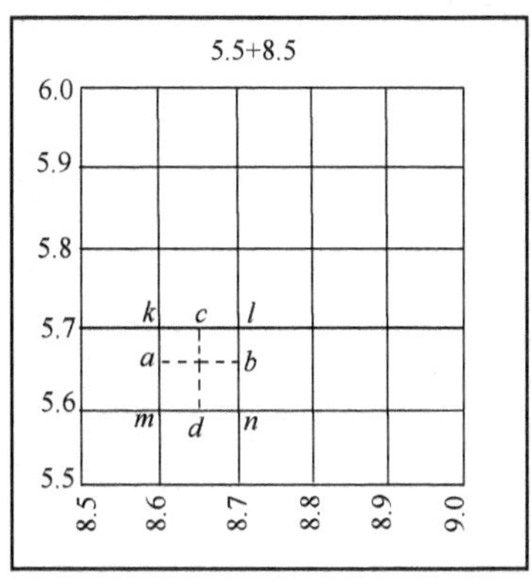

图 6-21

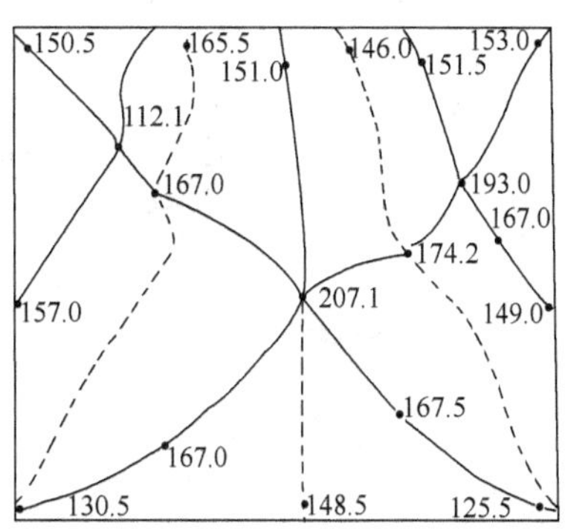

图 6-22 勾绘等高线

碎部点间距与测距最大长度表 表 6-10

测图比例尺	地面上碎部点间距(mm)	测距最大长度(m)		
		测记法	测绘法	
			地物点	地形点
1∶500	15	300	60	100
1∶1 000	30	450	100	150
1∶2 000	50	700	180	250
1∶5 000	100	1 000	300	350

2. 经纬仪测绘法

如图 6-23 所示，将全站仪(或经纬仪)安置在测站点 A 上，图板放在测站旁。安置好全站仪后，量取仪器高 i，打开全站仪的电源开关，对仪器进行水平度盘定位。分别将棱镜常数及仪器高 i 通过键盘输入仪器，同时也将测站点高程和棱镜高度输入仪器，然后瞄准后视点并使水平盘读数为 0°00′00″，作为测站定位的起始方向。在欲测的碎部点上立棱镜，用仪器瞄准棱镜，在显示屏上读取水平角、水平距离和碎部点的高程。根据水平角值用量角器以定向点为起始边量取水平角，画出测站点到碎部的方向线，用比例尺量取距离，即得碎站点的平面位置，再在其旁注记高程。同法测绘其他碎部点。

3. 地形图的勾绘

1)地物的勾绘

把相邻的点之间连接起来，用规定的地物符号表示。

2)地貌的勾绘(勾绘等高线)

(1)求等高线的通过点

在同一坡度的两相邻点之间，内插出每整米高程的等高线通过点。例如，在同一坡度上有相邻的 a、b 两点(见图 6-24)，其高程分别为 21.2m 和 27.6m，从这两个点的高程，可以断定在 ab 直线上能够找出 22m、23m、24m……27m 等高线所通过的点。假设 ab 间的坡度是均匀的，则根据 a 和 b 间的高差为 6.4m(即 27.6～21.2)，ab 线长(图上直接量取的平距)为 48mm，由 a 点到 22m 等高线的高差为 0.8m，由 b 点到 27m 等高线的高差为 0.6m，则由 a 点到 22m 等

高线及由 b 点到 27m 等高线的直线长 x_1 和 x_2 可以根据相似三角形原理得下列关系式：

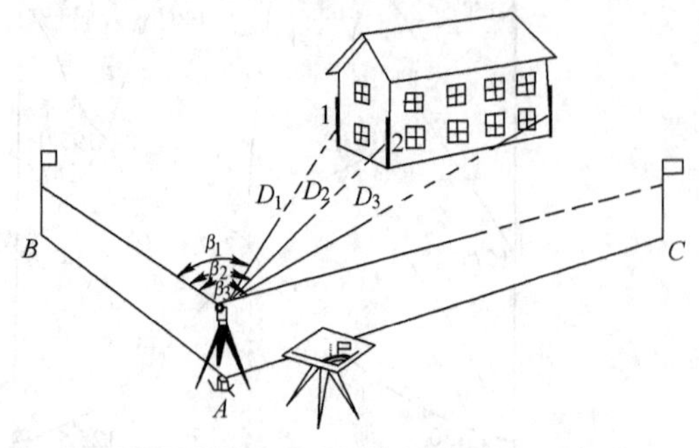

图 6-23　经纬仪测绘法

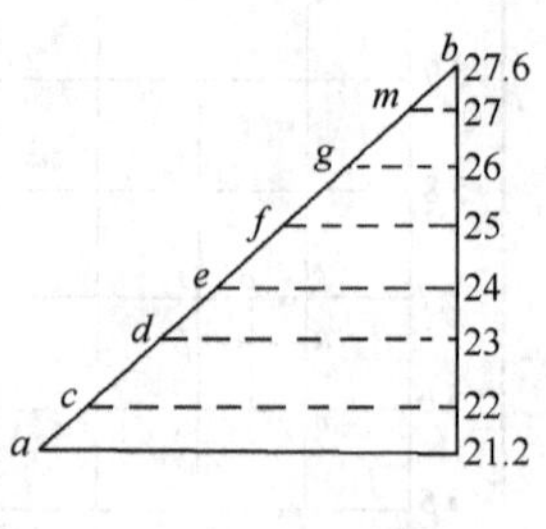

图　6-24

$$\frac{x_1}{0.8}=\frac{48}{6.4}$$

$$\frac{x_2}{0.6}=\frac{48}{6.4}$$

$$x_1=\frac{48\times0.8}{6.4}=6.0\text{mm}$$

$$x_2=\frac{48\times0.6}{6.4}=4.5\text{mm}$$

根据 x_1 和 x_2 的长度即可在 ab 直线上截取 22m 和 27m 等高线所通过的点 c 和 m，然后再将 cm 两点之间的距离分为 5 等分，就得到 23m、24m、和 26m 等高线所通过的点子 d、e、f、g。用同样的方法，可以截得位于同一坡度上的相邻点间等高线的通过点。

(2)勾绘等高线

在地性线上求得等高线的通过点以后，即可根据等高线的特性，把相等高程的点连接起来，即为等高线(图 6-25)。

在两相邻地性线之间求出等高线通过点之后，立即根据实地情况，将同高的点连接起来，不要等到把全部等高线通过点都求出再勾绘等高线。应该一边求等高线通过点，一边求勾绘等高线。勾绘时，要对照实地情况来描绘等高线，这样才能逼真地显示出地貌的形态。

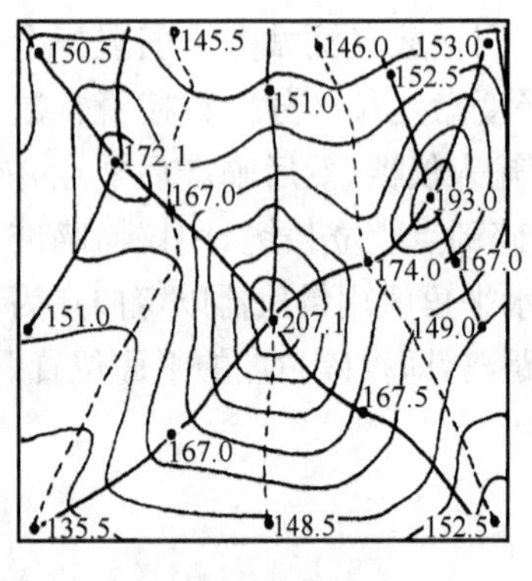

图 6-25　勾绘等高线

4. 地形图拼接、检查、整饰

为了保证地形图的质量，在地形图测绘完毕，应对地形图进行全面检查、拼接和整饰。

1)地形图的检查

地形图的检查包括图面检查、野外巡视和设站检查。

(1)图面检查

检查图上表示的内容是否合理、地物轮廓线表示得是否正确、等高线绘制得是否合理、名称注记有否弄错或遗漏。检查中发现问题在图上做出记号，到实地去检查核对。

(2)野外巡视

到测图现场与实地核对，检查地物、地貌有无遗漏，特别在图面检查中有疑问处，要重点巡视，一一核对，发现问题应当场修正或补充。

(3)设站检查

在上述检查的基础上，为了保证成图质量，对每幅图还要进行部分图面内容的设站检查。即把测图仪器重新安置在测站点上，对主要地物和地貌进行重测，如发现个别问题，应现场纠正。

2)地形图的拼接

当测区面积超过一定范围时，必须分幅测图，对于道路带状地形图而言，每公里1幅图，在相邻两图幅的连接处都存在拼接问题。由于测量和绘图的误差，使相邻两图幅边的地物轮廓线和等高线不完全吻合，如图6-26所示，Ⅰ、Ⅱ两幅图左、右拼接，在拼接处的地物、等高线都有偏差，当偏差在规定的范围内时，可进行修正。

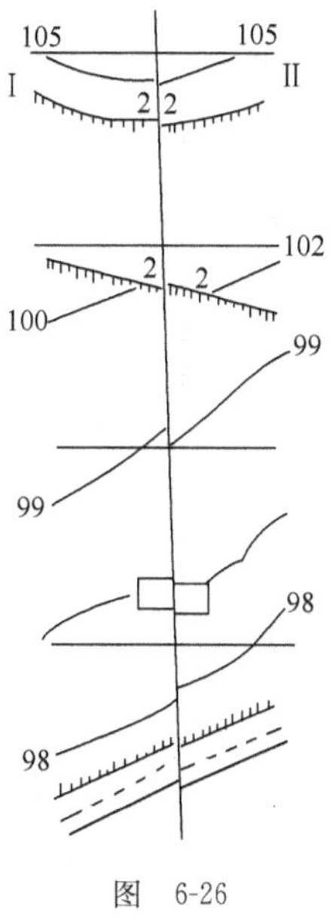

图　6-26

为接图方便，一般规定每幅图的图边应测出图幅外1cm，使相邻图幅有一条重复带。拼接时，将相邻两图幅聚脂薄膜图纸的坐标格网对齐，就可以检查接边地物和等高线的偏差情况。若偏差小于规范要求的容许值，可以平均分配到两图幅中(即在两幅图上各改正一半)，改正后应保持地物、地貌相对位置和走向的正确性。如果拼接误差超过规范要求的容许值时，应到测区实地进行检查核对，改正后再进行拼接。如果测图时用的是磅纸，则在接边时，用宽约5cm的透明纸条蒙在图幅边上，分别将图廓线、坐标格网线以及靠图廓1.0～1.5cm宽度内的地物和等高线描绘下来，然后将透明纸条蒙到相邻图幅的接边上，使图廓线和格网线对齐后，即可检查接边处的地物、等高线是否符合规范要求的规定。

3)地形图的整饰

地形图经过检查、拼接和修改后，还应进行清绘和整饰，使图面清晰、美观、正确，以便验收和原图的保存。

地形图整饰时，先擦掉图中不必要的点、线，然后对所有的地物、地貌都应按地形图图式的规定符号、尺寸和注记进行清绘，各种文字注记(如地名、山名、河流名、道路名等)应标注在适当位置，一般要求字头朝北，字体端正。等高线应用光滑的曲线勾绘，等高线高程注记应成列，其字头朝高处。最后应整饰图框，注明图名、图号、测图比例尺、测图单位、测图年、月、日等。

第四节　地形图的应用

地形图的识读

在各种工程建设的规划设计过程中都离不开地形图，正确的识读和使用地形图，对每个从事工程建设的技术人员都是至关重要的。地形图图例如表6-11所示。下面介绍地形图识读的基本内容。

地形图图例　　表 6-11

编　号	符号名称	1∶500　1∶1 000	1∶2 000
1	一般房屋 混——房屋结构 3——房屋层数	混 3　1.6	
2	简单房屋		
3	建筑中的房屋	建	
4	破坏房屋	破	
5	棚房	45°　1.6	
6	架空房屋	混凝土4　1.0　混凝土　混凝土4	1.0
7	廊房	混 3　1.0	1.0
8	台阶	0.6　1.0　1.0	
9	无看台的露天体育场	体育场	
10	游泳池	泳	
11	过街天桥		
12	高速公路 a-收费站 0-技术等级代码	a　0　0.4	
13	等级公路 2-技术等级代码 (G325)-国道路线编码	0.2　0.4　2(G325)	
14	乡村路 a. 依比例尺的 b. 不依比例尺的	4.0　1.0　a　0.2　8.0　2.0　b　0.3	
15	小路	1.0　4.0　0.3	
16	内部道路	1.0　1.0	

续上表

编　号	符 号 名 称	1∶500　1∶1 000	1∶2 000
17	阶梯路		
18	打谷场、球场	球	
19	旱地		
20	花圃		
21	有林地	松 6	
22	人工草地		
23	稻田		
24	常年湖	青湖	
25	池塘	塘　塘	
26	常年河 a. 水涯线 b. 高水界 c. 流向 d. 潮流向 涨潮 落潮		

续上表

编 号	符 号 名 称	1∶500 1∶1 000	1∶2 000
27	喷水池	1.0 3.6	
28	GPS控制点	B14 / 495.267 3.0	
29	三角点 凤凰山-点名,394.469-高程	凤凰山 / 394.469 3.0	
30	导线点 16点号,81.46-高程	2.0 16 / 84.46	
31	埋石图根点 18-点号,BL40-高程	1.0 2.0 16 / 84.46	
32	不埋石图根点 18-点号,62.74-高程	1.0 25 / 62.74	
33	水准点 Ⅱ京石5-等级点名、点号 32.804-高程	2.0 Ⅱ京石5 / 32.804	
34	加油站	1.0 3.0 1.0	
35	路灯	3.0 1.0 4.0 1.0	
36	独立树 a.阔叶 b.针叶 c.果树 d.棕榈、椰子、槟榔	a 1.6 2.0 3.0 1.0 b 1.6 3.0 1.0 c 1.0 3.0 1.0 d 2.0 0.0 1.0	
37	上水检修井	2.0	
38	下水(污水)、雨水、检修井	2.0	
39	下水井	2.0	
40	煤气、天然气检修井	2.0	
41	热力检修井	2.0	
42	电信检修井 a.电信人孔 b.电信手孔	a 2.0 2.0 b 2.0	

编 号	符 号 名 称	1∶500 1∶1 000	1∶2 000
43	电力检修井	2.0	
44	污水箅子	2.0 2.0 1.0	
45	地面下的管道	4.0 3.0	
46	围墙 a. 依比例尺的 b. 不依比例尺	a 10.0 b 10.0 0.3 0.6	
47	挡土墙	1.0 0.3 0.0	
48	栅栏、栏杆	10.0 1.0	
49	篱笆	10.0 1.0	
50	活树篱笆	6.0 1.0 0.0	
51	铁丝网	10.0 1.0	
52	通信线 地面上的	4.0	
53	电线架		
54	配电线 地面上的	4.0	
55	陡坎 a. 加厚的 b. 未加厚的	2.0 a b	
56	散树、行树 a. 散树 b. 行树	a 1.0 b 10.0 1.0	
57	一般高程点及注记 a. 一般高程点 b. 独立的地物的高程	a 0.5··· 163.2 b 75.4	
58	名称说明注记	友谊路 中等线体 4.0(18k) 团结路 中等线体 3.5(15k) 胜利路 中等线体 2.75(12k)	

续上表

编 号	符 号 名 称	1∶500 1∶1 000	1∶2 000
59	等高线 a.首曲线 b.计曲线 c.间隔线	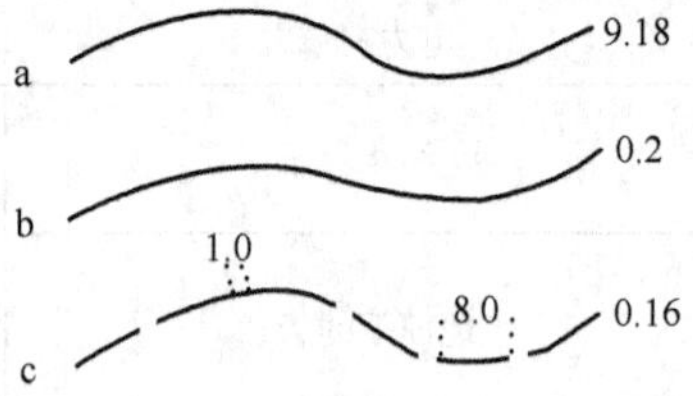 a 9.18 b 0.2 c 1.0 8.0 0.16	
60	等高线注记	 25	
61	示坡线	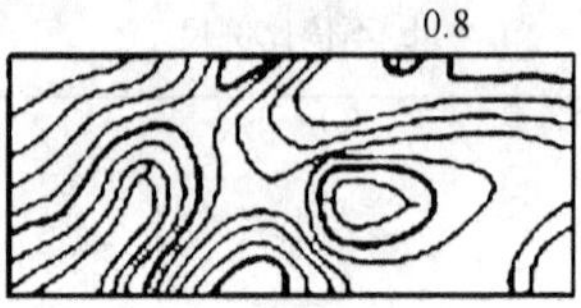 0.8	
62	梯田坎	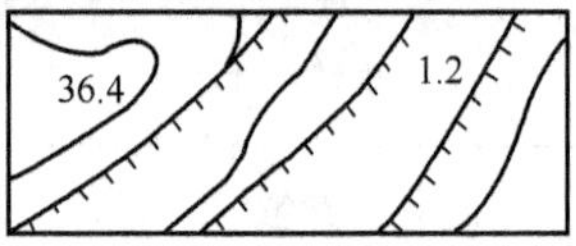 36.4 1.2	

1.地形图注记的识读

(1)比例尺

地形图的的南图廓外正中标有地形图的数字比例尺。为了消除因图纸伸缩对距离量算的影响,有些还绘有直线比例尺,利用它可直接测定距离,操作简便。

(2)坐标系统和高程系统

地形图的左下方注有所采用的坐标系统和高程系统,依次来判定图中点位坐标和高程的归属。我国地形图的坐标系统有 1954 年北京坐标系、1980 年国家大地坐标系、独立坐标系。高程系统有 1956 年黄海高程系、1985 年国家高程基准、假定高程系统。

(3)图名、图号、图幅接合图

图名通常是采用图幅内主要的地名(村庄、单位等)、地物名(河流、山川等)。

图号是图幅在测区内所处位置的编号。

图名、图号都标注在每幅图的正上方位置。

图幅的左上方注有图幅接合图,注以图名或图号表示本幅图与相邻图幅的位置关系,为图幅间的拼接使用提供方便。

(4)图廓

图廓是地形图的边界线,由内、外图廓之分,内图廓线就是坐标方格网线,外图廓线是图幅的最外边界线,以较粗的实线绘制,专门用来装饰和梅花图幅。外图廓线和内图廓线之间的短线用来标记座标志,以 km 为单位。

2.地物和地貌的识读

根据《地形图图式》符号、等高线的性质和测绘地形图时综合取舍的原则来识读地物、地貌。

识读地形图上的地物，主要靠地物的符号和注记。因此，对于常用的符号一定要很熟悉，并且对某些符号的定位点也应了解。此外，还应充分利用地物符号的颜色和注记来帮助判读。有时，也可对照实地进行判读。

地貌主要采用等高线表示，因此应了解等高线的概念、特性、分类及各种基本地貌的图形规律，结合高程注记判别地貌形状。首先在图上找出地性线，根据典型地貌的等高线表示法，从山脊线可以看出山脉的连绵，从山谷线可以找出水系的分布。根据地性线构成的地貌骨干，对实地地貌有一个比较全面的了解，而不致被复杂的等高线图所迷惑。

综上所述，识读地形图时，首先要了解地形图的比例尺、坐标系统和高程系统、图名、图号及等高距等，然后根据地物符号和地貌符号判定地物、植被分布状况和地貌起伏情况。

地形图具有丰富的信息，在地形图上可以获取地貌、地物、居民点、水系、交通、通讯、管线、农林等多方面的自然地理和社会政治经济信息，因此，地形图是工程规划、设计的基本资料和信息。在地形图上可以确定点位、点之间的距离、直线的方向、点的高程、点之间的高差；此外还可以在地形图上勾绘分水线、集水线，确定某区域的汇水面积，在图上计算土、石方量等。由此可见，地形图广泛用于各行各业。

二 地形图的基本应用

1. 确定点的平面坐标

由图 6-27 所示，欲在地形图上求得 A 点的坐标值，先通过 A 点在地形图的坐标格网上作平行于坐标格网的平行线 mn、op，然后按测图比例尺量出 mA 和 oA 的长度，则 A 点的平面坐标为：

$$\left.\begin{aligned} x_A &= x_a + oA \\ y_A &= y_a + mA \end{aligned}\right\} \tag{6-23}$$

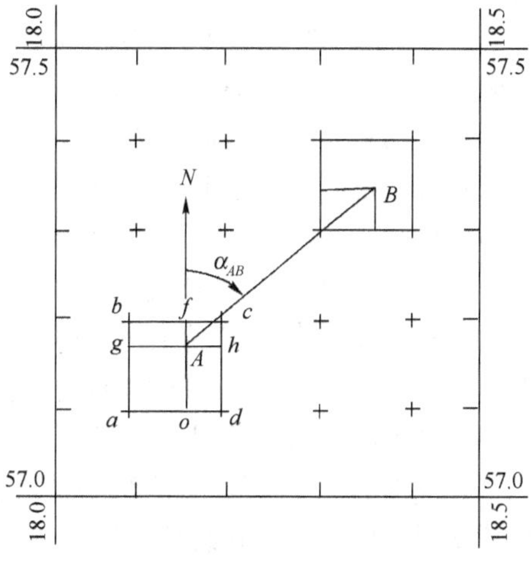

式中：x_a、y_a——A 点所在坐标格网中，该方格西南角坐标，如图 6-27 所示。

由此可见，在地形图上很容易确定 A 点的空间坐标(x_A，y_A，H_A)。

2. 确定直线的距离

(1)图解法

用直尺直接在图上量取长度 d_{AB}，再根据比例尺计算两点间的距离 D_{AB}，即

$$D_{AB} = d_{AB} \cdot M$$

图 6-27　确定的平面坐标

(2)解析法

欲求 A、B 两点的距离，先用式(6-23)求出 A、B 两点的坐标，则 A、B 两点的距离为：

$$D_{AB} = \sqrt{(x_B - x_A)^2 + (y_B - y_A)^2} \tag{6-24}$$

3. 确定支线的坐标方位角

(1)图解法

过 A 点作坐标纵轴的平行线，然后用量角器量出 α_{AB}

(2)解析法

先用式(6-5)求出 A、B 两点的坐标，A、B 两点直线的方位角为：

$$\alpha_{AB} = \arctan \frac{\Delta y_{AB}}{\Delta x_{AB}} \tag{6-25}$$

4. 确定点的高程

如果 A 点恰好位于图上某一条等高线上，则 A 点的高程与该等高线高程相同。如图 6-28 中 A 点位于两等高线之间，则可通过 A 点画一条垂直于相邻两等高线的线段 mn，则 A 点的高程为：

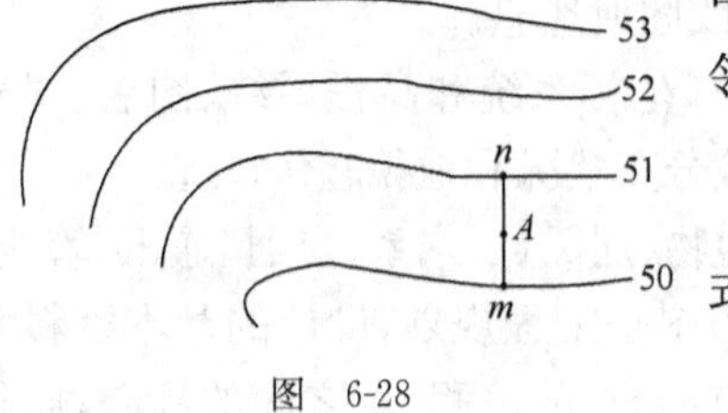

图 6-28

$$H_A = H_m + \frac{mA}{mn}h \tag{6-26}$$

式中：H_m——通过 m 点的等高线上的高程；

h——等高距。

三 地形图在工程中应用

1. 确定指定坡度的路线

路线在初步设计阶段，一般先在地形图上根据设计要求的坡度选择路线的可能走向，如图 6-29所示。地形图比例尺为 1∶1000，等高距为 1m，要求从 A 地到 B 地选择坡度不超过 4%的路线。为此，先根据 4%坡度求出相邻两等高线间的最小平距 $d = h/i = 1/0.04$＝25m (式中 h 为等高距)，即 1∶1000 地形图上 2.5cm，将两脚规张成 2.5cm，以 A 为圆心，以 2.5cm 为半径作弧与 50m 等高线交于 1 点，再以 1 点为圆心作弧与 51m 等高线交于 2 点，依次定出 3、4、…各点，直到 B 地附近，即得坡度不大于 4%的路线。在该地形图上，用同样的方法，还可以确定出另一条路线 A、$1'$、$2'$、…、$8'$，可以作为比较方案。

2. 绘制确定方向的断面图

根据地形图可以绘制沿任一方向的断面图。这种图能直观显示某一方向的地势起伏形态和坡度陡缓，它在许多地面工程设计与施工中，都是重要的资料，绘制断面图的方法如下。

(1)规定断面图的水平比例尺和垂直比例尺，通常水平比例尺与地形图比例尺一致，而垂直比例尺需要扩大，一般要比水平比例尺扩大 5～20 倍，因为在多数情况下，地面高差大小相对于断面长度来说，还是微小的，为了更好地显示沿线的地形起伏，如图 6-30 所示，水平比例尺 1∶50 000，垂直比例尺 1∶5 000。

(2)按图上 AB 线的长度绘一条水平线，如图中的 ab 线，作为基线(因断面图与地形图水平比例尺相同，所以 ab 线长度等于 AB)，并确定基线所代表的高程，基线高程一般略低于图上最低高程。如图中河流最低处高程约为 170m，基线高程定为 160m。

(3)作基线的平行线，平行线的间隔，按垂直比例尺和等高距计算。如图：等高距 10m，垂直比例尺 1∶5 000，则平行线间隔为 2mm，并在平行线一边注明其所代表的高程，如 170m、160m、…。

(4)在地形图上沿断面线 AB 量出 A-1、1-2，…各段距离，并把它们标注在断面基线 ab 上，得 $1'2'$…各段距离，通过这些点作基线的垂线，垂线的端点按各点的高程决定。如地形图上 1 点的高程位 250m，则断面图上过 $1'$点的垂线端点在代表 250m 的平行线上。

(5)将各垂线的端点连接起来，即得到表示实地断面方向的断面图。

绘制断面图时，若使用毫米方格，则更方便。

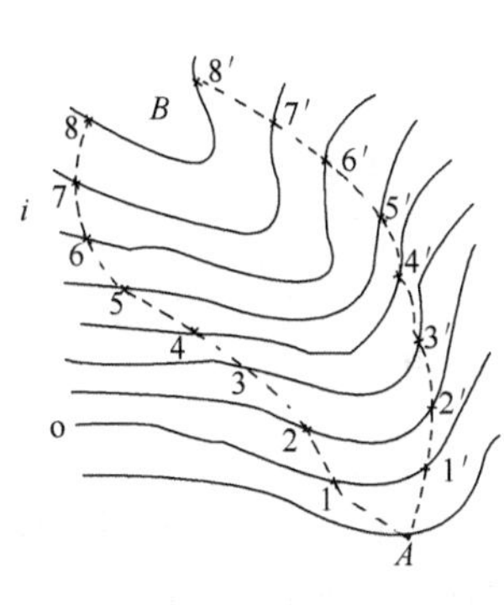

图 6-29　确定指定坡度的路线

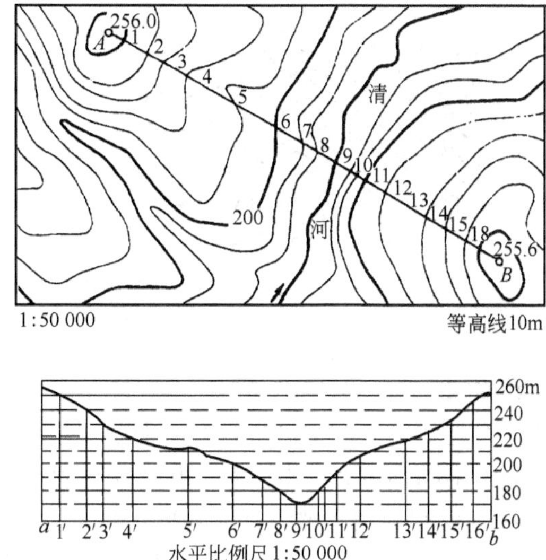

图　6-30

3. 确定汇水面积

当道路跨越河流或河谷时，需要修建桥梁和涵洞。桥梁或涵洞的孔径大小，取决于河流或河谷的水流量，水的流量大小取决于汇水面积的大小。汇水面积是指汇集某一区域水流量的面积。汇水面积可由地形图上山脊线的界线求得，如图 6-31 所示，用虚线连的山脊线所包围的面积，就是过桥(或涵洞)M 断面的汇水面积。

4. 估算土石方量

1)等高线法

如图 6-32 所示，先量出各等高线所包围的面积，相邻两等高线包围的面积平均值乘以等高距，就是两等高线间的体积(即土方量)。因此，可从施工场地的设计高程的等高线开始，逐层求出各相邻等高线间的土方量。如图中等高距为 2m，施工场地的设计高程为 35m，图中虚线即为设计高程的等高线。分别求出 35m、36m、38m、40m、42m 五条等高线所包围的面积 A_{35}、A_{36}、A_{38}、A_{40}、A_{42}，则

每一层的土方量为：

$$V_1 = \frac{1}{2}(A_{35} + A_{36}) \times 1$$

$$V_2 = \frac{1}{2}(A_{36} + A_{38}) \times 1$$

$$\cdots\cdots \tag{6-27}$$

$$V_5 = \frac{1}{2}A_{42} \times 0.8$$

总土方量为：

$$V = V_1 + V_2 + V_3 + V_4 + V_5 \tag{6-28}$$

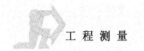

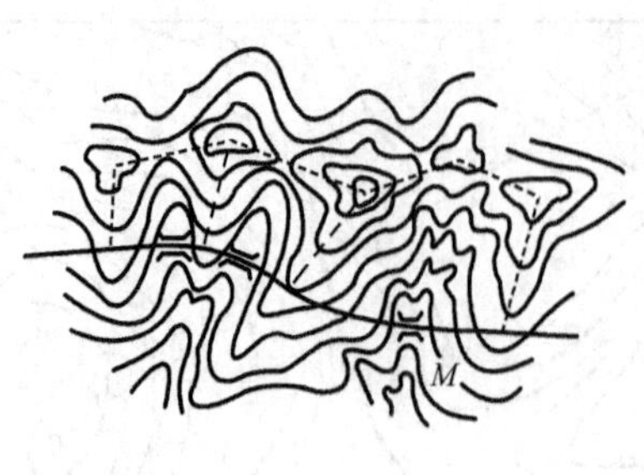

图 6-31

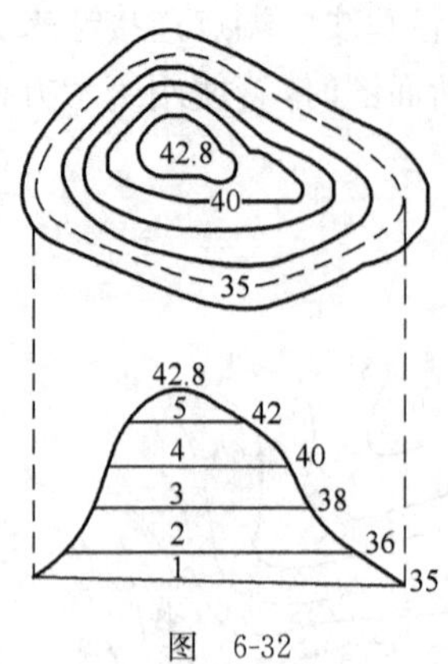

图 6-32

2)断面法

在地形起伏较大的地区,可用断面法末估算土方:这种方法是在施工场地的范围内,以一定的间隔绘出断面图,求出各断面由设计高程线与地面线围成的填、挖面积,然后计算相邻断面间的土方量,最后求和即为总土方量。如图 6-33a)为 1∶1 000 地形图,等高距为 1m,施工场地设计高程为 32m,先在地形图上绘出互相平行的、间距为 1m 的断面方向线 1-1、2-2、…、5-5,如图 6-33b)绘出相应的断面图,分别求出各断面的设计高程与地面线包围的填、挖方面积 A_T、A_W,然后计算相邻两断面间的填挖方量。

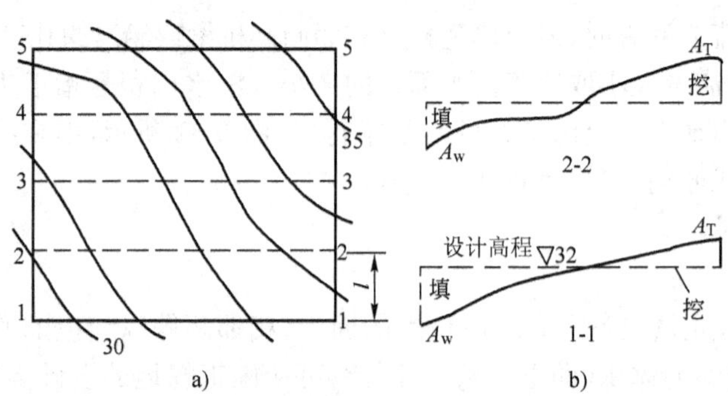

图 6-33 用断面法估算土石方量

图中 1-1、2-2 断面间的填、挖方量为:

$$\left.\begin{aligned}\text{填土}:V_T &= \frac{1}{2}(A_{T1}+A_{T2})\\ \text{挖土}:V_W &= \frac{1}{2}(A_{W1}+A_{W2})\end{aligned}\right\} \tag{6-29}$$

同理计算其他断面间的土方量,最后将所有的填方量累加,所有的挖方量累加,便得总的土方量。

3)方格网法

该法用于地形起伏不大,且地面坡度有规律的地方。施工场地的范围较大,可用这种方法估算土方量,其步骤如下:

(1)打方格　在拟施工的范围内打上方格，方格边长取决于地形变化的大小和要求估算土方量的精度，一般取 10m×10m、20m×20m、50m×50m 等。

(2)根据等高线确定各方格顶点的高程，并注记在各顶点的上方。

(3)如图 6-34 所示，把每一个方格四个顶点的高程相加，除以 4 得到每一个方格的平均高程，再把各个方格的平均高程加起来，除以方格数，即得设计高程，这样求得的设计高程，可使填挖方量基本平衡。由上述计算过程不难看出，角点 A_1、A_2、B_5、E_1、E_5 的高程用到一次，边点 B_1、C_1、D_1、E_2、E_4 …的高程用到两次，拐点 B_4 的高程用到三次，中点 B_2、B_3、C_2、C_3、…的高程用到四次，因此设计高程的计算公式为

$$H_{\text{设}} = \frac{\sum H_{\text{角}} \times 1 + \sum H_{\text{边}} \times 2 + \sum H_{\text{拐}} \times 3 + \sum H_{\text{中}}}{4n} \tag{6-30}$$

式中：n ——方格总数。

将图 6-34 的高程数据代人式(6-30)，求出设计高程为 64.84m，在地形图中按内插法绘出 64.84m 的等高线(图中的虚线)，它就是填挖的分界线，又称为零线。

(4)计算填挖高度(即施工高度)

$$h = H_{\text{地}} - H_{\text{设}} \tag{6-31}$$

式中：h ——填挖高度(施工高度)，正数为挖深，负数为填高；

$H_{\text{地}}$——地面高程；

$H_{\text{设}}$——设计高程。

(5)计算填挖方量图

填挖方量要按下式分别计算，即：

$$\begin{aligned} &\text{角点} && h\times\frac{1}{4}A \\ &\text{边点} && h\times\frac{1}{2}A \\ &\text{拐点} && h\times\frac{3}{4}A \\ &\text{中点} && h\times A \end{aligned} \tag{6-32}$$

式中：h ——填(挖)高度；

A ——方格面积。

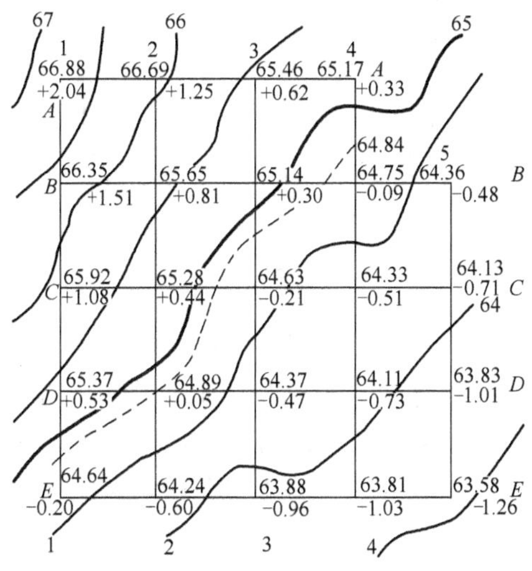

图 6-34　用方格网法估算土石方量

将所得的填、挖方量各自相加，即得总的填挖方量，两者应基本相等。

复习思考题

1. 小区域控制测量中，导线的布设形式有哪几种？各适用于什么情况？

2. 选择导线点应注意哪些事项？导线的外业工作有哪几项？

3. 经纬仪交会法定点有哪几种形式？试分别简述之，并说明它们宜在什么情况下采用？

4.叙述四等水准测量一个测站观测顺序，说明如何记录？如何计算？要满足哪些要求。

5.什么是地形图？什么是平面图？二者有何区别？

6.什么是比例尺？什么是比例尺精度？二者有何关系？

7.试述正方形图幅的分幅与编号方法。

8.什么是等高线？等高线有哪几种类型？如何区别？

9.按地貌形态而言，可归纳为哪几种典型的地貌？其等高线有何特点？

10.测图前有哪些准备工作？

11.如何有效合理地选择地物和地貌的特征点？

12.简述经纬仪测绘法测地形图的主要步骤。

13.如何进行地形图的检查、整饰和拼接？

14.如图6-35所示，已知AB边的坐标方位角为$\alpha_{AB}=149°40'00''$，又测得$\angle 1=168°03'14''$、$\angle 2=145°20'38''$，BC边长为236.02m，CD边长为189.11m。且已知B点的坐标为：$x_B=5806.00\text{m}$，$y_B=9785.00\text{m}$，求C、D两点的坐标。

15.如图6-36所示的闭合导线，已知12边的坐标方位角$\alpha_{12}=46°57'02''$，1点坐标为$x_1=540.38\text{m}$，$y_1=1236.70\text{m}$，外业观测边长和角度如图示，计算闭合导线各点的坐标。

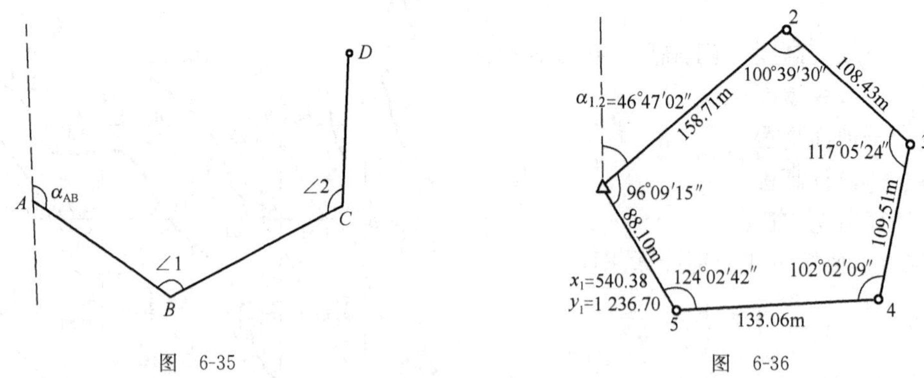

图 6-35　　图 6-36

16.如图6-37所示的附合导线，已知起、终边的坐标方位角$\alpha_{AB}=45°00'00''$，

$\alpha_{CD}=283°51'33''$ B、C两点的坐标分别为$x_B=864.22\text{m}$，$y_B=413.35\text{m}$，$x_C=970.21\text{m}$，$y_C=986.42\text{m}$。外业观测的边长和角度资料如图示，计算附合导线1、2、3点的坐标。

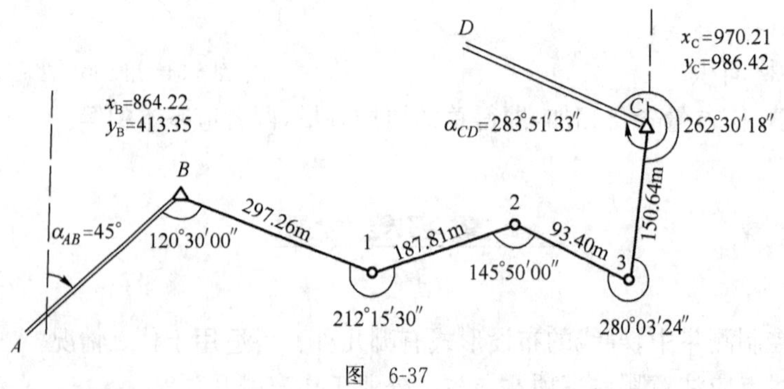

图 6-37

17.用经纬仪进行视距测量，其记录如表6-12所示，试完成表中计算。

视距测量记录计算表 表 6-12

测站：B 测站点高程：78.56m 仪器高：1.47m									
照准点号	视距丝读数(m)			中丝读数(m)	竖盘读数 ° ′ ″	视线倾角	水平距离(m)	高差(m)	高程(m)
	下丝	上丝	视距间隔						
1	1.473	0.909		1.190	85 24 18				
2	1.575	0.946		1.263	81 38 54				
3	2.425	1.428		1.927	96 37 36				
4	1.818	1.028		1.425	98 50 30				

18. 如图 6-38，是测得的地形点高程，按等高距为为 5m，勾绘等高线。

19. 如图 6-39，为某一地区的等高线地形图，图中单位为 m，试用解析法解决下列问题：

(1)求 AB 两点的坐标及 AB 连线的方位角；

(2)求 C 点的高程及连线的坡度；

(3)从 A 点到 B 点定出一条地面坡度 $i=5.0\%$的路线。

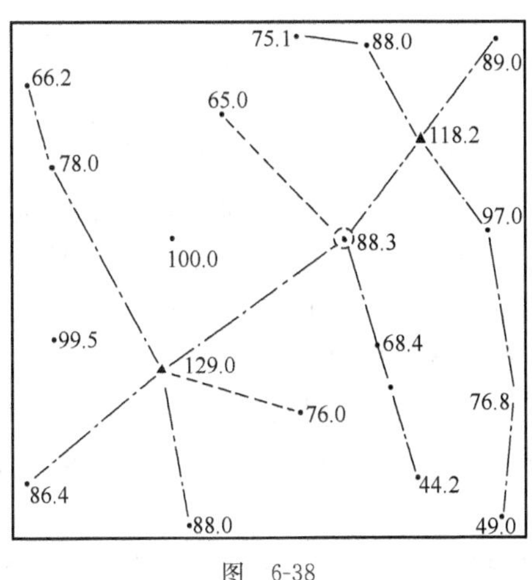

图 6-38

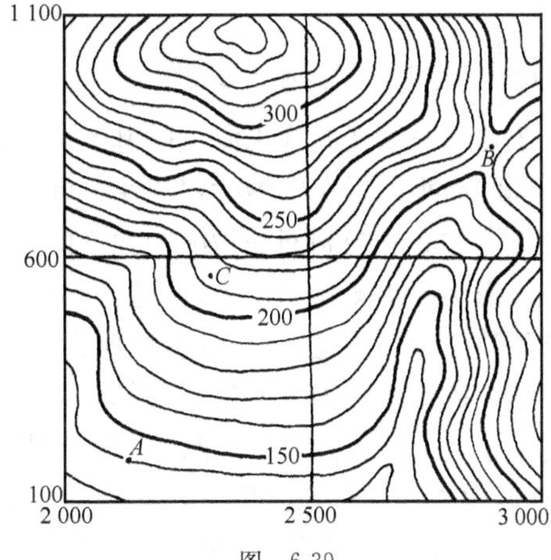

图 6-39

第七章 工业与民用建筑施工测量

第一节 建筑场地施工控制测量

 施工控制测量概述

工业与民用建筑施工测量的基本任务是按照设计要求，把图纸上设计的建筑物和构筑物的平面和高程位置在实地标定出来。建筑施工控制的任务是建立施工控制网。由于在勘探设计阶段所建立的控制网是为测图建立的，有时并未考虑施工的需要，控制点的分布密度和精度等难以满足施工测量的要求，场地平整时，大多数控制点被破坏，因此施工之前，在建筑场地上应重新建立专门的施工控制网，以此为基础测设各个建筑物和构筑物的位置。

施工控制网分为平面控制网和高程控制网。对于一般的民用建筑，平面控制网可采用导线网和建筑基线；对于工业建筑则常采用建筑方格网。高程控制网根据施工精度要求可采用三、四等水准或图根水准网。

施工控制网的布设，应根据设计总平面图的布局和施工地区的地形条件来确定。一般民用建筑、工业厂房、道路和管线工程，基本上是沿着相互平行或垂直的方向布置，对于建筑物布置比较规则和密集的大中型建筑场地，一般布置成正方形或矩形格网，即建筑方格网，对于地势平坦且又简单的小型施工场地，常布置一条或几条建筑基线作为施工测量的平面控制。对于改建或扩建工程的建筑场地，可采用导线网作为施工控制网。

相对于测图控制网来说，施工控制网具有控制范围小、控制点密度大、精度要求高、使用频繁、受施工干扰大等特点。

 平面控制测量

1. 建筑基线

当建筑场地比较狭小，平面布置又相对简单时，常在场地内布置一条或几条基准线，作为施工测量的平面控制，称为建筑基线。对不同的场地而言，地形条件、建筑物的布置及测图控制点的分布均有差别，因而建筑基线的形式也应灵活多样，以适应这些变化。

1)建筑基线的布设形式：

建筑基线的布设形式主要有三点“一”字形、三点“L”形，四点“T”字形及五点“十”字形，如图 7-1 所示。

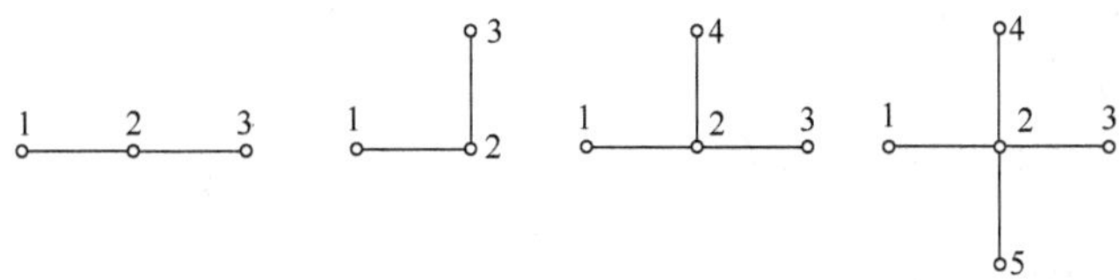

图 7-1　建筑基线的布设形式

2)布置建筑基线应遵守以下原则：

(1)建筑基线应尽可能靠近拟建的主要建筑物，并与其主要轴线平行或垂直，以便用比较简单的直角坐标法进行建筑物的定位。

(2)建筑基线上的基线点应不少于三个，以便相互检核。

(3)建筑基线应尽可能与施工场地的建筑红线相联系。

(4)基线点位应选在通视良好、不易被破坏的地方，为能长期保存，要埋设永久性的混凝土桩。

3)建筑基线的放样方法

(1)根据建筑红线放样

在老建筑区，建筑用地的边界线(建筑红线)是由城市测绘部门测设的，可作为建筑基线放样的依据。如果建筑红线完全符合建筑基线的条件时，可以将其作建筑基线用。

如图 7-2 所示，AB、AC 为建筑红线，1、2、3 为建筑基线点，利用建筑红线测设建筑基线的方法如下：

首先，从 A 点沿 AB 方向量取 d_2 定出 P 点，沿 AC 方向量取 d_1 定出 Q 点。然后，过 B 点作 AB 的垂线，沿垂线量取 d_1 定出 2 点，作出标志；过 C 点作 AC 的垂线，沿垂线量取 d_2 定出 3 点，作出标志；用细线拉出直线 P_3 和 Q_2，两条直线的交点即为 1 点，作出标志。最后，在 1 点安置经纬仪，精确观测$\angle 213$，其与 90°的差值应小于$\pm 20''$。

(2)根据测量控制点放样

对于新建筑区，在建筑场地中没有建筑红线作为依据时，可根据建筑基线点的设计坐标和附近已有控制点的关系，进行放样。计算出测设数据，用经纬仪和钢尺用极坐标法或用其他方法测设。如图 7-3 所示，A、B 为附近已有控制点，1、2、3 为选定的建筑基线点。测设方法如下：

首先，根据已知控制点和建筑基线点的坐标，计算出测设数据 β_1、D_1、β_2、D_2、β_3、D_3。然后，用极坐标法测设 1、2、3 点。

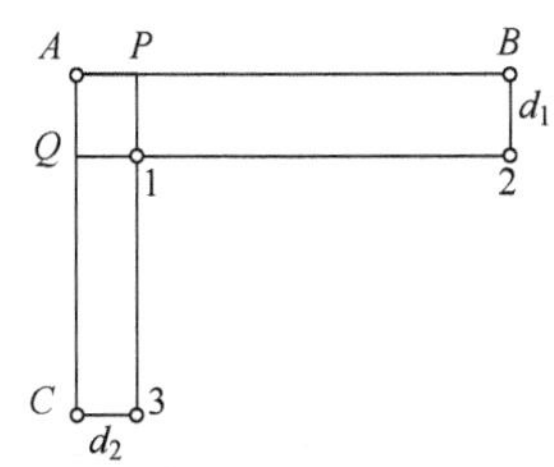

图 7-2　根据建筑红线测设建筑基线

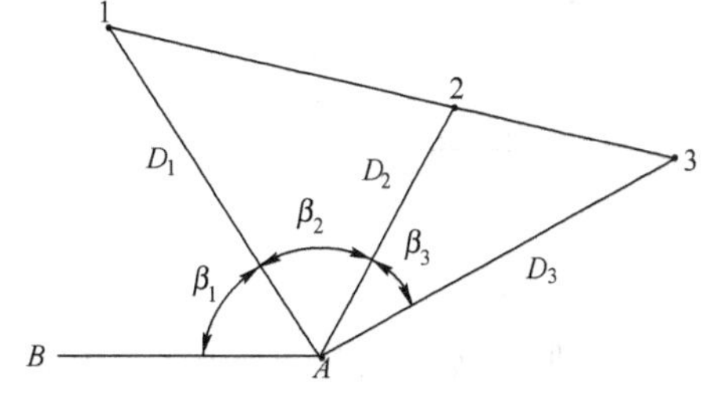

图 7-3　根据控制点测设建筑基线

由于存在测量误差，测设的基线点往往不在同一直线上，且点与点之间的距离与设计值也不完全相符，因此，需要精确测出已测设直线的折角 β' 和距离 D'，并与设计值相比较。如图 7-4所示，如果 $\Delta\beta=\beta'-180°$超过$\pm10''$，则应对 1′、2′、3′点在与基线垂直的方向上进行等量调整，调整量按下式计算：

$$\delta=\frac{ab}{a+b}\cdot\frac{\Delta\beta}{2\rho} \tag{7-1}$$

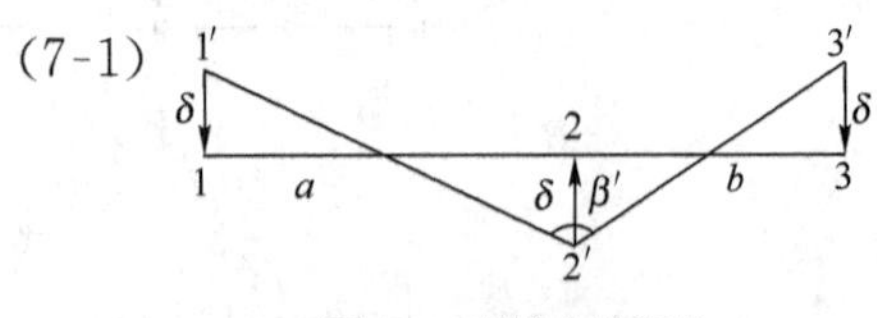

图 7-4　基线点的调整

式中：δ——各点的调整值(m)；

a、b——分别为 12、23 的长度(m)；

$\rho=206265''$(一弧度的秒值)。

2. 建筑方格网

在大中型建筑场地上，由正方形或矩形格网组成的施工平面网，称为建筑方格网。或称矩形网。建筑方格网主要是根据设计总平面图中建筑物、构筑物、道路及各种管线的分布情况、施工组织设计并结合场地的地形情况进行布设的。如图 7-5 所示。布网时应首先选定方格网的主轴线 AOB 和 COD，然后再布设其他的方格网点。方格网是场区放线的依据，为了提高施工测量的精度且方便施测，布网时应注意以下几点：

(1)建筑方格网的主轴线应尽量选在整个场地的中央，与待测设的主要建筑物的基本轴线平行，使主轴线点接近测设对象。

(2)纵、横主轴线要严格成 90°。

(3)主轴线的长度以能控制整个建筑场地为宜，一般为 100～200m，边长的精度视工程要求而定，一般为 1/10000～1/20000。主轴线的定位点称为主点，一条主轴线不能少于三个主点，其中必有一个是纵、横主轴线的交点。

(4)主点应选在通视良好、便于施测的位置，各桩点应能长期保存。

(5)场地面积不大时，尽量布设成全面方格网，当场地面积较大时，方格网常分两级布设，首级为基本网，可采用“十”字形、“口”字形或“田”字形，然后再加密方格网。

1)建筑方格网主轴线的测设

建筑方格网主轴线测设与建筑基线测设方法相似。如图 7-5、图 7-6 所示。

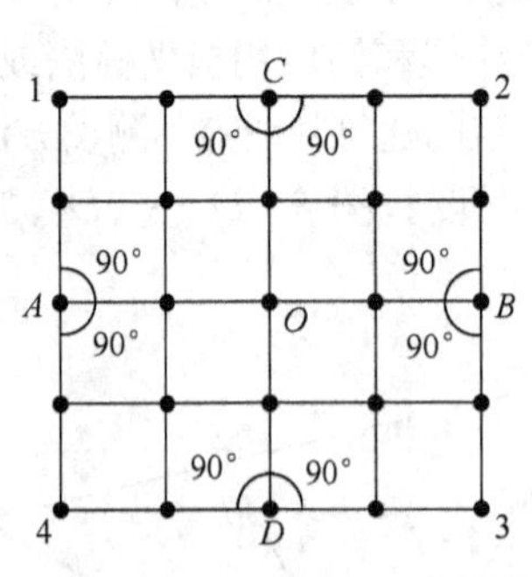

图 7-5　建筑方格网

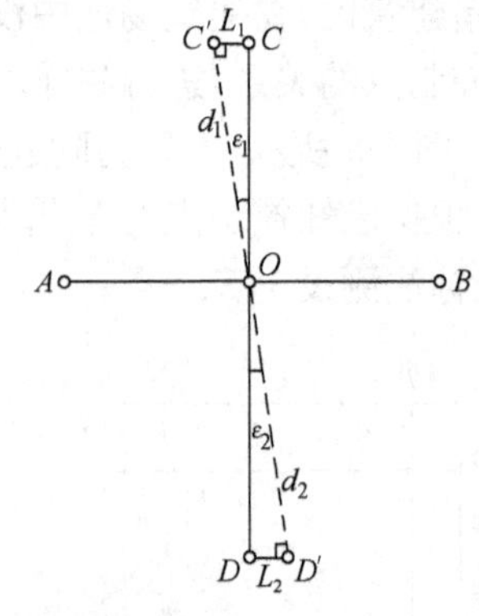

图　7-6

首先根据原有控制点与主轴线点的坐标计算出测设数据，先测设主轴线 AOB，符合精度要求后，再将经纬仪安置在 O 点，测设与 AOB 相垂直的另一主轴线 COD。测设时瞄准 A 点，分别向左、右测设 90°，根据主点间距离，在实地标出 $C'D'$ 再精确地测出 $\angle AOC'$ 和 $\angle AOD'$，分别算出它们与 90°的差值 ε_1，ε_2，计算出改正数 L_1、L_2。在 C'、D' 两点分别沿 OC' 及 OD' 垂直方向移动 L_1、L_2。最后检查两主轴线交角是否等于 90°，其较差应小于±10″。检查距离，精度应达到 1/10 000。各轴线点应埋设混凝土桩。

2）建筑方格网点的测设

测设出主轴线后，将经纬仪分别安置在 A、B、C、D 精密测设 90°，用交会法定出其他方格网点即 1、2、3、4。所有方格网点均应埋设永久性标志。

3）建筑方格网点的检核和调整

为了检核，应安置经纬仪于方格网点上，测量各个角值是否为 90°，并测量各相邻点间距离，检查是否与设计边长一致，误差在允许范围内，然后稍加调整；经校核无误后，最后在桩顶精确标出方格网点位。

利用建筑方格网进行建筑物定位放线时，可按照直角坐标法进行，不仅容易求算测设数据，且具有较高的测设精度。

三 建筑施工坐标系与测图坐标系的换算

由于建筑物布置的方向受场地地形和生产工艺流程的限制，建筑坐标系通常与测图坐标系不一致。为了在建筑场地利用原测量控制点进行测设，在建筑方格网测设之前，需要把主点的建筑坐标换算成测图坐标，通过测图控制点求算测设数据。两坐标系之间的关系，通过建筑坐标系原点在测图坐标系中的坐标，以及坐标系纵轴的坐标方位角加以确定。为了方便建筑物的设计和施工放样，设计总平面图上的建筑物和构筑物的平面位置常采用建筑施工坐标系的坐标来表示。

如图 7-7 所示，设 xOy 为测量坐标系，$AO'B$ 为施工坐标系，x_0、y_0 为施工坐标系的原点 O' 在测量坐标系中的坐标，α 为施工坐标系的纵轴 $O'A$ 在测量坐标系中的坐标方位角。设已知 P 点的施工坐标为(A_P、B_P)，按公式(7-2)换算为测量坐标(x_p、y_p)；如已知 P 的测量坐标，则可按公式 7-3换算为施工坐标。

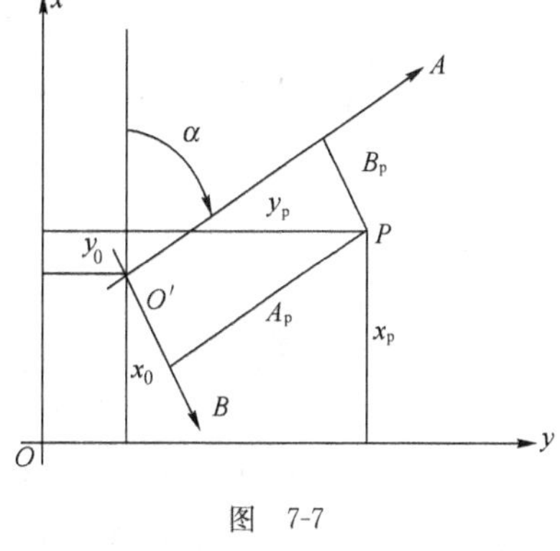

图 7-7

$$\begin{cases} x_p = x_0 + A_P\cos\alpha - B_P\sin\alpha \\ y_p = y_0 + A_P\sin\alpha + B_P\cos\alpha \end{cases} \tag{7-2}$$

$$\begin{cases} A_P = (x_p - x_0)\cos\alpha + (y_p - y_0)\sin\alpha \\ B_P = -(x_p - x_0)\sin\alpha + (y_p - y_0)\cos\alpha \end{cases} \tag{7-3}$$

四 建筑场地的高程控制测量

建筑场地的高程控制测量就是在整个场区内建立可靠的水准点，形成与国家高程控制系统相联系的水准网。场区水准网一般布设成两级,首级网作为整个场地的高程基本控制,一般情况下按四等水准测量的方法确定水准点高程,并埋没永久性标志。若因设备安装或下水管道铺设等某些部位测量精度要求较高时,可在局部范围内采用三等水准测量,设置三等水准点。加密水准网以首级水准网为基础,可根据不同的测设要求按四等水准或图根水准的要求进行布设。建筑方格网点及建筑基线主点,亦可兼作高程控制点。

在作等级水准测量时,应严格按国家测量规范进行。

高程控制网分为首级网和加密网两级布设,相应的水准点称为基本水准点和施工水准点。

1.基本水准点

基本水准点是施工场地高程首级控制点,用来检核其他水准点高程是否有变动,其位置应设在不受施工影响、无震动、便于施测和能永久保存的地方,并埋设永久性标志。在一般建筑场地上,通常埋设三个基本水准点,布设成闭合水准路线,按城市四等水准测量的要求进行施测。对于连续性生产车间,地下管道放样所设立的基本水准点,则需要采用三等水准测量方法进行施测。

2.施工水准点

施工水准点用来直接测设建(构)筑物的高程。为了测设方便和减少误差,水准点应靠近建(构)筑物,通常可以采用建筑方格网点的标桩加设圆头钉作为施工水准点。对于中、小型建筑场地,施工水准点布设成闭合水准路线或附合水准路线,并根据基本水准点按城市四等水准测量或图根水准测量的要求进行施测。

为了施工放样的方便,在每栋较大的建筑物附近,还要测设±0.000 水准点,位置应选在较稳定的建筑物墙、柱的侧面,用红漆绘成边长约为 60mm、上顶为水平线的"▼"形。

由于施工场地环境杂乱,必须经常检查施工水准点的高程有无变动。

第二节 民用建筑施工测量

建筑工程一般分为工业建筑和民用建筑。民用建筑按使用功能可分为居住建筑和公共建筑两大类。一般指住宅、办公楼、商店、食堂、俱乐部、医院、学校等建筑物。民用建筑施工测量的主要任务是按照设计要求,配合施工进度,进行建筑物的定位和放线、基础工程施工测量、墙体工程施工测量以及高层建筑施工测量等。

建筑物施工测量应符合《工程测量规范》(GB 50026—2007)的规定,具体见表 7-1。

建筑物施工放样的允许偏差 表 7-1

项 目	内 容		允许偏差(mm)
基础桩位放样	单排桩或群桩中的边桩		±10
	群桩		±20
各施工层上放线	外廓主轴线长度 L (m)	$L \leqslant 30$	±5
		$30 < L \leqslant 60$	±10
		$60 < L \leqslant 90$	±15
		$90 < L$	±20

项　目	内　　容		允许偏差(mm)
各施工层上放线	细部轴线		±2
	承重墙、梁、柱边线		±3
	非承重墙边线		±3
	门窗洞口线		±3
轴线竖向投测	每层		3
	总高 H(m)	$H≤30$	5
		$30<H≤60$	10
		$60<H≤90$	15
		$90<H≤120$	20
		$120<H≤150$	25
		$150<H$	30
高程竖向传递	每层		±3
	总高 H(m)	$H≤30$	±5
		$30<H≤60$	±10
		$60<H≤90$	±15
		$90<H≤120$	±20
		$120<H≤150$	±25
		$150<H$	±30

一 建筑物的定位和放线

1. 施工测量前的准备工作

1)熟悉设计图纸

设计图纸是施工测量的主要依据,测设前应熟悉建筑物的尺寸和设计要求,仔细核对设计图纸的有关尺寸,了解施工建筑物与相邻地物的相互关系,了解水准点位置、高程与建筑高程的关系,以及施工的要求等。测设时应具备下列图纸资料:

(1)建筑总平面图:设计总平面图是施工放线的总体依据,建筑物都是根据总平面图上所给的尺寸关系进行定位的。如图 7-8 所示,从总平面图上,可以查取或计算设计建筑物与原有建筑物或测量控制点之间的平面尺寸和高差,作为测设建筑物总体位置的依据。

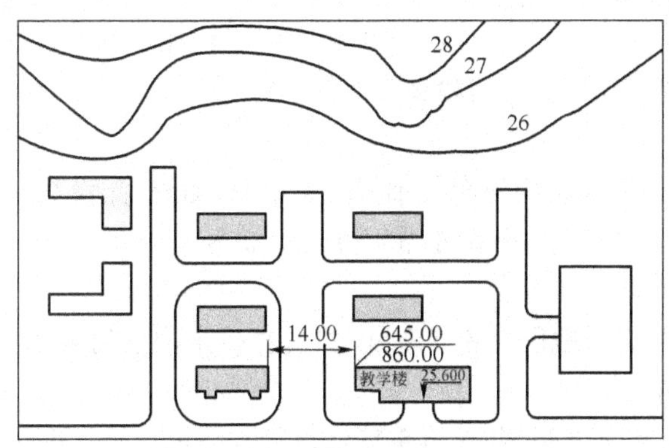

图 7-8　总平面图

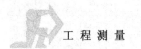

(2)建筑平面图:建筑平面图给出了建筑物各轴线的间距。如图 7-9 所示,从建筑平面图中,可以查取建筑物的总尺寸,以及内部各定位轴线之间的尺寸关系,这是施工测设的基本资料。

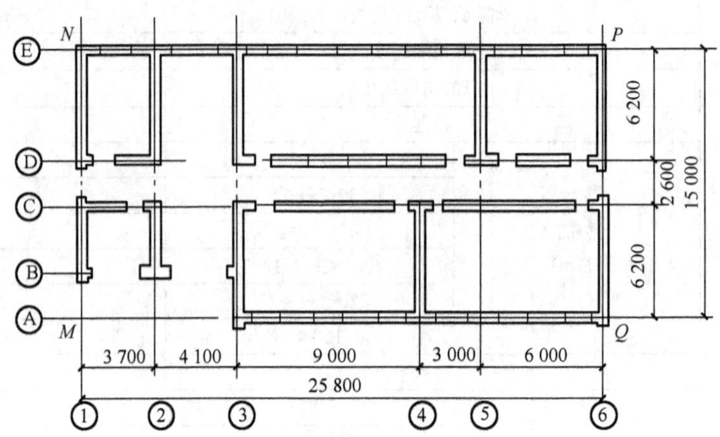

图 7-9　建筑平面图(尺寸单位:mm)

(3)基础平面图和基础详图:基础平面图和基础详图给出了基础轴线、基础宽度和高程的尺寸关系。这是基础轴线和基础高程测设的依据。

(4)建筑物的立面图和剖面图:从建筑物的立面图和剖面图中,可以查取基础、地坪、门窗、楼板、屋架和屋面等设计高程,这是高程测设的主要依据。

(5)设备基础图和管网图。

2)现场踏勘

全面了解场区控制点坐标、高程及点位分布图,对施工场地上的平面控制点和水准点进行检核。

3)施工场地整理

平整和清理施工场地,以便进行测设工作。

4)制定测设方案

根据设计要求、定位条件、现场地形和施工方案等因素,制定测设方案,包括测设方法、测设数据计算和绘制测设略图。

5)仪器和工具

对测设所使用的仪器和工具进行检核。

2. 建筑物的定位

建筑物的定位,就是将建筑物外廓各轴线交点(简称角桩)测设在地面上,作为基础放样和细部放样的依据。根据定位条件的不同,常用的定位方法有:

1)根据建筑基线定位

如图 7-10 所示。施工场地已有建筑基线时,可直接采用直角坐标法进行定位。

2)根据建筑方格网定位

在施工场地已设有建筑方格网时,可根据建筑物和附近方格点的坐标,直接采用直角坐标法进行定位。

如图 7-11 所示，$PQMN$ 是建筑方格网，$ABCD$ 是拟测设的建筑物四个角点，根据 MN 边测设建筑物角点的方法如下：

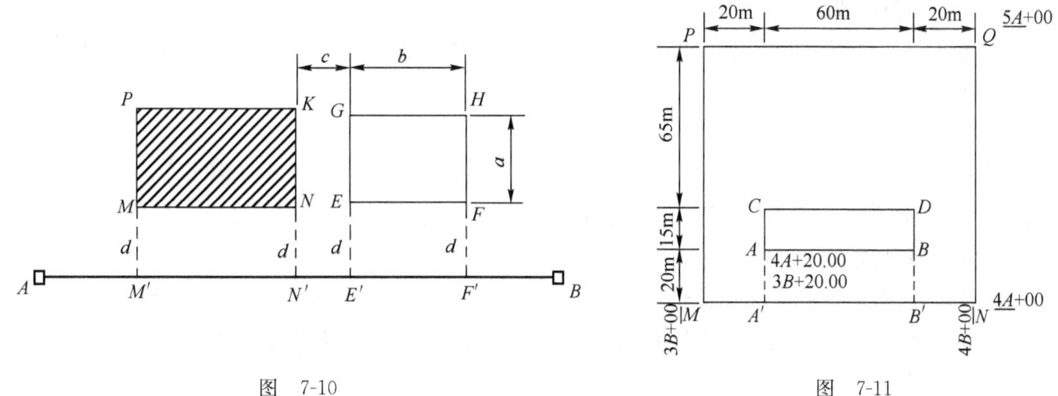

图 7-10　　　　图 7-11

(1)在施工总平面图上查出 A、D 点的坐标，计算得 $MA'=20\text{m}$、$AA'=20\text{m}$、$AC=15\text{m}$、$AB=60\text{m}$、

(2)用直角坐标法测设 A、B、C、D 四个点。

(3)用经纬仪检查四角是否等于 90°，其误差应在 ±1′范围内，用钢尺检查边长，误差应不超过 1/5 000。

3)根据新建筑物与已有建筑物的关系定位

在建筑区内新建或扩建建筑物时，一般设计图上都给出新建筑与附近原有建筑物或道路中心线的相互关系。建筑物的主轴线可以根据有关数据进行测设。测设方法如下：

(1)如图 7-12 所示，用钢尺沿宿舍楼的东、西墙，延长出一小段距离 2m 得 a、b 两点，作出标志。

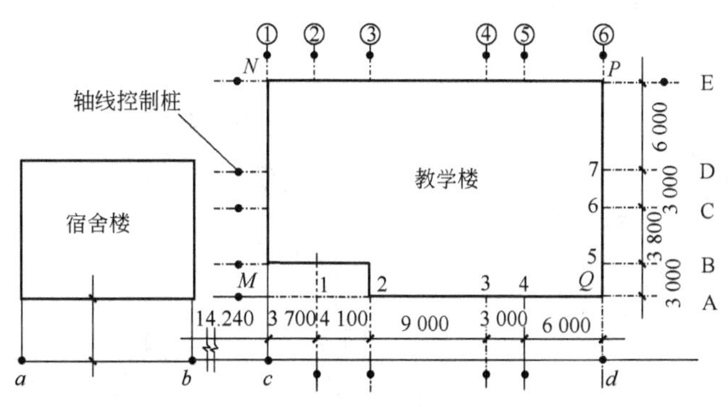

图 7-12　建筑物的定位和放线

(2)在 a 点安置经纬仪，瞄准 b 点，并从 b 沿 ab 方向量取 14.240m(教学楼的外墙厚 370mm，轴线偏里，离外墙皮 240mm)，定出 c 点，作出标志，再继续沿 ab 方向从 c 点起量取 25.800m，定出 d 点，作出标志，ad 线就是测设教学楼平面位置的建筑基线。

(3)分别在 c、d 两点安置经纬仪，瞄准 a 点，顺时针方向测设 90°，沿此视线方向量取距离(2+0.240)m，定出 M、Q 点，同理可得 N、P 两点，作出标志。M、N、P、Q 四点即为教学楼外廓定位轴线的交点。

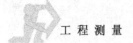

(4)检查 NP 的距离是否等于 25.800m,MN 和 PQ 的距离是否等于 15.800m,$\angle N$ 和 $\angle P$ 是否等于 90°,其误差应分别在 1/5 000 和 $\pm 1'$ 范围内。

4)根据测量控制点定位

当建筑物附近有测量控制点时,可根据控制点和建筑物各角点用极坐标法或角度交会法测设建筑物轴线。

3. 建筑物的放线

建筑物的放线,是根据已定位的外墙轴线交点桩(角桩),详细测设出建筑物其它各轴线的交点桩(或称中心桩),然后,根据交点桩用白灰撒出基槽开挖边界线。放线方法如下:

1)在外墙轴线周边上测设中心桩位置

如图 7-12 所示,在 Q 点安置经纬仪,瞄准 d 点,测设 90°,用钢尺沿此方向量出相邻两轴线间的距离,定出 1、2、3、…各点,同理可定出 5、6、7 各点。量距精度应达到设计精度要求。量出各轴线之间距离时,钢尺零点要始终对在同一点上。

2)恢复轴线位置的方法

由于在开挖基槽时,角桩和中心桩要被挖掉,为了便于在施工中恢复各轴线位置,应把各轴线延长到基槽外安全地点,并做好标志。

其方法有设置轴线控制桩和龙门板两种形式。

(1)设置轴线控制桩:轴线控制桩设置在基槽外基础轴线的延长线上,作为开槽后各施工阶段恢复轴线的依据,如图 7-13 所示,轴线控制桩一般设置在基槽外 2~4m 处,打下木桩,桩顶钉上小钉,准确标出轴线位置,并用混凝土包裹木桩。如附近有建筑物,也可把轴线投测到建筑物上,用红漆作出标志,以代替轴线控制桩。

(2)设置龙门板:在一般民用建筑施工中,常将各轴线引测到基槽外的水平木板上,作为挖槽后各阶段施工中恢复轴线的依据。水平木板称为龙门板,固定龙门板的木桩称为龙门桩,如图 7-14 所示,龙门板设置的步骤如下:

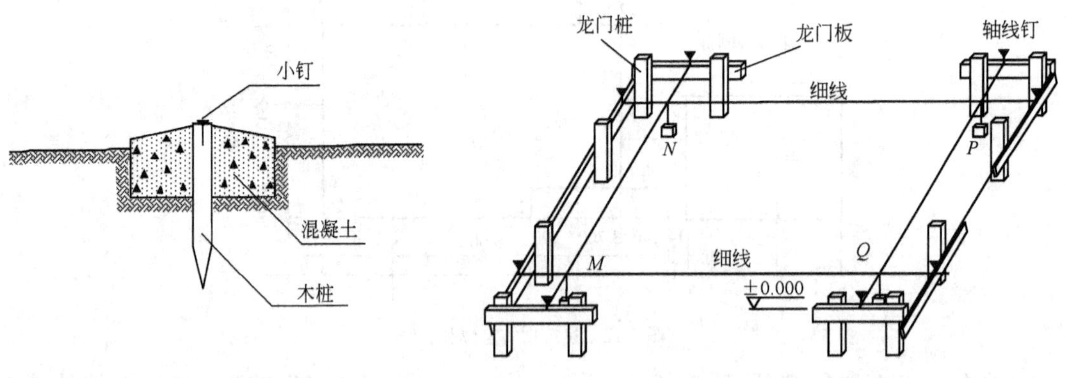

图 7-13　轴线控制桩　　图 7-14　龙门板

①在建筑物四角与隔墙两端基槽开挖边界线以外 1.5~2m 处(根据槽深和土质情况而定)设置龙门桩。龙门桩要竖直、牢固,桩的外侧面应与基槽平行。

②根据附近的水准点,用水准仪在每个龙门桩外侧,测设出该建筑物室内地坪设计高程线(即±0.000 高程线),并作出标志。在地形条件受到限制时,可测设比±0.000 高或底整分米

的高程线。同一个建筑最好选用一个高程，如地形起伏较大需要两个高程时，必须标注清楚，以防出错。

③沿龙门桩上±0.000高程线钉设龙门板，龙门板顶面的高程在±0.000的水平面上。然后用水准仪校核龙门板的高程，允许误差为±5mm，如有差错应及时纠正。

④把经纬仪安置在中心桩上，将各轴线引测到龙门板上，钉小钉作为标志(称为中心钉)。中心钉定位误差应小于±5mm。如果建筑物较小，可用垂球对准定位桩中心，在轴线两端龙门板间拉一小线使其紧贴垂球线，将轴线延长标定在龙门板上并作好标志。

⑤用钢尺沿龙门板的顶面，检查轴线钉的间距，其误差不超过1∶2000。检查合格后，以轴线钉为准，将墙边线、基础边线、基础开挖边线等标定在龙门板上。最后根据基槽上口宽度拉线，用白灰撒出基槽基础开挖边线。

(3)将轴线投测到已有建筑物的墙脚上。

二 建筑物基础施工测量

1.一般基础施工测量

建筑物基础工程施工测量主要工作是控制基槽开挖深度和控制基础墙高程。

1)基槽开挖深度的控制

(1)水平桩的作用

建筑物基础工程施工中，基槽(或坑)是根据基槽灰线破土开挖的。为了控制基槽开挖深度，在基槽开挖接近槽底设计高程时，在基槽壁上自拐角开始，每隔3～5m测设一比槽底设计高程高0.3～0.5m的水平桩(又称腰桩)，为了使用方便，必要时可沿水平桩的上表面拉上白线绳，作为控制挖槽深度、修平槽底和打基础垫层时掌握高程的依据。水平桩测设的允许误差为：±10mm。

(2)水平桩的测设方法

水平桩一般根据施工现场已测设的±0.000标志或龙门板顶面的高程标志，用水准仪按高程测设的方法进行测设。如图7-15所示，槽底设计高程为−1.700m，欲测设比槽底设计高程高0.500m的水平桩，测设方法如下：

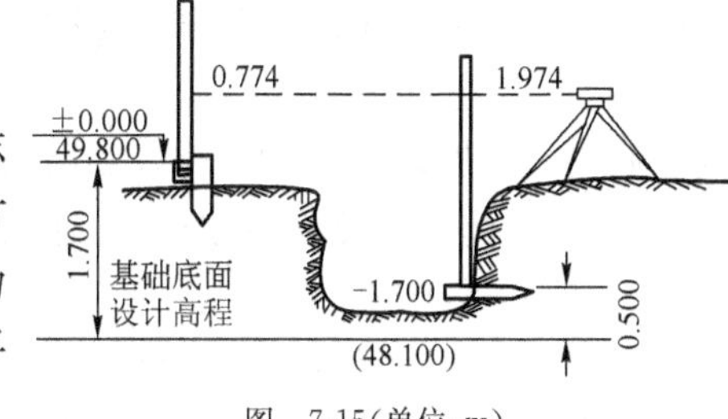

图 7-15(单位：m)

①在地面适当地方安置水准仪，在±0.000高程线位置上立水准尺，读取后视读数为0.774m。

②计算测设水平桩的应读前视读数 $b_{应}=0.774-(-1.700+0.500)=1.974\text{m}$。

③在槽内一侧立水准尺，并上下移动，直至水准仪视线读数为1.974m时，沿水准尺尺底在槽壁打入一小木桩，即为需测设的水平桩。

2)基础垫层高程的控制和弹线

为了控制垫层高程，在基槽壁上沿水平桩顶面弹一条水平墨线或拉上白线绳，直接控制垫层高程。基础垫层打好后，根据龙门板上的轴线钉或轴线控制桩，用经纬仪或用拉绳挂锤球的方法，把轴线投测到垫层上，并用墨线弹出墙中心线和基础边线，俗称“撂底”，作为砌筑基础的依据。

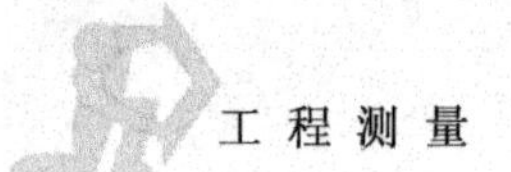

3)基础高程的控制和弹线

房屋基础墙(±0.000高程线以下的砖墙)的高度是利用基础皮数杆来控制的。基础皮数杆上事先按照设计尺寸,将砖、灰缝厚度画出线条,并标明±0.000和防潮层等的高程位置。立皮数杆时,可先在立杆处打一木桩,用水准仪在木桩侧面定出一条高于垫层高程某一数值的水平线,然后将皮数杆上高程相同的一条线与木桩上的水平线对齐,把皮数杆与木桩钉在一起,作为基础墙的高程依据。

4)基础面高程的检查

基础施工结束后,应检查基础面高程是否符合设计要求,基础面是否水平,俗称找平。

2.桩基础施工测量

采用桩基础的建筑物多为高层建筑,一般特点是建筑层数多、高度高、基坑较深,结构竖向偏差直接影响工程受力情况,施工测量中要求竖向投点精度高。高层建筑位于市区,施工场地不宽敞,施工测量要根据结构类型、施工方法和场地实际情况采取切实可行的方法进行,并经过校对和复核,以确保无误。

(1)桩的定位

桩的定位精度要求较高,应符合《工程测量规范》(GB 50026—2007)的规定,见表7-1。根据建筑物主轴线测设桩基和板桩轴线位置的允许偏差为20mm,对于单排桩则为10mm。沿轴线测设桩位时,纵向偏差不宜大于3cm,横向偏差不宜大于2cm。位于群桩外周边上的桩,测设偏差不得大于桩径或桩边长(方型桩)的1/10;群桩中间的桩则不得大于桩径或桩边长的1/5。

桩位测设工作必须在恢复后的各轴线检查无误后进行。

桩的排列随着建筑物形状和基础结构的不同而异。最简单的排列成格网形状,只要根据轴线,精确测设出四个角点,进行加密就可以。有的基础则是由若干个承台和基础梁连接而成,承台下面是群桩;基础梁下面有的是单排桩,有的是双排桩,承台下群桩的排列也会有不同。测设时一般是按照"先整体,后局部","先外廓,后内部"的顺序进行。测设时通常是根据轴线,用直角坐标法测设不在轴线上的点。

(2)施工后桩位的检测

桩基施工结束后,应对所有桩的位置进行一次检测。根据轴线重新在桩顶上测设出桩的设计位置,用油漆标明,然后量出桩中心与设计位置的纵、横方向偏差,在允许范围内即可进行下一工序的施工。

三 墙体施工测量

建筑物墙体工程施工过程中的测量工作,主要包括墙体定位和墙体各部位的高程控制。

1.墙体定位

基础工程结束后,应对龙门板(或控制桩)进行复核,以防基础施工时,由于土方及材料的堆放与搬运产生移位。复核无误后,利用控制桩或龙门板,用经纬仪或拉细线绳挂锤球的方法将轴线投测到基础面或防潮层上,然后用墨线弹出墙中线和墙边线。检查外墙轴线交角是否等于90°,符合要求后,把墙轴线延伸到基础墙的侧面,如图7-16所示,作为向上投测轴线的依据。同时把门、窗和其他洞口的边线，在外墙基础立面上画出。放线时先将主要墙的轴线弹出，检查无误后，再弹出其他轴线。

2.墙体各部位高程的控制

在建筑施工测量中，进行高程测量来控制墙体各部位的高程。将同一高程测出并标在不同位置的测量工作称为抄平。对于建筑高程竖向允许偏差，应符合《工程测量规范》(GB 50026—2007)的规定。施工层高程的传递，宜采用悬挂钢尺代替水准尺的水准测量方法并应进行温度、尺长和拉力改正。高程传递要根据建筑物大小和高度来确定传递点数目，以便相互校核。规模较小的工业建筑或多层民用建筑宜从 2 处向上传递，规模较大的工业建筑或高层民用建筑宜从 3 处向上传递。传递的高程校差小于 3mm 时，可取其平均值作为施工层的高程基准，否则，应重新传递。

(1)皮数杆的设置

在墙体砌筑施工中，墙身各部位的高程和砖缝水平及墙面平整通常是用皮数杆来控制和传递的。

皮数杆是根据建筑剖面图的设计尺寸，画有每皮砖、灰缝厚度的线条，并标明±0.000 的高程线以及门窗洞口、窗台、过梁、雨蓬、圈梁、楼板等构件的高程位置的专用木杆，如图 7-17 所示。在墙身施工中，皮数杆可以保证墙身各部位构件的位置准确，每皮砖灰缝厚度均匀，并处于同一水平面上。

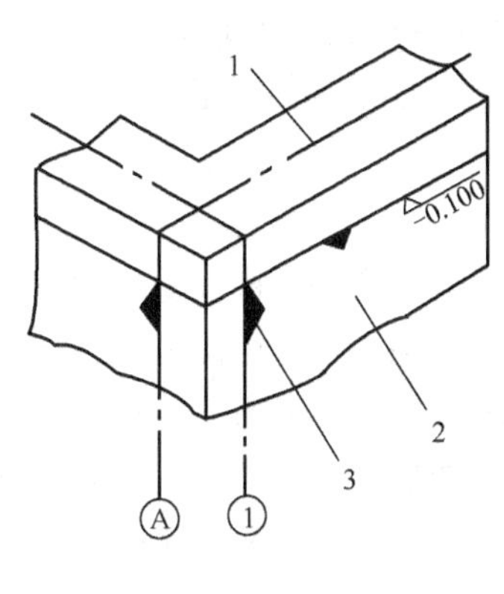

图 7-16　基础轴线投测

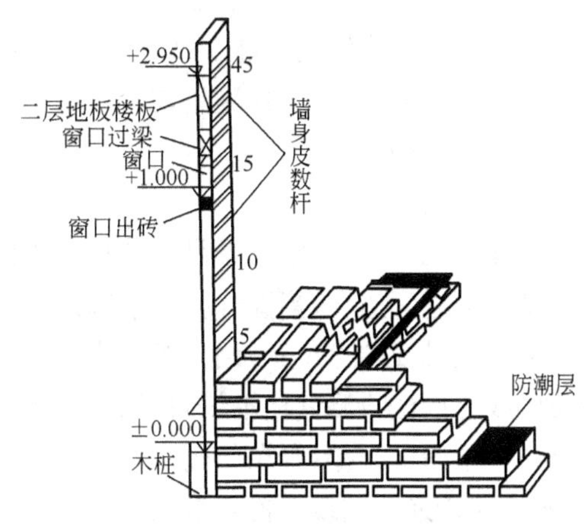

图 7-17　皮数杆的设置

皮数杆一般立在建筑物的拐角和隔墙处，如图 7-17 所示。立皮数杆时，先在立杆处打一木桩，用水准仪在木桩侧面测出±0.000 高程线，并画横线作为标志，容许误差为±3mm 然后将皮数杆上±0.000 高程线与木桩上的±0.000 高程线对齐，用大铁钉把皮数杆与木桩钉在一起，为了保证皮数杆稳定，加钉两个斜撑。用水准仪进行检查，并用垂球校正皮数杆的竖直。砌砖时在相邻两杆上每皮灰缝底线处拉通线，用以控制砌砖。

为了方便施工，采用里脚手架时，皮数杆一般立在墙外边，采用外脚手架时，皮数杆一般立在墙里边，如系框架或混凝土柱间墙时，每层皮数可直接画在构件上。

(2)墙体各部位高程控制

对于墙体砌筑高度到 1.2m 时，用水准仪测设出高于室内地平线+0.500 的高程线，简称

05 线，05 线标在室内转角处的墙上或柱上，每个房间至少设 2 个标志，作为该楼层的高程基准点。该高程线是向上一层传递高程、控制层高及门窗洞口、窗台、过梁、雨蓬、圈梁、楼板等构件的高程的依据，也是控制室内装饰施工时做地面高程、墙裙、踢脚线、窗台等装饰高程的依据。依 05 线量出距楼板板底下 10cm 处弹上墨线，根据墨线把板底找平层抹平，以保证楼板的安装或浇筑。

楼板安装或浇筑完毕后，用锤球将底层轴线引测到二层楼面上，作为二层楼的墙体轴线。对于二层以上各层同样将皮数杆移到楼层，使杆上±0.000 高程线正对楼面高程处，即可进行二层以上墙体的砌筑。在墙身砌到 1.2m 时，用水准仪测设出该层的"+0.500"高程线。

当精度要求较高时，可用钢尺沿结构外墙、边柱、楼梯间等自±0.000 起向上直接丈量至所需楼层，确定立杆标志，避免误差累积。

框架结构的民用建筑，墙体砌筑是在框架施工后进行，可在柱面上画线，代替皮数杆。

第三节　高层建筑施工测量

一　高层建筑轴线投测

高层建筑轴线投测是将建筑物基础轴线向高层引测，保证各层相应的轴线位于同一竖直面内。轴线投测应符合《工程测量规范》(GB 50026—2007)的规定，具体见表 7-1。轴线投测的方法有以下几种：

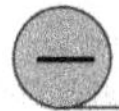

1. 吊锤线法

一般建筑在施工中，常用悬吊锤球法将轴线逐层向上投测。做法是：将较重的锤球悬吊在建筑物楼板或柱顶边缘，当锤球尖对准基础或墙底设立的定位轴线时，线在楼板或柱顶边缘的位置即为楼层轴线端点位置，画一短线作为标志；同样投测轴线另一端点位置，两端的连线即为定位轴线。同法投测其他轴线，再用钢尺校核各轴线间距，然后继续施工，并把轴线自下向上传递。为了减少误差，宜在每砌二、三层之后，用经纬仪把地面上的轴线投测到楼板或柱上去，检核逐层传递的轴线位置是否正确。

此法简单易行，不受场地限制，一般能保证施工质量。但当风力较大或层数较多时，误差较大，可用经纬仪投测。

在高层建筑施工时，常在底层适当位置设置与建筑物主轴线平行的辅助轴线，在辅助轴线端点处预埋一块小铁板，上面划以十字丝，交点上冲一小孔，作为轴线投测的标志。在每层楼的楼面相应位置处都预留孔洞(也叫垂准孔)，面积 30cm×30cm，供吊垂球用。投测时在垂准孔上安置十字架，挂上钢丝悬吊的垂球，对准底层预埋标志，当垂球线静止时固定十字架，而十字架中心则为辅助轴线在楼面上的投测点，并在洞口四周做出标志，作为以后恢复轴线及放样的依据。用此方法逐层向上悬吊引测轴线和控制结构的竖向测量，如用铅直的塑料管套着线坠线，并采用专用观测设备，则精度更高。此方法较为费时费力，只有在缺少仪器而不得已时才采用。

2. 经纬仪投测法

通常将经纬仪安置于轴线控制桩上，如图 7-18 所示。分别以正、倒镜两个盘位照准建筑物底部的轴线标志，向上投测到上层楼面上、取正、倒镜两投测点的中点，即得投测在该层上的轴线点。按此方法分别在建筑物纵、横轴线的四个轴线控制桩上安置经纬仪，就可在同一层楼面上投测出四个轴线交点。其连线也就是该层面上的建筑物主轴线，据此再测设出层面上其他轴线。

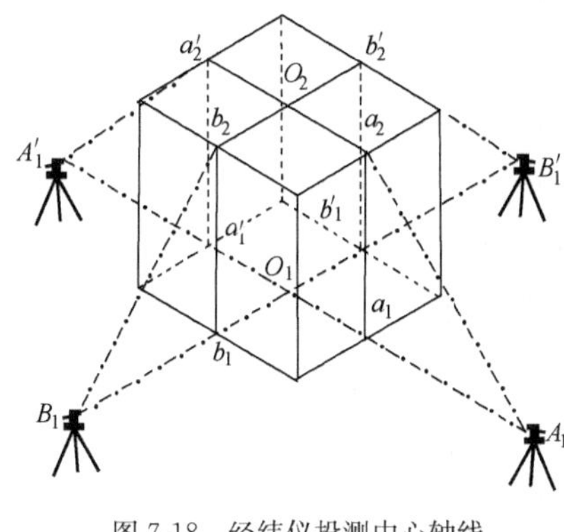

图 7-18 经纬仪投测中心轴线

为保证投测质量，使用的经纬仪必须经过严格的检验与校正，尤其是照准部水准管轴应严格垂直于仪器竖轴。投测时应注意照准部水准管气泡要严格居中。为防止投测时仰角过大，经纬仪距建筑物的水平距离要大于建筑物的高度。当建筑物轴线投测增至相当高度，而轴线控制桩离建筑物较近时，经纬仪视准轴向上投测的仰角增大，不但点位投测的精度降低，且观测操作也不方便。为此，必须将原轴线控制桩延长引测到远处的稳固地点或附近大楼的屋面上，然后再向上投测。为避免日照、风力等不良影响，宜在阴天、无风时进行观测。

3. 激光铅垂仪投测法

对高层建筑及建筑物密集的建筑区，吊锤线法和经纬仪法投测轴线已不能适应工程建设的需要，10 层以上的高层建筑应利用激光铅垂仪投测轴线，使用方便，精度高，速度快。

激光铅垂仪是一种供铅直定位的专用仪器，适用于高层建筑、烟囱和高塔架的铅直定位测量。该仪器主要由氦氖激光器、竖轴、发射望远镜、管水准器和基座等部件组成。置平仪器上的水准管气泡后，仪器的视准轴处于铅垂位置，可以据此向上或向下投点。采用此方法应设置辅助轴线和垂准孔，供安置激光铅垂仪和投测轴线之用。如图 7-19 为激光铅垂仪的基本构造图。使用时将激光铅垂仪安置在底层辅助轴线的预埋标志上，严格对中、整平，接通激光电源，起辉激光器，即可发射出铅直激光基准线。当激光束指向铅垂方向时，在相应楼层的垂准孔上设置接收靶即可将轴线从底层传至高层。

轴线投测要控制与检校轴线向上投测的竖直偏差值在本层内不超过 5mm，全楼的累积偏差不超过 20mm。一般建筑，当各轴线投测到楼板上后，用钢尺丈量其间距作为校核，相对误差不得大于 1/2 000；高层建筑，量距精度要求较高，且向上投测的次数越多，对距离测设精度要求越高，一般不得低于 1/10 000。

二 高层建筑的高程传递

多层或高层建筑施工中，要由下层楼面向上层传递高程，使上层楼板、门窗口、室内装饰等工程的高程符合设计要求。高程传递应符合《工程测量规范》(GB 50026—2007)的规定，具体见表 7-1。高程传递的方法有以下几种：

1. 利用皮数杆传递高程

在皮数杆上自±0.000 高程线起，门窗口、楼板、过梁等构件的高程都已标明。一层楼砌好后，从一层皮数杆起逐层往上接，可以把高程传递到各楼层。在接杆时要检查下层杆位置是否正确。

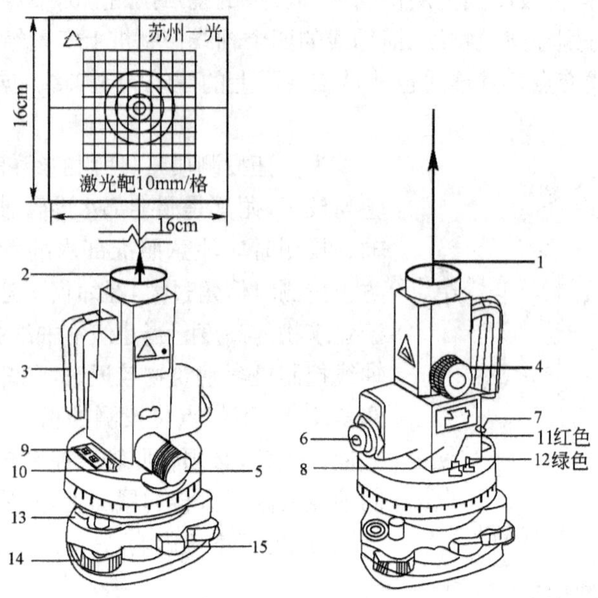

图 7-19 激光铅垂仪

1-望远镜端激光束；2-物镜；3-手柄；4-物镜调焦螺旋；5-激光光斑调焦螺旋；6-目镜；7-电池盒盖固定螺丝；8-电池盒；9-管水准器；10-管水准器校正螺钉；11-电源开关；12-对点/垂准激光切换开关；13-圆水准器；14-脚螺旋；15-轴套锁定钮

2. 利用钢尺直接丈量

在高程精度要求较高时，可用钢尺沿某一墙角自±0.000 高程处起向上直接丈量，把高程传递上去。然后根据下面传递上来的高程立皮数杆，作为该层墙身砌筑和安装门窗、过梁及室内装修、地坪抹灰时控制高程的依据。

3. 悬吊钢尺法（水准仪高程传递法）

根据多层或高层建筑物的具体情况可用钢尺代替水准尺，利用水准仪读数，从下向上传递高程。如图 7-20所示，由地面上已知高程点 A，向建筑物楼面 B 传递高程，先从楼面上（或楼梯间）悬挂一支钢尺，钢尺下端悬一重锤。在观测时，尽量使钢尺比较稳定。在地面及楼面上各安置一台水准仪，按水准测量方法同时读得 a_1、b_1 和 a_2、b_2，则楼面上 B 点的高程 H_B 为：

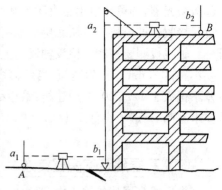

$$H_B = H_A + a_1 - b_1 + a_2 - b_2 \qquad (7\text{-}4)$$

图 7-20

4. 全站仪天顶测高法

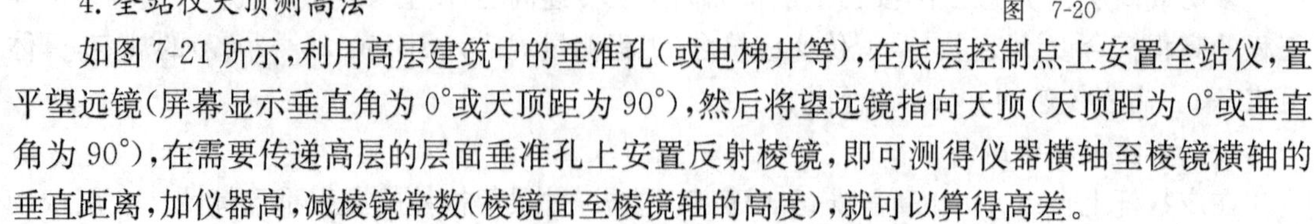

如图 7-21 所示，利用高层建筑中的垂准孔（或电梯井等），在底层控制点上安置全站仪，置平望远镜（屏幕显示垂直角为 0°或天顶距为 90°），然后将望远镜指向天顶（天顶距为 0°或垂直角为 90°），在需要传递高层的层面垂准孔上安置反射棱镜，即可测得仪器横轴至棱镜横轴的垂直距离，加仪器高，减棱镜常数（棱镜面至棱镜轴的高度），就可以算得高差。

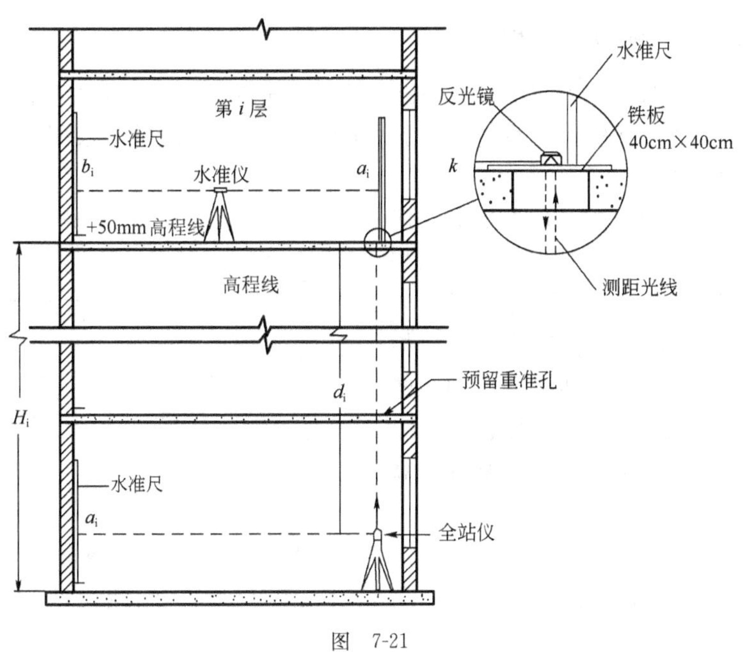

图 7-21

第四节 工业建筑施工测量

工业建筑主要指工业企业的生产性建筑，如厂房、仓库、运输设施、动力设施等，以生产厂房为主体，厂房可分为单层厂房和多层厂房，目前使用较多的是金属结构及装配式钢筋混凝土结构单层厂房，多采用预制构件，在现场装配的方法施工。因此，工业建筑施工测量的工作主要是保证预制构件安装到位。其施工放样的主要工作包括厂房控制网的测设、厂房柱列轴线测设、杯形基础施工测量、厂房构件安装测量等。

对于工业建筑结构安装测量的精度，应符合《工程测量规范》(GB 50026—2007)的规定，柱子、桁架或梁安装测量的偏差，不应超过表 7-2 规定。

柱子、桁架或梁安装测量的允许偏差 表 7-2

测 量 内 容		允许偏差(mm)
钢柱垫板高程		±2
钢柱±0.000 高程检查		±2
混凝土柱(预制)±0.000 高程检查		±3
柱子垂直度检查	钢柱牛腿	5
	柱高 10m 以内	10
	柱高 10m 以上	H/1 000≤20
桁架和实腹梁、桁架和钢架的支承结点间相邻高差的偏差		±5
梁间距		±3
梁面垫板高程		±2

一 工业厂房控制网的建立

厂房的定位多是根据现场建筑方格网进行的。厂房施工中多采用由柱轴线控制桩组成的厂房矩形控制网作为厂房的基本控制网。下面介绍根据建筑方格网，采用直角坐标法测设厂房矩形控制网的方法。

如图7-22所示，H、I、J、K四点是厂房的四个角点，从设计图中已知H、J两点的坐标。S、P、Q、R为布置在基础开挖边线以外的厂房矩形控制网的四个角点，称为厂房控制桩。厂房矩形控制网的边线到厂房轴线的设计距离为4m，厂房控制桩S、P、Q、R的坐标，可按厂房角点的设计坐标，加减4m算得。测设方法如下：

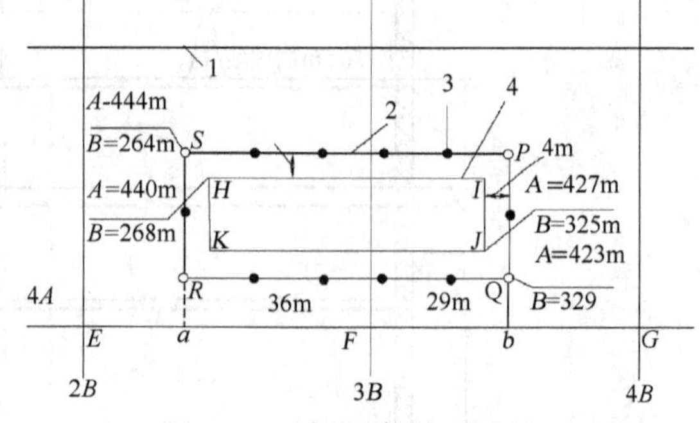

图7-22 厂房矩形控制网的测设

1-建筑方格网；2-厂房矩形控制网；3-距离指标桩；4-厂房轴线

1. 计算测设数据

根据厂房控制桩S、P、Q、R的坐标，计算利用直角坐标法进行测设时，所需测设数据，计算结果标注在图7-22中。

2. 厂房控制点的测设

(1)从F点起沿FE方向量取36m，定出a点；沿FG方向量取29m，定出b点。

(2)在a与b上安置经纬仪，分别瞄准E与F点，顺时针方向测设90°，得两条视线方向，沿视线方向量取23m，定出R、Q点。再向前量取21m，定出S、P点。

(3)为了便于进行细部的测设，在测设厂房矩形控制网的同时，还应沿控制网测设距离指标桩，如图7-23所示，距离指标桩的间距一般等于柱子间距的整倍数。

3. 检查

(1)检查$\angle S$、$\angle P$是否等于90°，其误差不得超过±10″。

(2)检查SP是否等于设计长度，其误差不得超过1/10 000。

这种方法适用于中小型厂房，对于大型或设备复杂的厂房，应先测设厂房控制网的主轴线，再根据主轴线测设厂房矩形控制网。

二 柱列轴线的测设与柱基施工测量

1. 厂房柱列轴线测设

根据厂房平面图上所注的柱间距和跨距尺寸，用钢尺沿矩形控制网各边量出各柱列轴线控制桩的位置，如图7-23中的1′、2′、…，并打入大木桩，桩顶用小钉标出点位，作为柱基测设和施工安装的依据。丈量时应以相邻的两个距离指标桩为起点分别进行，以便检核。

2. 柱基定位和放线

(1)安置两台经纬仪，在两条互相垂直的柱列轴线控制桩上，沿轴线方向交会出各柱基的位置(即柱列轴线的交点)，此项工作称为柱基定位。

(2)在柱基的四周轴线上，打入四个定位小木桩a、b、c、d，如图7-23所示，其桩位应在基础开挖边线以外，比基础深度大1.5倍的地方，作为修坑和立模的依据。

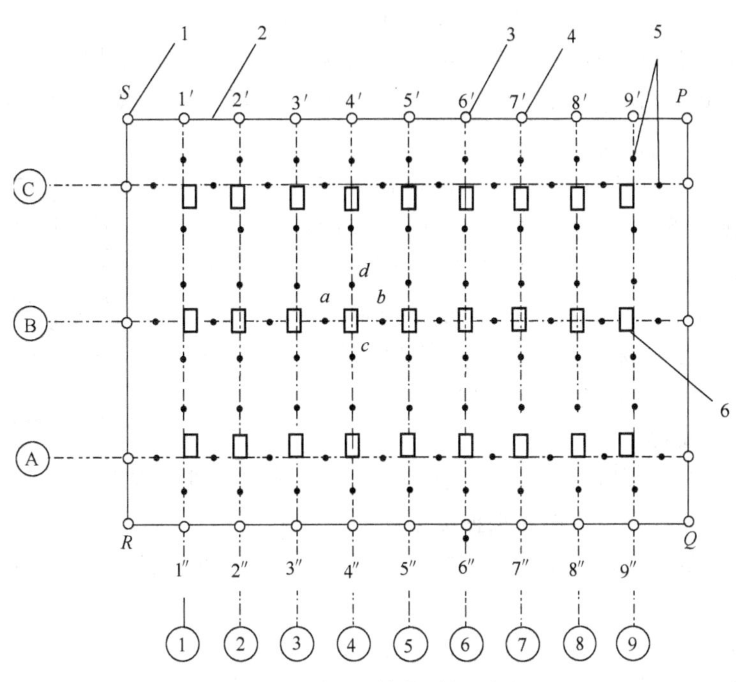

图 7-23　厂房柱列轴线和柱基测量

1-厂房控制桩；2-厂房矩形控制网；3-柱列轴线控制桩；4-距离指标桩；5-定位小木桩；6-柱基础

(3)按照基础详图所注尺寸和基坑放坡宽度，用特制角尺，放出基坑开挖边界线，并撒出白灰线以便开挖，此项工作称为基础放线。

(4)在进行柱基测设时，应注意柱列轴线不一定都是柱基的中心线，而一般立模、吊装等习惯用中心线，此时，应将柱列轴线平移，定出柱基中心线。

3. 柱基施工测量

(1)基坑开挖深度的控制：当基坑挖到一定深度时，应在基坑四壁，离基坑底设计高程0.3m～0.5m处，测设水平桩，作为检查基坑底高程和控制垫层的依据。

(2)杯形基础立模测量：杯形基础立模测量有以下三项工作：

①基础垫层打好后，根据基坑周边定位小木桩，用拉线吊锤球的方法，把柱基定位线投测到垫层上，弹出墨线，用红漆画出标记，作为柱基立模板和布置基础钢筋的依据。

②立模时，将模板底线对准垫层上的定位线，并用锤球检查模板是否垂直。

③将柱基顶面设计高程测设在模板内壁，作为浇灌混凝土的高度依据。

4. 钢柱基础定位

近年来，由于钢结构的特点及国家钢产量的提高，钢结构技术迅猛发展，钢结构在工业建筑中运用越来越广泛，因其制作精密，因此测量精度要求更高。

钢结构柱子基础顶面通常设计为平面，通过锚栓将钢柱与基础连成整体。施工时应注意保证基础顶面及锚栓位置的准确。钢结构下面支承面的允许误差，高度为±2mm，倾斜度为1/1000，锚栓位置的允许偏差，在支座范围内为±5mm。

1)钢柱基础垫层中线投点和抄平

垫层混凝土凝结后，应在垫层面上投测柱基中线，并根据中线点弹出墨线，绘出地脚螺栓

固定架的位置，以作为安置螺栓固定架及根据中线支立模板的依据，如图 7-24 所示。

投测中线时，经纬仪应该安置在基坑旁，保证视线能够看到坑底然后照准矩形控制网上基础中心线的两个端点，用正倒镜分中法，先将经纬仪中心导入中心线内，然后进行中先点的投测，并在垫层面上作出标志。

螺栓固定架位置在垫层上绘出后，即可在固定架外框四个角点测设高程，并做出标志，以便用来检查并修平垫层混凝土面，使其符合设计高程，便于固定架的安装。如基础过深，从地面上直接引测基础底面高程，标尺不够长时，可采用悬吊钢尺的方法测设。

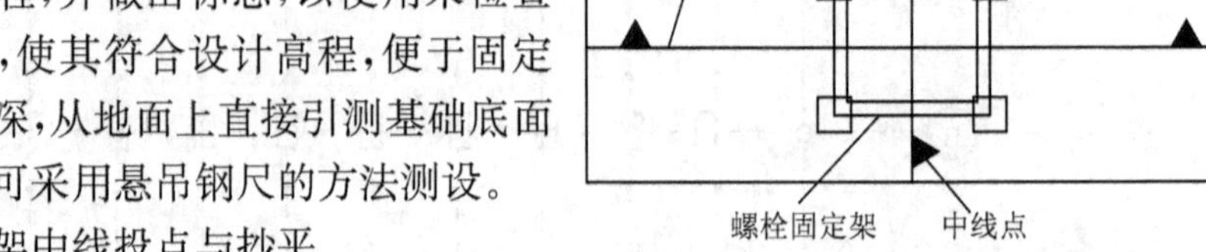

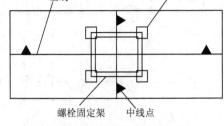

图 7-24　地脚螺栓固定架放线

2)地脚螺栓固定架中线投点与抄平

(1)固定架的安置

固定架一般用钢材制作，用以锚定地脚螺栓及其他预埋件。根据垫层上的中心线和所标记的位置降级安置在垫层上，然后根据在垫层上测定的高程点，进行地脚抄平，将高处的垫层混凝土凿去一些，低洼地带则垫小块钢板并与底层钢丝网焊牢，使固定架底面的高程符合设计要求。

(2)固定架抄平

固定架安置好后，用水准仪测出四根横梁的高程，以检查固定架高度是否符合设计要求，其容许误差为±5mm，但应不高于设计高程。待高程满足要求后，将固定架与底层钢筋焊牢，并加焊支撑钢筋。若是深基坑固定架，应在其脚下浇筑混凝土，使其稳定。

(3)中线投点

在投点之前，应对矩形控制边上的中心端点进行检查，然后根据相应两端点，将中线投测在固定架横梁上，并刻绘标志。其中线投点偏差(相对于中线端点)为±2mm。

3)地脚螺栓的安装与高程测量

根据垫层上和固定架上投测的中心点，把地脚螺栓安放在设计位置。为了测定地脚螺栓的高程，在固定架的对角焊两根小角钢，在其上引测同一数值的高程点，并刻绘标志，其高度应比地脚螺栓的设计高程稍微低一些。然后在角钢上两标点处拉一细钢丝，以定出螺栓的安装高度。待螺栓安装好后，测出螺栓第一个螺纹扣的高程。地脚螺栓的高度不应低于其设计高程，容许偏差为+5～25mm。

4)支立模板与浇筑混凝土时的测量工作

钢柱基础支模阶段的测量工作与混凝土杯形基础相同。不同之处在于，在浇筑基础混凝土时，为了保证地脚螺栓位置及高度的正确，应进行看守观测，若发现其变动，应立即通知施工人员及时处理。

5)小型钢柱的地脚螺栓定位测量

由于小型设备钢柱基础的地脚螺栓直径小，重量轻，为了节约钢材，可以不用钢筋固定架，而采用木固定架固定，这种木架与基础模板连成整体，在模板与支架支撑牢固后，即在其上投点放线，如图 7-25 所示，地脚螺栓安装好以后，检查螺栓第一螺纹扣高程是否符合设计要求，合格后即可将螺栓焊接在钢筋网上。由于木架稳定性较差，为了保证质量，模板与木架必须支撑牢固，在浇筑混凝土过程中必须进行看守观测。

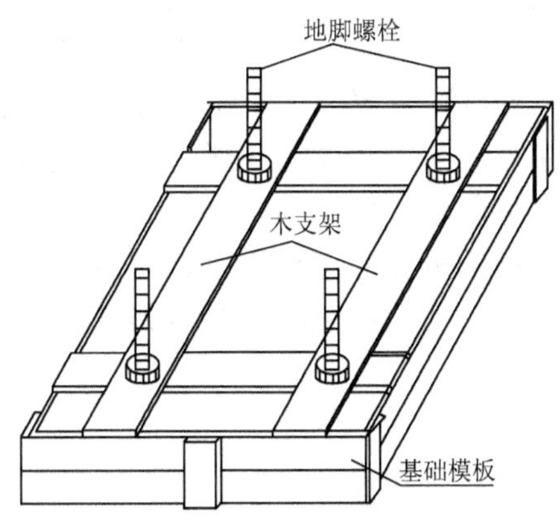

图 7-25　小型钢柱的地脚螺栓定位图

6)钢柱的弹线及垂直校正

钢柱的弹线和垂直度校正方法与混凝土柱的方法基本相同。区别在于,钢筋混凝土柱是插入杯口内,而钢柱是在基础面上,基础面的高差用垫板找平。

弹线方法:首先量出牛腿面至柱底面的实际长度(应在柱 3 个侧面弹出水平线,量出 4 个角的实际长度),计算出柱底各角的高程。然后测出垫板位置、基础面高程,计算出每个垫板厚度。安放垫板时,要用水准仪抄平,垫板高程及±0.000 高程的测量误差为±2mm。钢柱在基础面上就位,要使柱中线与基础面上中线对齐。

三 柱子安装测量

1.柱子安装时应满足的要求

(1)柱子中心线应与相应柱列轴线一致,其允许偏差为±5mm。

(2)牛腿顶面及柱顶面的高程与设计高程一致,其允许偏差为:

柱高在 5m 以下时为±5mm;

柱高在 5m 以上时为±8mm。

(3)柱身垂直允许偏差值为柱高的 1/1000,但不得大于 20mm。

2.安装前的准备工作

(1)柱基弹线:柱子安装前,先根据轴线控制桩,把定位轴线投测到杯形基础顶面上,并用红油漆画上"▶"标志,作为安装柱子时确定轴线的依据。如果柱列轴线不通过柱子的中心线,应在杯形基础顶面上加弹柱中心线。用水准仪,在杯口内壁测设一条−0.600的高程线(一般杯口顶面的高程为−0.500),并画出"▼"标志,如图 7-26 所示,作为杯底找平的依据。

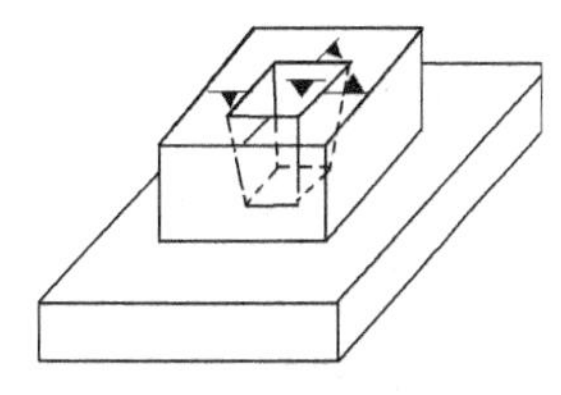
图 7-26　杯型基础

(2)柱身弹线:柱子安装前,应将每根柱子按轴线位置进行编号。如图 7-27 所示,在每根柱子的三个侧面弹出柱中心线,并在每条线的上端和下端近杯口处画出"▶"标志。根据牛腿面的设计高程,从牛腿面向下用钢尺量出−0.600 的高程线,并画出"▼"标志。

(3)杯底找平:柱子在预制时,由于制作误差可能使柱子的实际长度与设计尺寸不相同,在浇筑杯底时使其低于设计高程 3～5cm。柱子安装前,先量出柱子−0.600 高程线至柱底面的高度,再在相应柱基杯口内,量出−0.600 高程线至杯底的高度,并进行比较,以确定杯底找平层厚度。然后用 1∶2 水泥砂浆在杯底进行找平,使牛腿面符合设计高程。

3.柱子的安装测量

柱子安装测量的目的是保证柱子的平面和高程位置符合设计要求,柱身竖直。

柱子吊起插入杯口后,使柱脚中心线与杯口顶面弹出的柱轴线(柱中心线)在两个互相垂直的方向上同时对齐，用硬木楔或钢楔暂时固定，如有偏差可用锤敲打楔子校正。其容许偏差为±5mm。然后，用两架经纬仪分别安置在互相垂直的两条柱列轴线上，离开柱子的距离约为柱高的1.5倍处同时观测，如图7-28a)所示。观测时，经纬仪先照准柱子底部的中心线，固定照准部，逐渐仰起望远镜，使柱中线始终与望远镜十字丝竖丝重合，则柱子在此方向是竖直的；若不重合，则应调整柱子直至互相垂直的两个方向都符合要求为止。

实际安装时，一般是一次把许多根柱子都竖起来，然后进行竖直校正。这时可把两台经纬仪分别安置在纵横轴线的一侧，偏离轴线不超过15°，一次校正几根柱子，如图7-28b)所示。

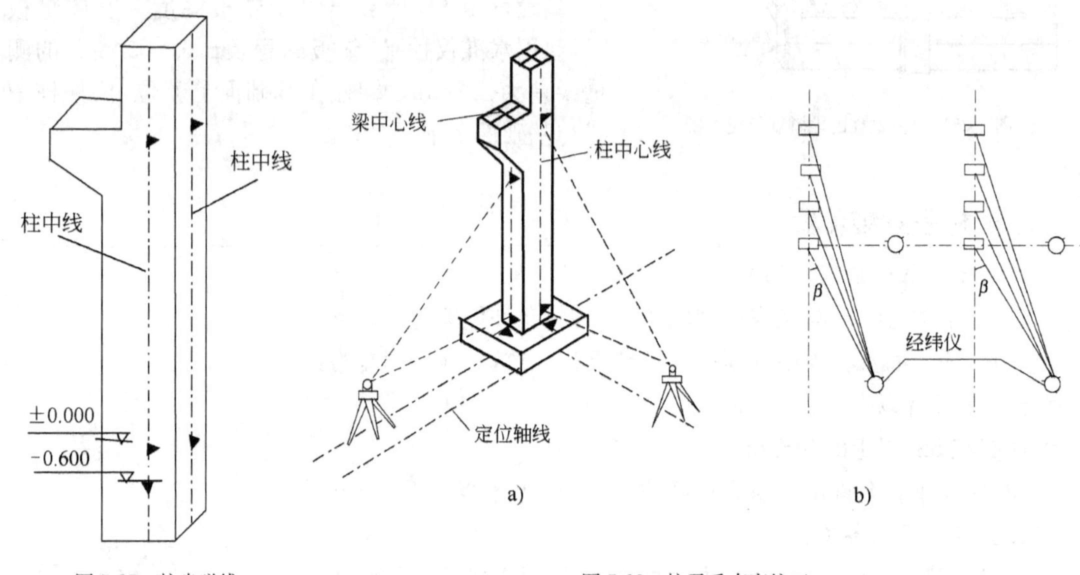

图7-27　柱身弹线

图7-28　柱子垂直度校正

4.柱子校正的注意事项

(1)校正前经纬仪应严格检验校正。操作时还应注意使照准部水准管气泡严格居中；校正柱子竖直时只用盘左或盘右观测。

(2)柱子在两个方向的垂直度都校正好后，应再复查柱子下部的中心线是否仍对准基础的轴线。

(3)在校正变截面的柱子时，经纬仪必须安置在柱列轴线上，以免产生差错。

(4)当气温较高时，在日照下校正柱子垂直度时应考虑日照使柱子向阴面弯曲，柱顶产生位移的影响。因此，在垂直度要求较高，温度较高，柱身较高时，应利用早晨或阴天进行校正，或在日照下先检查早晨校正过的柱子的垂直偏差值，然后按此值对所校正柱子预留偏差校正。

四 吊车梁安装测量

吊车梁的安装测量主要是保证梁的上、下中心线与吊车轨道的设计中心在同一竖直面内以及梁面高程符合设计高程。

1.安装前的测量工作

(1)弹出吊车梁中心线：根据预制好的钢筋混凝土梁的尺寸，在吊车梁顶面和梁的两端弹出中心线，以作为安装时定位用。

(2)在牛腿面上弹梁中心线：根据厂房控制网的中心线 A_1-A_1 和厂房中心线到吊车梁中心线的距离 d，在 A_1 点安置经纬仪测设吊车梁中心线 $A'A'$ 和 $B'B'$(也是吊车轨道中心线)。如图 7-29 所示。然后分别安置经纬仪于 A'和 B'，后视另一端 A'和 B'，仰起望远镜将吊车梁中心线投测到每个柱子的牛腿面上并弹以墨线。投点时如有个别牛腿不通视，可从牛腿面向下吊垂球的方法投测。

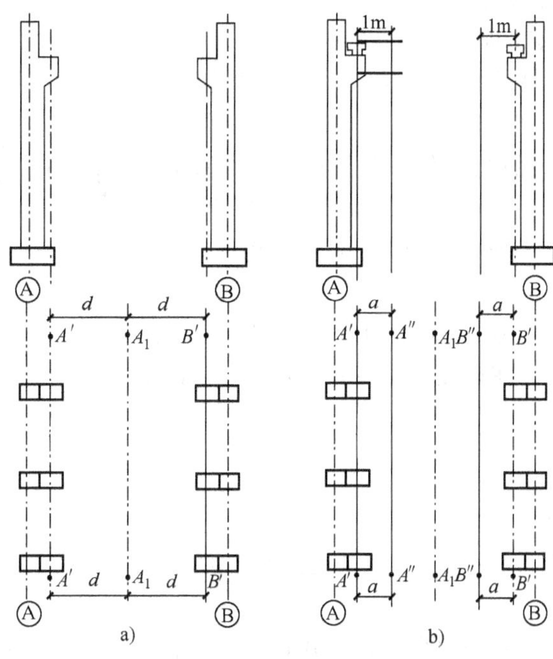

图 7-29　吊车梁的安装测量

(3)在柱面上量弹吊车梁顶面高程线：根据柱子上±0.000 高程线，用钢尺沿柱子侧面向上量出吊车梁顶面设计高程线，作为修整梁面时控制梁面高程用。

2. 安装测量工作

(1)定位测量：安装时使吊车梁两个端面的中心线分别与牛腿面上的梁中心线对齐。可依两端为准拉上钢丝，钢丝两端各悬重物将钢丝拉紧，并依此线对准，校正中间各吊车梁的轴线，使每个吊车梁中心线均在钢丝这条直线上，其允许误差为±3mm。

(2)高程检测：当吊车梁就位后，应按柱面上定出的高程线对梁面进行修整，若梁面与牛腿面间有空隙应作填实处理，用斜垫铁固定。然后将水准仪安置于吊车梁上，以柱面上定出的梁面设计高程为准，检测梁面的高程是否符合设计要求，其允许误差为－5mm。

第五节　烟囱施工测量

烟囱是截圆锥形的高耸构筑物，其特点是基础小，主体高。施工测量的工作主要是严格控制其中心位置，保证烟囱主体竖直。

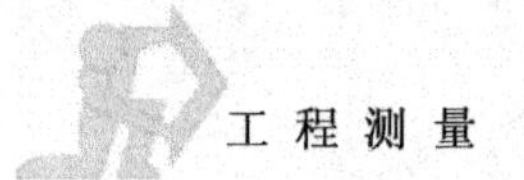

一 烟囱的定位、放线

1. 烟囱的定位

烟囱定位就是定出烟囱基础中心的位置。定位方法如下：

(1)按设计要求，利用与施工场地已有控制点或建筑物的尺寸关系，在地面上测设出烟囱的中心位置 O(即中心桩)，如图 7-30 所示。

(2)在 O 点安置经纬仪，任选一点 A 作后视点，并在视线方向上定出 a 点，倒转望远镜，通过盘左、盘右分中投点法定出 b 和 B；然后，顺时针测设 90°，定出 d 和 D，倒转望远镜，定出 c 和 C，得到两条互相垂直的定位轴线 AB 和 CD。

(3)A、B、C、D 四点至 O 点的距离为烟囱高度的 1～1.5倍。a、b、c、d 是施工定位桩，用于修坡和确定基础中心，应设置在尽量靠近烟囱而不影响桩位稳固的地方。

2. 烟囱的放线

如图 7-30 所示。以 O 点为圆心，以烟囱底部半径 r 加上基坑放坡宽度 s 为半径，在地面上用皮尺画圆，并撒出灰线，作为基础开挖的边线。

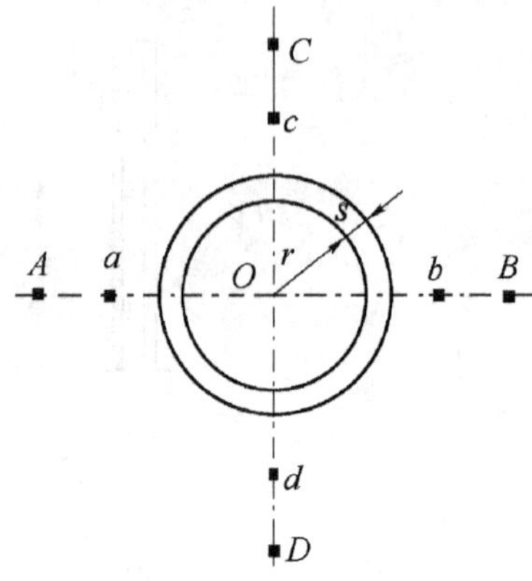

图 7-30 烟囱的定位、放线

二 基础施工测量

(1)当基坑开挖接近设计高程时，在基坑内壁测设水平桩，作为检查基坑底高程和打垫层的依据。

(2)坑底夯实后，从定位桩拉两根细线，用锤球把烟囱中心投测到坑底，钉上木桩，作为垫层的中心控制点。

(3)浇灌混凝土基础时，应在基础中心埋设钢筋作为标志，根据定位轴线，用经纬仪把烟囱中心投测到标志上，并刻上"+"字，作为施工过程中，控制筒身中心位置的依据。

三 烟囱筒身施工测量

1. 引测烟囱中心线

在烟囱施工中，应随时将中心点引测到施工的作业面上。

在烟囱施工中，一般每砌一步架或每升模板一次，就应引测一次中心线，以检核该施工作业面的中心与基础中心是否在同一铅垂线上。引测方法如下：

在施工作业面上固定一根枋子，在枋子中心处悬挂 8～12kg 的锤球，逐渐移动枋子，直到锤球对准基础中心为止。此时，枋子中心就是该作业面的中心位置。

另外，烟囱每砌筑完 10m，必须用经纬仪引测一次中心线。引测方法如下：

如图 7-30 所示，分别在控制桩 A、B、C、D 上安置经纬仪，瞄准相应的控制点 a、b、c、d，将轴线点投测到作业面上，并作出标记。然后，按标记拉两条细绳，其交点即为烟囱的中心位置，并与锤球引测的中心位置比较，以作校核。烟囱的中心偏差一般不应超过砌筑高度的

1/1 000。

对于高大的钢筋混凝土烟囱，烟囱模板每滑升一次，就应采用激光铅垂仪进行一次烟囱的铅直定位，定位方法如下：

在烟囱底部的中心标志上，安置激光铅垂仪，在作业面中央安置接收靶。在接收靶上，显示的激光光斑中心，即为烟囱的中心位置。

在检查中心线的同时，以引测的中心位置为圆心，以施工作业面上烟囱的设计半径为半径，用木尺画圆，如图 7-31 所示，以检查烟囱壁的位置。

2. 烟囱外筒壁收坡控制

烟囱筒壁的收坡，是用靠尺板来控制的。靠尺板的形状，如图 7-32 所示，靠尺板两侧的斜边应严格按设计的筒壁斜度制作。使用时，把斜边贴靠在筒体外壁上，若锤球线恰好通过下端缺口，说明筒壁的收坡符合设计要求。

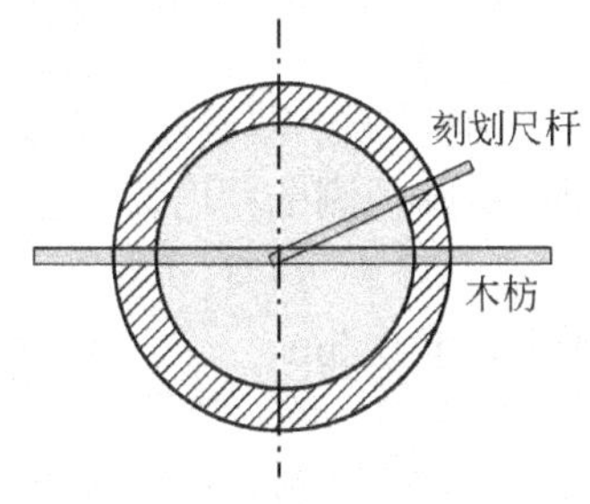

图 7-31　烟囱壁位置的检查

图 7-32　坡度靠尺板

3. 烟囱筒体高程的控制

一般是先用水准仪，在烟囱底部的外壁上测设出＋0.500m(或任一整分米数)的高程线。以此高程线为准，用钢尺直接向上量取高度。

第六节　建筑物的沉降观测与倾斜观测

工业与民用建筑在施工过程或在使用期间，因受建筑地基的工程地质条件、地基处理方法、建(构)筑物上部结构的荷载等多种因素的综合影响将产生不同程度的沉降和变形。这种变形在允许范围内，可认为是正常现象，但如果超过规定限度就会影响建筑物的正常使用，严重的还会危及建筑物的安全。为保证建筑物在施工、使用和运行中的安全，以及为建筑物的设计、施工、管理和科学研究提供可靠的资料，在建筑物的施工和使用过程中需要进行建筑物的变形观测。

建筑物变形观测的任务是周期性地对设置在建筑物上的观测点进行重复观测，求得观测点位置的变化量。变形观测的主要内容包括沉降观测、倾斜观测、位移观测、裂缝观测和挠度观测等。在建筑物变形观测中，进行最多的是沉降观测与倾斜观测。

对高层建筑物、重要厂房的柱基及主要设备基础、连续性生产和受震动较大的设备基础，工业炼钢高炉、高大的电视塔、人工加固的地基，回填土，地下水位较高或大孔土地基的建筑物等应进行系统的沉降观测；对中、小型厂房和建筑物，可采用普通水准测量；对大型厂房和高层建筑，应采用精密水准仪进行沉降观测。

沉降观测

建筑物沉降观测是根据水准基点周期性测定建筑物上的沉降观测点的高程计算沉降量的工作。

1. 水准点和观测点的布设

1)水准点的布设

水准点是沉降观测的基准，所以水准点一定要有足够的稳定性。水准点的形式和埋设要求与永久性水准点相同。

在布设水准点时应满足下列要求：

(1)为了对水准点进行互相校核，防止由于水准点的高程产生变化造成差错，水准点的数目应不少于3个，以组成水准网。

(2)水准点应埋设在建(构)筑物基础压力影响范围及受震动影响范围以外的安全地点。

(3)水准点应接近观测点，距离不应大于100m，以保证沉降观测的精度。

(4)离开铁路、公路、地下管线和滑坡地带至少5m。

(5)为防止冰冻影响，水准点埋设深度至少要在冰冻线以下0.5m。

2)观测点的布设

进行沉降观测的建筑物上应埋设沉降观测点。观测点的数量和位置应能全面反映建筑物的沉降情况，这与建筑物或设备基础的结构、大小、荷载和地质条件有关。这项工作由设计单位或施工技术部门负责确定。在民用建筑中，一般沿着建筑物的四周每隔6～12m布置一个观测点，在房屋转角、沉降缝或伸缩缝的两侧、基础形式改变处及地质条件改变处也应布设。当房屋宽度大于15m时，还应在房屋内部纵轴线上和楼梯间布设观测点。一般民用建筑沉降观测点设置在外墙勒脚处。工业厂房的观测点应布设在承重墙、厂房转角、柱子、伸缩缝两侧、设备基础。高大圆形的烟囱、水塔、电视塔、高炉、油罐等构筑物，可在其基础的对称轴线上布设观测点。图7-33为沉降观测点的设置形式。

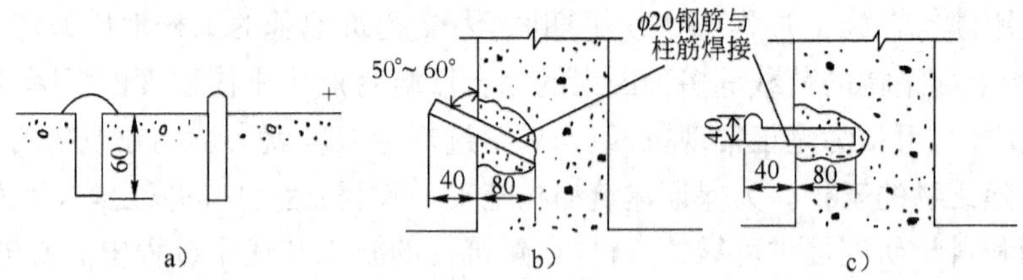

图7-33 沉降观测点的设置形式

2. 沉降观测方法

1)观测周期

沉降观测的时间和次数，应根据工程性质、工程进度、地基土质情况及基础荷重增加情况等决定。

一般待观测点埋设稳固后即应进行第一次观测，施工期间在增加较大荷载之后(如浇灌基础、回填土、建筑物每升高一层、安装柱子和屋架、屋面铺设、设备安装、设备运转、烟囱每增加

15m 左右等)均应观测。如果施工期间中途停工时间较长、应在停工时和复工前进行观测。当基础附近地面荷载突然增加,周围大量积水或暴雨后,或周围大量挖方等,也应观测。在发生大量沉降、不均匀沉降或裂缝时,应立即进行逐日或几天一次的连续观测。竣工后,应根据沉降量的大小及速度进行观测。开始时每隔 1～2 个月观测一次,以每次沉降量在 5～10mm 为限,以后随沉降速度的减缓,可延长到 2～3 个月观测一次,直到沉降量稳定在每 100d 不超过 1mm 时,认为沉降稳定,可停止观测。

高层建筑沉降观测的时间和次数,应根据高层建筑的打桩数量和深度、地基土质情况、工程进度等决定。高层建筑的沉降观测应从基础施工开始一直进行观测。一般打桩期间每天观测一次。基础施工由于受采用井点降水和挖土的影响,施工地区及四周的地面会产生下沉,邻近建筑物受其影响同时下沉,将影响邻近建筑物的不正常使用。为此,要在邻近建筑物上埋设沉降观测点。竣工后沉降观测第一年应每月一次,第二年每两个月一次,第三年每半年一次,第四年开始每年观测一次,直至稳定为止。如在软土层地基建造高层,应进行长期观测。

2)观测方法

对于高层建筑物的沉降观测,应采用 Ds_1 精密水准仪用Ⅱ等水准测量方法往返观测,误差不应超过 $\pm 2.0\sqrt{n}$(mm)(n 为测站数)。观测应在成像清晰、稳定的时候进行。

沉降观测点首次观测的高程值是以后各次观测用以比较的依据,如初测精度不够或存在错误,不仅无法补测,而且会造成沉降工作中的矛盾现象,因此必须提高初测精度。每个沉降观测点首次高程,应在同期进行两次观测后决定。为了保证观测精度,观测时视线长度一般不应超过 50m,前后视距离要尽量相等,可用皮尺丈量。观测时先后视水准点,再依次前视各观测点,最后应再次后视水准点,前后两个后视读数之差不应超过±1mm。

对一般厂房基础和多层建筑物的沉降观测,水准点往返观测的高差较差不应超过±2mm。前后两个同一后视点的读数之差不得超过±2mm。

沉降观测是一项连续观测工作,为了保证观测成果的正确性,应尽可能做到四定:

(1)固定观测人员;

(2)使用固定的水准仪和水准尺(前、后视用同一根水准尺);

(3)使用固定的水准点;

(4)按规定的日期、方法及既定的路线、测站进行观测。

3. 沉降观测的成果整理

1)整理原始记录

每次观测结束后,应检查记录中的数据和计算是否正确,精度是否合格,如果误差超限应重新观测。然后调整闭合差,推算各观测点的高程,列入成果表中。

2)计算沉降量

根据各观测点本次所观测高程与上次所观测高程之差,计算各观测点本次沉降量和累计沉降量,并将观测日期和荷载情况记入观测成果表中(表 7-3)。

3)绘制沉降曲线

为了清楚地表示沉降量、荷载、时间三者之间的关系,要画出各观测点的时间与沉降量关系曲线图以及时间与荷载关系曲线图,如图 7-34 所示。

沉降观测记录表 表7-3

观测日期	荷重 (t/m^2)	观测点																	
		1			2			3			4			5			6		
		高程 (m)	本次下沉 (mm)	累计下沉 (mm)	高程 (m)	本次下沉 (mm)	累计下沉 (mm)	高程 (m)	本次下沉 (mm)	累计下沉 (mm)	高程 (m)	本次下沉 (mm)	累计下沉 (mm)	高程 (m)	本次下沉 (mm)	累计下沉 (mm)	高程 (m)	本次下沉 (mm)	累计下沉 (mm)
2000.4.20	4.5	50.157	0	0	50.154	0	0	50.155	0	0	50.155	0	0	50.156	0	0	50.154	0	0
2000.5.5	5.5	50.155	−2	−2	50.153	−1	−1	50.153	−2	−2	50.154	−1	−1	50.155	−1	−1	50.152	−2	−2
2000.5.20	7	50.152	−3	−5	50.15	−3	−4	50.151	−2	−4	50.153	−1	−2	50.151	−4	−5	50.148	−4	−6
2000.6.5	9.5	50.148	−4	−9	50.148	−2	−6	50.147	−4	−8	50.15	−3	−5	50.148	−3	−8	50.146	−2	−8
2000.6.20	10.5	50.145	−3	−12	50.146	−2	−8	50.143	−4	−12	50.148	−2	−7	50.146	−2	−10	50.144	−2	−10
2000.7.20	10.5	50.143	−2	−14	50.145	−1	−9	50.141	−2	−14	50.147	−1	−8	50.145	−1	−11	50.142	−2	−12
2000.8.20	10.5	50.142	−1	−15	50.144	−1	−10	50.14	−1	−15	50.145	−2	−10	50.144	−1	−12	50.14	−2	−14
2000.9.20	10.5	50.14	−2	−17	50.142	−2	−12	50.138	−2	−17	50.143	−2	−12	50.142	−2	−14	50.139	−1	−15
2000.10.20	10.5	50.139	−1	−18	50.14	−2	−14	50.137	−1	−18	50.142	−1	−13	50.14	−2	−16	50.137	−2	−17
2001.1.20	10.5	50.137	−2	−20	50.139	−1	−15	50.137	0	−18	50.142	0	−13	50.139	−1	−17	50.136	−1	−18
2001.4.20	10.5	50.136	−1	−21	50.139	0	−15	50.136	−1	−19	50.141	−1	−14	50.138	−1	−18	50.136	0	−18
2001.7.20	10.5	50.135	−1	−22	50.138	−1	−16	50.135	−1	−20	50.14	−1	−15	50.137	−1	−19	50.136	0	−18
2001.10.20	10.5	50.135	0	−22	50.138	0	−16	50.134	−1	−21	50.14	0	−15	50.136	−1	−20	50.136	0	−18
2002.1.20	10.5	50.135	0	−22	50.138	0	−16	50.134	0	−21	50.14	0	−15	50.136	0	−20	50.136	0	−18

时间与沉降量的关系曲线是以沉降量 S 为纵轴，时间 t 为横轴，根据每次观测日期和相应的沉降量按比例画出各点位置，然后将各点依次连接起来，并在曲线一端注明观测点号码。

时间与荷载的关系曲线是以荷载重量 P 为纵轴，时间 t 为横轴，根据每次观测日期和相应的荷载画出各点，然后将各点依次连接起来。

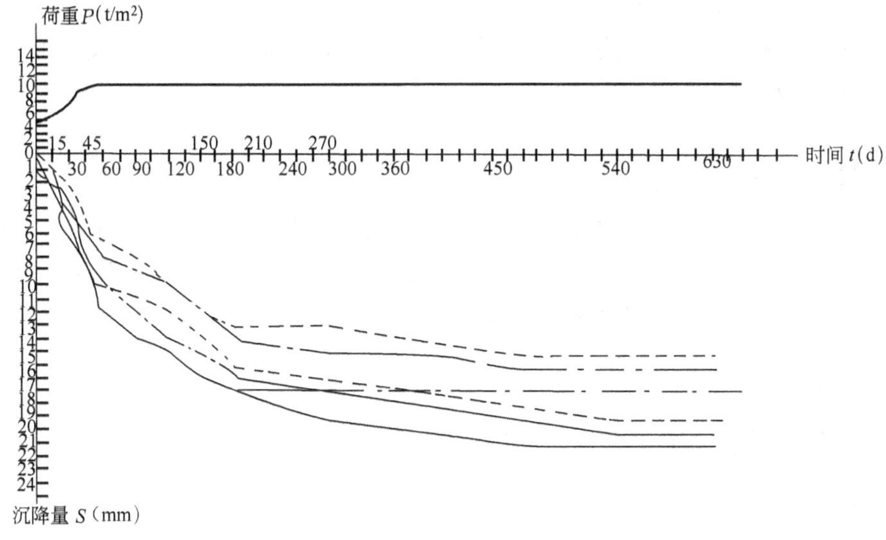

图 7-34　建筑物的沉降、荷重、时间关系曲线图

4）沉降观测应提交的资料

（1）沉降观测记录手簿；

（2）沉降观测成果表；

（3）观测点位置图；

（4）沉降量、荷载与时间三者的关系曲线图；

（5）编写沉降观测分析报告。

4. 沉降观测中常遇到的问题及其处理

（1）曲线在首次观测后即发生回升现象

在第二次观测时即发现曲线上升，至第三次后，曲线又逐渐下降。发生此种现象，一般都是由于首次观测成果存在较大误差所引起的。此时，应将第一次观测成果作废，采用第二次观测成果作为初测成果。

（2）曲线在中间某点突然回升

发生这种现象的原因，多半是因为水准基点或沉降观测点被碰所致，如水准基点被压低，或沉降观测点被撬高，此时应仔细检查水准基点和沉降观测点的外形有无损伤。如众多沉降观测点出现此种现象，则水准基点被压低的可能性很大，此时可改用其他水准点作为水准基点来继续观测，并再埋设新水准点，以保证水准点个数不少于三个；如果只有一个沉降观测点出现此种现象，则多半是该点被撬高，如果观测点被撬后已活动，则需另行埋设新点，若点位尚牢固，则可继续使用，对于该点的沉降计算，则应进行合理处理。

（3）曲线自某点起渐渐回升

产生此种现象一般是由于水准基点下沉所致。此时，应根据水准点之间的高差来判断出最稳定的水准点，以此作为新水准基点，将原来下沉的水准基点废除。另外，埋在裙楼上的沉降观测点，由于受主楼的影响，有可能会出现属于正常的渐渐回升现象。

(4)曲线的波浪起伏现象

曲线在后期呈现微小波浪起伏现象，其原因是测量误差所造成的。曲线在前期波浪起伏之所以不突出，是因为下沉量大于测量误差之故；但到后期，由于建筑物下沉极微或已接近稳定，因此在曲线上就出现测量误差比较突出的现象。此时，可将波浪曲线改成为水平线，并适当延长观测的间隔时间。

二 倾斜观测

测定建筑物倾斜度随时间而变化的工作叫倾斜观测。建筑物产生倾斜的原因主要是地基承载力的不均匀、建筑物体型复杂形成不同荷载及受外力风荷、地震等影响引起基础的不均匀沉降。对建筑物的倾斜观测应取互相垂直的两个墙面，同时观测其倾斜度。

1. 一般建筑物主体的倾斜观测

建筑物主体的倾斜观测，应测定建筑物顶部观测点相对于底部观测点的偏移值，再根据建筑物的高度，计算建筑物主体的倾斜度，即

$$i=\tan\alpha=\frac{\Delta D}{H} \tag{7-5}$$

式中：i——建筑物主体的倾斜度；

ΔD——建筑物顶部观测点相对于底部观测点的偏移值(m)；

H——建筑物的高度(m)；

α——倾斜角(°)。

由式(7-5)可知，倾斜测量主要是测定建筑物主体的偏移值 ΔD。偏移值 ΔD 的测定一般采用经纬仪投影法。具体观测方法如下：

(1)如图 7-35 所示，将经纬仪安置在固定测站上，该测站到建筑物的距离，为建筑物高度的 1.5 倍以上。瞄准建筑物 X 墙面上部的观测点 M，用盘左、盘右分中投点法，定出下部的观测点 N。用同样的方法，在与 X 墙面垂直的 Y 墙面上定出上观测点 P 和下观测点 Q。M、N 和 P、Q 即为所设观测标志。

(2)相隔一段时间后，在原固定测站上，安置经纬仪，分别瞄准上观测点 M 和 P，用盘左、盘右分中投点法，得到 N' 和 Q'。如果，N 与 N'、Q 与 Q' 不重合，如图 7-33 所示，说明建筑物发生了倾斜。

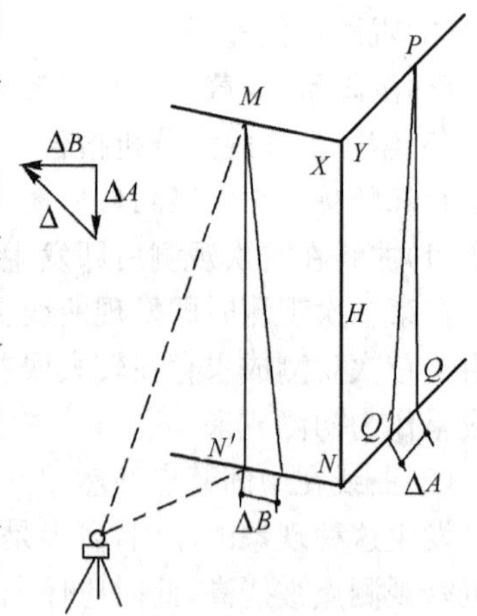

图 7-35　一般建筑物的倾斜观测

(3)用尺子，量出在 X、Y 墙面的偏移值 ΔA、ΔB，然后用矢量相加的方法，计算出该建筑物的总偏移值

$$\Delta D=\sqrt{\Delta A^2+\Delta B^2} \tag{7-6}$$

根据总偏移值 ΔD 和建筑物的高度 H 用式(7-6)即可计算出其倾斜度 i。

2.圆形建(构)筑物主体的倾斜观测

对圆形建(构)筑物的倾斜观测,是在互相垂直的两个方向上,测定其顶部中心对底部中心的偏移值。具体观测方法如下:

(1)如图 7-36 所示,在烟囱底部横放一根标尺,在标尺中垂线方向上,安置经纬仪,经纬仪到烟囱的距离为烟囱高度的 1.5 倍。

(2)用望远镜将烟囱顶部边缘两点 A、A' 及底部边缘两点 B、B' 分别投到标尺上,得读数为 $y1$、$y1'$ 及 $y2$、$y2'$,如图 7-36 所示。烟囱顶部中心 O 对底部中心 O' 在 y 方向上的偏移值 Δy 为:

$$\Delta y = \frac{y_1 + y_1{}'}{2} - \frac{y_2 + y_2{}'}{2} \tag{7-7}$$

(3)用同样的方法,可测得在 x 方向上,顶部中心 O 的偏移值 Δx 为:

$$\Delta x = \frac{x_1 + x_1{}'}{2} - \frac{x_2 + x_2{}'}{2} \tag{7-8}$$

(4)用矢量相加的方法,计算出顶部中心 O 对底部中心 O' 的总偏移值 ΔD,即:

$$\Delta D = \sqrt{\Delta x^2 + \Delta y^2} \tag{7-9}$$

根据总偏移值 ΔD 和圆形建(构)筑物的高度 H 用式(7-10)即可计算出其倾斜度 i。另外,亦可采用激光铅垂仪或悬吊锤球的方法,直接测定建(构)筑物的倾斜量。

3.建筑物基础倾斜观测

建筑物的基础倾斜观测一般采用精密水准测量的方法,定期测出基础两端点的沉降量差值 Δh,如图 7-37 所示,在根据两点间的距离 L,即可计算出基础的倾斜度:

$$i = \frac{\Delta h}{L} \tag{7-10}$$

对整体刚度较好的建筑物的倾斜观测,亦可采用基础沉降量差值,推算主体偏移值。如图 7-38 所示,用精密水准测量测定建筑物基础两端点的沉降量差值 Δh,根据建筑物的宽度 L 和高度 H,推算出该建筑物主体的偏移值 ΔD,即

$$\Delta D = \frac{\Delta h}{L} H \tag{7-11}$$

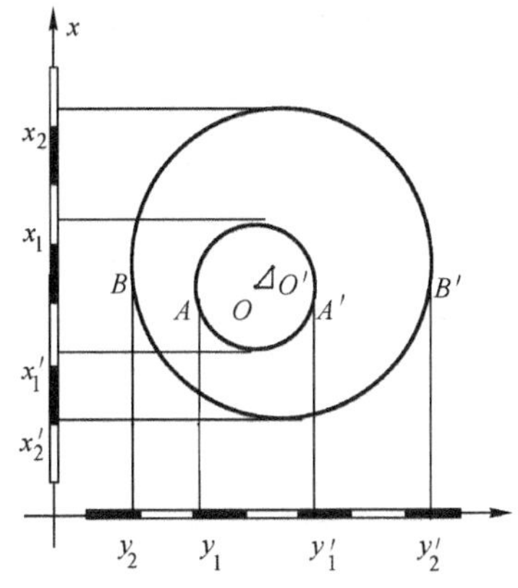

图 7-36 圆形建(构)筑物的倾斜观测

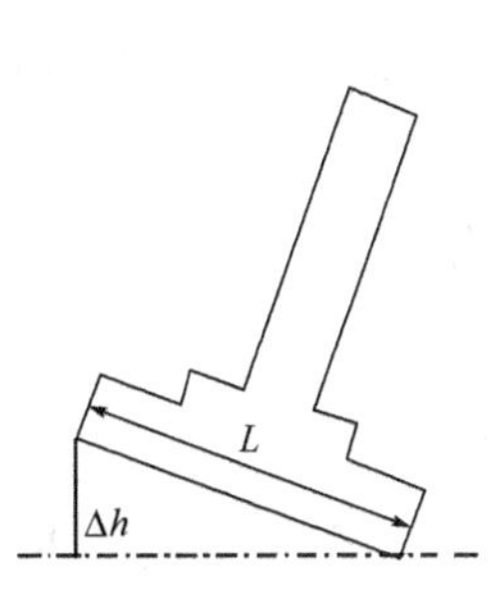

图 7-37 基础倾斜观测

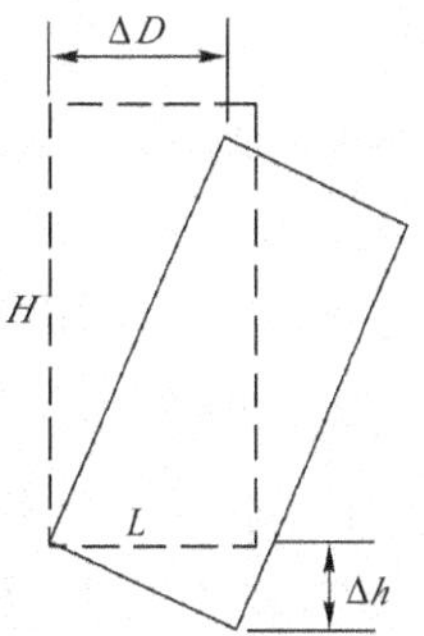

图 7-38 测定建筑物的偏移值

第七节 竣工总平面图的编绘

 竣工总平面图的意义和内容

1.竣工总平面图的意义

竣工总平面图是设计总平面图在施工结束后实际情况的全面反映。由于设计总平面图在施工过程中因各种原因需要进行变更,所以设计总平面图不能完全代替竣工总平面图。为此,施工结束后应及时编绘竣工总平面图,其目的在于:

(1)由于设计变更,使建成后的建(构)筑物与原设计位置、尺寸或构造等有所不同,这种临时变更设计的情况必须通过测量反映到竣工总平面图上;

(2)它将便于以后进行各种设施的维修工作,特别是地下管道等隐蔽工程的检查和维修工作;

(3)为企业的扩建提供了原有各项建筑物、地上和地下各种管线及测量控制点的坐标、高程等资料。

编绘竣工总平面图,需要在施工过程中收集一切有关的资料,并对资料加以整理,然后及时进行编绘。为此,在建筑物开始施工时应有所考虑和安排。

2.竣工总平面图的内容

在建筑物施工过程中,每一个单项工程完成后,必须由施工单位进行竣工测量,提出工程的竣工测量成果,作为编绘竣工总平面图的依据。竣工测量内容包括:

(1)工业厂房及一般建筑物:房角坐标、几何尺寸、各种管线进出口的位置和高程,房屋四角室外高程;并附注房屋编号、结构层数、面积和竣工时间等。

(2)地下管线:检修井、转折点、起终点的坐标,井盖、井底、沟槽和管顶等的高程,附注管道及检修井的编号、名称、管径、管材、间距、坡度和流向。

(3)架空管线:转折点、结点、交叉点和支点的坐标,支架、间距、基础高程等。

(4)交通线路:起终点、转折点和交叉点坐标,曲线元素,桥涵等构筑物位置和高程,人行道、绿化带界线等。

(5)特种构筑物:沉淀池、污水处理池、烟囱、水塔等及其附属构筑物的外形、位置及高程等。

(6)其他:测量控制网点的坐标及高程,绿化环境工程的位置及高程。

 竣工总平面图的编绘

1.绘制前准备工作

(1)确定竣工总平面图的比例尺

建筑物竣工总平面图的比例尺一般为1/500或1/1 000。

(2)绘制竣工总平面图底图坐标方格网

为了能长期保存竣工资料,竣工总平面图应采用质量较好的图纸,如聚酯薄膜、优质绘图

纸等。编绘竣工总平面图，首先要在图纸上精确地绘出坐标方格网。坐标格网画好后，应进行检查。

(3)展绘控制点

以底图上绘出的坐标方格网为依据，将施工控制网点按坐标展绘在图上。展点对所临近的方格而言，其容许误差为±0.3mm。

(4)展绘设计总平面图

在编绘竣工总平面图之前，应根据坐标格网，先将设计总平面图的图面内容按其设计坐标，用铅笔展绘于图纸上，作为底图。

2.竣工总平面图的编绘

对凡有竣工测量资料的工程，若竣工测量成果与设计值之比差不超过所规定的定位容许误差时，按设计值编绘；否则应按竣工测量资料编绘。

如果施工单位较多，多次转手，造成竣工测量资料不全，图面不完整或与现场情况不符时，应进行实地测绘竣工总平面图。外业实测时，必须在现场绘出草图，最后根据实测成果和草图，在室内进行展绘，完成实测竣工总平面图。

对于各种地上、地下管线，应用各种不同颜色的墨线绘出其中心位置，注明转折点及井位的坐标、高程及有关注记。在一般没有设计变更的情况下，墨线绘的竣工位置与按设计原图用铅笔绘的设计位置应该重合。随着施工的进展，逐渐在底图上将铅笔线都绘成墨线。在图上按坐标展绘工程竣工位置时，与在底图上展绘控制点的要求一样，均以坐标格网为依据进行展绘，展点对临近的方格而言，其容许误差为±0.3mm。

3.竣工总平面图的附件

为了全面反映竣工成果，便于日后的管理、维修、扩建或改建，下列与竣工总平面图有关的一切资料，应分类装订成册，作为竣工总平面图的附件保存：

(1)建筑场地及其附近的测量控制点布置图及坐标与高程一览表；

(2)建筑物或构筑物沉降及变形观测资料；

(3)地下管线竣工纵断面图；

(4)工程定位、放线检查及竣工测量的资料；

(5)设计变更文件及设计变更图；

(6)建设场地原始地形图等。

复习思考题

1.何谓施工测量？施工测量的任务是什么？

2.建筑施工场地平面控制网的布设形式有哪几种？各适用于什么场合？

3.建筑基线的布设形式有哪几种？简述建筑基线的作用及测设方法。

4.如图7-39所示，“一”形建筑基线$A'O'B'$三点已测设在地面上，经检测$\beta'=180°00'42''$。设计$a=150.000$m，$b=100.000$m，试求A'、O'、B'三点的调整值，并说明如何调整才能使三点成一直线。

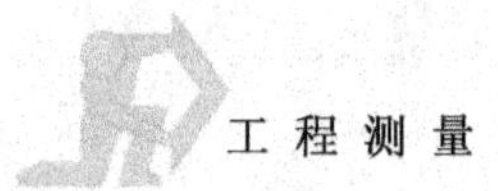

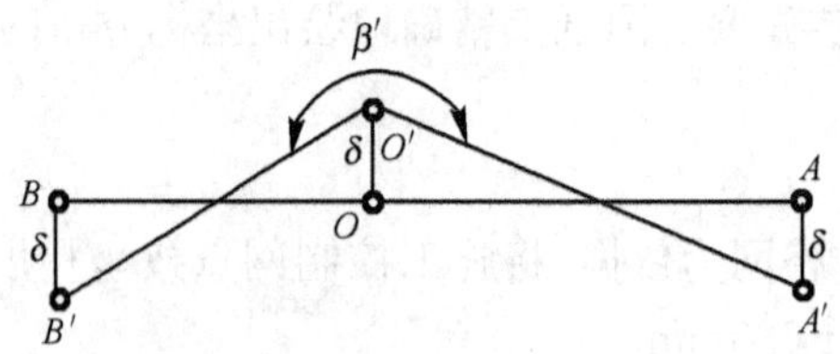

图 7-39　建筑基线点的调整

5. 民用建筑施工测量包括哪些主要工作？

6. 如图 7-40 所示，已标出新建筑物的尺寸，以及新建筑物与原有建筑物的相对位置尺寸，另外建筑物轴线距外墙皮 240mm，试述测设新建筑物的方法和步骤。

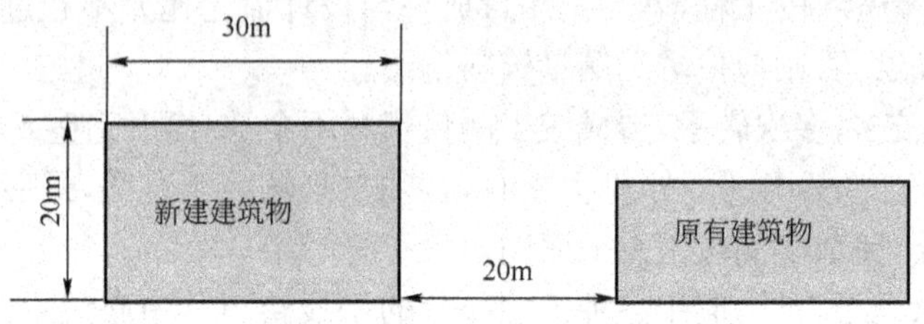

图 7-40　新建筑物的定位

7. 轴线控制桩和龙门板的作用是什么？如何设置？

8. 高层建筑轴线投测的方法有哪两种？

9. 工业建筑施工测量包括哪些主要工作？

10. 如何进行柱子的垂直校正工作？应注意哪些问题？

11. 何谓建筑物的沉降观测？在建筑物的沉降观测中，水准基点和沉降观测点的布设要求分别是什么？

12. 编绘竣工总平面图的目的是什么？根据什么编绘？

第八章 道路工程测量

第一节　概　　述

道路工程分为城市道路(包括高架道路)、联系城市之间的公路(包括高速公路)、工矿企业的专用道路以及为农业生产服务的农村道路,由此组成全国道路网。在道路的勘测设计和施工中所进行的测量工作称为道路工程测量。道路工程测量的工作程序应遵循"先控制后碎部"的原则,一般先进行道路工程控制测量和沿路线的地形测量,再进行道路工程的设计,最后进行道路工程施工测量,为道路施工提供依据。

一般地讲,路线以平、直最为理想,但实际上,由于受到地物、地貌、水文、地质及其他因素的限制,路线也必须有平面上的转折和纵断面的上坡或下坡。为了保证行车舒适、安全,并使路线具有合理的线型,在直线转向处必须用曲线连接起来,这种曲线称为平曲线。平曲线又分为圆曲线和缓和曲线。圆曲线是具有一定曲率半径的圆的一部分,即一段圆弧。缓和曲线是在直线与圆曲线之间加设的一段特殊的曲线,其曲率半径由无穷大逐渐变化为圆曲线的半径(图 8-1)。

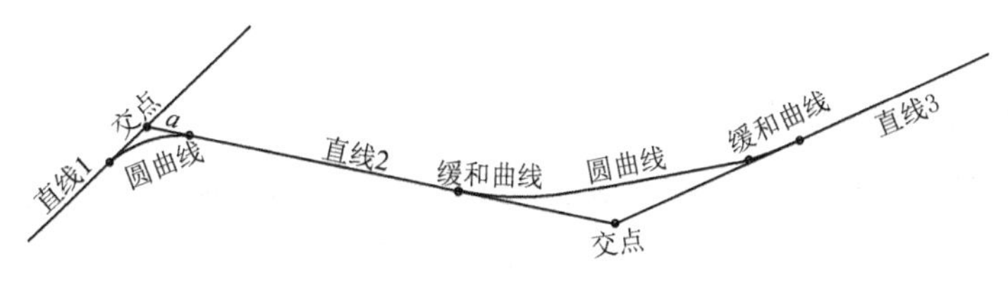

图　8-1

由上可知,路线中线一般由直线和平曲线两部分组成。中线测量是通过直线和曲线的测设,将道路中心线的平面位置用木桩具体地标定在现场上,并测定路线的实际里程。中线测量完成以后必须进行道路纵、横断面测量。

在道路建设中,施工测量工作必须先行,而施工测量有施工前和施工过程中两部分测量工作。施工测量就是研究如何将设计图纸中的各项元素按规定的精度要求,准确无误地测设在实地上,作为施工的依据;同时在施工过程中应进行一系列的测量工作,以保证施工按设计要求进行,主要包括路基放线、施工边桩测设、竖曲线测设、路面测设及侧石与人行道的测量放线

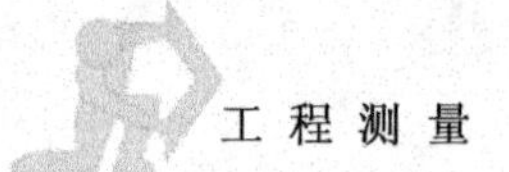

等。其工作内容有以下几项：

收集资料：主要收集线路规划设计区域内各种比例尺地形图及原有线路工程的平面图和断面图等。

道路选线：在原有地形图上并结合实地勘察进行规划设计和图上定线，确定线路的走向。

道路初测：对所选定的线路进行导线测量和水准测量，并测绘线路大比例尺带状地形图，为线路的初步设计提供必要的地形资料。根据初步设计，选定某一方案，即可进入线路的定测。

道路定测：定测是将初步设计的线路位置测设在实地上。定测的任务是确定线路的平、纵、横三个面上的位置，其工作包括中线的测量和纵横断面测量。

道路施工测量：按照设计要求，测设线路的平面位置和高程位置，作为施工的依据。

道路竣工测量：将竣工后的线路工程通过测量绘制成图，以反映施工质量，并作为线路使用中维修管理、改建扩建的依据。

本章主要介绍线路定测中的中线测量、纵横断面测量和线路施工测量等内容。

第二节　道路中线测量

线路的中线测量就是通过直线和曲线测设，将路中心线具体放样到地面上去。中线测量包括线路的交点(JD)和转点(ZD)的测设，线路转角(α)的测定，中线里程桩的测设，线路圆曲线测设等。道路的平面线型如图 8-2 所示：

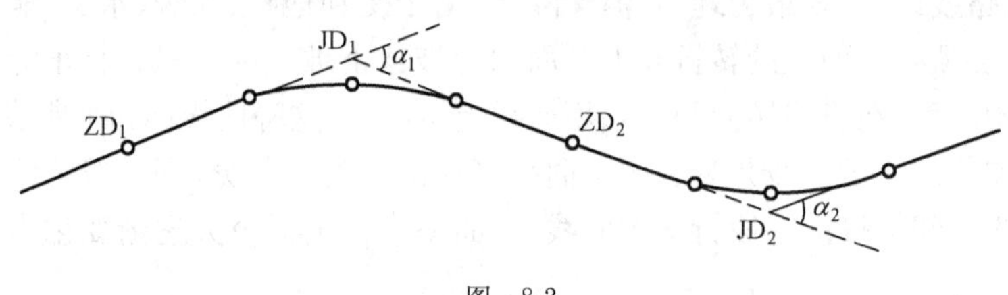

图　8-2

一　交点和转点的测设

线路的平面线型是由直线和曲线组成的，线路改变方向时，两相邻直线延长线的相交点称为线路的交点(用 JD 表示)，它是详细测设线路中线的控制点。而转点是指当相邻两交点之间距离较长或互不通视时，需要在其连线上或延长线上定出一点或数点以供交点、测角、量距或延长线时瞄准使用。这种在道路中线测量中起传递方向作用的点称为转点(用 ZD 表示)。通常对于一般低等级公路，可以采用一次定测的方法直接在现场标定；而对于高等级公路或地形复杂地段，则必须首先在初测的带状地形图上定线，又称纸上定线，然后再用下列方法进行实地测设，又叫现场定线。

1. 交点的测设

1)放点穿线法

放点穿线法是纸上定线放样到现场时常用的方法，它是以初测时测绘的带状地形图上就近的导线点为依据，按照地形图上设计的线路与导线之间的角度和距离的关系，在实地将线路中线的直线段部分独立地测设到地面上，然后再将相邻两直线的延长线交会出路线的交点，具体做法如下：

(1)在图上量取支距

如图 8-3 所示，P_1、P_2、P_3、P_4 为图纸上设计中线上的四个点，欲测设于实地，首先在直线上至少取三点(以便检核)，并保证相互通视。导 1，…，导 4 为导线点，在图上量取支距 l_1，…，l_4。

(2)在实地放支距

用皮尺和方向架(或经纬仪)按图上所量支距在实地标定出路线点 P_1，…，P_4 作为临时点。

(3)穿线

由于图解数据和测设误差的影响，所放的点一般不在一条直线上，这时可以采用目估法或经纬仪法穿线，如图 8-4 所示，适当调整各点，使其位于同一条直线 AB 上。

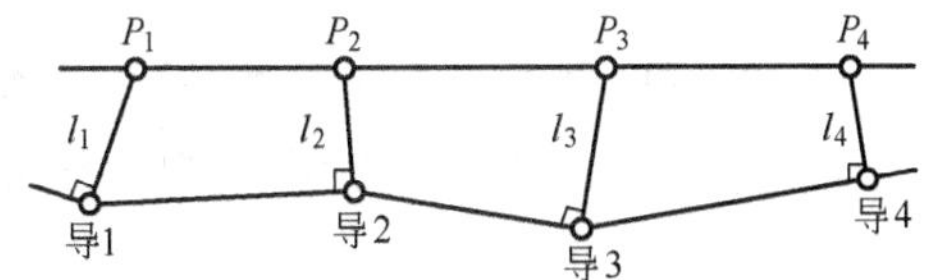

图 8-3

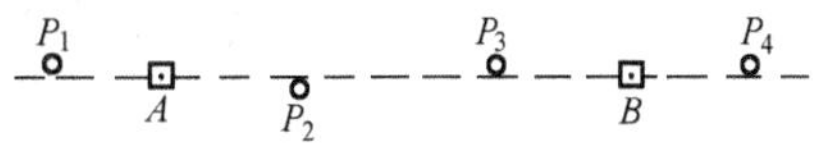

图 8-4

(4)定交点

如图 8-5 所示，当相邻两直线 AB、CD 测设于实地后，即可延长直线交会定交点(JD)，其操作步骤如下：

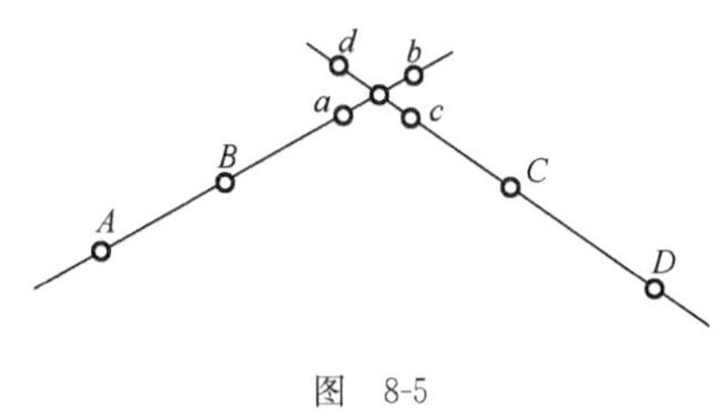

图 8-5

①将经纬仪安置在 B 点，盘左瞄准 A 点，倒转望远镜沿视线方向，在交点 JD 点附近，打下两个木桩，俗称骑马桩，并沿视线方向用铅笔在两桩顶上分别标出 a_1 和 b_1。

②盘右仍瞄准 A 点后，再倒转望远镜，用与上述同样的方法在两桩顶上又标出 a_2 和 b_2。

③分别取 a_1 与 a_2、b_1 与 b_2 的中点并钉上在两桩上钉上小钉得 a、b 两点。

④用细线将 a、b 两点连接(这种以盘左、盘右两个盘位延长直线的方法称为正倒镜分中法)。

⑤将仪器搬到 C 点，瞄准 D 点，同法定出 c、d 两点，拉上细线。

⑥在两条细线交点处打下木桩，并钉上小钉，即为交点 JD。

2)拨角放线法

根据在地形图上定线所设计的交点坐标，反算出每一段直线的距离和坐标方位角，从而算出交点上的转向角，从中线的起点开始，用经纬仪在现场直接拨角量距定出交点位置。如图 8-6 所示，N_1、N_2…为导线点，在 N_1 安置经纬仪，拨角 β_1，量出距离 S_1，定出交点 JD_1。在 JD_1 安置经纬仪，拨角 β_2，量出距离 S_2，定出 JD_2。依次可定出其他交点。

这种方法工作效率高，是用于测量控制点较少线路，缺点是放线误差容易积累，因此一般连续放出若干个点后应与初测导线点闭合，以检查误差是否过大，然后重新有初测导线点开始放出以后的交点。方位角闭合差≤±40″$\sqrt{n}$，长度闭合差≤1/5 000。

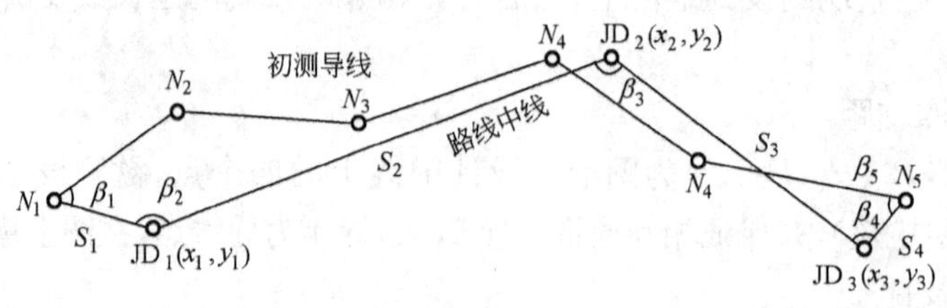

图 8-6

2. 转点的测设

当两交点间距离较远但尚能通视或已有转点需加密时，可采用经纬仪直接定线或经纬仪正倒镜分中法测设转点。当相邻两交点互不通视时，可用下述方法测设转点。

(1)两交点间设转点

如图 8-7 所示，JD_4、JD_5 为相邻而互不通视的两个交点，ZD′为初定转点。将经纬仪置于 ZD′，用正倒镜分中法延长直线 JD_4—ZD′至 JD'_5。设 JD'_5 与 JD_5 的偏差为 f，用视距法测定 a、b，则 ZD′应横向移动的距离 e 可按下式计算：

$$e=\frac{a}{a+b}f \tag{8-1}$$

将 ZD′按 e 值移至 ZD。

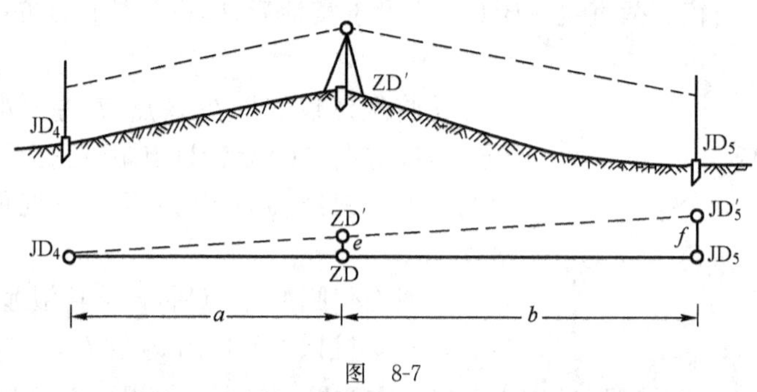

图 8-7

(2)延长线上设转点

如图 8-8 所示，JD_7、JD_8 互不通视，可在其延长线上初定转点 ZD′。将经纬仪置于 ZD′，用正倒镜法照准 JD_7，并以相同竖盘位置俯视 JD_8，在 JD_8 点附近测定两点后取中点的 JD'_8。若 JD'_8 与 JD_8 重合或偏差值 f 在容许范围之内，即可将 ZD′作为转点。否则应重设转点，量出 f 值，用视距法测出 a、b，则 ZD′应横向移动的距离 e 可按下式计算：

$$e=\frac{a}{a-b}f \tag{8-2}$$

将 ZD′按 e 值移至 ZD。

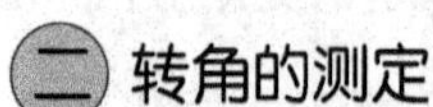

二 转角的测定

线路从一个方向转向另一个方向时，偏转后的方向与原方向间的夹角称为转角，用 α 表示。在线路的转弯处一般要求设置曲线，而曲线的设计要用到转角，所以，设计前必须测设出转角的大小。转角有左右之分，偏转后的方向在原方向的左侧称为左转角 $\alpha_{左}$，反之称右转角 $\alpha_{右}$，如图 8-9 所示。在线路测量中，一般不直接测转角，而是先直接测转折点上的水平夹角，然后计算出转角。在转折点上，通常是观测线路的水平右夹角 β，因此转角公式可按下式计算

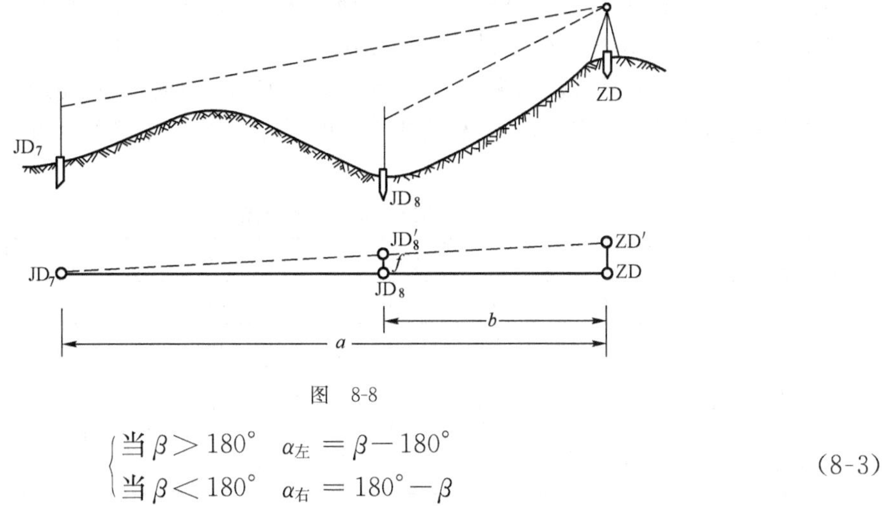

图 8-8

$$\begin{cases} 当\beta > 180° & \alpha_{左} = \beta - 180° \\ 当\beta < 180° & \alpha_{右} = 180° - \beta \end{cases} \tag{8-3}$$

右夹角 β 的测定，一般采用 DJ_6 级光学经纬仪观测一测回，两半测回角度差不大于 $\pm 40''$，在容许值内取平均值为观测结果。为了保证测角精度，线路还需要进行角度闭合差校核；高等级公路需和国家控制点连测，按附合导线进行角度闭合差计算和校核；低等级公路可分段进行校核，以 3～5km 或以每天测设距离为一段，用罗盘仪测出始边和终边的磁方位角。每天作业开始与结束须观测磁方位角，至少各一次，以便与根据观测水平夹角值推算的方位角校核，其两者之差不得超过 2°。

根据曲线测设的要求，在右角测定后，要求在不变动水平度盘位置的情况下，定出 β 角的分角线方向(图 8-10)，并钉桩标志，以便将来测设曲线中点。设测角时，后视方向的水平度盘读数为 a，前视方向的读数为 b，分角线方向的水平度盘读数为 c。因 $\beta = a - b$，则

$$c = b + \frac{\beta}{2} \text{ 或 } c = \frac{a+b}{2} \tag{8-4}$$

此外，在角度观测后，还须用测距仪测定相邻交点间的距离，以供中桩量距人员检核之用。

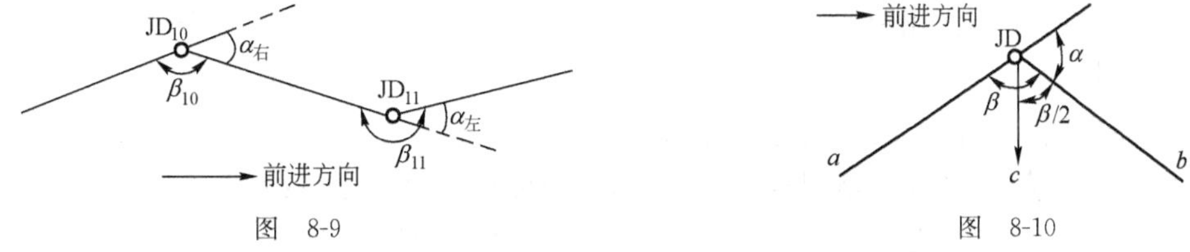

图 8-9　　图 8-10

三 里程桩的设置

为了确定线路中线的具体位置和线路长度，满足线路纵横断面测量以及为线路施工放样打下基础，则必须由线路的起点开始每隔 20m 或 50m(曲线上根据不同半径每隔 20m、10m 或 5m)钉设木桩标记，称为里程桩。桩上正面写有桩号，背面写有编号，桩号表示该桩至线路起

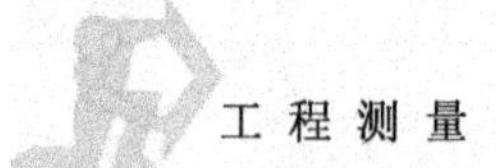

点的水平距离。如某桩至路线起点距离为4200.75m，桩号为K4+200.75。编号是反映桩间的排列顺序，以9为一组，循环进行。

里程桩分为整桩和加桩两种，整桩是按规定每隔20m或50m为整桩设置的里程桩，百米桩、公里桩和线路起点桩均为整桩。加桩分地形加桩、地物加桩、曲线加桩、关系加桩等。地形加桩是指沿中线地形坡度变化处设置的桩；地物加桩是指沿中线上的建筑物和构筑物处设置的桩。曲线加桩是指曲线起点、中点、终点等设置的桩；关系加桩是指路线交点和转点（中线上传递方向的点）的桩。对交点、转点和曲线主点桩还应注明桩名缩写，目前我国线路中采用见表8-1。

线路主要标志名称表 表8-1

标志点名称	简　称	缩　写	英文缩写	标志点名称	简　称	缩　写	英文缩写
转角点	交点	JD	IP	公切点		GQ	CP
转点		ZD	TP	第一缓和曲线起点	直缓点	ZH	TS
圆曲线起点	直圆点	ZY	BC	第一缓和曲线终点	缓圆点	HY	SC
圆曲线中点	曲中点	QZ	MC	第二缓和曲线起点	圆缓点	YH	CS
圆曲线终点	圆直点	YZ	EC	第二缓和曲线终点	缓直点	HZ	ST

在设置里程桩时，如出现桩号与实际里程不相符的现象叫断链。断链的原因主要是由于计算和丈量发生错误，或由于线路局部改线等造成的。断链有“长链”和“短链”之分，当线路桩号大于地面实际里程时叫短链，反之叫长链。

路线总里程=终点桩里程+长链总和-短链总和

在钉设中线里程桩时，对起控制作用的交点桩、转点桩、公里桩、重要地物桩及曲线主点桩，应钉设6cm×6cm的方桩，桩顶露出地面约2cm，桩顶钉一小铁钉表示点位，并在方桩20cm左右设置标志桩，标志桩上写明方桩的名称、桩号及编号（图8-11）。直线地段的标志桩打在路线前进方向一侧；曲线地段的标志桩打在曲线外侧，字面朝向圆心。标志桩常采用1cm×5cm×30cm的竹片桩或板桩，钉桩时一半露出地面。其余里程桩一般使用板桩，尺寸为3cm×5cm×30cm，一半露出地面，钉桩时字面一律背向路线前进的方向。

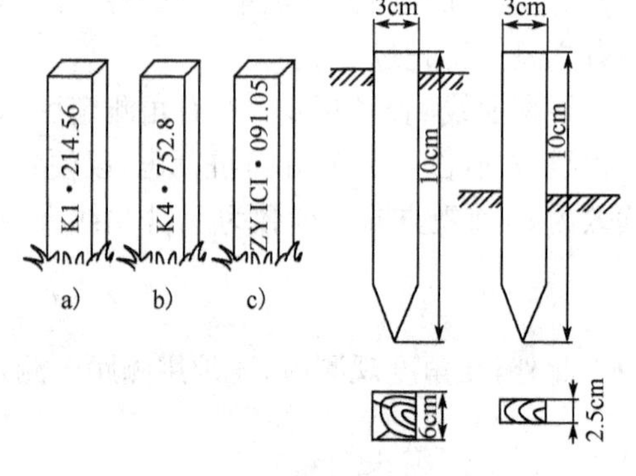

图 8-11

在里程桩设置时，等级公路用经纬仪定线，用钢尺和测距仪测距；简易公路用标杆定线，用皮尺或测绳量距，测量每隔3～5km应做一次检核，长度相对闭合差不得大于1/1 000。

四 圆曲线测设

路线由一个方向转向另一个方向，为了行车安全，必须用曲线进行连接。连接不同方向路线的线路称为平面曲线，平面曲线又分为圆曲线和缓和曲线。重点介绍圆曲线的测设方法。

圆曲线的测设一般分以下两步进行：

第一步，先测设圆曲线上起控制作用的点，如：起点(ZY)、终点(YZ)和曲中点(QZ)，这步称为圆曲线上主点的测设；

第二步，在已测定的主点间进行加密，按规定桩距测设曲线上的其它各桩点，这步称为圆曲线的详细测设。

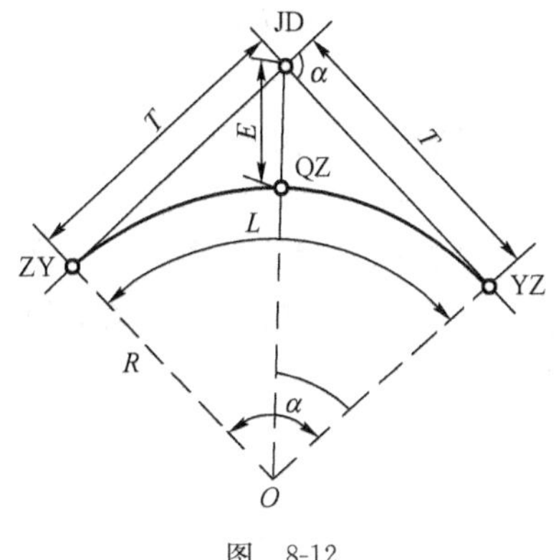

图 8-12

1. 圆曲线的主点测设

(1)圆曲线测设元素的计算

如图 8-12 所示，设线路交点(JD)的转角 α 为圆曲线半径为 R（R 的设计可参考有关规定）。则圆曲线的测设元素可按下试计算；

切线长 $T = R\tan(\alpha/2)$ (8-5)

曲线长 $L = R\alpha(\pi/180)$ (8-6)

外矢距 $E = R[\sec(\alpha/2) - 1]$ (8-7)

切曲差 $D = 2T - L$ (8-8)

其中 T、E 用于主点测设，T、L、D 用于里程计算，在测设中 T、L、E、D，一般是以 R 和 α 为引数，直接从曲线测设表中查取。

【例 8-1】 某线路交点(JD)转角 $\alpha=45°00'$，曲线设计半径 $R=200\text{m}$，求切线长 T，外矢距 E 及切曲差 D。

【解】 由式(8-5)、(8-6)、(8-7)、(8-8)可求出

$$T = R\tan(\alpha/2) = 200 \times \tan(45°/2) = 82.84\text{m}$$

$$E = R[\sec(\alpha/2) - 1] = 200 \times [\sec(45°/2) - 1] = 16.48\text{m}$$

$$L = R \cdot \alpha(\pi/180°) = 200 \times 45° \times 3.142/180° = 157.08\text{m}$$

$$D = 2T - L = 2 \times 82.84 - 157.08 = 8.60\text{m}$$

(2)里程计算

交点(JD)的里程是经实地测量得出的，圆曲线主点的里程则由图 8-12 可知；

ZY 里程＝JD 里程－T

YZ 里程＝ZY 里程＋L

QZ 里程＝YZ 里程－$L/2$

JD 里程＝QZ 里程＋$D/2$ (检核)

接前面例题，设 JD 点的里程为 K1＋573.36，求 ZY、YZ、QZ 三点的里程，并检核。

JD	K1＋573.36
－)T	82.84
ZY	K1＋490.52
＋)L	157.08
YZ	K1＋647.60
－)$L/2$	78.54
QZ	K1＋569.06
＋)$D/2$	4.30
JD	K1＋573.36

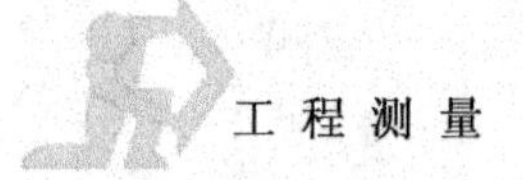

主点桩号计算无误

(3)主点测设

将经纬仪安置在交点(JD)上，后视相邻交点或转点，沿视线方向量取切线长度 T，得曲线起点(ZY)，并检查 ZY 点至相邻里程桩的距离，较差应在限差之内后并打桩。再将望远镜瞄准前视方向的交点或转点，沿此方向量切线长度 T，得曲线终点(YZ)。最后沿分角线方向量取外矢距 E，得到曲线中点(QZ)点，打下木桩并钉设小铁钉标记。

曲线主点作为曲线控制点，应长期保存，在其附近设标志桩，将桩号写在标志桩上。

2. 圆曲线的详细测设

圆曲线的主点定出以后，还应沿着曲线加密曲线，才能将圆曲线的形状和位置详细地在地面上表示出来。圆曲线的详细测设就是测设除主点以外的一切曲线桩，包括一定距离的里程桩和加桩。圆曲线详细测设方法有多种，现介绍几种常用的方法。

1)偏角法

偏角法是一种极坐标定点的方法，是利用偏角(弦切角)和弦长来测设圆曲线的。如图 8-13 所示，它是以曲线的起点(或终点)至任一待点的弦线与切线间的偏角，(即弦切角)和相邻点间的弦长 d 来测设点的位置。

(1)偏角的计算采用偏角法测设曲线，一般采用整桩号法设桩，现设整弧段长为 l_0，与其相对应的弦长为 d_0。首尾两零弧长分别为 l_1、l_2 和中间几段相等的整弧长 l 之和，即

$$L = l_1 + n \cdot l + l_2 \qquad (8\text{-}9)$$

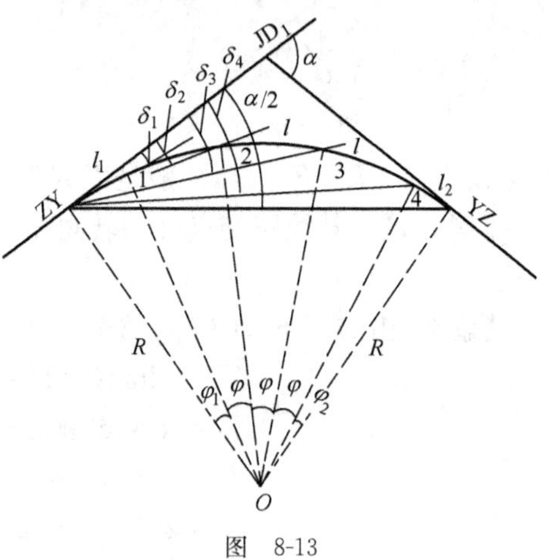

图 8-13

弧长 l_1,l_2 和 l 所对的相应圆心角为 φ_1,φ_2 及 φ，可按下列公式计算

$$\begin{cases} \varphi_1 = \dfrac{180^\circ}{\pi}\dfrac{l_1}{R} \\ \varphi_2 = \dfrac{180^\circ}{\pi}\dfrac{l_2}{R} \\ \varphi = \dfrac{180^\circ}{\pi}\dfrac{l}{R} \end{cases} \qquad (8\text{-}10)$$

弧长 l_1,l_2 和 l 所对应的弦长 d_1,d_2 及 d 计算公式为

$$\begin{cases} d_1 = 2R \cdot \sin\dfrac{\varphi_1}{2} \\ d_2 = 2R \cdot \sin\dfrac{\varphi_2}{2} \\ d = 2R \cdot \sin\dfrac{\varphi}{2} \end{cases} \qquad (8\text{-}11)$$

曲线上各点的偏角等于所对应的弧长所对应的圆心角的一半，

$$
\begin{cases}
\text{第一点偏角 } \delta_1 = \dfrac{\varphi_1}{2} \\
\text{第二点偏角 } \delta_2 = \dfrac{\varphi_1}{2} + \dfrac{\varphi}{2} \\
\text{第三点偏角 } \delta_3 = \dfrac{\varphi_1}{2} + \dfrac{\varphi}{2} + \dfrac{\varphi}{2} = \dfrac{\varphi_1}{2} + \dfrac{\varphi}{2} \\
\qquad \cdots\cdots \\
\text{终点 } YX \text{ 偏角 } \delta_r = \dfrac{\varphi_1}{2} + \dfrac{\varphi}{2} + \cdots + \dfrac{\varphi_2}{2} = \dfrac{\alpha}{2}
\end{cases} \tag{8-12}
$$

【例 8-2】 设圆曲线的半径 R=200m，α=15°，交点 JDi 里程为 K10+110.88m，试按每10m 一个整桩号，计算该圆曲线的主点及偏角法计算整桩号各桩要素。

【解】 ①主点测设元素计算

$$T = R\tan\frac{\alpha}{2} = 200 \times \tan\frac{15^\circ}{2} = 26.33\text{m}$$

$$L = Ra\ \frac{\pi}{180^\circ} = 200 \times 15^\circ\ \frac{3.142}{180^\circ} = 52.36\text{m}$$

$$E = R\left(Sec\,\frac{\alpha}{2} - 1\right) = 200 \times \left(\sec\frac{15^\circ}{2} - 1\right) = 200 \times \left(\frac{1}{\cos 7.5^\circ} - 1\right) = 1.73\text{m}$$

$$D = 2T - L = 0.30\text{m}$$

②主点里程计算

ZY=K10+84.55；ZQ=K10+110.73；YZ=K10+136.91；JD=K10+110.889 检核

桩　　号	曲线长 l_i	偏角值 δ_i	偏角累积值	弦长 c_i
ZYK10+84.55	0	0°00′00″	0°00′00″	0
K10+90	5.54	0°46′50″	359°13′10″	5.45
K10+100	15.45	2°12′47″	357°47′13″	15.45
K10+110	25.45	3°38′44″	356°21′16″	25.43
K10+110.73				
K10+120	16.91	2°25′20″	2°25′20″	16.91
K10+130	6.91	0°29′23″	0°29′23″	6.91
K10+136.91	0	0°00′00″	0°00′00″	0

(2)测设方法如下：如图 8-13 所示，经纬仪安置在曲线起点 ZY，瞄准交点(JD)，置水平度盘读数为零；顺时针转动仪器，使度盘读数为 δ_1，在此方向上量取弦长 d_1，并打桩记为①点；然后把角拨至 δ_2，将钢尺的零点对准①点，从弦长 d 为半径画弧与经纬仪的方向相交于②点，其余依此类推。当拨至 $\alpha/2$ 时，视线应通过曲线终点 YZ，最后一个细部点至曲线终点的距离为 d_1，以此检测，即可测设出曲线各桩点。

偏角法不仅可以在 ZY 点上安置仪器测设曲线，而且还可以在 YZ 或 QZ 点上安置仪器进行测设，也可以将仪器安置在曲线任一点上测设。这是一种测设精度较高，实用性较强的常用方法。

2)切线支距法

切线支距法也叫直角坐标法,它是以曲线起点 ZY 或终点 YZ 为坐标原点,切线方向为 X 轴,过原点的半径方向为 Y 轴,利用曲线上的各点在此坐标系中的坐标测设曲线。如图 8-14 所示,l_1 为待测点至原点间的弧长,R 为曲线半径,待测点 P_1 的坐标可按下式计算,

$$\begin{cases} x_i = R\sin\varphi_i \\ y_i = R(1-\cos\varphi_i) \end{cases} \tag{8-13}$$

式中 $$\varphi_i = \frac{l_i}{R}\frac{180}{\pi} \qquad i = 1,2,3\cdots\cdots$$

测设时可采用整桩距法设桩,即按规定的弧长 l_0(20m,10m 或 5m)设桩,但在测设第一个桩点时,为了避免出现零数的桩号,可先测一段小于 l_0 的弧,得一整桩号,然后从此点开始按规定的弧长 l_0 测设。具体施测步骤如下:

(1)在 ZY 点安置经纬仪,瞄准交点 JD 定出切线方向,沿其视线方向从 ZY 点量取 P_i 点横坐标 x_i,得垂足点 N_i;

(2)在 N_i 点用于方向架或经纬仪测出直角方向,量出横坐标 y_i,即可定出曲线点 P_i;

(3)曲线细部点测设完毕后,要量取 QZ 点至最近一个曲线桩的距离与其桩号做比较,来检查是否超限。

此方法适用在地势平坦地区,具有测法简单,误差不积累,精度高等优点。

3)极坐标法

当地面量距困难时,可采用光电测距仪或全站仪测设圆曲线,这时用极坐标法测设就显得极为方便。如图 8-15 所示,仪器安置于曲线的起点(ZY),后视切线方向,拔出偏角后,在仪器视线上测设出弦长 d_1,即可放样点 P_1。

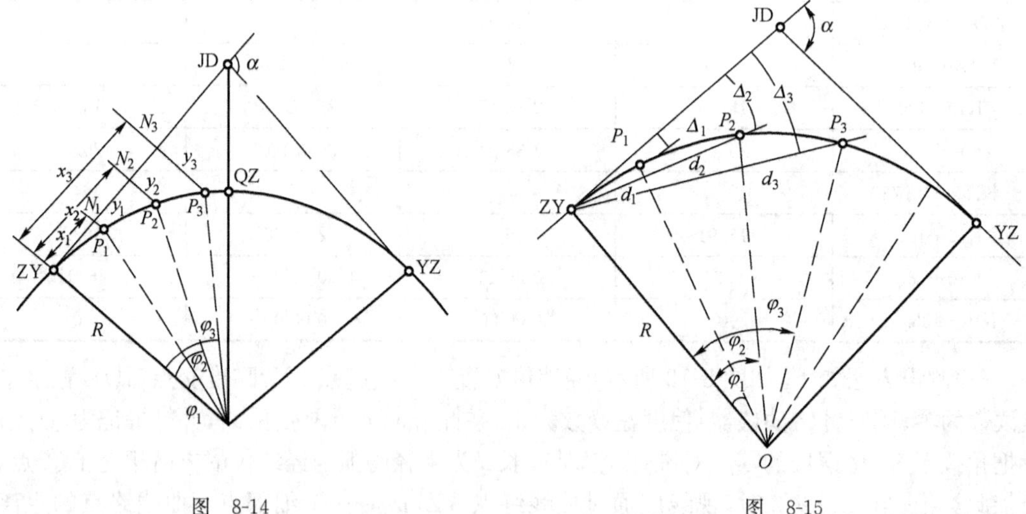

图 8-14　　　　图 8-15

偏角计算方法与上述的偏角法相同,弦长也可以参照偏角法弦长计算公式,由弦长 C_1 对应的圆心角和半径 R 求出,即

$$C_i = 2R\sin\frac{\varphi_i}{2} = 2R\sin\Delta_i \tag{8-14}$$

第三节　纵横断面测量及土石方工程量计算

路线定测阶段在完成中线测量以后，还必须进行路线纵、横断面测量。路线纵断面测量又称为中线水准测量，它的任务是在道路中线测定之后，测定中线上各里程桩（简称中桩）的地面高程，并绘制路线纵断面图，来表示沿路线中线位置的地形起伏状态，主要用于路线纵坡设计。横断面测量是测定中线上各里程桩处垂直于中线方向的地形起伏状态，并绘制横断面图，供路基设计、施工放边桩使用，并通过计算横断面图的填、挖断面面积即相邻中桩的距离便可计算施工的土石方数量。

线路纵断面包括路线水准测量和线路纵断面绘制两项内容。其中路线水准测量分两步进行，首先是沿线路方向设置若干个水准点，按等级水准测量的精度要求测定其高程，称为基平测量；然后以基平测量所得各水准点高程为基础，按等外水准测量的精度要求分段进行中线各里程桩地面高程的水准测量，称为中平测量。

一 基平测量

水准点的设置应根据需要和用途的不同，可设置永久性和临时性的水准点。路线起终点和终点、需长期观测的工程附近均设置永久性水准点，永久性水准点应埋设标石，也可设置在永久性建筑物的基础上或用金属标志嵌在基岩上。水准点密度应根据地形和工程需要而定，在丘陵和山区每隔 0.5～1km 设置一个，在平原地区每隔 1～2km 设置一个。

基平测量时，应将起始水准点与附近的国家水准点联测，以获得绝对高程，同时在沿线水准测量中，也应尽量与附近国家水准点联测，形成附合水准路线，以获得更多的检核条件，当路线附近没有国家水准点或引测有困难时，也可参考地形图选定一个与实地高程接近的作为起始水准点的假定高程。

基平测量应使用不低于 DS_3 级水准仪，采用一组往返或两组单程在水准点之间进行观测。水准测量的精度要求，往返观测或两组单程观测的高差不符值应满足：

$$f_h \leqslant \pm 30\sqrt{L}\text{mm}（平原微丘区）或 \pm 45\sqrt{L}\text{mm}（山岭重丘区）$$

式中：L——水准路线长度，以 km 计[具体可参考《公路勘测规范》(JTJ 061—99)]。

若高差不符值在限差以内，取其高差平均值作为两水准点间高差，否则需要重测。最后由起始点高程及调整后高差计算各水准点高程。

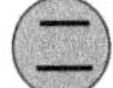

二 中平测量

中平测量即线路中桩的水准测量，一般以相邻两水准点为一测段，从一水准点开始，用视线高法逐点施测中桩的地面高程，附合到下一个水准点上。相邻两转点间观测的中桩，称为中间点。为了削弱高程传递的误差，观测时应先观测转点，后观测中间点。转点应立在尺垫上或稳定的固定点上，尺子读数至毫米(mm)，视线长度不大于 150m；中间点尺子应立在紧靠中桩的地面上，尺子读数厘米(cm)，视线长度可适当放长。

如图 8-16 所示，水准仪置于 I 站后，后视水准点为 BM1，前视转点为 TP1，将观测结果分

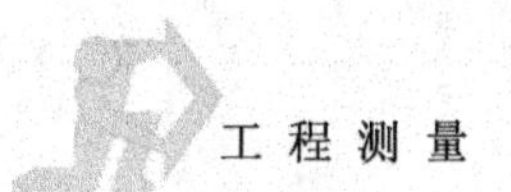

别记入表 8-2 中的“后视”和“前视”栏内，然后观测 0＝000……，0＝120 等各中桩点，将读数分别记入“中视”栏。将仪器搬到Ⅱ站，后视转点为 TP1，前视转点为 TP2，然后观测各中桩地面点，用同法继续想前观测，直至附和到下一点水准点 BM2，完成一测段的观测工作。

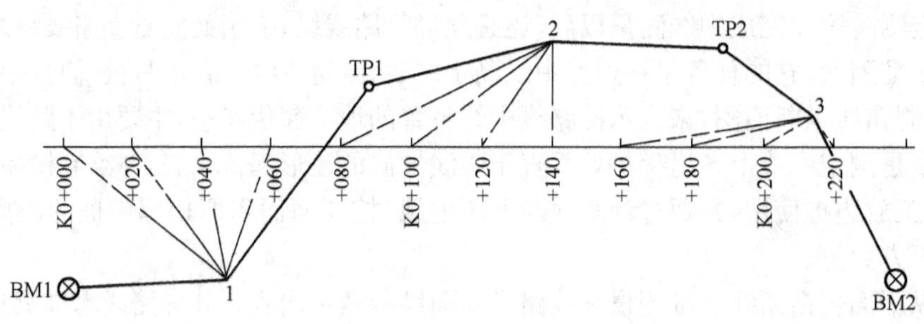

图 8-16

中桩水准测量的精度要求，一般取测段高差与两端水准点已知高差之差的限差为$\pm 50\sqrt{L}$mm(二级及二级以下公路，L 以 km 计)，在容许范围内，即可进行中桩地面高程的计算，否则应重测。

表 8-2

测　站	测　点	水准尺读数			仪器视线高度	高　程
		后视	中视	前视		
1	BM1	1.986			180.679	178.693
	K0＋000		1.57			179.109
	0＋020		1.93			178.749
	0＋040		1.56			179.175
	0＋060		1.12			179.559
	TP1			0.872		179.807
2	TP1	2.283			182.09	179.807
	0＋080		0.68			181.41
	0＋100		1.59			180.5
	0＋120		2.11			179.98
	0＋140		2.66			179.43
	TP2			2.376		179.714
3	TP2	2.185			181.899	179.714
	0＋160		2.18			179.719
	0＋180		2.04			179.859
	0＋200		1.65			180.249
	0＋220		1.27			180.629
	BM2			1.387		180.512

中间点的地面高程及前视点高程，一律按所属测站的视线高程进行计算。每一测站的计算公式如下：

$$视线高程＝后视点高程＋后视读数$$

$$转点高程 = 视线高程 - 前视读数$$

$$中桩高程 = 视线高程 - 中视读数$$

三 纵断面图的绘制

纵断面图是表示线路中线方向的地面起伏和设计纵坡的线状图，它反映中线方向的地面起伏，又可在其上进行纵坡设计，是线路设计和施工的重要资料，也是线路纵向设计的依据。如图 8-17 所示，在图的上半部，从左至右绘有两条贯穿全图的线，细折线表示中线方向的实际地面线，是根据桩间距和中桩高程按比例绘制的；另外一条是粗线，表示带有竖曲线在内的经纵坡设计后的中线，是纵坡设计时绘制的。此外，在图上还行还注有水准点位置、编号和高程，桥涵的类型、孔径、跨数、长度、里程桩号和设计水位，竖曲线示意图及其曲线元素，同某公路、铁路交叉点的位置、里程和有关说明等。在图的下部几栏表格中，注记有关测量和纵坡设计的资料，其中包括以下几项内容：

(1)直线与曲线　直线与曲线为中线示意图，曲线部分用直角的折线表示，上凸的表示右偏，下凸的表示左偏，并注明交点编号和曲线半径。

(2)里程　一般按比例标注百米桩和公里桩，里程比例一般按 1∶1 000、1∶2 000 或 1∶5 000，为突出地面坡度变化，高程比例是里程比例的 10 倍。

(3)地面高程　按中平测量成果填写相应里程桩的地面高程。

(4)设计高程　按中线设计纵坡计算的路基的高程。根据设计纵坡坡度 i 和相应的水平距离 D，按下式便可从 A 点的高程 H_A 推算 B 点的高程

$$H_B = H_A + iD_{AB} \tag{8-15}$$

(5)坡度　从左至右向上斜的线表示上坡（正坡），下斜的线表示下坡（负坡），斜线上以百分数注记坡度的大小，斜线下为坡长，水平路段坡为零。

(6)土壤地质说明　标明路段的土壤地质情况。

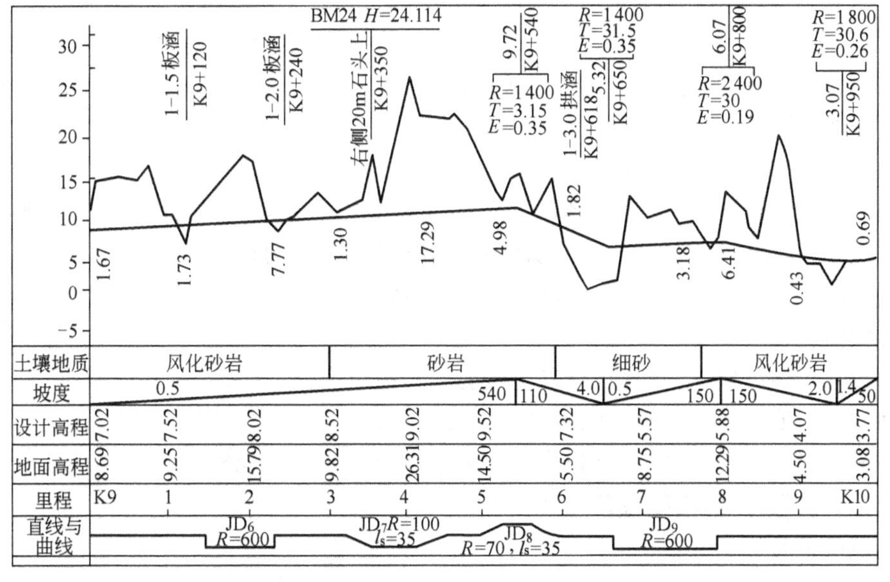

图　8-17

四 横断面测量

横断面测量的任务是测定中桩两侧垂直于中线方向的地面起伏，然后绘制横断面图，供路基设计、土石方量计算和施工放边桩之用。横断面测量的宽度由路基宽度及地形情况确定，一般在中线两侧各侧 15～50m。进行横断面测量首先要确定横断面的方向，然后在此方向上测定中线两侧地面坡度变化点的距离和高差。

1. 横断面方向的测定

直线段横断面方向即是与路中线相垂直的方向，一般用方向架测定，如图 8-18 所示，将方向架置于中桩点上，以其中一方向对准路线前方(或后方)某一中桩，则另一方向即为横断面施测方向。

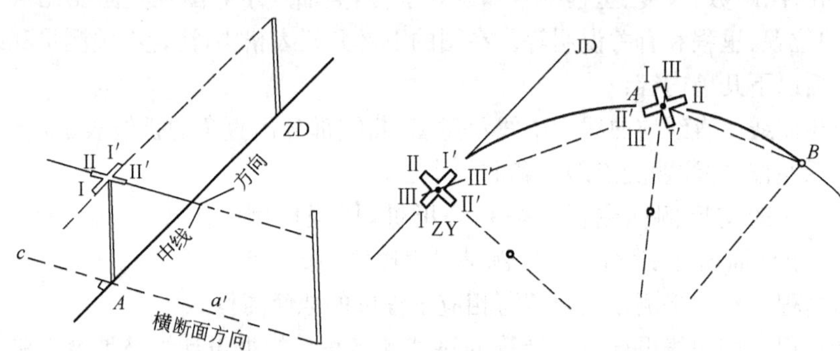

图 8-18

2. 横断面测量方法

横断面测量中的距离和高差一般准确到 0.1m 即可满足工程的要求。因此横断面的测量方法多采用简易的测量工具和方法，以提高工作效率。下面介绍几种常用的方法。

(1)标杆皮尺法

如图 8-19 所示，A、B、C 为横断面方向上所选定的变坡点，施测时，将标杆立于 A 点，皮尺靠中桩地面拉平，量出至 A 点的平距，皮尺截取标杆的高度即为两点的高差，同法可测出 A 至 B、B 至 C 等测段的距离和高差，此法简便，但精度较低。

(2)水准仪法

当横断面测量精度要求较高，横断面方向高差变化不大时，多采用此法。施测时用钢尺(或皮尺)量距，水准仪后视中桩标尺，求得视线高程后，再分别在横断面方向的坡度变化点上立标尺，视线高程减去诸前视点读数，即得各测点高程。

(3)经纬仪法

在地形复杂横坡较陡的地段，可采用此法。实施时，将经纬仪安置在中桩上，用视距法测出横断面方向各变坡点至中桩间的水平距离与高差。

横断面测量中高速公路、一级公路一般采用水准仪皮尺法、经纬仪法，二级及二级以下公路可采用标杆皮尺法，但检测限差应符合规定。

3. 横断面图的绘制

根据横断面测量成果，在毫米方格纸上绘制横断面图，距离和高程取同一比例尺(通常取

1∶100 或 1∶200)，一般是在野外边测边绘，这样便于及时对横断面图进行检核。绘图时，先在图纸上标定好中桩位置，然后由中桩开始，分左右两侧逐一按各测点间的距离和高程绘于图纸上，并用直线连接相邻点，即得该中桩的横断面图。图 8-20 为横断面图上绘有设计路基横断面的图形。

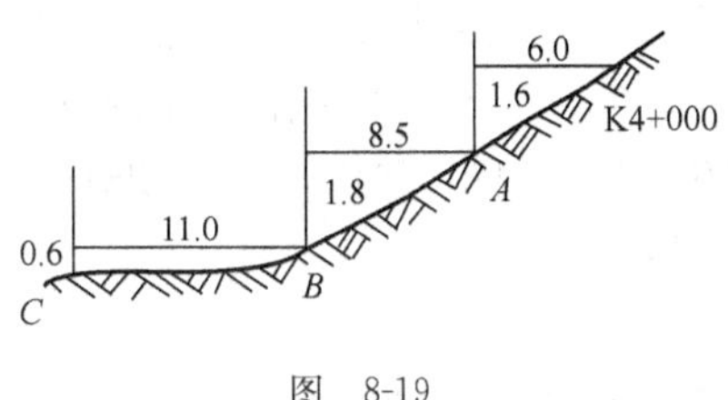

图 8-19

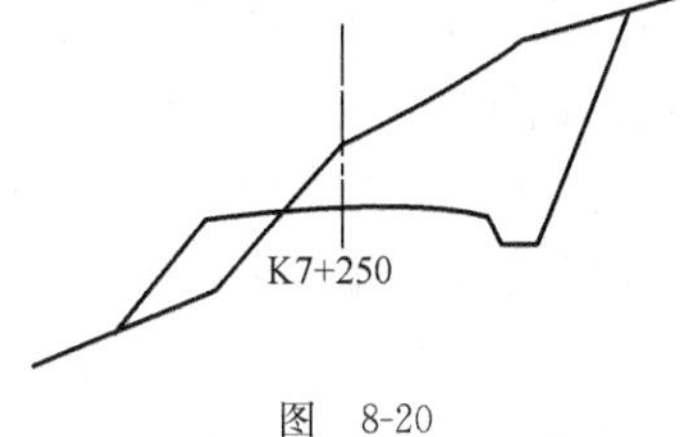

图 8-20

五 土石方工程量计算

横断面图画好后，经路基设计，现在透明纸上按与横断面图相同的比例尺分别绘制出路堑、路堤和半填半挖的路基设计线称为标准断面图，然后按纵断面图上该中桩的设计高程把标准断面图套到该实测的横断面图上，俗称"套帽子"；也可将路基断面设计线直接画在横断面图上，绘制成路基断面图。图 8-21 所示为半填半挖的路基断面图，通过计算断面图的填、挖断面面积及相邻中桩间的距离，便可以计算出施工的土石方量。

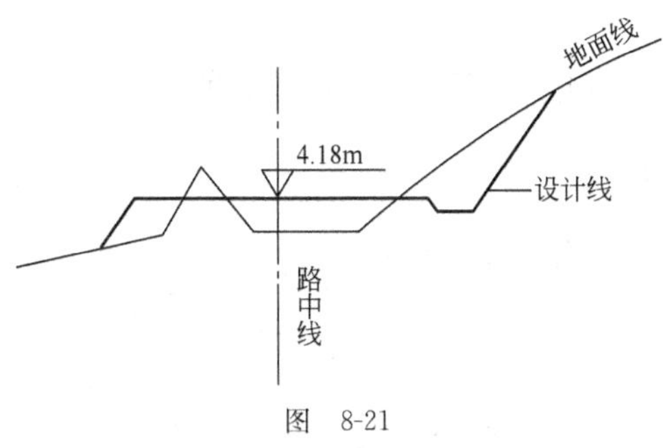

图 8-21

1. 横断面面积的计算

路基填、挖面积，就是横断面图上原地面线与路基设计线所包围的面积。横断面面积一般为不规则的几何图形，计算方法有积距法、几何图形法、求积仪法、坐标法和方格法等，常用的有积距法和几何图形法，现做简单介绍：

(1)积距法

积距法是单位横宽 b 把横断面划分为若干个梯形和三角形条块，见图 8-22，则每一个小条块的近似面积等于其平均高度 h_i 乘以横距 b_i，断面积总和等于各条面积的总和，即

$$A = h_1 b + h_2 b + \cdots + h_n b = b\sum_{i=1}^{n} h_i$$

通常横断面图都是测绘在方格纸上，一般可取粗线间距 1cm 为单位，如测图比例尺为 1∶500，则单位横距 b 即为 5m，按上式即可求得断面面积。

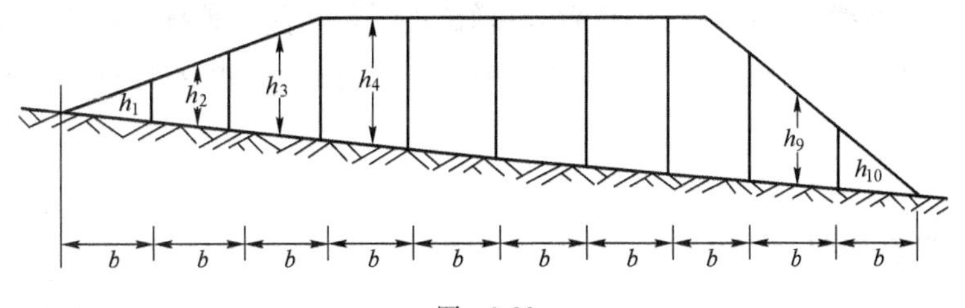

图 8-22

平均高差总和$\sum h_i$可用“卡规”求得，如填挖断面较大时，可改用纸条，即用厘米方格纸折成在条作为量尺量得。该法计算迅速，简单方便，可直接得出填挖面积。

(2)几何图形法

几何图形法是当横断面地面较规则时，可分成几个规则的几何图形，如三角形、梯形或矩形等，然后分别计算面积，即可得出总面积值。另外，计算横断面面积时，应注意：①将填方面积A_t和挖方面积A_W分别计算；②计算挖方面积时，边沟在一定条件下是定值，故边沟面积可单独计算出直接加在挖方面积内，而不必连同挖方面积一并卡积距；③横断面面积计算取值到0.1mm²，算出后可填写在横断面图上，以便计算土石方量。

2.路基土石方量计算

(1)通常为计算方便，一般均采用平均断面法，并近似采用下式，即

$$V=\frac{A_1+A_2}{2}L \tag{8-16}$$

式中：A_1、A_2——分别为相邻两桩号的断面面积；

L——相邻两桩间距离。

(2)当A_1和A_2相差很大时，所求体积则与棱柱体更为接近，可按下式计算：

$$V=\frac{1}{3}(A_1+A_2)L\left(1+\frac{\sqrt{m}}{1+m}\right) \tag{8-17}$$

式中：m——比例系数，即A_1/A_2(A_1为小面积，A_2为大面积)；

L——相邻断面A_1、A_2的距离。

(3)对于填挖过渡地段(图8-23)

为精确计算其土石方体积，应确定其中挖方或填方面积正好为零的断面位置。设L为从零填断面A_t到零挖断面A_W的距离，则此路段角锥体的体积为

$$\begin{cases}V_t=\frac{1}{3}A_tL\\ V_W=\frac{1}{3}A_WL\end{cases} \tag{8-18}$$

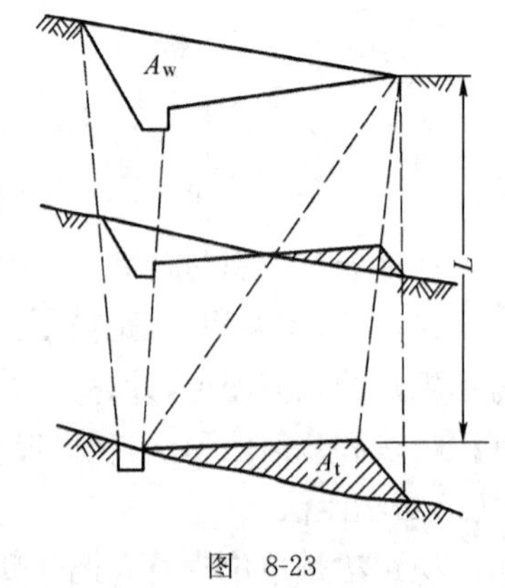

图 8-23

第四节　道路工程施工测量

道路施工测量就是利用测量仪器和设备，按照设计图纸中的各项元素(如道路平、纵、横元素)，依据控制点或路线上的控制桩的位置，将道路的“样子”具体地标定在实地，以指导施工作业。道路施工测量的主要任务包括：恢复中线测量、施工控制桩测设、路基边桩和边坡测设、竖曲线测设等。

路线中线的恢复

道路勘测完成到开始施工这一段时间内，有一部分中线桩可能被碰或丢失，因此施工前应

进行复核并进行恢复。在恢复中桩时，应将道路附属物，如涵洞、检查井和挡土墙的位置一并确定。对于部分改线地段，应重新定线，并绘制相应的纵横断面图。

二 施工控制桩的测设

因中线桩在路基施工中都要被挖掉或堆埋，为了在施工中能控制中线位置，应不易受施工干扰，便于引用、易于保存桩位的地方测设施工控制桩，测设方法如下：

1. 平行线法

平行线法是在路基以外测设两排平行于中线的施工控制桩，如图 8-24 所示，此法多用于地势平坦、直线段较长的线路。

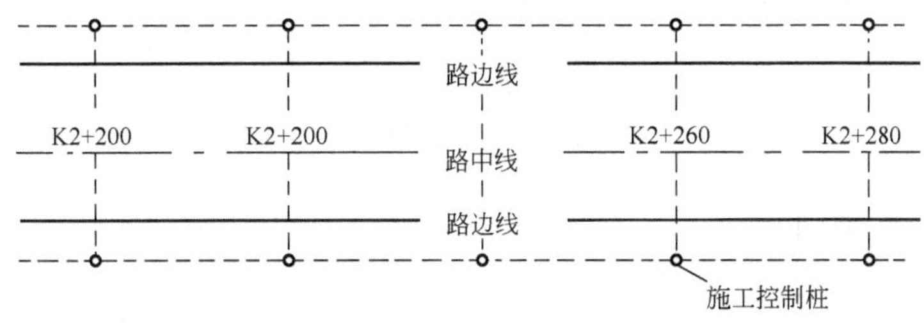

图 8-24

2. 延长线法

延长线法是在道路转弯处的中线延长线上或者在曲线中点至交点连线的延长线上，测设两个能够控制交点位置的施工控制桩，如图 8-25 所示。此法多用于坡度较大和直线段较短的地区。 185

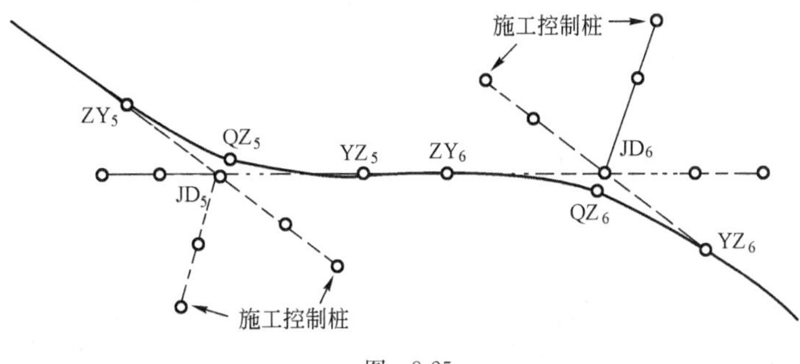

图 8-25

三 路基边桩的测设

1. 路基边桩的测设

路基边桩测设就是把设计路基的边坡线与原地面线相交的点测设出来，在地面上钉设木桩（称为边桩），以此作为路基施工的依据。将每一个横断面的设计路基边坡线与实际地面的交点用木桩标定出来，边桩的位置由两侧边桩至中桩的距离来确定，常用的放样方法如下：

1）图解法

图解法是将地面横断面图和路基设计断面图绘于同一张毫米方格纸上，直接在横断面图上量取中桩的距离，然后在实地用皮尺沿横断面方向测设出边桩的位置。当填挖方不大时，用此法较方便。

2)解析法

此法是根据路基填挖高度、边坡高、路基宽度和横断面地形情况，先计算出路基中心桩至边桩的距离，然后在实地沿横断面方向按距离将边桩放出来。具体方法有以下几种：

(1)平坦地区的边桩放样

如图 8-26a)所示为填方路堤，坡脚桩至中桩的距离

$$D=\frac{B}{2}+mH \tag{8-19}$$

图 8-26b)所示为挖方路堑，路堑中心桩至边桩的距离为

$$D=\frac{B}{2}+S+mH \tag{8-20}$$

式中 B 为路基宽度；m 为边坡率(1：m 为坡度)；H 为填挖高度；S 为路堑边沟顶宽。

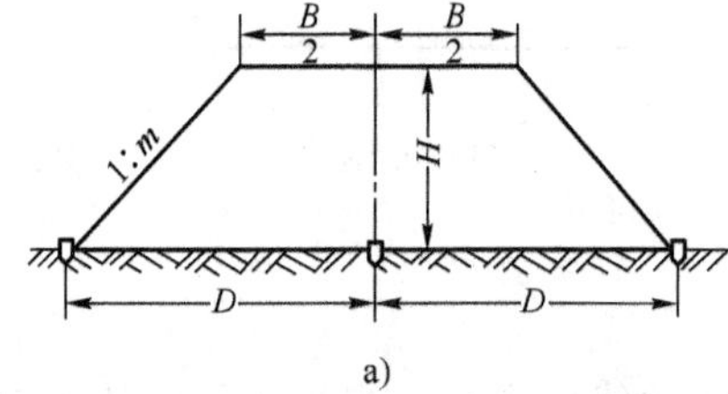

a)

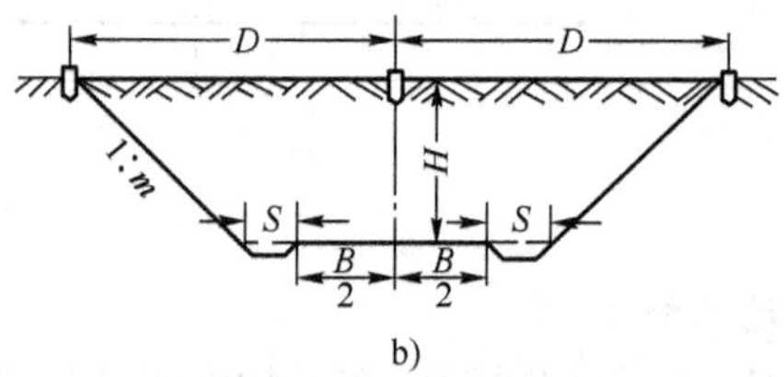

b)

图 8-26

(2)倾斜地区的边坡放样

在倾斜地段边坡至中桩的平距随着地面坡度的变化而变化，如图 8-27a)所示是路堤坡脚至中桩的距离 $D_上$ 与 $D_下$，分别为

$$\begin{cases} D_上=\dfrac{B}{2}+m(H-h_上) \\ D_下=\dfrac{B}{2}+m(H+h_下) \end{cases} \tag{8-21}$$

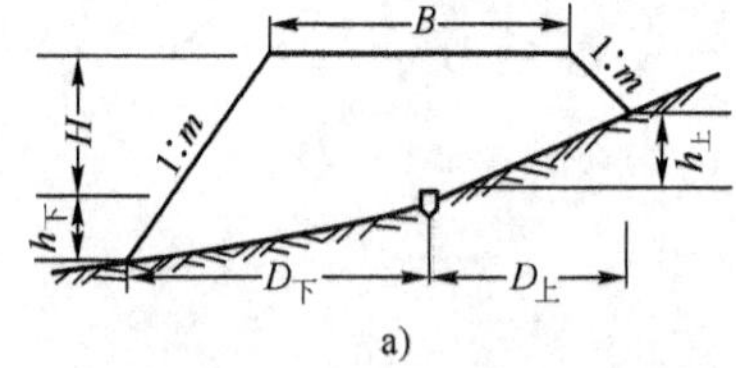

a)

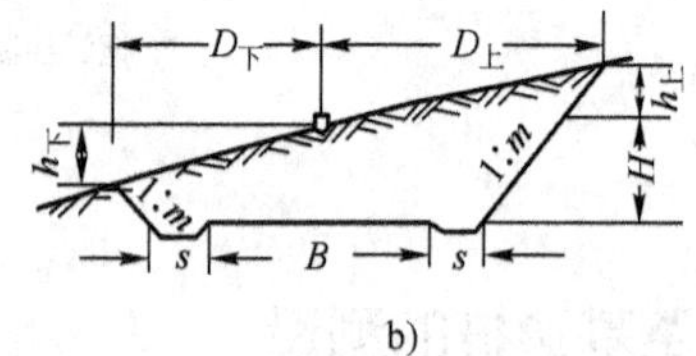

b)

图 8-27

如图 8-27，路堑坡顶至中桩的距离 $D_上$ 与 $D_下$ 分别为

$$\begin{cases} D_上=\dfrac{B}{2}+s+m(H+h_上) \\ D_下=\dfrac{B}{2}+s+m(H-h_下) \end{cases} \tag{8-22}$$

式中，$h_{上}$、$h_{下}$为上、下侧坡脚(或坡顶)至中桩的高差。其中 B、s 和 m 为已知，故 $D_{上}$与 $D_{下}$随 $h_{上}$、$h_{下}$变化而变化。由于边桩未定，所以 $h_{上}$、$h_{下}$均为未知数。实际工作中，采用"逐点趋紧法"，在现场边测边标定。如果结合图解法，就更为简便。

2. 路基边坡的测设

在测设出边桩后，为保证填、挖的边坡达到设计要求，还应把设计的边坡在实地标定出来以便施工。

1)用竹杆、绳索测设边坡

如图 8-28 所示，O 为中桩，A、B 为边桩，$CD=B$ 为路基宽度。测设时在 C、D 处竖立竹杆，于高度等于中桩填土高度 H 处 C'、D'用绳索连接，同时由 C'、D'用绳索连接到边桩 A、B 上。当路堤填土不高时，可挂一次线。当填土较高时，如图 8-29 所示可分层挂线。

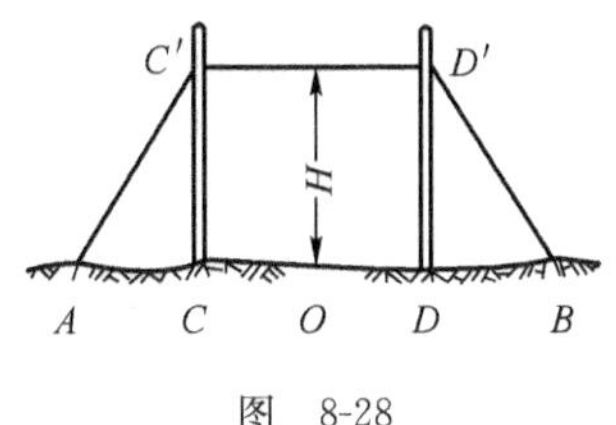

图 8-28

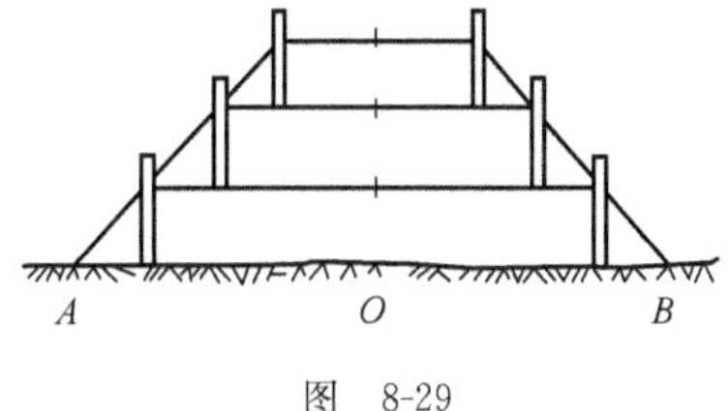

图 8-29

2)用边坡样板测设边坡

施工前按照设计边样板，施工时，按照边坡样板进行测设。

(1)用活动边坡尺测设边坡：做法如图 8-30 所示，当水准器气泡居中时，边坡尺的斜边所指示的坡度正好为设计坡度，可依此来指示与检验路堤的填筑，或检核路堑的开挖。

(2)用固定边坡样板来测设边坡：如图 8-31 所示，在开挖路堑时，于坡顶外侧按设计坡度设立固定样板，施工时可随意指示并检核开挖和修整情况。

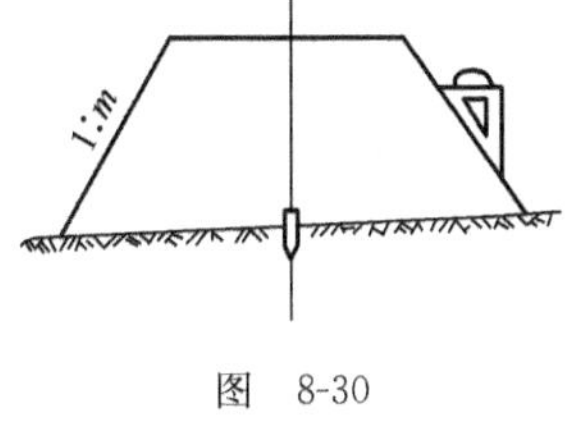

图 8-30

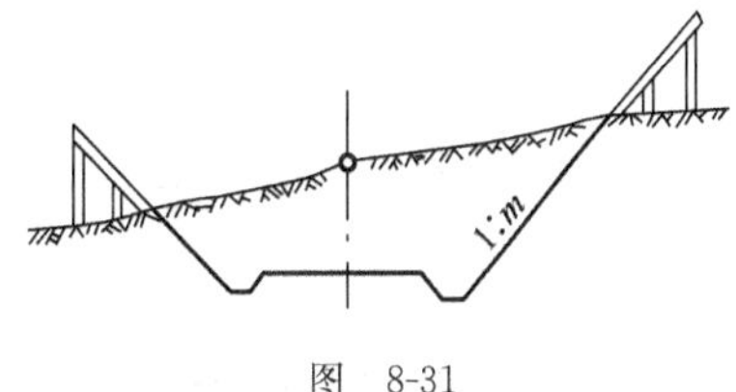

图 8-31

四 竖曲线的测设

在线路的纵坡变更处，为了满足视距的要求和行车平稳，在竖直面内用圆曲线将两段纵坡连接起来，这种曲线叫竖曲线。如图 8-32 所示为凸竖曲线和凹竖曲线。

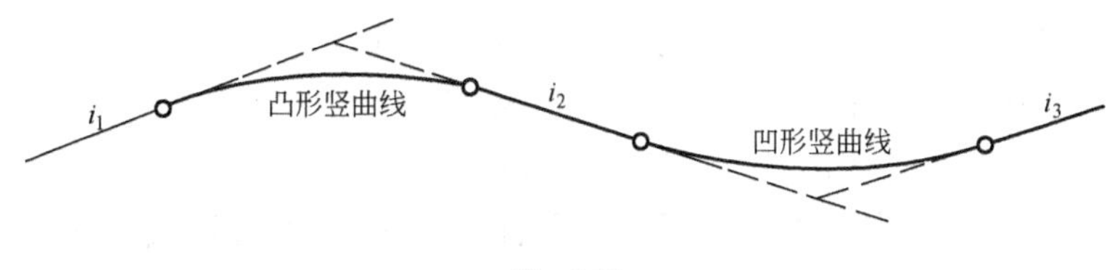

图 8-32

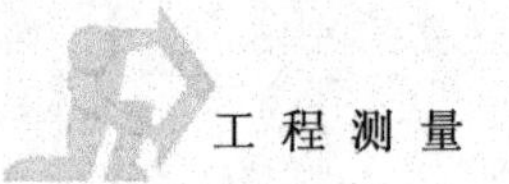

测设竖曲线时，根据路线纵断面图设计中所设计的竖曲线半径 R 和相邻坡道的坡度 i_1、i_2，计算测设数据。如图 8-33 所示，竖曲线元素的计算可用平曲线的计算公式：

$$T = R\tan\frac{\alpha}{2}$$

$$L = R\frac{\alpha}{\rho}$$

$$E = R\left(\sec\frac{\alpha}{2} - 1\right)$$

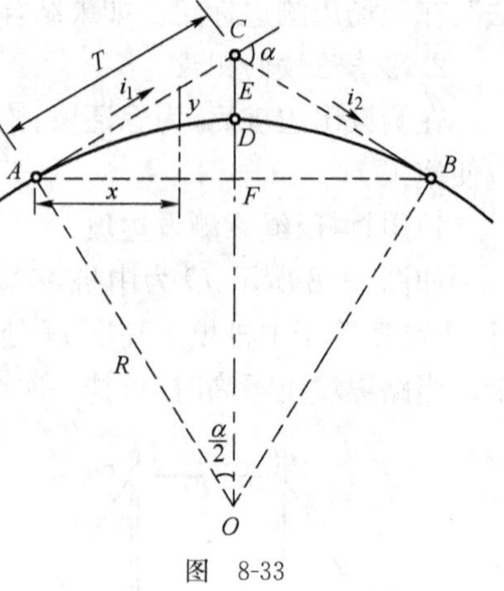

图 8-33

由于竖曲线的坡度转折角 α 很小，计算公式可简化为

$$\alpha = (i_1 - i_2)/\rho$$

$$\tan\frac{\alpha}{2} \approx \frac{\alpha}{2\rho}$$

因此

$$\begin{aligned} T &= \frac{1}{2}R(i_1 - i_2) \\ L &= R(i_1 - i_2) \end{aligned} \quad (8\text{-}23)$$

对于 E 值也可按下面的近似公式计算：

因为 $DF \approx CD = E$，$\Delta AOF \backsim \Delta CAF$，则 $R : AF = AC : CF = AC : 2E$，因此：

$$E = \frac{AC \cdot AF}{2R} \quad (8\text{-}24)$$

又因为 $AF \approx AC = T$，得

$$E = \frac{T^2}{2R} \quad (8\text{-}25)$$

同理，可导出竖曲线中间各点按直角坐标法测设的纵距(即高程改正值)计算式：

$$y_i = \frac{x_i^2}{2R} \quad (8\text{-}26)$$

式(8-26)中 y_i 值在凹形竖曲线中为正值，在凸形竖曲线中为负值。

【例 8-3】 测设凹形竖曲线，已知 $i_1 = -1.114\%$，$i_2 = +0.154\%$，变坡点的桩号为 K1+670，高成为 48.60m，设计半径 R=5 000m。求各测设元素、起点和终点的桩号与高程、曲线上每 10m 间隔里程桩的高程改正数与设计高程。

【解】 按以上公式求得 L=63.4m　　T=31.7m　　E=0.10m

起点桩号=K1+(670−31.7)=K1+638.3

终点桩号=K1+(638.3+63.4)=K1+701.70

起点高程=48.6+31.7×1.114%=48.95m

终点高程=48.6+31.7×0.154%=48.65m

按 R=5000m 和相应的桩距，即可求得竖曲线上各桩的高程改正数 y_i，计算结果见表 8-3。

表 8-3

桩　　号	距　　离	高程改正	坡道高程	曲线高程	备　　注
K1+638.3	0.0	0.0	48.95	48.95	竖曲线起点 $i=-1.114\%$ 变坡点 $i=+0.154\%$ 竖曲线终点
+650	11.7	0.01	48.82	48.83	
+660	21.7	0.05	48.71	48.76	
+670	31.7	0.1	48.60	48.70	
+680	21.7	0.5	48.62	48.67	
+690	11.7	0.1	48.63	48.64	
+701.7	0.0	0.0	48.65	48.65	

复习思考题

1. 道路中线测量包括哪些内容？各项内容应如何进行？

2. 简述放点穿线法测设交点的步骤。

3. 已知弯道 JD_5 的桩号为 K2+119.85，右角 $\beta=136°24'$，圆曲线半径 $R=300m$，试计算圆曲线主点元素和主点里程，并叙述测设曲线上主点的操作布骤。

4. 已知交点桩号 K3+200.18，转角 $\partial_L=18°30'$，圆曲线半径 $R=500m$，分别采用切线支距法、偏角法按整桩号设桩，试计算各桩坐标。

5. 道路纵、横断面测量的任务是什么？并简述纵断面测量的施测步骤。

6. 什么是道路施工测量？主要包括哪些内容？

7. 简述道路土石方工程量计算的步骤。

8. 何谓转角、转点、桩距、里程桩、地物加桩？

9. 中线里程桩的桩号和编号各指什么？在中线的哪些地方应设置中桩？

10. 已知路线右角 $\beta_{右}=147°15'$，当 $R=100m$ 时，曲线元素如表 8-4。试求路线的转向与转角。

表 8-4

R	100(m)	50(m)	800(m)	R	100(m)	50(m)	800(m)
T	29.384			E	4.228		
L	57.160			D	1.608		

11. 设某一竖曲线半径 $R=3\,000m$，相邻坡段的坡度为：$i_1=+3.1\%$，$i_2=-1.1\%$，变坡点的里程桩号为 K10+750，其高程为 390.20m。如果曲线上每隔 10m 设置一桩，试计算竖曲线上各桩点高程。

第九章 桥梁工程测量

第一节 概 述

桥梁的分类

(1)按使用性分:公路桥、公铁两用桥、人行桥、机耕桥、过水桥等。

(2)按跨径大小和多跨总长分为:特大桥、大桥、中桥、小桥、涵洞。

其中:

特大桥:多孔跨径总长≥500m,单孔跨径≥100m

大桥:多孔跨径总长≥100m,单孔跨径≥40m

中桥:30m＜多孔跨径总长＜100m,20≤单孔跨径＜40m

小桥:8m≤多孔跨径总长≤300m,5＜单孔跨径＜20m

涵洞:多孔跨径总长＜8m,单孔跨＜5m

(3)按行车道位置分为:上承式桥、中承式桥、下承式桥。

(4)按承重构件受力情况可分为:梁桥、板桥、拱桥、钢结构桥、吊桥、组合体系桥(斜拉桥、悬索桥)。

(5)按使用年限可分为:永久性桥、半永久性桥、临时桥。

(6)按材料类型分为:木桥、圬工桥、钢筋混凝土桥、预应力桥、钢桥。

桥梁工程测量的主要工作

桥梁施工测量的方法及精度要求随桥梁轴线长度而定,其主要工作包括桥梁工程控制测量、桥梁墩台定位、墩台施工细部放样、梁的架设以及竣工后变形观测等。

第二节 桥梁工程控制测量

控制测量是指在一定区域内,按测量任务所要求的精度,测定一系列地面标志点(控制点)的平面坐标和高程,建立控制网,这种测量工程称为控制测量。

控制测量按照工作内容的不同分为平面控制测量和高程控制测量，前者主要测定控制点的平面位置，后者主要测定控制点的高程。按照用途分为大地控制测量和工程控制测量，大地控制测量是在全国范围内，按照国家统一颁布的方式、规范进行的控制测量；工程控制测量是为工程建设或地形图测绘，在小区域内，在大地测量控制网的基础上独立建立控制网的控制测量。

桥梁工控制测量的主要任务是布设平面控制网、布设施工临时水准点网、控制桥轴线、依据规范和设计要求的精度求出桥轴线的长度。

一 平面控制网

对于河道较宽，跨度较大的桥梁，一般采用三角测量或导线测量来布设控制网，其中三角测量使用得比较普遍。控制网的布设要求如下：

(1)控制点应选在便于施工控制机永久保存的地方；

(2)桥轴线应作为控制网的一条边，并与基线一段相连并尽量正交；

(3)基线不小于桥轴线长度的 0.7 倍，困难地段不小于 0.5 倍；

(4)基线一般不少于两条，最好分布于河道两岸；

(5)控制网力求简单，网中所有角度应在 30°～120°；

(6)每岸至少埋设三个高程控制点，并与国家水准点联测。

根据桥梁的大小、桥址地形和河流水流情况，桥轴线桩的控制方法有直接丈量法和间接丈量法：

1. 直接丈量法

当桥跨较小，河流较浅时，可采用直接丈量法测定桥梁轴线长度。如图 9-1 所示，A、B 为桥梁墩台的控制桩，直接丈量可用测距仪或经过检定的钢尺按精密量距的方法进行。首先用经纬仪定线，把尺段标定在地面上，设立点位桩并在点位桩的中心钉铁钉。为了满足工程测量精度要求，丈量桥位间距时，需往返两次以上，并对尺长、温度、倾斜和拉力进行修正。

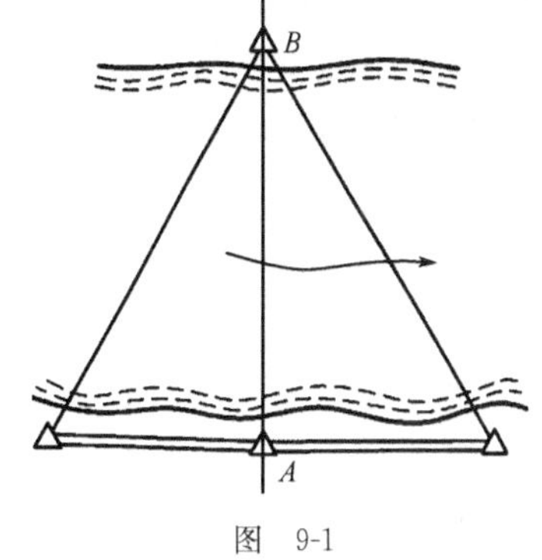

图 9-1

直接丈量的精度按照下式计算：

$$E=\frac{M}{D} \qquad M=\sqrt{\frac{\sum V^2}{n(n-1)}}$$

式中：D——丈量全长的算术平均值；

M——算术平均值的中误差；

$\sum V^2$——各次丈量值与算术平均值之差的平方和；

n——丈量次数；

桥轴线丈量的精度要求不低于表 9-1 的要求。

表 9-1

桥轴线长度(m)	<200	200~500	>500
精度不应低于	1/5 000	1/10 000	1/20 000

【例 9-1】 某桥桥位放样,采用直接丈量法丈量桥梁的总长度时,第一次丈量 $L_1=466.726$m,第二次丈量 $L_2=466.738$m,试评价丈量结果。

【解】

$$D=\frac{466.726+466.738}{2}=466.732\text{m}$$

$$\sum V^2=(466.726-466.732)^2+(466.738-466.732)^2$$
$$=0.000\,072$$

$$M=\sqrt{\frac{\sum V^2}{n(n-1)}}=\sqrt{\frac{0.000\,072}{2(2-1)}}=0.006$$

精度 $E=\frac{M}{D}=\frac{0.06}{466.732}=\frac{1}{77\,788}<\frac{1}{10\,000}$

满足精度要求。

2. 间接丈量法

当桥跨度大,水深流急而无法直接丈量时,可采用三角网法间接丈量桥轴线长。如图 9-2 所示,用检定后的钢尺按精密量距法丈量基线 AC 与 AD 的长度,用经纬仪精确测出两个三角形的内角 α_1、β_1、γ_1、α_2、β_2、γ_2,并调整闭合差,以调整后的角度与基线用正弦定理计算 AB。

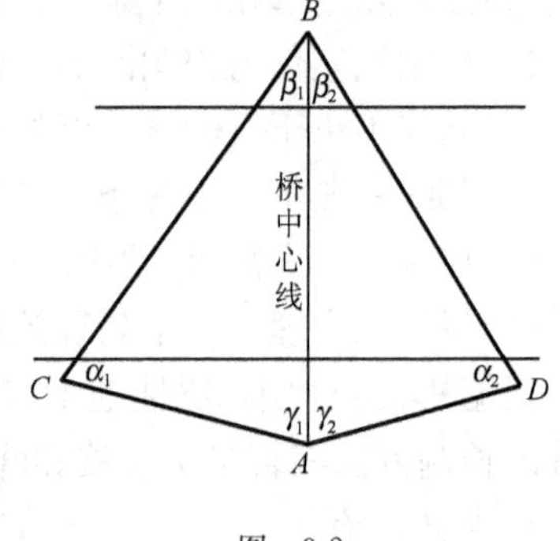

图 9-2

$$S_{1AB}=\frac{AC\cdot\sin\alpha_1}{\sin\beta_1}$$

$$S_{2AB}=\frac{AD\cdot\sin\alpha_2}{\sin\beta_2}$$

精度:$K=\frac{\Delta S}{S_{AB}}=\frac{S_{1AB}-S_{2AB}}{\frac{S_{1AB}+S_{2AB}}{2}}$

平均值 $S=\frac{S_{1AB}+S_{2AB}}{2}$

桥梁三角网测量技术要求:基线丈量精度、测回数和内角容许最大闭合差见表 9-2。

表 9-2

项次	桥梁长度(m)	测回数			基线丈量精度	容许最大闭合差
		DJ_6	DJ_2	DJ_1		
1	<200	3	1		1/10 000	30″
2	200~500	6	2		1/25 000	15″
3	>500		6	4	1/50 000	9″

二 高程控制测量

桥梁施工需要在两岸布设若干水准点，桥长200m以上时，每岸至少设两个；桥长在200m以下时，每岸至少一个，小桥可只设置一个。水准点应设在地基稳固、使用方便、不受水淹且不易破坏处，根据地形条件、使用期限和精度要求，可分别埋设混凝土标识、钢管标识、管柱标识或钻孔标识。并尽可能接近施工场地，以便只安置一次仪器就可将高程传递到需要的部位上去。

布设水准点可由国家水准点直接引入，经复测后使用，其容许误差不得超过$\pm 20\sqrt{k}$(mm)；对跨径大于40m的T形钢构、连续梁和斜张桥等不得超过$\pm 10\sqrt{k}$(mm)，k为两水准点间的距离，以km计。其施测精度一般采用四等水准测量精度。

第三节　桥梁墩台中心与纵、横轴线的测设

一 桥梁墩台中心测设

桥梁墩台中心测设是根据桥梁设计里程桩号，以桥位控制桩为基准进行的，测设方法有直接丈量法、方向交会法和全站仪测设法。

1. 直接丈量法

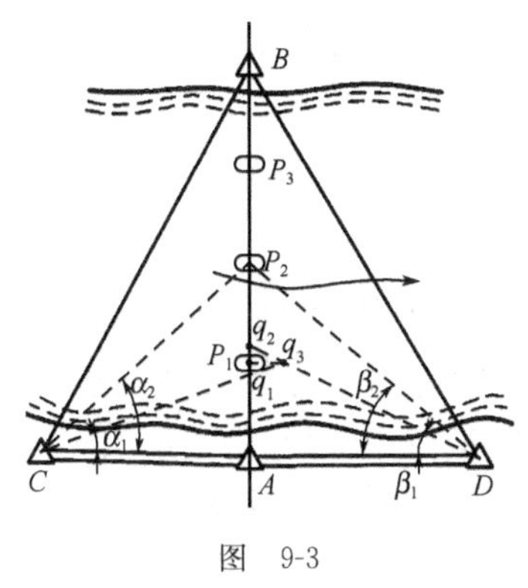

图 9-3

适用于直线桥梁的墩台测设，且桥墩位于无水河滩上，或水面较窄，可用钢尺直接丈量。根据桥梁轴线控制桩及其与墩台之间的设计长度，如图9-3所示，首先将经纬仪或者全站仪安置在桥轴线控制点A上，在AB连线上用正倒镜分中法，根据设计图纸，用测距仪或经检定的钢尺精密测设出A点距墩台P_1、P_2、P_3的水平距离，并在P_1、P_2、P_3桩顶钉一个小钉精确标志其点位。

然后将经纬仪搬到对岸控制点B，运用同样的方法测设出B点距P_1、P_2、P_3的水平距离，两次测设的墩台中心点的位置误差在2cm范围内，否则应重新测设。

2. 方向交会法

对大中型桥的水中桥墩及其基础的中心位置测设，宜采用方向交会法。这是由于水中桥墩基础一般采用浮运法施工，目标处于浮动中的不稳定状态，在其上无法使测量仪器稳定。可根据已建立的桥梁三角网，在三个三角点上安置经纬仪，以三个方向交会定出。

3. 全站仪测设法

根据控制点与待测点间的位置关系，首先在图纸上计算出待测点(墩台中心点)的坐标，然后桥头控制点处安置仪器，建站，输入后视点的坐标(或者方位角)，然后通过已知坐标点放样，放出待放样的墩台中心点。并采用坐标测量的方法检核放样的精确度是否满足施工规范要求。

二 桥梁墩台纵、横轴线的测设

测设出墩台中心点位置后，尚需测设墩台的纵横轴线，作为放样墩台细部点的依据。所谓墩台的纵横轴线，是指通过墩台中心，垂直于路线方向的轴线，墩台的横轴线是过墩台中心与路线方向相一致的轴线。

在直线桥上，墩台的横轴线与桥轴线向重合，且各墩台一致，因而就利用桥轴线两端的控制点来标志横轴线的方向即可。

墩台的纵轴线与横轴线垂直，在测设纵轴线时，在墩台中心点上安置经纬仪，一桥轴线方向为准测设90°角，即为纵轴线方向。由于在施工过程中经常需要恢复墩台的纵横轴线的位置，因此需要用标志桩将其准确标定在地面上，这些标志桩称为护桩。

为了消除仪器轴系统误差，通常用盘左、盘右测设两次而取其平均位置。标志桩应根据具体情况采用木桩或者混凝土桩。

位于水中的桥墩，由于不能安装仪器，也不能设置护桩，可在初步定出的墩位处筑岛或建围堰，然后用交会或者其他方法精确测设墩位并设置轴线。

第四节　桥梁工程施工测量

桥梁工程施工测量就是将图纸上的结构物尺寸和高测设到实地上。其内容包括基础施工测量，墩台顶部施工测量和上部结构安装测量。现以中小型桥梁为例介绍如下。

一 基础施工测量

1.明挖基础

根据桥台和桥墩的中心点及纵、横轴线按设计的平面形状设出基础轮廓线的控制点。如图9-4所示。当基础形状为方形或矩形，基础轮廓线的控制点则为四个角点及四条边与纵、横轴线的交点；如果是圆形基础，则为基础轮廓线与纵、横轴线的交点，必要时尚可加设轮廓线与纵、横轴线成45°线的交点。控制点距墩中心或纵、横轴线的距离应略大于基础设计的底面尺寸，一般可大0.3～0.5m，以保证正确的安装基础模板为原则。基坑上口尺寸应根据挖深、坡度、土质情况、地下水的情况及施工方法而定。

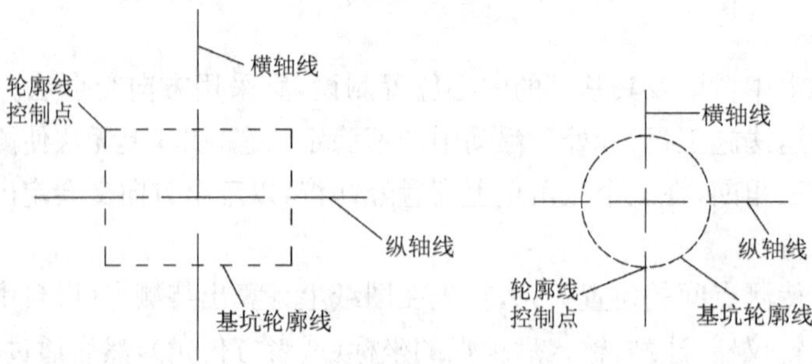

图　9-4

施测方法与路堑放线基本相同。当基坑开挖到一定深度后，应根据水准点高程在坑壁上测设距基底设计面为一定高差（如 1m）水平桩，作为控制挖深及基础施工中掌握高程的依据。当基坑开挖到设计高程以后，应进行基底平整或基底处理，再在基底上放出墩台中心及其纵横轴线，作为安装模板、浇筑混凝土基础的依据。

基础完工后，应根据桥位控制桩和墩台控制桩用经纬仪在基础面上测设出桥台、桥墩中心线，并弹墨线作为砌筑桥台、桥墩的依据。

基础或承台模板中心偏离墩台中心不得大于±2cm，墩身模板中心偏离不得大于±1cm；墩台模板限差为±2cm，模板上同一高程的限差为±1cm。

2. 桩基础

桩基础测量工作有测设桩基础的纵横轴线，测设各桩的中心位置，测定桩的倾斜度和深度，以及承台模板的放样等。

桩基础纵横轴线可按前面所述的方法测设。各桩中心位置的放样是以基础的纵横轴线为坐标轴，用支距法或极坐标法测设，其限差为±2cm，如图 9-5、图 9-6 所示。如果全桥采用统一的大地坐标系计算出每个桩中心的大地坐标，在桥位控制桩上安置全站仪，按直角坐标法或极坐标法放样出每个桩的中心位置。放出的桩位经过复核后方可进行基础施工。

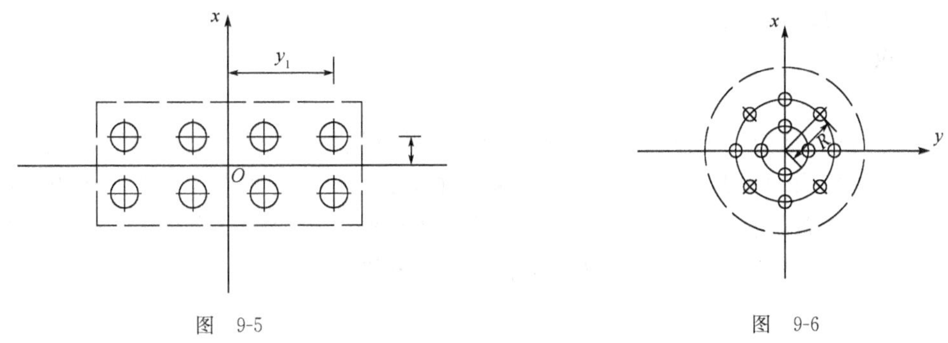

图 9-5　　图 9-6

每个钻孔桩或挖孔桩的深度用不小于 4kg 的重锤及测绳测定，打入桩的打入深度根据桩的长度推算。在钻孔过程中测定钻孔导杆的倾斜度，用以测定空的倾斜度。

在各桩的中心位置测设出后，应对其进行检查，与设计的中心位置偏差不能大于限差要求。在钻（挖）孔桩浇筑完成后，修筑承台以前，应对各桩的中心位置再进行一次测定，作为竣工资料使用。

桩顶上做承台按控制的高程进行，先在桩顶面上弹出轴线作为支承台模板的依据，安装模板时，使模板中心线与轴线重合。

二 墩台身施工测量

1. 墩、台身轴线和外轮廓的放样

基础部分砌完后，墩中心点应再利用控制点交出设出，然后在墩中心点设置经纬仪放出纵横轴线，并将放出纵横轴线投影到固定的附属结构物上，以减少交会放样次数。同时根据岸上水准基点检查基础顶面的高程，其精度应符合四等水准要求。根据纵横轴线即可放样承台、墩身砌筑的外轮廓线。

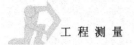

圆头墩身平面位置的放样方法如图 9-7 所示，欲放样墩身某断面尺寸为长 12m、宽 3m，圆头半径为 1.5m 的圆头桥墩时，在墩位上已设出桥墩中心 O 及其纵横轴线 XX'、YY'。则以 O 点为准，沿纵线 XX'方向用钢尺各放出 1.5m 得 I、J 及 K、J 点用距离交会出 P、Q 点，并以 J 点为圆心，以 JP=1.5m 为半径，作圆弧得弧上相应各点。用同样方法可放出桥墩另一端。

2.柱式桥墩柱身施工支模垂直度校正与高程测量

1)垂直度校正

为了保证墩台深的垂直度以及轴线的正确传递，可利用基础面上的纵、横轴线用线锤法或经纬仪投测到墩台身上。

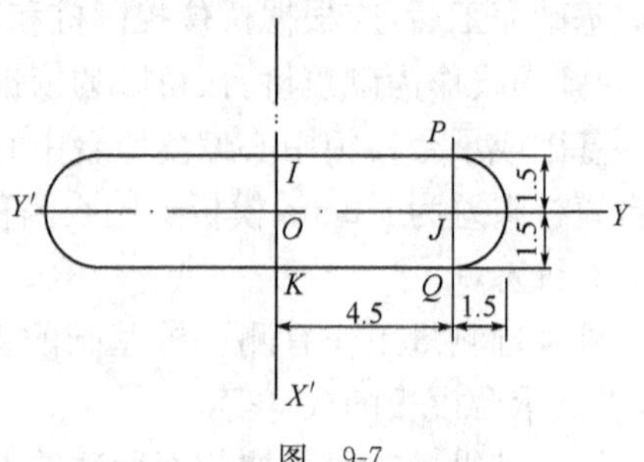

图 9-7

(1)吊线法校正

施工制作模板时，在四面模板外侧的下端和上端都标出中线。安装过程是先将模板下端的四条中线分别与基础顶面的四条中心对齐。模板立稳后，一人在模板上端用重球线对齐中线坠向下端中线重合，表示模板在这个方向垂直，同法再校正另一个方向，当纵横两个方向同时垂直，柱截面为矩形(两对角线长度相同时，模板就校正好了)。当有风或砌筑高度较大时，使用吊锤线法满足不了投测精度要求，应用经纬仪投测。

(2)经纬仪校正

①投线法

仪器自墩柱的距离应大于投点高度。先用经纬仪照准模板下端中线，然后仰起望远镜，观测模板上端中线，如果中线偏离视线，要校正上端模板，使中线与视线重合。需注意的是在校正横轴方向时，要检查已校正好的纵轴方向是否又发生倾斜。用经纬仪投线要特别注意经纬仪本身的横轴和视准轴要严格垂直，为防止两轴不严格垂直而产生的投线误差，一般用正倒镜方法各投一次。

②平行法

先作墩柱中线的平行线，平行线自中线的距离，一般可取 1m，作一木尺，在尺上用墨线标出 1m 标志，由一人在模板端持木尺，把尺的零端对齐中线，水平地伸向观测方向。仪器置于 B 点照准 B'点。然后调高望远镜看木尺，若视线正照准尺上 1m 的标志，表示模板在这个方向垂直。如果尺上 1m 标志偏离视线，要校正上端模板，使尺上标志与视线重合。

2)高程测量

(1)模板高程测量

墩柱身模板垂直度校正好后，在模板外侧测设一高程线作为量测柱顶高程等各种高程的依据。高程线一般比地面高 0.5m，每根墩柱不少于两点，点位要选择便于测量、不易移动、标记明显的位置，并注明高程数值。

(2)墩柱拆模后的抄平放线

墩柱拆模后要把中线和高程线抄测在柱表面上，供下一道工序使用。

①投测中线

根据基础表面的的墩柱中线，在下端立面上标出中线位置，然后用吊线法和经纬仪投点法把中线投测到柱上端的立面上。

②高程传递

a. 利用钢尺直接丈量

在每个柱立面上，测设 0.5m 的高程线，利用钢尺沿 0.5m 高程处起向上直接丈量，将高程传递上去。

b. 悬吊钢尺法(水准仪高程传递法)

高墩墩顶的精度要求往往较高，特别是支座垫石高程要求更高，因此，要正确地将地面的水准高程引测到墩顶。

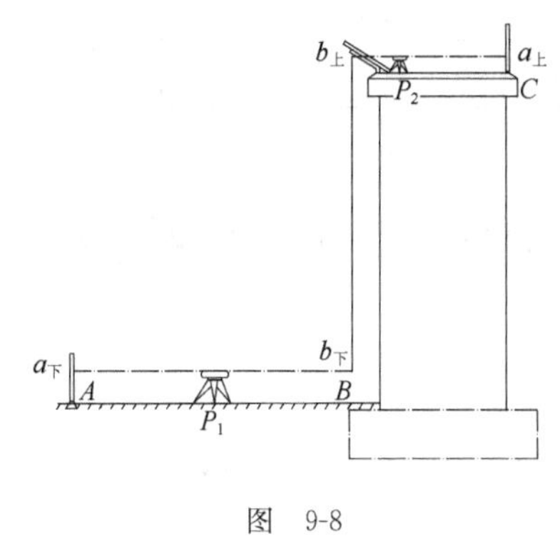

图 9-8

如图 9-8 所示，靠近墩边用一个稳定支架，将钢尺垂挂至距地面 1m 左右，在钢尺下端悬挂一个与鉴定钢尺时拉力相等的重锤，钢尺的零端读数放在下面，然后在地面上的 P_1 点和墩顶上的 P_2 点安置同精度的水准仪各一台，按水准测量方法同时进行观测得 $a_下$、$b_下$ 和 $b_上$、$a_上$，则墩顶 c 点的高程 H_c 为 $H_c = H_A + a_下 - b_下 + b_上 - a_上$

3. 墩帽的放样

桥墩台本身砌筑至离顶帽底约 30cm 时，再测出墩台中心及纵横轴线，据以竖立墩帽模板、安装锚栓孔，安扎钢筋等。在立好模板浇筑墩帽前，必须复合墩台的中线、高程。

4. 墩台坡放样

锥形护坡的放样与施工，都是桥台完工后进行。线将坡脚椭圆形曲线放样，然后在锥坡顶的交点处，用木桩钉上铁钉固定，系上一组麻线或 22 号钢丝，使其与椭圆形曲线上的各点相联系，并拉紧。浆砌或干砌锥坡石料时，沿拉紧的各斜线，自下向上层层砌筑。

锥坡施工放样线根据椎体的高度 H，桥头道路边坡率 M 和桥台河坡边坡率 N，计算出锥坡底面椭圆的长轴 A 和短轴 B，以此作为锥坡底椭圆曲线的平面坐标轴。

1)图解法(双圆垂直投影)

当桥头锥坡处五锥积物，可用图解法作出椭圆曲线。A 和 B 作半径，画出同心四分之一圆，如图 9-9 所示，将圆周分成若干等分点(等分愈多，连成的曲线愈精确)，由等分点 1、2、3、4…分别和圆心相连，得到若干条径向直线。从各条径向线与两个圆周的交点互作垂线交于Ⅰ、Ⅱ、Ⅲ…点，即为椭圆上的点，连接起来完成椭圆曲线。

2)直角坐标法

设 P 点的坐标为 X、Y，长半轴为 A，短半轴为 B，根据图 9-10 的几何条件可得 $SQ = \sqrt{OS^2 - OQ^2} = \sqrt{A^2 - (nA)^2} = A\sqrt{1-n^2}$

$$\triangle OSQ \sim \triangle ORT$$

$$\frac{SQ}{A} = \frac{Y}{B}$$

$$y = \frac{B}{A}SQ = B\sqrt{1-n^2}$$

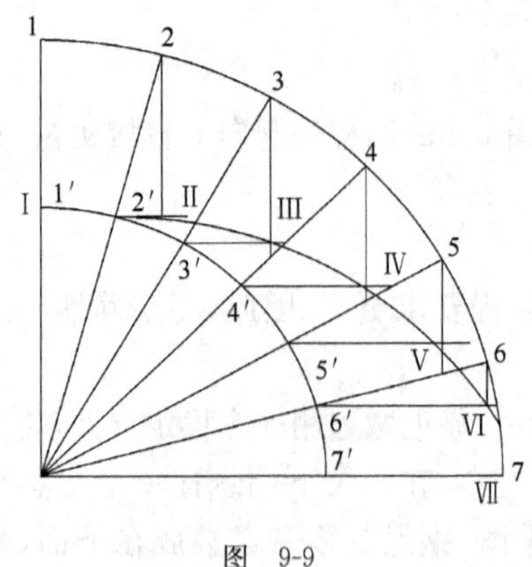

图 9-9

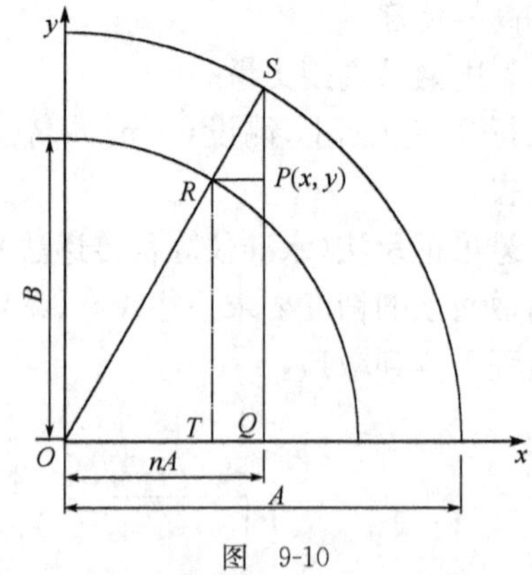

图 9-10

当锥坡内侧堆有弃土，量距有困难时，可在椭圆形曲线外侧，按直角坐标值量距定点，其数值见表 9-4。

式中：

$$n = \frac{x}{A}$$

令 n=0.1,0.2,…,0.9,0.95,1.0,代入上式，即可得到纵坐标 y_1，y_2，…(表 9-4)。

表 9-4

n	0.1	0.2	0.3	0.4	0.5	0.6	0.7	0.8	0.9	0.95	1.0
x	0.1A	0.2A	0.3A	0.4A	0.5A	0.6A	0.7A	0.8A	0.9A	0.95A	A
y	0.955B	0.980B	0.954B	0.917B	0.866B	0.800B	0.714B	0.600B	0.436B	0.312B	0
y'	0.005B	0.020B	0.046B	0.083B	0.134B	0.200B	0.286B	0.400B	0.564B	0.688B	B

3)斜桥锥坡放样

锥桥锥坡放样仍可采用直角坐标法，但需将表 9-4 所列的横坐标值根据桥梁与河道的交角大小予以修正，修正后的长半轴长 $OF = A\sec\alpha$，所以横坐标值 x 也应乘以 $\sec\alpha$。纵坐标值则与表 9-4 中的数值相同(图 9-11)。

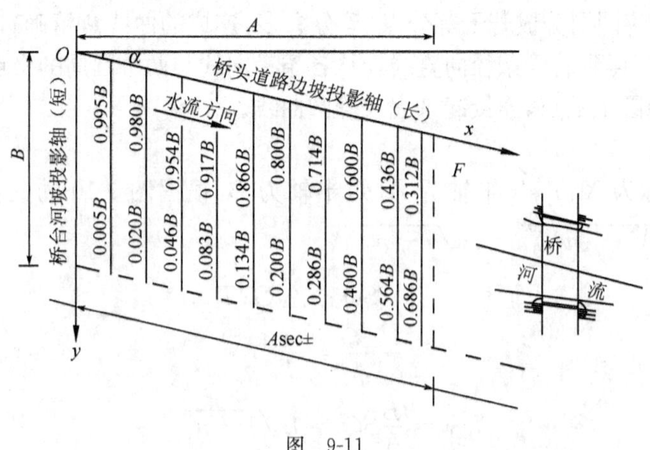

图 9-11

第五节　桥梁变形观测

桥梁工程在施工和施工过程中，由于各种内因和外界条件的影响，墩台会产生一定的沉降、倾斜及位移。如桥梁的自重对基础产生的压力，引起基础、墩台的均匀沉降或者不均匀沉降，从而使墩柱倾斜或产生裂缝；梁在荷载作用小产生挠度。为了保证工程施工质量和运营安全，验证工程设计的效果，需要对桥梁工程定期进行变形观测。变形观测的内容有：沉降观测、水平位移观测、倾斜观测、裂缝观测。

一　沉降观测

沉降观测是根据水准点定期测定桥梁墩台上所设置的观测点的高程，计算沉降量的工作，具体内容是水准点及观测点的布设、观测方法和成果整理。

1. 水准点及观测点的布设

水准点埋设要稳定、可靠，必须埋设在基础上，最好每岸各埋设三个且布置在一个圆弧上，在观测时仪器安置在圆弧的圆心上。水准点离观测点的距离不得超过 100m。

观测点预埋在基础和墩身、台身上，埋设固定可靠，观测点其顶端做成球形。基础上的观测点可对称地设在四个角点上，对于宽大的基础宜适当加密，墩身、台身上的观测点设在两侧与基础观测点相对应的部位，其高度普通低水位以上。

2. 观测方法

在施工期间，带埋设的观测点稳固后，及进行首次观测，以后每增加一次大荷载要进行沉降观测，其观测周期在施工初期应段些，当变形逐渐稳定后可以适当延长。工程投入使用后还需要观测，观测时间的间隔可按照沉降量大小及速率而定，直到沉降稳定为止。

为保证观测成果的精度，沉降观测应采用精密水准测量，所用仪器为精密水准仪，水准尺应采用因瓦水准尺。

沉降观测是一项长期的系统观测工作，为了保证观测成果的正确性，要做点五定：水准点固定、水准仪和水准尺固定、水准路线固定、观测人员固定和观测方法固定。并遵守以下原则：

(1)观测应在成像清晰、稳定时进行；

(2)观测视线长度不要超过 50m，前视与后视距离尽量相等；

(3)前、后视观测最好用同一根水准尺；

(4)沉降观测点首次观测的高程值是以后各次观测用以进行比较的依据，必须提高初测的精度，应在同期进行两次观测后决定；

(5)前视各点观测完毕后，应回视后视点，要求两次后视读数之差不得超过 1mm；

(6)每次观测结束后，应检查记录和计算是否正确，精度是否合格。

将每次观测求得的各管测点的高程与第一次观测的数值相比较，即得该次所求得的观测点的垂直位移量。

3. 成果整理

根据历次沉降观测各测点的高程和观测日期填入沉降观测成果表。计算相邻两次观测之

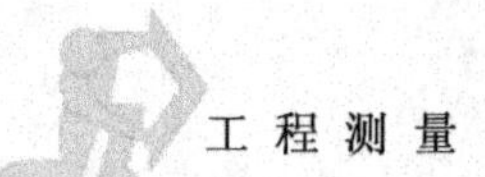

间的沉降量和累计沉降量，以便比较。为了直观地标示沉降量与实践之间的关系，可绘制沉降点的沉降量——时间关系曲线图，供沉降分析用。如果沉降位移量小且趋于稳定，则说明桥梁墩台是正常的，如果沉降位移量大且日益增长趋势，则应及时采取工程补救措施。

二 水平位移观测

水平位移主要产生自水流方向，这是由于桥墩长期受水流尤其是洪水的冲击；其他原因如列车的运动，也会产生沿桥横轴向的位移，所以水平位移观测分为纵向(桥轴线方向)位移和横向(垂直于桥轴线方向)位移。

1. 纵向位移观测

对于小跨度的桥梁可用钢尺、因瓦线尺直接丈量各墩中心的距离，大跨度的桥梁应采用全站仪施测。每次观测所得观测点至测站点的距离与第一次观测距离之差，即为墩台沿桥轴线方向的位移值。

2. 横向位移观测

如图 9-12 所示，A、B 为视准线两端的测站点，C 为墩上的观测点。观测时在 A 点安置经纬仪，在 B、C 点安置棱镜，观测$\angle BAC$ 的值后，按下式计算观测点 C 的偏离 AB 的距离 d。

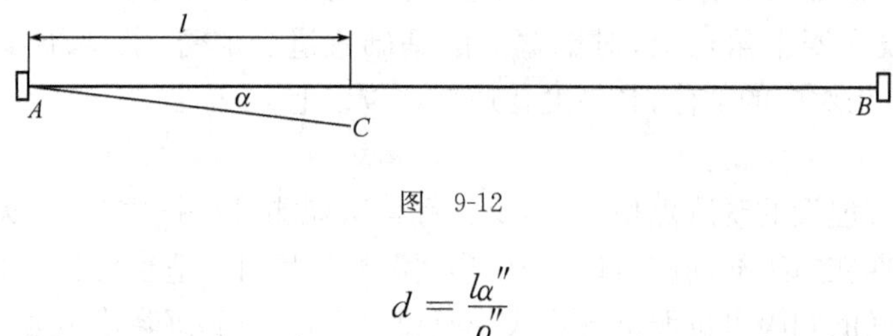

图 9-12

$$d=\frac{l\alpha''}{\rho''}$$

每次观测所求得的 d 值与第一次 d 值之差即为该点的位移量。

三 倾斜观测

倾斜观测主要对高桥墩和斜拉桥的塔柱进行铅垂方向的倾斜观测，这些构筑物与基础的不均匀沉降有关。

在桥墩立面上设置上下两个观测标志点，上下标志应在同一垂直面上，它们的高差为 h，用经纬仪将上标志中心采用正倒镜分中法投影到下标志附近，量取二者之间的水平位移$\varDelta$，则该方向上的倾斜度为：$i=\varDelta/h$；

四 裂缝观测

裂缝观测是对混凝土的桥台、桥墩和梁体上产生的裂缝的现状和发展过程的观测。裂缝观测是在裂缝两侧设置观测标志，用直尺、游标卡尺或其他测量工具定期测量两侧标志间的距离、裂缝长度，并记录测量的日期。

复习思考题

1.桥梁施工测量有哪些内容?

2.桥梁控制测量有哪些?如何施测?

3.桥梁墩台中心测设的方法有几种?如何施测?

4.桥梁变形观测有哪些内容?如何进行变形观测?

5.已知临时水准点高程为3.672m,后视水准尺读数为1.864m,桥墩顶部钢垫板设计高程为4.015m,求钢垫板前视水准尺上的读数,并写出测设方案。

第十章 管道工程测量

第一节 概　　述

管道包括排水、给水、煤气、电缆、通信、输油、输气等管道。管道工程测量的主要任务包括中线测量、纵断面测量及施工测量。

管道中线测量的任务是将设计的管道中心线的位置在地面上测设出来，中线测量包括管道转点桩及交点桩测设、转角测量、里程桩和加桩的标定等。中线测量方法和道路中线测量方法基本相同，在此不再重复。由于管道的方向一般用弯头来改变，故不需要测设圆曲线。

管道纵断面测量的内容是根据管道中心线所测的桩点高程和桩号绘制成纵断面图。纵断面图反映了沿管道中心线的地面高低起伏和坡度陡缓情况，是设计管道埋深、坡度和土方量计算的依据，管道纵断面水准测量的闭合允许值为$\pm5\sqrt{L}$mm；横断面测量是测量中线两侧一定范围内的地形变化点至管道中线的水平距离和高差，以中线上的里程桩或加桩为坐标原点，以水平距离为横坐标，高差为纵坐标，按1∶100比例尺绘制横断面图。

根据纵断面图上的管道埋深、纵坡设计、横断面图上的中线两侧的地形起伏，可计算出管道施工的土方量。接下来，重点介绍管道工程的施工测量。

第二节 管道工程施工测量

管道工程施工测量的主要任务是根据设计图纸的要求，为施工测设各种标志，使施工技术人员便于随时掌握中线方向和高程位置。

管道施工一般在地面以下进行，并且管道种类繁多，例如给水、排水、天然气、输油管等。在城市建设中，尤其城镇工业区管道更是上下穿插、纵横交错组成管道网，如果管道施工测量稍有误差，将会导致管道互相干扰，给施工造成困难，因此施工测量在管道施工中的作用尤为突出。

一 管道工程测量的准备工作

(1)熟悉设计图纸资料，包括管道平面图、纵横断面图、标准横断面和附属构筑物图，弄清管线布置及工艺设计和施工安装要求。

(2)勘察施工现场情况，了解设计管线走向，以及管线沿途已有平面和高程控制点分布情况。

(3)根据管道平面图和已有控制点，并结合实际地形，找出有关的施测数据及其相互关系，并绘制施测草图。

(4)根据管道在生产上的不同要求、工程性质、所在位置和管道种类等因素，以确定施测精度。如厂区内部管道比外部要求精度高；不开槽施工比开槽施工测量精度要求高，无压力的管道比有压力管道要求精度高。

二 地下管道放线测设

1.恢复中线

管道中线测量中所钉的中线桩、交点桩等，到施工时难免有部分碰动或丢失，为了保证中线位置准确可靠，施工前应根据设计的定线条件进行复核，并将丢失和碰动的桩重新恢复。在恢复中线的同时，一般均将管道附属构筑物(涵洞、检查井)的位置同时测出。

2.测设施工控制桩

在施工时中线上各桩要被挖掉，为了便于恢复中线和附属构筑物的位置，应在不受施工干扰、引测方便、易于保存桩位的地方测设施工控制桩。施工控制桩分为中线控制桩和附属构筑物控制桩两种。

(1)测设中线方向控制桩

如图10-1所示，施测时，一般以管道中心线桩为准，在各段中线的延长线上钉设控制桩。若管道直线段较长，也可在中线一侧的管槽边线外测设一条与中线平行的轴线桩，各桩间距以20m为宜，作为恢复中线和控制中线的依据。

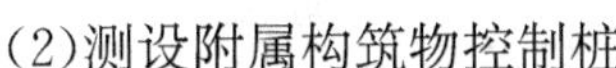

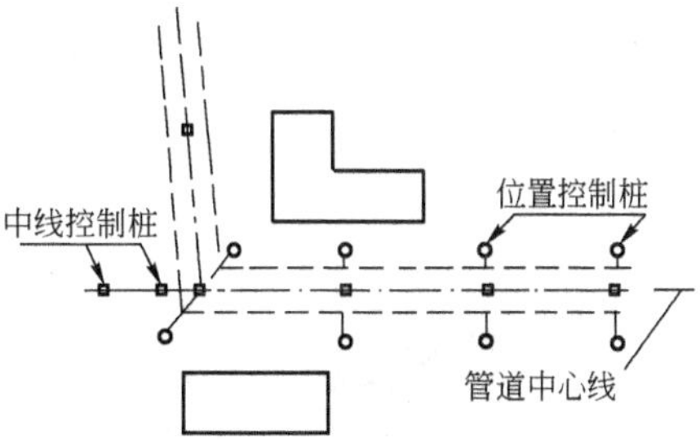

图 10-1

(2)测设附属构筑物控制桩

以定位时标定的附属构筑物位置为准，在垂直于中线的方向上钉两个控制桩，如图10-1所示。

3.槽口放线

槽口放线是根据管径大小、埋设深度和土质情况决定管槽开挖宽度，并在地面上钉设边桩，沿边桩拉线撒出灰线，作为开挖的边界线。

由横断面设计图查得左右两侧边桩与中心桩的水平距离，如图10-2中的a和b，施测时在中心桩处插立方向架测出横断面位置，在断面方向上，用皮尺抬平量定A、B两点位置各钉立一个边桩。相邻断面同侧边桩的联线，即为开挖边线，用石灰放出灰线，作开挖的界限。如图10-3所示，当地面平坦时，开挖槽口宽度也可采用下式计算：

$$D_z = D_y = \frac{b}{2} + mh \tag{10-1}$$

式中：D_z、D_y——管道中桩至左、右边桩的距离；

b——槽底宽度；

$1:m$——边坡坡度；

h——挖土深度。

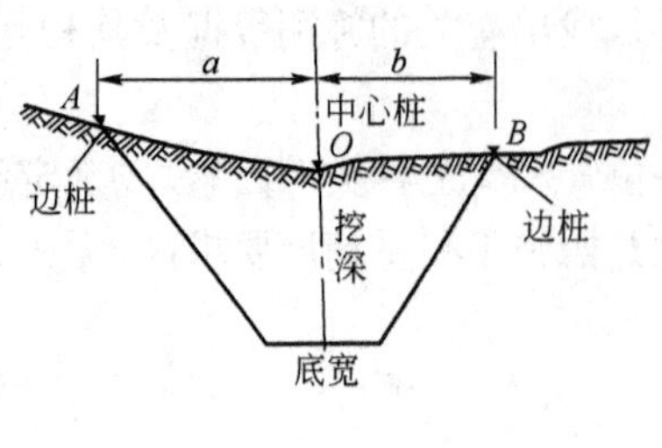

图 10-2

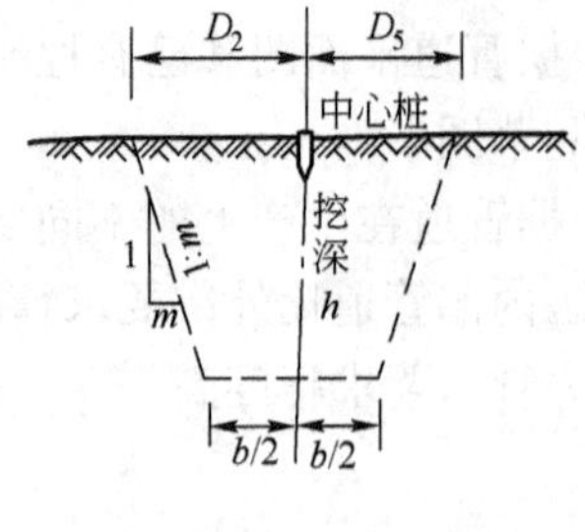

图 10-3

三 地下管道施工测量

管道施工中的测量工作，主要是控制管道的中线和高程位置。因此，在开槽前后应设置控制管道中线和高程位置的施工标志，用来按设计要求进行施工。现介绍两种常用的方法。

1. 龙门板法

龙门板由坡度板和高程板组成。

管道施工中的测量任务主要是控制管道中线设计位置和管底设计高程。因此，需要设置坡度板。如图 10-4 所示，坡度板跨槽设置，间隔一般为 10～20m，编写板号。当槽深在 2.5m 以上时，应待开挖至距槽底 2m 左右时再埋设在槽内，如图 10-5 所示。坡度板应埋设牢固，板面要保持水平。

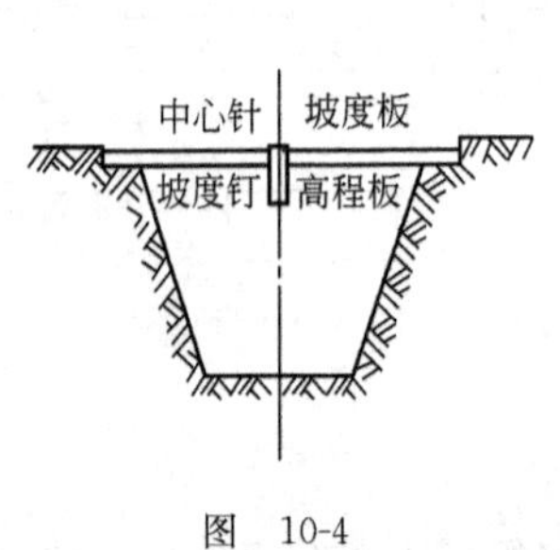

图 10-4

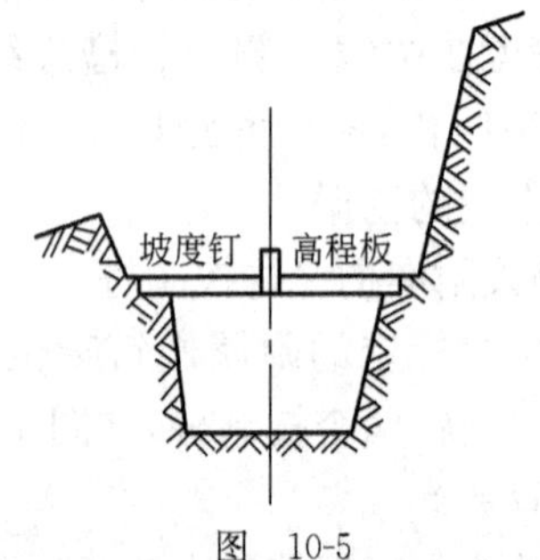

图 10-5

坡度板设好后，根据中线控制桩，用经纬仪把管道中心线投测至坡度板上，钉上中心钉，并标上里程桩号。施工时，用中心钉的连线可方便地检查和控制管道的中心线。

再用水准仪测出坡度板顶面高程，板顶高程与该处管道设计高程之差即为板顶往下开挖的深度。由于地面有起伏，因此，由各坡度板顶向下开挖的深度都不一致，对施工中掌握管底的高程和坡度都不方便。为此，需在坡度板上中线一侧设置坡度立板，称为高程板，在高程板侧面测设一坡度钉，使各坡度板上坡度钉的连线平行于管道设计坡度线，并距离槽底设计高程为一整分米数，称为下返数。施工时，利用这条线可方便地检查和控制管道的高程和坡度。高差调整数可按下式计算：

高差调整数＝(管底设计高程＋下返数)－坡度板顶高程

调整数为“＋”时，表示至板顶向上改正；调整数为“－”时，表示至板顶向下改正。

按上述要求，最终形成如图 10-6 所示的管道施工所常用的龙门板。

2. 平行轴腰桩法

当现场条件不便采用坡度板时，对精度要求较低的管道，可采用平行轴腰桩法来测设坡度控制桩，其方法如下：

(1)测设平行轴线桩

开工前首先在中线一侧或两侧，测设一排平行轴线桩(管槽边线之外)，平行轴线桩与管道中心线相距 a，各桩间距约在 20m。检查井位置也相应的在平行轴线上设桩。

(2)钉腰桩

为了比较精确的控制管道中心和高程，在槽坡上(距槽底约 1m)再钉一排与平行轴线相应的平行轴线桩，使其与管道中心的间距为 b，这样的桩成为腰桩，如图 10-7 所示。

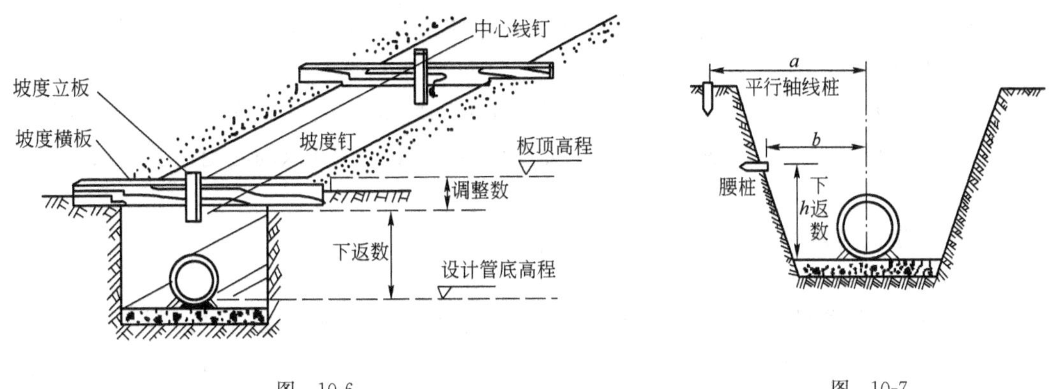

图 10-6　　图 10-7

(3)引测腰桩高程

腰桩钉好后，用水准仪测出各腰桩的高程，腰桩高程与该处对应的管道设计高程之差 h，即是下返数。施工时，由各腰桩的 b，h 来控制埋设管道的中线和高程。

四 架空管道施工测量

1. 管架基础施工测量

管线定位并经检查后，可根据起止和转折点，测设管架基础中心桩，其直线投点的容许差为±5mm，基础间距丈量的容许差为 1/2 000。

管架基础中心桩测定后，一般采用十字线法或平行基线法进行控制，即在中心桩位置沿中线和中线垂直方向打四个定位桩，或在基础中心桩一侧设测一条与中线相平行的轴线。管架基础控制桩应根据中心桩测定，其测定容许差为±3mm。

架空管道基础各工序的施工测量方法与厂房基础相同，各工序中心线及高程的测量容许差满足相关规定。

2. 支架安装测量

架空管道需安装在钢筋混凝土支架、钢支架上。安装管道支架时，应配合施工，进行柱子垂直校正和高程测量工作，其方法、精度要求均与厂房柱子安装测量相同。管道安装前，应在支架上测设中心线和高程。中心线投点和高程测量容许差为±3mm。

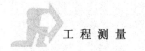

五 顶管施工测量

当地下管道穿越铁路、公路、江河或者其他重要建筑物时，由于不能或禁止开槽施工时，这时就常采用顶管施工方法。这种方法，随着机械化程度的提高，越来被广泛采用。顶管施工是在先挖好的工作坑内安放铁轨或方木，将管道沿所要求的方向顶进土中，然后再将管内的土方挖出来。顶管施工中要严格保证顶管按照设计中线和高程正确顶进或贯通，因此测量及施工精度要求较高。

1. 顶管测量的准备工作

(1)设置顶管中线控制桩。中线桩是控制顶管中心线的依据，设置时应根据设计图上管道要求，在工作坑的前后钉立两个桩，称为中线控制桩。

(2)引测控制桩。在地面上中线控制桩上架经纬仪，将顶管中心桩分别引测到坑壁的前后，并打入木桩和铁钉。如图 10-8 所示。

(3)设置临时水准点。为了控制管道按设计高程和坡度顶进，需要在工作坑内设置临时水准点。一般要求设置两个，以便相互校核。为应用方便，临时水准点高程与顶管起点管底设计高程一致。

(4)安装导轨或方木。

2. 中线测量

在进行顶管中线测量时，先在两个中线钉之间绷紧一条细线，细线上挂两个垂球，然后贴靠两垂球线再拉紧一水平细线，这根水平细线即标明了顶管的中线方向(图 10-9)。为保证中线测量的精度，两垂球的距离尽可能大些。制作一把木尺，使其长度等于略小于管径，分划以尺的中央为零向两端增加。将水平尺横置在管内前端，如果两垂球的方向线与木尺上的零分划线重合(图 10-10)，则说明管道中心在设计管道方向上，否则，管道有偏差，偏差值超过 1.5cm时，需要校正。

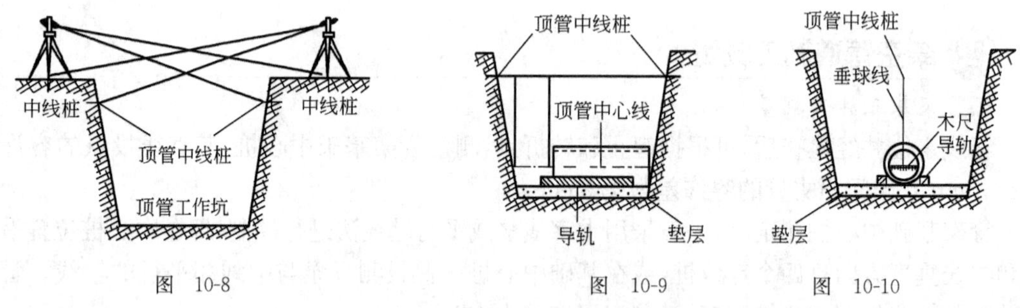

图 10-8　　图 10-9　　图 10-10

3. 高程测量

先在工作坑内设置临时水准点 BM，将水准仪安置在坑内，后视临时水准点 BM，前视立于管内待测点的短标尺，即可测得管底各点高程。将测得的管底高程和管底设计高程进行比较，即可知道校正顶管坡度的数据，其差超过 ±1cm 时，需要校正。

在管道顶进过程中，管子每顶进 0.5～1.0m 便要进行一次中线检查。当顶管距离较长时，应每隔 100m 开挖一个工作坑，采用对向顶管施工方法，其贯通误差应不超过 3cm。当顶管距离太长，直径较大时，可以使用激光水准仪或激光经纬仪进行导向。

 管线竣工测量和竣工图编绘

管道工程竣工后，要及时整理并编绘竣工资料和竣工图。竣工图反映管道施工成果及其质量，为今后管理和维修使用，同时是城市规划设计的必要依据。

管道竣工测量包括竣工带状平面图和管道竣工断面图的测绘。竣工平面图主要测绘起止点、转折点、检查井的坐标和管顶高程，并根据测量资料编绘竣工平面图和纵断面图。

管道竣工纵断面的测绘，要在回填土前进行，用普通水准测量测定管顶和检查井的井口高程。管底高程由管顶高程和管径、管壁厚度计算求得，井间距离用钢尺丈量。

复习思考题

1. 管道工程测量的主要内容有哪些？

2. 管道的三个主点是什么，主点的测设方法有哪些？

3. 在管道施工测量中，简述用坡度板法控制管道中线和高程。

4. 已知管道起点 K0+000 的管底高程为 43.720m，管道坡度为 10‰的下坡，在表 10-1 中计算出各坡度板处的管底设计高程(按实测的板顶高程选定下返数为 C)，再根据选定下返数计算出各坡度顶高程的调整数 δ 和坡度钉的高程。

坡度钉计算手簿 表 10-1

桩号	距离(m)	坡度	管底设计高程 H_{pt}	板顶高程 H_{pb}	$H_{pt}-H_{pb}$	选定下返数 C	调整数 δ	坡度钉高程
1	2	3	4	5	6	7	8	9
K0+000			43.720	34.250				
K0+020				34.200				
K0+040				33.825				
K0+060				33.734				
K0+080				33.592				
K0+100				33.483				
K0+120				33.351				

5. 管道施工测量中的腰桩起什么作用？现在 3 号～4 号两井(距离为 50m)之间，每隔 10m 在沟槽内设置一排腰桩，已知 3 号井的管底高程为 137.180m，其坡度为 −9‰，设置腰桩是从附近水准点(高程为 139.437m)引测的，选定下返数 C 为 1m。设置时，以临时水准点为后视读数 1.475m，在表 10-2 中计算出钉各腰桩的前视读数。

表 10-2

井和 腰桩编号	距离	坡度	管底高程	选定下返数 C	腰桩高程	起始点 高程	后视 读数	各腰桩 前视读数
1	2	3	4	5	6	7	8	9
3 号(1)			137.180					
2								
3								
4								
5								
4 号(6)								

附录 试 题 库

一、名词解释

1. 测定 2. 测设 3. 水准面
4. 水平面 5. 大地水准面 6. 铅垂线
7. 绝对高程 8. 相对高程 9. 高差
10. 真误差 11. 等精度观测 12. 非等精度观测
13. 高差法 14. 视线高法(仪高法) 15. 水准管轴
16. 视准轴 17. 视差 18. 转点
19. 水准点 20. 闭合水准路线 21. 附合水准路线
22. 支水准路线 23. 高差闭合差 24. 水准测量测站校核
25. 水准测量计算校核 26. 水准测量成果校核 27. 水平角
28. 竖直角 29. 水平距离 30. 直线定线
31. 直线定向 32. 磁子午线方向 33. 真子午线方向
34. 方位角 35. 控制测量 36. 图根控制测量
37. 导线测量 38. 坐标正算 39. 坐标反算
40. 坐标增量 41. 地形图 42. 地物
43. 地貌 44. 碎部测量 45. 对向观测
46. 等高线 47. 首曲线 48. 等高距
49. 等高线平距 50. 施工控制测量 51. 建筑基线
52. 建筑方格网 53. 中心桩 54. 轴线控制桩
55. 建筑物定位 56. 建筑物放线 57. 水平桩
58. 中心钉 59. 道路中线 60. 平面曲线
61. 缓和曲线 62. 转角

二、填空题

1. 测量工作的实质是确定__________的位置。

2. 测量工作的实质是确定地面点的位置,而地面点的位置须由三个量来确定,即地面点的__________位置和该点的高程。

3. 水准面有无数个,其中与平均海水面相吻合的水准面称为大地水准面,它是测量工作的__________。

4. 测量工作的基准线是__________。

5. 水准面、大地水准面是一个处处与铅垂线相垂直的连续的__________。

6. 大地水准面处处与铅垂线__________。

7. 在测量直角坐标系中,y 轴表示__________方向。

8. 在独立平面直角坐标系中,规定南北方向为纵坐标轴,记作 x 轴,x 轴向__________为正，向南为负；以东西方向为横坐标轴，记作_________轴，y 轴向东为正，向西为负。

9. 在独立平面直角坐标系中，原点 O 一般选在测区的_________角，使测区内各点的 x、y 坐标均为正值；坐标象限按顺时针方向编号。

10. 测量平面直角坐标系的象限按_________方向编号的。

11. 地面点在_________的投影位置，称为地面点的平面位置。

12. 高斯投影后，_________即为坐标纵轴。

13. 由于我国位于北半球，x 坐标均为正值，y 坐标则有正有负，为了避免 y 坐标出现负值，将每一带的坐标原点向西移_________ km。

14. 地面某点的经度为 131°58′，该点所在六度带的中央子午线经度是_________。

15. 在以 10km 为半径的范围内，可以用_________代替球面进行距离测量。

16. 高程基准面通常是_________。

17. 我国目前采用的高程系统是_________。

18. 用“1956 年黄海高程系统”测得 A 点高程为 1.232m，改为“1985 年国家高程基准”测得该点的高程为_________。

19. 地下室地面高程是－2.1m，是指_________高程。

20. 确定地面点位的 3 个基本要素是水平距离、_________、_________。

21. 真误差为_________与观测值之差。

22. _________误差服从于一定的统计规律。

23. 偶然误差的特性是_________、_________、_________、_________。

24. 偶然误差的_________随观测次数的无限增加而趋向于零。

25. 衡量测量精度的指标有_________、_________、_________。

26. 通常取 2 倍或 3 倍中误差作为_________。

27. 测定待定点的高程位置的方法有两种：高差法和_________。

28. 水准测量时，地面点之间的高差等于后视读数_________前视读数。

29. 管水准器的作用是_________。

30. 圆水准器的作用是_________。

31. 过管水准器零点的_________叫水准管轴。

32. 物镜光心与_________的连线叫视准轴。

33. 普通水准仪操作的主要程序：安置仪器、粗略整平、瞄准水准尺、_________和读数。

34. 视差的产生原因是目标成像与_________不重合。

35. 水准路线的布设形式通常有_________、_________、_________。

36. 水准仪的四条轴线为_______、_______、_______、_______。

37. 水准仪的圆水准器轴应与仪器竖轴_________。

38. 在水准测量中，测站检核通常采用_________和_________。

39. 水准测量误差的主要来源_________、_________、_________。

40. 已知 A 点高程为 14.305m，现欲测设高程为 15.000m 的 B 点，水准仪架在 AB 中间，在 A 尺读数为 2.314m，则在 B 尺读数应为_________ m，才能使尺子底部高程为需要值。

41. 已知 A 点高程为 H_A＝15.032m，欲测设 B 点高程为 14.164m，仪器在 A、B 两点中间

时，在 A 尺上读数为 1.026m，则 B 尺上读数应为＿＿＿＿＿ m。

42. 空间相交的两条直线在同一水平面上的＿＿＿＿＿称为水平角。

43. 为了测定水平角的大小，设想对中点铅垂线上任一处，水平安置一个带有 0～360 度均匀刻划的水平度盘，通过左方向和右方向的竖直面与水平度盘相交，在度盘上截取相应的读数，则水平角为＿＿＿＿＿读数减去＿＿＿＿＿读数。

44. DJ_6 光学经纬仪的构造，主要由＿＿＿＿＿、＿＿＿＿＿和基座三部分组成。

45. 水平度盘是用于测量水平角，水平度盘是由光学玻璃制成的圆环，圆环上刻有 0～360 度的分划线，并按＿＿＿＿＿方向注记。

46. ＿＿＿＿＿是经纬仪上部可转动部分的总称。照准部的旋转轴称为仪器的＿＿＿＿＿。

47. 经纬仪通过调节水平制动螺旋和水平微动螺旋，可以控制照准部在＿＿＿＿＿方向上的转动。

48. 望远镜的旋转轴称为＿＿＿＿＿。望远镜通过横轴安装在支架上，通过调节望远镜制动螺旋和望远镜微动螺旋，可以控制望远镜在＿＿＿＿＿面内的转动。

49. 经纬仪的使用主要包括＿＿＿＿＿、＿＿＿＿＿、瞄准和读数四项操作步骤。

50. 对中的目的是仪器的中心与测站点标志中心处于＿＿＿＿＿。

51. 对中的方法：有＿＿＿＿＿对中，＿＿＿＿＿对中两种方法。

52. 用光学对中器对中的误差可控制在＿＿＿＿＿ mm 以内。

53. 经纬仪用＿＿＿＿＿对中时，对中的误差通常在 3mm 以内。

54. 由于照准部旋转中心与＿＿＿＿＿不重合之差为照准部偏心差。

55. 经纬仪整平时，伸缩脚架，使＿＿＿＿＿气泡居中；再调节脚螺旋，使照准部水准管气泡精确居中。

56. 经纬仪整平时，通常要求整平后气泡偏离不超过＿＿＿＿＿。

57. 测量水平角时，要用望远镜十字丝分划板的＿＿＿＿＿瞄准观测标志。注意尽可能瞄准目标的根部，调节读数显微镜＿＿＿＿＿使读数窗内分划线清晰。

58. 经纬仪测水平角时，上、下两个半测回较差大于＿＿＿＿＿秒时，应予重测。

59. 用测回法测水平角时，可以消除仪器误差中＿＿＿＿＿、＿＿＿＿＿和＿＿＿＿＿。

60. 当测角精度要求较高时，需要对一个角度观测多个测回，为了减少刻度分划线的影响，各测回之间，应使用度盘变换手轮或复测扳手，根据测回数 n，以＿＿＿＿＿差值变换度盘的起始位置。

61. 用测回法对某一角度观测 6 测回，第 4 测回的水平度盘起始位置的预定值应为＿＿＿＿＿。

62. 当照准部转动时，水平度盘并不随照准部转动。若需改变水平度盘的位置，可通过照准部上的水平度盘＿＿＿＿＿或复测器板手，将度盘变换到所需的位置。

63. 常用的水平角观测方法有＿＿＿＿＿法和方向观测法。

64. 测回法是测角的基本方法，用于＿＿＿＿＿之间的水平角观测。

65. 设在测站点的东南西北分别有 A、B、C、D 共 4 个标志，用全圆测回法观测水平角时，以 B 为起始方向，则盘左的观测顺序为＿＿＿＿＿。

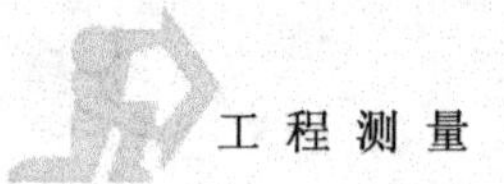

66. 由于水平度盘是按顺时针刻划和注记的，所以在计算水平角时，总是用_________目标的读数减去_________目标的读数，如果不够减，则应在右目标的读数上加上 360°，再减去左目标的读数，绝不可以倒过来减。

67. 光学经纬仪竖直度盘主要由_________、竖盘指标、_________和竖盘指标水准管微动螺旋组成。

68. 视线水平，竖盘指标水准管气泡居中时，竖盘读数不是刚好指在 90°或 270°上，而是与其相差 x 角。该角值称为_________，简称指标差。虽然竖盘读数中包含有指标差，但取盘左、盘右值的平均值，可以消除_________的影响，得到正确的竖直角。

69. 经纬仪的主要轴线有_________、_________、_________、_________。

70. 经纬仪应满足的条件是_________、_________、_________、_________、_________。

71. 已知水平角的测设，就是根据地面上一点及一给定的方向，定出另外一个_________，使得两方向间的水平角为给定的已知值。

72. 水平距离是指地面上两点投影到_________上的直线距离。

73. 根据所用仪器和方法的不同，距离测量的方法有_________、普通视距测量和光电测距仪测距。

74. 按钢尺的零点位置，钢尺分为_________和刻线尺两种。

75. 在距离测量中，地面两点间的距离一般都大于一个整尺段，需要在直线方向上标定各尺段的端点，使各分段点在同一直线上，以便分段丈量，这项工作称为_________。

76. 钢尺丈量时，后尺手持钢尺零端，站在 A 点处，前尺手持钢尺的末端，并拿标杆和一组测钎，沿丈量方向前进，到一整尺长度处停下，进行_________，使标杆与 A、B 两点标定同一直线上。前尺手将钢尺紧贴在标杆一侧，后尺手以尺子的零点对准 A 点，两人将钢尺_________、拉紧、拉稳时，后尺手发出“预备”口令，此时前尺手在尺的末端刻线处竖直地插下一测钎，并喊“好”。这样就定出了 1 点，完成第一个尺段。

77. 钢尺量距时，如定线不准，则所量结果偏_________。

78. 用钢尺丈量某段距离，往测为 112.314m，返测为 112.329m，则相对误差为_________。

79. 用钢尺在平坦地面上丈量 AB、CD 两段距离，AB 往测为 476.390m，返测为 476.300m；CD 往测为 126.390m，返测为 126.300m，则 AB 比 CD 丈量精度_________。

80. 有两条直线，AB 的丈量相对误差为 1/2 100，CD 的相对误差为 1/3 400，则 AB 的丈量精度比 CD 的丈量精度_________。

81. 用尺长方程式为 $lt=30-0.002\,4+0.000\,012\,5\times30\times(t-20)$m 的钢尺丈量某段距离，量得结果为 121.409 0m，丈量时温度为 28℃，则尺长改正为_________ m。

82. 钢尺精密量距时，应加尺长改正_________、_________等三项改正。

83. 当钢尺的实际长度_________于名义长度时，丈量结果偏小。

84. 确定直线与标准方向线之间的夹角关系的工作叫_________。

85. 钢尺量距的误差主要来源有_________、_________、_________、垂曲误差、丈量误差等。

86. 视距测量是根据光学原理，利用望远镜中的_________，同时测定水平距离和高差的一种方法。

87. ________的精度通常为1/300至1/200。

88. 在视距测量中，瞄准视距尺，应读取上、下丝读数、________读数和________读数。

89. 已知A点高程为15.000m，现在A点用三角高程测量B高程，仪器高为1.500m，标杆高为2.000m，竖直角为3°00′00″，AB距离为60m，则B点高程为________ m。

90. 电磁波测距的基本公式$D=ct/2$中，c代表________。

91. 测设已知水平距离是从一个端点出发，沿指定的方向，量出给定的长度，定出这段距离的另一个________。

92. 已知水平长度的测设与已知水平角度的测设有一般方法和精密方法两种。其中精密方法是在概略定出一个位置后，再进行________。

93. 为了确定地面上各直线之间相对位置，除了确定水平距离（两点连线）外，还必须确定该直线的方位，即该直线与标准方向之间的水平夹角，这项确定这种角度关系的工作称为________。

94. 直线定向的标准方向通常有________、________、________。

95. 从直线起点的标准方向北端起，顺时针方向量到直线的角度，称为该直线的________。坐标方位角角值范围在0～360度。

96. 由坐标纵线的北端或南端起，沿顺时针方向或逆时针方向量到直线所夹的锐角，称为该直线的________，用R表示，并注出象限名称，其角值范围在0～90度。

97. 直线BA的反方位角为180°15′00″，则AB方位角为________。

98. 正反坐标方位角相差________。

99. 已知BA的坐标方位角为65°，在B点测得$\angle ABC=120°$，则BC的坐标方位角为________。

100. 全站仪是由光电测距仪、电子经纬仪和电子记录装置三部分组成。主要功能有角度测量、________、________和放样等。

101. 在全站仪坐标放样时，如需要测设$A(X,Y,H)$，建站时，除了需要输入站点和后视点的坐标外，还需要输入测站处的仪器________和待放样点处的棱镜________。

102. GPS主要由________、________、________三大部分组成。

103. 控制测量可分为平面控制和________。

104. 导线测量的外业工作有________、________、________、________。

105. 导线坐标计算的一般步骤包括将已知数据及观测数据填入导线坐标计算表、________、________、________、________、________等。

106. 导线角度闭合差的调整方法是________按角度个数平均分配。

107. 两点的平面直角坐标之差称为________。

108. 闭合导线x坐标增量闭合差的理论值为________。

109. 导线相对闭合差为导线全长闭合差与________之比。

110. 某导线全长520m，纵横坐标增量闭合差分别为$f_x=0.11$m，$f_y=-0.14$m则导线全长闭合差为________ m。

111. 导线________调整的方法为反符号按边长比例分配。

112. 采用支导线法增补测站点时，距离往返的相对误差不得大于_________，高差往返的较差不超过_________基本等高距。

113. 小三角网的布设形式主要包括_________、_________、_________、_________。

114. 三、四等水准测量时，采用后、前、前、后的观测顺序是为了消除_________和_________的影响。

115. 三、四等水准测量采用双面尺法观测的顺序为_________、前、前、_________。

116. _________是地物和地貌的总称。

117. 在 1∶2 000 地形图上，量得某直线的图上距离为 12.14cm，则实地长度为_________ m。

118. 测图比例尺越大，表示地表状况越_________。

119. 地形图上 0.1mm 所代表的_________为比例尺精度。

120. 将图上_________所代表的实地水平距离称为比例尺精度。

121. 在 1∶5 000 比例尺上，1mm 相当于实地_________ m，实地长度 10m 在 1∶500 比例尺地形图上是_________ mm。

122. 在 1∶2 000 地形图上，量得某直线的图上距离为 18.17cm，则实地长度为_________ m。

123. 地形图上_________的通称为地形图注记。

124. 地形图上表示地理要数的符号分为_________、_________、_________。

125. 等高线的特性有________、________、________、________、________。

126. 等高线的种类有_________、计曲线、_________、助曲线。

127. 等高线平距越大，则坡度_________，根据地形图上等高线的疏、密可判定地面坡度的_________。

128. _________是相邻等高线之间的水平距离。

129. 等高线与_________、_________正交。

130. 等高线与山脊线、山谷线_________。

131. 测绘地形图时，碎部点的高程注记应字头向_________。

132. 测绘地形图时，碎部点的高程注记在点的_________侧，并且应字头_________。

133. 大比例尺地形图可用一幅图的_________坐标公里数来编号。

134. 矩形分幅的编号方法有_________、_________、_________。

135. 大比例尺地形图上的直角坐标格网的方格_________为 10cm。

136. 实现从线划地图到数字信息转换的过程叫_________。

137. 在地形图识读时，一般按_________、先地物后地貌、_________、先主要后次要的顺序逐一识读。

138. 地形图应用的基本内容包括_________、_________、_________、_________、_________。

139. 在 1∶1 000 地形图上，若等高距为 1m，现要设计一条坡度为 4% 的等坡度路线，则图上相邻两条等高线间距应为_________ m。

140. 平整场地时，填挖高度是地面高程与_________之差。

141. 汇水范围的_________是由一系列山脊线连接而成的。

142. 汇水面积的边界线是由一系列＿＿＿＿＿连接而成。

143. 测绘地形图时，对地物应选择＿＿＿＿＿点、对地貌应选择＿＿＿＿＿点。

144. 立尺前，应按照概括＿＿＿＿＿、点少、能检核的原则选定立尺点，并与观测员、绘图员共同商定跑尺路线。

145. 绘制坐标方格网常用的方法有＿＿＿＿＿、格网尺、绘图仪。

146. 测设的基本工作包括距离测设、＿＿＿＿＿测设和高程测设。

147. 施工控制网分为＿＿＿＿＿和高程控制网。

148. 点的平面位置测设方法有＿＿＿＿＿、极坐标法、＿＿＿＿＿和距离交会法。至于采用哪种方法，应根据控制点分布的形式、地形情况、地形条件及精度要求等因素确定。

149. 测设点的平面位置的方法有直角坐标法、＿＿＿＿＿、角度交会法、＿＿＿＿＿，任何一种均需要两个测设数据。

150. 极坐标法是根据一个＿＿＿＿＿和一段直线长度，测设点的平面位置。

151. 已知 A、B 两点的坐标值分别为 $X_A=5\ 773.633\ 2\text{m}$，$Y_A=4\ 244.098\ 0\text{m}$，$X_B=6\ 190.495\ 9\text{m}$，$Y_B=4\ 193.614\ 0\text{m}$，则坐标方位角 $\alpha_{AB}=$＿＿＿＿＿、水平距离 $D=$＿＿＿＿＿米。

152. 测角交会可分为＿＿＿＿＿、测方交会、后方交会三种。

153. 建筑物定位的方法有：根据测量控制点测设、根据＿＿＿＿＿测设、根据＿＿＿＿＿测设。

154. 施工测量的任务是把图纸上设计的建(构)筑物的＿＿＿＿＿和高程，按设计和施工的要求以一定精度放样到相应的地点，作为施工的依据。并在施工过程中进行一系列的测量工作，以指导和衔接各施工阶段和工种间的施工。

155. 建筑用地边界点的连线称为＿＿＿＿＿。

156. 民用建筑物的定位，是根据设计给出的条件，将建筑物的外轮廓墙的各轴线＿＿＿＿＿测设于地面，作为基础放线和细部放线的依据。

157. 由于基槽开挖后，定位桩和中心桩被挖，为恢复各轴线位置应把各轴线引测到槽外并做标志，其方法有设置轴线控制桩和＿＿＿＿＿两种形式。基础垫层打好后，恢复轴线位置的方法有拉小线吊垂球投测和经纬仪投测。

158. 在多层建筑墙身砌筑过程中，为了保证建筑物轴线位置正确，可用吊线锤法或经纬仪将轴线投测到各层＿＿＿＿＿上。

159. 建筑施工中的高程测设，又称＿＿＿＿＿。

160. 根据已知水准点，将设计的高程测设到现场作业面上称为＿＿＿＿＿。

161. 在基础施工测设中，应在槽内壁上每隔一定距离及基槽转角处，为挖槽人员设置一个离基底一定高度，整分米值的＿＿＿＿＿，一般为 0.3～0.5m。

162. 建筑物主体施工测量的任务是将建筑物的轴线和＿＿＿＿＿正确的向上引测。

163. 在多层建筑墙身砌筑过程中，为了保证建筑物轴线位置正确，可用＿＿＿＿＿或＿＿＿＿＿将轴线投测到各层楼板或柱顶上。

164. 高层建筑物轴线的投测，一般分为外控法和＿＿＿＿＿法两种。

165. 厂房的预制构件有柱子、吊车梁和屋架等。因此，工业建筑施工测量的工作主要是保证这些预制构件安装到位。具体任务为：厂房＿＿＿＿＿测设、厂房＿＿＿＿＿放线、杯形基础施工测量及厂房预制构件安装测量等。

166. 柱子安装测量目的是保证柱子平面与高程位置符合＿＿＿＿＿，柱身竖直。

167. 建筑物变形观测的主要内容有建筑物＿＿＿＿＿观测、建筑物＿＿＿＿＿观测和建筑物裂缝观测等。

168. 变形观测是测定建筑物及其地基在建筑物＿＿＿＿＿和外力作用下随时间而变形的工作。

169. 建筑物沉降观测是用＿＿＿＿＿的方法，周期性地观测建筑物上的沉降观测点和水准基点之间的＿＿高程变化值。

170. 对于圆形建(构)筑物的倾斜观测，是在互相＿＿＿＿＿的两方向上，测定其顶部中心对底部中心的偏心距。

171. 为了保证水准基点高程的正确性，水准基点最少应布设＿＿＿＿＿个，以便相互检核。

172. 圆曲线测设元素有切线长、＿＿＿＿＿、外矢距、＿＿＿＿＿。

173. 圆曲线的主点包括圆曲线起点、＿＿＿＿＿、＿＿＿＿＿。

174. 已知道路交点桩号为 2＋215.14，圆曲线切线长为 61.75m，则圆曲线起点的桩号为＿＿＿＿＿。

三、单项选择题

1. (　　)处处与铅垂线垂直。

A. 水平面　　B. 参考椭球面

C. 铅垂面　　D. 大地水准面

2. 地球的长半径约为(　　)km。

A. 6 371　　B. 6 400

C. 6 378　　D. 6 356

3. 在测量直角坐标系中，纵轴为(　　)。

A. x 轴，向东为正　　B. y 轴，向东为正

C. x 轴，向北为正　　D. y 轴，向北为正

4. 对高程测量，用水平面代替水准面的限度是(　　)。

A. 在以 10km 为半径的范围内可以代替

B. 在以 20km 为半径的范围内可以代替

C. 不论多大距离都可代替

D. 不能代替

5. 在以(　　)km 为半径的范围内，可以用水平面代替水准面进行距离测量。

A. 5　　B. 10　　C. 15　　D. 20

6. 在测量平面直角坐标系中，x 轴表示什么方向？(　　)。

A. 东西　　B. 左右　　C. 南北　　D. 前后

7. 测定点的坐标的主要工作是(　　)。

A. 测量水平距离　　B. 测量水平角

C. 测量水平距离和水平角　　D. 测量竖直角

8. 确定地面点的空间位置,就是确定该点的平面坐标和(　　)。

A. 高程　　B. 方位角

C. 已知坐标　　D. 未知点坐标

9. 高斯投影属于(　　)。

A. 等面积投影　　B. 等距离投影

C. 等角投影　　D. 等长度投影

10. 在测量直角坐标系中,横轴为(　　)。

A. x 轴,向东为正　　B. x 轴,向北为正

C. y 轴,向东为正　　D. y 轴,向北为正

11. 在测量坐标系中,Y 轴向(　　)为正。

A. 北　　B. 南　　C. 西　　D. 东

12. 假设的平均的静止海平面称为(　　)。

A. 基准面　　B. 水准面　　C. 水平面　　D. 大地水准面

13. (　　)的基准面是大地水准面。

A. 竖直角　　B. 高程

C. 水平距离　　D. 水平角

14. 建筑工程施工测量的基本工作是(　　)。

A. 测图　　B. 测设　　C. 用图　　D. 识图

15. 大地水准面处处与铅垂线(　　)交。

A. 正　　B. 平行　　C. 重合　　D. 斜

16. A、B 两点,H_A 为 115.032m,H_B 为 114.729m,则 h_{AB}为(　　)。

A. −0.303　　B. 0.303　　C. 29.761　　D. −29.761

17. 建筑施工图中标注的某部位高程,一般都是指(　　)。

A. 绝对高程　　B. 相对高程　　C. 高差

18. 水在静止时的表面叫(　　)。

A. 静水面　　B. 水准面

C. 大地水准面　　D. 水平面

19. (　　)的投影是大地水准面。

A. 竖直角　　B. 高斯平面坐标

C. 水平距离　　D. 水平角

20. 我国目前采用的高程基准是(　　)。

A. 高斯平面直角坐标　　B. 1980 年国家大地坐标系

C. 黄海高程系统　　D. 1985 年国家高程基准

21. 地面上有一点 A,任意取一个水准面,则点 A 到该水准面的铅垂距离为(　　)。

A. 绝对高程　　B. 海拔　　C. 高差　　D. 相对高程

22. 真误差为观测值与(　　)之差。

A. 平均　　B. 中误差　　C. 真值　　D. 改正数

23. 由于水准尺的倾斜对水准测量读数所造成的误差是(　　)。

A. 偶然误差

B. 系统误差

C. 可能是偶然误差也可能是系统误差

D. 既不是偶然误差也不是系统误差

24. 估读误差对水准尺读数所造成的误差是(　　)。

A. 偶然误差　　B. 系统误差

C. 可能是偶然误差也可能是系统误差 D. 既不是偶然误差也不是系统误差

25. 观测值与________之差为闭合差。(　　)。

A. 理论值　　B. 平均值　　C. 中误差　　D. 改正数

26. 由于钢尺的不水平对距离测量所造成的误差是(　　)。

A. 偶然误差

B. 系统误差

C. 可能是偶然误差也可能是系统误差

D. 既不是偶然误差也不是系统误差

27. 丈量一正方形的 4 个边长,其观测中误差均为±2cm,则该正方形的边长中误差为±(　　)cm。

A. 0.5　　B. 2　　C. 4　　D. 8

28. 设对某角观测一测回的观测中误差为±3″,现要使该角的观测结果精度达到±1.4″,则需观测(　　)个测回。

A. 2　　B. 3　　C. 4　　D. 5

29. 由于水准尺底部的磨损对水准测量读数所造成的误差是(　　)。

A. 偶然误差

B. 系统误差

C. 可能是偶然误差也可能是系统误差

D. 既不是偶然误差也不是系统误差

30. 在水准测量中,若后视点 A 读数小,前视点 B 读数大,则(　　)。

A. A 点比 B 点低　　B. A、B 可能同高

C. A、B 的高程取决于仪器高度　　D. A 点比 B 点高

31. 水准测量中,设 A 为后视点,B 为前视点,A 尺读数为 2.713m,B 尺读数为 1.401m,已知 A 点高程为 15.000m,则视线高程为(　　)m。

A. 13.688　　B. 16.312　　C. 16.401　　D. 17.713

32. 在水准测量中,若后视点 A 的读数大,前视点 B 的读数小,则有(　　)。

A. A 点比 B 点低　　B. A 点比 B 点高

C. A 点与 B 点可能同高　　D. A、B 点的高低取决于仪器高度

33. 水准仪的分划值越大,说明(　　)。

A. 圆弧半径大　　B. 其灵敏度低

C. 气泡整平困难　　D. 整平精度高

34. DS1 水准仪的观测精度(　　)DS3 水准仪。

A. 高于　　B. 接近于　　C. 低于　　D. 等于

35. 在水准测量中，要消除 i 角误差，可采用(　　)的办法。

A. 消除视差　　B. 水准尺竖直

C. 严格精平　　D. 前后视距相等

36. 在自动安平水准仪上(　　)。

A. 圆水准器与管水准器精度相同

B. 没有圆水准器

C. 圆水准器比管水准器精度低

D. 没有管水准器

37. 水准仪的(　　)与仪器竖轴平行。

A. 视准轴　　B. 圆水准器轴

C. 十字丝横丝　　D. 水准管轴

38. 视差产生的原因是(　　)。

A. 观测时眼睛位置不正

B. 目标成像与十字丝分划板平面不重合

C. 前后视距不相等

D. 影像没有调清楚

39. 设 A 点后视读数为 1.032m，B 点前视读数为 0.729m，则 AB 的两点高差为(　　)m。

A. −29.761　　B. −0.303　　C. 0.303　　D. 29.761

40. 水准测量中，设 A 为后视点，B 为前视点，A 尺读数为 1.213m，B 尺读数为 1.401m，则 AB 的高差为(　　)m。

A. 0.188　　B. −2.614　　C. −0.188　　D. 2.614

41. 水准测量中，设 A 为后视点，B 为前视点，A 尺读数为 1.213m，B 尺读数为 1.401m，A 点高程为 21.000m，则视线高程为(　　)m。

A. 22.401　　B. 22.213　　C. 21.812　　D. 20.812

42. A 点高程 40.150m，B 点高程 41.220m；施工单位一个测同引入场内 M 点高程：从 A 点引测，前视读数 1.10m，后视读数 1.40m；现从 B 点校核 M 点高程，后视读数 1.10m，前视读数应为(　　)m。

A. 1.25　　B. 1.37　　C. 1.49　　D. 1.87

43. 普通水准测量中，在水准尺上每个读数应读(　　)位数。

A. 5　　B. 3　　C. 2　　D. 4

44. 水准仪应满足的主要条件是(　　)。

A. 横丝应垂直于仪器的竖轴

B. 望远镜的视准轴不因调焦而变动位置

C. 水准管轴应与望远镜的视准轴平行

D. 圆水准器轴应平行于仪器的竖轴

45. 在水准仪上(　　)。

A. 没有圆水准器

B. 水准管精度低于圆水准器

C. 水准管用于精确整平

D. 每次读数时必须整平圆水准器

46. 在水准测量中,水准仪的操作步骤为(　　)。

A. 仪器安置、精平、读数

B. 仪器安置、粗平、瞄准、精平、读数

C. 粗平、瞄准、精平后用上丝读数

D. 仪器安置、粗平、瞄准、读数

47. 水准仪精平是调节(　　)螺旋使水准管气泡居中。

A. 微动螺旋　　B. 制动螺旋

C. 微倾螺旋　　D. 脚螺旋

48. 水准仪粗平时,圆水准器中气泡运动方向与(　　)。

A. 左手大拇指运动方向一致

B. 右手大拇指运动方向一致

C. 都不

49. 有关水准测量注意事项中,下列说法错误的是(　　)。

A. 仪器应尽可能安置在前后两水准尺的中间部位

B. 每次读数前均应精平

C. 记录错误时,应擦去重写

D. 测量数据不允许记录在草稿纸上

50. 水准测量时,由于扶尺者向前、后倾斜,使得读数(　　)。

A. 变大　　B. 变小　　C. 都有可能

51. 望远镜的视准轴是(　　)。

A. 十字丝交点与目镜光心连线

B. 目镜光心与物镜光心的连线

C. 人眼与目标的连线

D. 十字丝交点与物镜光心的连线

52. 水准测量中,设 A 为后视点,B 为前视点,A 尺读数为 0.425m,B 尺读数为 1.401m,已知 A 点高程为 15.000m,则 B 点高程为(　　)m。

A. 15.976　　B. 16.826　　C. 14.024　　D. 13.174

53. 水准仪的(　　)与仪器竖轴平行。

A. 视准轴　　B. 圆水准器轴

C. 十字丝横丝　　D. 水准管轴

54. 水准仪的(　　)轴是过零点的法线。

A. 横　　B. 圆水准器

C. 符合水准　　D. 照准部水准管

55. DJ6 经纬仪的测量精度通常要(　　)DJ2 经纬仪的测量精度。

A. 等于　B. 高于　C. 接近于　D. 低于

56. 经纬仪对中误差所引起的角度偏差与测站点到目标点的距离(　　)。

A. 成反比　B. 成正比

C. 没有关系　D. 有关系,但影响很小

57. 观测水平角时,盘左应(　　)方向转动照准部。

A. 顺时针　B. 由下而上

C. 逆时针　D. 由上而下

58. 观测水平角时,照准不同方向的目标,应如何旋转照准部?(　　)。

A. 盘左顺时针,盘右逆时针方向

B. 盘左逆时针,盘右顺时针方向

C. 顺时针方向

D. 逆时针方向

59. 观测竖直角时,采用盘左盘右观测可消除(　　)的影响。

A. i 角误差　B. 指标差　C. 视差　D. 目标倾斜

60. 竖直角的最大值为(　　)。

A. 90°　B. 180°　C. 270°　D. 360°

61. 竖直角(　　)。

A. 只能为正　B. 只能为负

C. 可能为正,也可能为负　D. 不能为零

62. 电子经纬仪区别于光学经纬仪的主要特点是(　　)。

A. 使用光栅度盘　B. 使用金属度盘

C. 没有望远镜　D. 没有水准器

63. 经纬仪用光学对中的精度通常为(　　)mm。

A. 0.05　B. 1　C. 0.5　D. 3

64. 用一般方法测设水平角时,通常用什么位置进行测设?(　　)。

A. 只用盘左　B. 只用盘右

C. 用盘左或盘右一个位置　D. 用盘左和盘右两个位置

65. 各测回间改变度盘起始位置是为了消除(　　)误差。

A. 视准轴　B. 横轴　C. 指标差　D. 度盘刻划

66. 观测竖直角时,盘左读数为 101°23′36″,盘右读数为 258°36′00″,则指标差为(　　)。

A. 24″　B. −12″　C. −24″　D. 12″

67. 观测竖直角时,用盘左、盘右观测的目的是为了消除什么误差的影响?(　　)。

A. 视准轴误差　B. 横轴误差

C. 照准部偏心差　D. 指标差

68. 减少目标偏心对水平角观测的影响,应尽量瞄准标杆的什么位置?(　　)。

A. 顶部　B. 底部

C. 中间　D. 任何位置

69. 经纬仪度盘配位的目的是(　　)。

A. 减小读数误差　　B. 减小仪器竖轴不竖直误差

C. 减小刻度盘不均匀误差　　D. 减小视准轴不水平误差

70. 经纬仪测角误差注意事项中，下列说法不正确的是(　　)。

A. 经纬仪测水平角时，用盘左、盘右两个度盘位置进行观测，可减小或消除视准轴不垂直于横轴，横轴不垂直于竖轴，以及水平度盘偏心误差等的影响

B. 经纬仪测角误差与对中时的偏心距成反比

C. 经纬仪测角误差，与所测点的边长成反比

71. 某经纬仪，竖盘为顺时针方向注记，现用盘右测得读数为 290°35′24″，则此角值为(　　)。

A. 20°35′24″　　B. −69°24′36″　　C. −20°35′24″　　D. 69°24′36″

72. 观测竖直角时，采用盘左、盘右观测，可消除(　　)的影响。

A. i 角影响　　B. 视差　　C. 目标倾斜　　D. 指标差

73. 经纬仪四条轴线关系，下列说法正确的是(　　)。

A. 照准部水准管轴垂直于仪器的竖轴

B. 望远镜横轴平行于竖轴

C. 望远镜视准轴平行于横轴

D. 望远镜十字竖丝平行于竖盘水准管轴。

74. 安置经纬仪时下列说法错误的是(　　)。

A. 三条腿的高度适中

B. 三腿张开面积不宜过小

C. 三腿张开面积越大越好

75. 测回法适用于观测(　　)间的夹角。

A. 三个方向　　B. 两个方向

C. 三个以上的方向　　D. 一个方向

76. 变换度盘位置观测值取平均的方法测水平角，可减弱误差的影响。(　　)。

A. 对中　　B. 整平

C. 目标偏心　　D. 水平度盘刻划不均匀

77. 经纬仪整平，要求其水准管气泡居中误差一般不得大于(　　)。

A. 1 格　　B. 1.5 格　　C. 2 格　　D. 2.5 格

78. 下列是 AB 直线用经纬仪定线的步骤，其操作顺序正确的是(　　)。

(1)水平制动扳纽制紧，将望远镜俯向 1 点处；

(2)用望远镜照准 B 点处所立的标志；

(3)在 A 点安置经纬仪，对中、整平；

(4)指挥乙手持的标志移动，使标志与十字丝重合；

(5)标志处即为 1 处，同理可定其他各点。

A. (1)(2)(3)(4)(5)　　B. (2)(3)(4)(1)(5)

C. (3)(1)(2)(4)(5)　　D. (3)(2)(1)(4)(5)

79. 用一根实际长度是30.010m的钢尺(名义长度是30.000m)去施工放样,一座120m长的房子,丈量4尺后应(　　)。

A. 返回0.040m　　B. 增加0.040m

C. 不必增减　　D. 增加多少计算后才能确定

80. 在钢尺量距的一般方法中,后尺手所持的工具是(　　)。

A. 钢尺末端　　B. 钢尺的零端

C. 测钎　　D. 标杆

81. 已知某直线的坐标方位角为58°15′,则它的反坐标方位角为(　　)。

A. 58°15′　　B. 121°15′　　C. 238°15′　　D. 211°15′

82. 用精密方法丈量距离时,定线应用(　　)。

A. 经纬仪　　B. 水准仪　　C. 标杆　　D. 目测

83. 直线定线不准时,丈量结果将会(　　)。

A. 不变　　B. 增大　　C. 减小　　D. 不知道

84. 钢尺量距注意事项中,下列说法正确的是(　　)。

A. 量完一段前进时,钢尺应沿地面拉动前进,以防钢尺断裂

B. 丈量时尺应用力均匀拉紧,尺零点应对准尺段终点位置

C. 测量整尺段数应记清,并与后测手收回的测钎数应符合

85. 测量某段距离,往测为123.456m,返测为123.485m,则相对误差为(　　)。

A. 1/4 300　　B. 1/4 200　　C. 0.000 235　　D. 0.029

86. 某直线的坐标方位角为121°23′36″,则反坐标方位角为(　　)。

A. 238°36′24″　　B. 301°23′36″　　C. 58°36′24″　　D. −58°36′24″.

87. 钢尺量距时,量得倾斜距离为123.456m,直线两端高差为1.987m,则高差改正为(　　)m。

A. −0.016　　B. 0.016　　C. −0.032　　D. 1.987

88. 用尺长方程式为 $lt=30-0.002\,4+0.000\,012\,5\times30\times(t-20)$(m)的钢尺丈量某段距离,量得结果为121.409 0m,丈量时温度为28℃,则温度改正为(　　)m。

A. 0　　B. 0.042 4　　C. −0.121　　D. 0.0121

89. 望远镜视线水平时,读得视距间隔为0.743m,则仪器至目标的水平距离为(　　)m。

A. 0.743　　B. 74.3　　C. 7.43　　D. 743

90. 电磁波测距的基本公式 $D=ct/2$ 中,t 表示(　　)。

A. 温度

B. 光从仪器到目标所用的时间均数

C. 光速

D. 光从仪器到目标往返所用的时间

91. 测量平面直角坐标系中直线的方位角是按以下哪种方式量取的?(　　)。

A. 纵坐标北端起逆时针

B. 纵坐标北端起顺时针

C. 横坐标东端起逆时针

D. 横坐标东端起顺时针

92. 用尺长方程式为 $lt=30-0.0024+0.0000125\times30\times(t-20)$(m)的钢尺丈量某段距离，量得结果为 121.409 0m，则尺长改正为(　　)m。

A. −0.009 7　B. −0.002 4　C. 0.009 7　D. 0.002 4

93. 视距测量的精度通常是(　　)。

A. 低于钢尺　B. 高于钢尺　C. 1/2 000　D. 1/4 000

94. 望远镜视线水平时，读得视距间隔为 0.465m，则仪器至目标的水平距离是(　　)。

A. 0.465m　B. 4.65m　C. 46.5m　D. 465m

95. 方位角的角值范围为(　　)。

A. 0～360°　B. −90°～90°　C. 0～180°　D. 0～90°

96. 测量某段距离，往测为 123.456m，返测为 123.485m，则相对误差为(　　)。

A. 1/4 300　B. 1/4 200　C. 0.000 235　D. 0.029

97. 钢尺量距时，量得倾斜距离为 123.456m，直线两端高差为 1.987m，则高差改正为(　　)m。

A. −0.016　B. 0.016　C. −0.032　D. 1.987

98. 导线测量的外业不包括(　　)。

A. 测量角度　B. 选择点位　C. 坐标计算　D. 量边

99. 设 AB 距离为 120.23m，方位角为 121°23′36″，则 AB 的 y 坐标增量为(　　)m。

A. −102.630　B. 62.629　C. 102.630　D. −62.629

100. 设 AB 距离为 120.23m，方位角为 121°23′36″，则 AB 的 x 坐标增量为(　　)m。

A. −102.630　B. 62.629　C. 102.630　D. −62.629

101. 导线测量角度闭合差的调整方法是(　　)。

A. 反符号按角度个数平均分配

B. 反符号按角度大小比例分配

C. 反符号按边数平均分配

D. 反符号按边长比例分配

102. 导线坐标增量闭合差调整的方法为(　　)。

A. 反符号按角度大小分配

B. 反符号按边长比例分配

C. 反符号按角度数量分配

D. 反符号按边数分配

103. 导线全长 620m，算得 x 坐标增量闭合差为 0.12m，y 坐标增量闭合差为 −0.16m，则导线全长相对闭合差为(　　)。

A. 1/2 200　B. 1/3 100　C. 1/4 500　D. 1/15 500

104. 已知 AB 两点边长为 188.43m，方位角为 146°07′00″，则 AB 之间的 x 坐标增量为(　　)。

A. −156.43m　B. −105.05m　C. 105.05m　D. 156.43m

105. 平坦地区高差闭合差的调整方法是(　　)。

A. 反符号按测站个数平均分配

B. 反符号按测站个数比例分配

C. 反符号按边数平均分配

D. 反符号按边长比例分配

106. 设 AB 距离为 200.23m，方位角为 121°23′36″，则 AB 的 x 坐标增量为（　　）m。

A. －170.92　B. 170.92　C. 104.30　D. －104.30

107. 某导线全长 789.78m，纵横坐标增量闭合差分别为－0.21m、0.19m，则导线相对闭合差为（　　）。

A. 1/2 800　B. 0.28　C. 1/2 000　D. 0.000 36

108. 导线的布设形式中，支导线缺乏检核条件，其边数一般不得超过（　　）条。

A. 5　B. 3　C. 4　D. 6

109. 下列各种比例尺的地形图中，比例尺最大的是（　　）。

A. 1∶1 000　B. 1∶2 000　C. 1∶500　D. 1∶5 000

110. 1∶2 000 地形图的比例尺精度为（　　）m。

A. 0.2　B. 0.50　C. 2.0　D. 0.02

111. 在地形图上，长度和宽度都不依比例尺表示的地物符号是（　　）。

A. 不依比例符号　B. 半依比例符号

C. 依比例符号　D. 地物注记

112. 地形图上有 27、28、29、30、31、32、33、34、35m 等相邻等高线，则计曲线为（　　）m。

A. 29、34　B. 28、33　C. 30、35　D. 27、32

113. 在地形图上，量得 AB 两点高差为－2.95m，AB 距离为 279.50m，则直线 AB 的坡度为（　　）。

A. 1.06%　B. －1.06%　C. 1.55%　D. －1.55%

114. 比例尺为 1∶10 000 的地形图的比例尺精度是（　　）。

A. 0.1cm　B. 1cm　C. 0.1m　D. 1m

115.（　　）注记不是地形图注记。

A. 说明　B. 名称　C. 比例尺　D. 数字

116. 我国基本比例尺地形图采用什么分幅方法？（　　）。

A. 矩形　B. 正方形　C. 梯形　D. 圆形

117. 在地形图上，量得 A 点高程为 21.17m，B 点高程为 16.84m，AB 距离为 279.50m，则直线 AB 的坡度为（　　）。

A. 6.8%　B. 1.5%　C. －1.5%　D. －6.8%

118. 在地形图上，量得 A 点高程为 16.84m，B 点高程为 21.17m，AB 距离为 279.5m，则直线 AB 的坡度为（　　）。

A. －6.8%　B. 1.5%　C. 608%　D. －1.5%

119. 等高线表现为越是中心部位的等高线高程越低于外圈的等高线高程时，它的地貌为（　　）。

A. 山地　B. 盆地　C. 山脊　D. 洼地

120. 坐标反算就是根据直线的起、终点坐标,计算直线的(　　)。

A. 斜距、水平角　　B. 水平距离、方位角

C. 斜距、方位角　　D. 水平距离、水平角

121. 在地形图上,量得 A、B 的坐标分别为 $x_A=432.87m$,$y_A=432.87m$,$x_B=300.23m$,$y_B=300.23m$,则 AB 的方位角为(　　)。

A. 315°　　B. 225°　　C. 135°　　D. 45°

122. 展绘控制点时,应在图上标明控制点的(　　)。

A. 点号与坐标　　B. 点号与高程

C. 坐标与高程　　D. 高程与方向

123. 在 1∶1 000 地形图上,设等高距为 1 米,现量得某相邻两条等高线上两点 A、B 之间的图上距离为 0.01m,则 A、B 两点的地面坡度为(　　)。

A. 1%　　B. 5%　　C. 10%　　D. 20%

124. 山脊线也叫(　　)。

A. 分水线　　B. 集水线　　C. 山谷线　　D. 示坡线

125. (　　)也叫集水线。

A. 等高线　　B. 分水线　　C. 汇水范围线　　D. 山谷线

126. 测绘 1/1 000 地形图时,平板仪对点容许误差为(　　)。

A. 1m　　B. 0.01m　　C. 0.1mm　　D. 0.05m

127. 在地形图上,量得 A、B 的坐标分别为 $x_A=432.87m$,$y_A=432.87m$,$x_B=300.23m$,$y_B=300.23m$,则 AB 的边长为(　　)。

A. 187.58　　B. 733.10　　C. 132.64　　D. 265.28

128. 山脊线与等高线(　　)。

A. 斜交　　B. 正交　　C. 平行　　D. 重合

129. 一幅图的图名应标于图幅(　　)处。

A. 上方正中　　B. 下方正中　　C. 左上方　　D. 右上方

130. 在三角高程测量中,采用对向观测可以消除(　　)。

A. 视差的影响　　B. 视准轴误差

C. 地球曲率差和大气折光差　　D. 度盘刻划误差

131. 高差与水平距离之(　　)为坡度。

A. 和　　B. 差　　C. 比　　D. 积

132. 四等水准的观测顺序是(　　)。

A. 后—后—前—前　　B. 后—前—前—后

C. 后—前　　D. 前—后

133. 施工放样与测图相比,其精度要求(　　)。

A. 相对要低　　B. 相对要高　　C. 相近　　D. 相同

134. 施工测量的内容不包括(　　)。

A. 控制测量　　B. 放样　　C. 测图　　D. 竣工测量

135. 进行四等水准测量时，如果采用单面尺法观测，在每一测站上需变动仪器高为(　　)以上。

A. 20cm　　B. 10cm　　C. 5cm　　D. 25cm

136. 施工坐标系的原点一般设置在设计总平面图的(　　)角上。

A. 西北　　B. 西南　　C. 东南　　D. 东

137. 在民用建筑的施工测量中，下列不属于测设前的准备工作的是(　　)。

A. 设立龙门桩　　B. 平整场地

C. 绘制测设略图　　D. 熟悉图纸

138. 下列关于施工测设精度要求说法正确的是(　　)。

A. 高层建筑物的测设精度要求高于低层建筑物

B. 钢结构建筑物的测设精度要求低于钢筋混凝土结构建筑物

C. 民用建筑、非装配式浇灌施工建筑物的测设精度高于工业厂房、装配式建筑物

139. 下列哪种图是撒出施工灰线的依据(　　)。

A. 建筑总平面图　　B. 建筑平面图

C. 基础平面图和基础详图　　D. 立面图和剖面图

140. 龙门板上中心钉的位置应在(　　)。

A. 龙门板的顶面上

B. 龙门板的内侧面

C. 龙门板的外侧面

141. 有关龙门板，下列说法正确的是(　　)。

A. 龙门板上边缘与龙门桩上的±0 高程线一致

B. 钉立于龙门桩内侧

C. 龙门板上边缘与龙门桩顶端平齐

142. 高层建筑物轴线的投测常用(　　)。

A. 吊线锤法

B. 经纬仪引桩投测法

C. 激光铅垂仪法

143. 测定建筑物构件受力后产生弯曲变形的工作叫(　　)。

A. 位移观测　　B. 沉降观测

C. 倾斜观测　　D. 挠度观测

144. 线路由一方向转到另一方向时，转变后方向与原始方向间的夹角为(　　)。

A. 交角　　B. 转折角　　C. 方向角　　D. 转向角

145. 道路纵断面图的高程比例尺通常比水平距离比例尺(　　)。

A. 小一倍　　B. 小 10 倍　　C. 大一倍　　D. 大 10 倍

146. GPS 定位技术是一种(　　)的方法。

A. 摄影测量　　B. 卫星测量

C. 常规测量　　D. 不能用于控制测量

四、简答题

1. 建筑工程测量的主要任务是什么?
2. 确定地面点的基本要素是什么?
3. 测量工作的基本原则是什么?
4. 水准测量时为什么要求前后视距相等?
5. 水准仪应满足哪些条件?
6. 什么是绝对高程和相对高程? 在什么情况下可采用相对高程?
7. 水准测量的基本原理并绘图说明?
8. 何为视差? 视差的产生原因是什么? 如何消除?
9. 微倾式水准仪有哪些轴线?
10. 微倾式水准仪的主要轴线应满足哪些条件?
11. 观测水平角时为什么要盘左盘右观测?
12. 水平角及水平角的实质?
13. 水平角测量原理?
14. 经纬仪的使用步骤?
15. 经纬仪整平时,为什么要在两个不同的位置反复数次才能够使气泡居中?
16. 测回法操作步骤有哪些?
17. 如何判断竖直度盘是顺、逆时针方向注记?
18. 经纬仪的主要轴线有哪些?

19. 经纬仪的主要轴线应满足哪些条件?
20. 直线定线的方法主要有哪些?
21. 平坦地面的距离丈量的方法?
22. 钢尺量距的精密方法通常要加哪几项改正?
23. 什么是方位角? 根据标准方向的不同,方位角可分为哪几种?
24. 视距测量计算公式?
25. 视距测量时,影响测距精度的主要因素是什么?
26. 简述已知测站点 $M(X_M, Y_M)$ 和后视点 $N(X_N, Y_N)$ 的坐标,用全站仪测定地面点 $P(X_P, Y_P)$ 坐标的步骤。
27. 已知测站点 $M(X_M, Y_M)$ 和后视点 $N(X_N, Y_N)$ 的坐标,简述用全站仪测设地面点 $P(X_P, Y_P)$ 坐标的步骤。
28. 小地区控制测量的导线布设形式有哪些?
29. 导线测量的外业工作有哪些?
30. 何谓坐标正算和坐标反算? 坐标反算时应注意什么?
31. 导线坐标计算的一般步骤是什么?
32. 在四等水准测量中,观测程序如何? 每一站应读取哪些读数?
33. 比例尺精度的作用是什么?
34. 地形图上表示地物的符号有哪些?
35. 等高线有哪些特性?

36. 平板仪安置的步骤有哪些？

37. 大比例尺数字测图的作业过程主要有哪些？

38. 地形图主要包括哪些要素？

39. 三角高程测量的原理？

40. 全站仪坐标测量、坐标测设？

41. 简述地形图的主要用途。

42. 测设的基本工作有哪些？

43. 施工测量的主要内容有哪些？其基本任务是什么？

44. 建筑场地平面控制网形式有哪几种？它们各适用于哪些场合？

45. 建筑方格网、建筑基线如何设计？如何测设？

46. 简述已知 $A(X_A, Y_A)$ 和 $B(X_B, Y_B)$ 的坐标，用极坐标法测设地面点 $C(X_C, Y_C)$ 坐标的步骤。

47. 民用建筑测量的工作内容有哪些？

48. 民用建筑的施工测量的准备工作有哪些？

49. 工业建筑测量的工作内容有哪些？

50. 什么叫水平桩？有什么作用？

51. 什么叫垫层高程桩？什么叫撂底？

52. 简述龙门板的测设过程。

53. 进行楼层轴线测设的方法？

54. 进行楼层高程传递的方法？

55. 简述依靠原有建筑物确定新建筑物位置的具体步骤。

五、判断题

1. 水准仪的视准轴应平行于水准器轴。 （ ）

2. 用水准仪测高程时，观察者在每次读数前后都要看一下管水准气泡是否居中。 （ ）

3. 水准仪的仪高是指望远镜的中心到地面的铅垂距离。 （ ）

4. 水准仪在粗略整平时，圆水准盒应放在某个脚螺旋上方，然后调节这两个脚螺旋。 （ ）

5. 在某次水准测量过程中，A 测点读数为 1.432m，B 测点读数为 0.832m，则实际地面 A 点高。 （ ）

6. 经纬仪整平的目的是使竖轴竖直，水平度盘水平。 （ ）

7. 坐标纵轴（X 轴）可以作为“直线”方向的标准方向线。 （ ）

8. 地面坡度越陡，其等高线愈密。 （ ）

9. 观测值与真值之差称为观测误差。 （ ）

10. 测水平角读数时，若测微尺的影像不清晰，要调节目镜对光螺旋。 （ ）

11. 单平板玻璃测微器读数系统，读数可精确到 $1'$，估读至 $6''$。 （ ）

12. 用经纬仪瞄准目标时，应瞄准目标的顶部。 （ ）

13. 尺的端点均为零刻度。 （ ）

14. 视差产生的原因是目标影像未落在十字丝分划板上。 （ ）

15. 正坡度是下降的坡度。 ( )

16. 在已知角测设中，测设误差角为正值时，表示测设角大于已知角。 ( )

17. 在精密量距中，若测量温度为18℃，测温度改正数必为正值。 ( )

18. 已知某直线AB正方位角$\alpha_{AB}=225°36'$，则其象限角$R_{AB}=45°36'$。 ( )

19. 建筑总平面图是施工测设和建筑物总体定位的依据。 ( )

20. 立面图与剖面图是平面位置测设的依据。 ( )

21. 恢复定位点和轴线位置方法有设置轴线控制桩和龙门板两种方法。 ( )

22. 引桩一般钉在基槽开挖边线1～1.5m处。 ( )

23. 在多层建筑物施工过程中，各层墙体的轴线一般用吊垂球方法测设。 ( )

24. 钉设龙门板时，龙门板顶面高程为室内地坪设计高程。 ( )

25. 钢结构建筑物测设精度应高于混凝土结构建筑物。 ( )

26. 水平桩一般测设在距离槽底0.3～0.5m处。 ( )

六、计算题

1. 设对某边等精度观测了6个测回，观测值分别为108.601m、108.600m、108.608m、108.620m、108.624m、108.631m，求算术平均值及其相对中误差。

2. 设对某边等精度观测了4个测回，观测值分别为168.610m、168.600m、168.620m、168.610m，求算术平均值及其中误差。

3. 有一正方形建筑物，测得其一边的边长为$a=38.52$m，观测中误差为±0.02m，求该建筑物的面积S及其中误差。

4. 设对某距离丈量了6次，其结果为240.311、240.301、240.316、240.324、240.319、240.320，试求其结果的最可靠值、算术平均值中误差及其相对中误差。

5. 已知$H_A=358.236$m，$H_B=632.410$m，求h_{AB}和h_{BA}。

6. 设A点高程为101.352m，当后视读数为1.154m，前视读数为1.328m时，问高差是多少，待测点B的高程是多少？试绘图示意。

7. 已知$H_A=417.502$m，$a=1.384$m，前视B_1，B_2，B_3各点的读数分别为：$b_1=1.468$m，$b_2=0.974$m，$b_3=1.384$m，试用仪高法计算出B_1，B_2，B_3点高程。

8. 试计算水准测量记录成果，用高差法完成以下表格：

测　点	后视读数(m)	前视读数(m)	高差(m)	高程(m)	备　注
BMA	2.142			123.446	已知水准点
TP1	0.928	1.258			
TP2	1.664	1.235			
TP3	1.672	1.431			
B		2.074			
总和Σ	$\sum a=$	$\sum b=$	$\sum h=$	$H_B-H_A=$	
计算校核	$\sum a-\sum b=$				

9. 闭合水准路线计算。

点　名	测站数	实测高差(m)	改正数(m)	改正后高差(m)	高程(m)
BMA					23.126
	12	−3.411			
1					
	8	+2.550			
2					
	15	−8.908			
3					
	22	+9.826			
BM_A					
总和					

$f_h =$ 　　　　　　　　　　$f_{h容} = \pm 12\sqrt{n} =$

10. 水准测量成果整理。

点　　号	距离(km)	实测高差(m)	高差改正数(m)	改正后高差(m)	高程(m)
A					26.400
	2.1	−2.224			
1					
	1.1	−3.120			
2					
	0.8	2.220			
3					
	1.0	3.174			
A					
Σ					

$f_h =$ 　　　　　　　　　　$f_{h容} = \pm 40\sqrt{L} =$

11. 完成表格并写出计算过程。

测点	距离(km)	实测高差(m)	改正数(mm)	改正后高差(m)	高程(m)
BM_0					23.150
	1.50	3.326			
A					
	1.30	−1.763			
B					
	0.85	−2.830			
C					
	0.75	−0.132			
D					
	1.80	1.419			
BM_0					
Σ					

12. 一支水准路线 *AB*。已知水准点 *A* 的高程为 75.523m，往、返测站平均值为 15 站。往测高差为−1.234m，返测高差为+1.238m，试求 *B* 点的高程。

13. 完成表格并写出计算过程。

测点	距离(m)	实测高差(m)	改正数(m)	改正后高差(m)	高程(m)
BM_7	130	0.533			47.040
A	200	−0.166			
B	490	0.193			
C	370	0.234			
D	410	1.028			
BM_8					48.830
Σ					

14. 根据高程为 188.199m 的水准点 *C*,测设附近某建筑物的地平±0 高程桩,设计±0 的高程为 188.800m。在 *C* 点与±0 高程桩间安置水准仪,读得 *C* 点标尺后视读数 $a=1.717$m,问如何在±0 高程桩上做出高程线?

15. 设 *A* 点高程为 15.023m,现欲测设设计高程为 16.000m 的 *B* 点,水准仪架在 *A*、*B* 之间,在 *A* 尺上读数为 $a=2.340$m,则 *B* 尺读数 *b* 为多少时,才能使尺底高程为 *B* 点高程,怎样操作才能使 *B* 桩顶部高程为设计值。

16. 如图所示,已知地面水准点 *A* 的高程为 $H_A=40.00$m,若在基坑内 *B* 点测设 $H_B=30.000$m,测设时 $a=1.415$m,$b=11.365$m,$a_1=1.205$,问当 b_1 为多少时,其尺底即为设计高程 H_B?

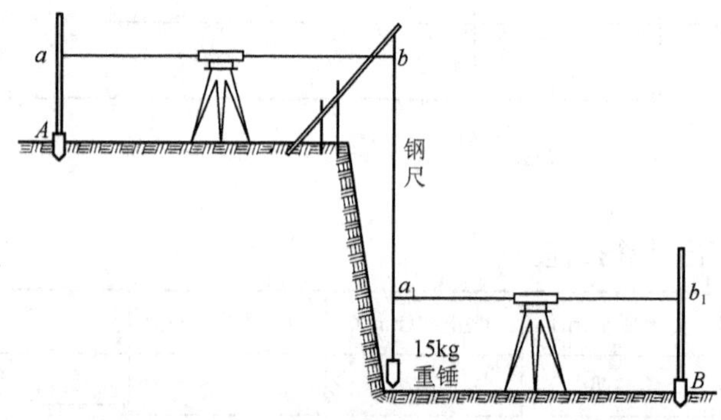

17. 已知 *E* 点高程 27.450m,*EF* 的水平距离为 112.50m,*EF* 的坡度为−1%,在 *F* 点设置了大木桩,问如何在该木桩上定出 *F* 的高程位置。

18. 水平角计算。

测站	目标	竖盘位置	水平度盘读数 ° ′ ″	半测回角 ° ′ ″	一测回角 ° ′ ″
O	*A*	左	90 01 06		
	B		180 00 54		
	A	右	270 00 54		
	B		0 01 00		

19.完成以下水平角计算表格。

测站	竖盘位置	目标	水平度盘读数	半测回角值	一测回平均值	各测回平均值
O	左	A	00 01 24			
		B	46 38 48			
	右	A	180 01 12			
		B	226 38 54			
O	左	A	90 00 06			
		B	136 37 18			
	右	A	270 01 12			
		B	316 38 42			

20.完成以下水平角计算表格。

测站	竖盘位置	目标	水平度盘读数 ° ′ ″	半测回角值 ° ′ ″	一测回角值 ° ′ ″	各测回平均值 ° ′ ″
O 第一测回	左	A	0 01 30			
		B	65 08 12			
	右	A	180 01 42			
		B	245 08 30			
O 第二测回	左	A	90 02 24			
		B	155 09 12			
	右	A	270 02 36			
		B	335 09 30			

21.完成下表中全圆方向法观测水平角的计算。

测站	测回数	目标	盘左 ° ′ ″	盘右 ° ′ ″	平均读数 ° ′ ″	一测回归零方向值 ° ′ ″
O	1	A	0 02 12	180 02 00		
		B	37 44 15	217 44 05		
		C	110 29 04	290 28 52		
		D	150 14 51	330 14 43		
		A	0 02 18	180 02 08		

22.计算方向观测法测水平角。

测站	目标	盘左读数 ° ′ ″	盘右读数 ° ′ ″	2C ″	平均读数 ° ′ ″	归零方向值 ° ′ ″
O	A	30 01 06	210 01 18			
	B	63 58 54	243 58 54			
	C	94 28 12	274 28 18			
	D	153 12 48	333 12 54			
	A	30 01 12	210 01 24			

23. 竖直角计算。

测站	目标	竖盘位置	竖盘读数 ° ′ ″	半测回角 ° ′ ″	指标差 ″	一测回角 ° ′ ″	备　注
O	A	左	87 26 54				竖直度盘 按顺时针
		右	272 33 12				
	B	左	97 26 54				
		右	262 33 00				

24. 竖直角观测成果整理。

测站	目标	竖盘位置	竖盘读数 ° ′ ″	半测回角 ° ′ ″	指示差 ″	一测回角 ° ′ ″	备　注
O	A	左	94 23 18				盘左视线水平时读数为 90°，视线上斜读数减少
		右	265 36 00				
	B	左	82 36 00				
		右	277 23 24				

25. 必须用精密方法测设 135°00′00″的已知水平角 AOB，在 O 点用经纬仪正镜位置测设 AOB'后，用多测回实测得其角值实为 135°01′00″，丈量 OB'长为 48.20m，问在 B'点沿 OB'垂线向何方修正多少长度得 B 点使$\angle AOB$ 为所要测设的值。

26. 已知 M、P 两点，要测设角值为 90°的$\angle MPN$，初步定出 N'点后，精确测得$\angle MPN'=$ 89°59′21″，量得 PN'的距离为 79.56m，问应如何精确定出$\angle MPN$？

27. 欲测量建筑物轴线 A、B 两点的水平距离，往测 $D_{AB}=215.687$m，返测 $D_{BA}=215.694$m，则 A、B 两点间的水平距离为多少？评价其质量。

28. 现需从 A 点测设长度为 129.685m 的水平距离 AB，初设 B 点后，测得温度 $t=23$℃，AB 两点的高差 $h=-1.168$m，已知尺方程为 $l_t=30-0.0023+1.2\times10^{-5}(t-20)\times30$(m)，问需沿地面测设多少长度？

29. 已知直线 BC 的坐标方位角为 135°00′，又推得 AC 的象限角为北偏东 60°00′，求小夹角$\angle BCA$。

30. 已测得各直线的坐标方位角分别为 $a_1=25°30′$，$a_2=165°30′$，$a_3=248°40′$，$a_4=336°50′$，试分别求出它们的象限角和反坐标方位角。

31. 在测站 A 进行视距测量，仪器高 $i=1.52$m，照准 B 点时，中丝读数 $l=1.96$m，视距间

隔为 $n=0.935$m，竖直角 $\alpha=-3°12'$，求 AB 的水平距离 D 及高差 h。

32. 在测站 A 进行视距测量，仪器高 $i=1.45$m，照准 B 点时，中丝读数 $v=1.45$m，视距间隔为 $l=0.385$m，竖直角 $\alpha=-3°28'$，求水平距离 D 及高差 h。

33. 闭合导线成果整理。

点号	观测角值(左角) ° ′ ″	改正数 ″	改正后角值 ° ′ ″	坐标方位角 ° ′ ″
A				80 30 00
B	74 30 10			
C	87 00 10			
D	115 00 10			
A	83 30 10			
Σ				

34. 完成表格并写出计算过程。

闭合导线坐标计算表

点号	角度观测值(右角)	改正后的角度	方位角	水平距离(m)	坐标增量		改正后坐标增量		坐标	
	° ′ ″	° ′ ″	° ′ ″		Δx(m)	Δy(m)	Δx(m)	Δy(m)	x(m)	y(m)
(1)	(2)	(3)	(4)	(5)	(6)	(7)	(8)	(9)	(10)	(11)
1									200.00	500.00
			38 15 00	112.01						
2	102 48 09									
3	78 51 15			87.58						
4	84 23 27			137.71						
1	93 57 36			89.50						
2										
Σ										

35. 完成表格并写出计算过程。

附合导线坐标计算表

点号	角度观测值(左角)	改正后的角度	方位角	水平距离	坐标增量		改正后坐标增量		坐标	
	° ′ ″	° ′ ″	° ′ ″		Δx(m)	Δy(m)	Δx(m)	Δy(m)	x(m)	y(m)
(1)	(2)	(3)	(4)	(5)	(6)	(7)	(8)	(9)	(10)	(11)
A										
			45 00 12							
B	239 29 15								921.32	102.75

续上表

点号	角度观测值(左角)	改正后的角度	方位角	水平距离	坐标增量		改正后坐标增量		坐 标	
	° ′ ″	° ′ ″	° ′ ″		Δx(m)	Δy(m)	Δx(m)	Δy(m)	x(m)	y(m)
1	157 44 39			187.62						
2	204 49 51			158.79						
C	149 41 15			129.33					857.98	565.30
D			76 44 48							
Σ										

36. 完成下表四等水准测量计算。

点号	后尺 下丝 / 上丝	前尺 下丝 / 上丝	方向及尺号	标尺读数		K十黑一红	高差中数	备 注
	后距	前距		黑面	红面			
	视距差	累积差						
A—TP1	1.614	0.774	后 1	1.384	6.171			$K_1=4.787$ $K_2=4.687$
	1.156	0.326	前 2	0.551	5.239			
			后一前					

37. 已知 $x_A=100.000$m，$y_A=100.000$m，$x_B=90.000$m，$y_B=110.000$m，$x_P=90.000$m，$y_P=90.000$m，求极坐标法根据 A 点测设 P 点的数据 β 和 D_{AP}。简述如何测设。

38. 设 A、B 两点的坐标为 $x_A=532.87$m，$y_A=432.07$m，$x_B=490.23$m，$y_B=421.54$m，现欲测设 P 点，P 点的设计坐标为 $x_P=500.00$m，$y_P=420.00$m，试计算用距离交会法测设 P 点的测设数据，并简述测设步骤。

39. 已知施工坐标原点 O 的测图坐标为 $x_0=187.500$m，$y_0=112.500$m，建筑基线点 2 的施工坐标为 $A_2=135.000$m，$B_2=100.000$m，设两坐标系轴线间的夹角 $\alpha=16°00'00''$，试计算 2 点的测图坐标值。

40. 已知某交点 JD 的桩号 K5＋119.99，右角为 136°24′，半径 $R=300$m，试计算圆曲线元素和主点里程，并且叙述圆曲线主点的测设步骤。

41. 已知路线右角 $\beta_{右}=147°15'$，当 $R=100$m 时，曲线元素如表 10。试求：(1)路线的转向与转角；(2)当 $R=50$m 和 $R=800$m 时的曲线元素；(3)当 $R=800$m，JD 的里程为 K4＋700、90 时圆曲线的主点桩号？

R	100(m)	50(m)	800(m)	R	100(m)	50(m)	800(m)
T	29.384			E	4.228		
L	57.160			D	1.608		

42. 已知某弯道半径 R=300m，JD 里程为 K10+064.43，转角 $\alpha=21°18'$。已求出曲线常数 p=0.68m，q=34.98m。缓和曲线长 L_s=70m，并求出 ZH 点里程为 K9+972.92，HY 点里程为 K10+042.91，QZ 点里程为 K10+063.68，YH 点里程为 K10+084.44，HZ 点里程为 K10+154.44。现以缓和曲线起点 ZH 点为坐标原点，用切线支距法按统一坐标计算 K10+000、K10+060 两桩点的坐标值。

第一篇　技能训练指导书

技能训练须知

一、技能训练规定

(1)测量工作的基本要求是每一位从事工程建设的人员，都必须掌握必要的测量知识和技能。坚持“质量第一”的观点，严肃认真的工作态度，保持测量成果的真实、客观和原始性，要爱护测量仪器与工具。

(2)在测量技能训练之前，应复习教材中的有关内容，认真仔细地预习技能训练指导书，明确目的与要求、熟悉实验步骤、注意有关事项，并准备好所需文具用品，以保证按时完成训练任务。

(3)技能训练分小组进行，组长负责组织协调工作，办理所用仪器工具的借领和归还手续。

(4)技能训练应在规定的时间进行，不得无故缺席或迟到早退；应在指定的场地进行，不得擅自改变地点或离开现场。

(5)必须严格遵守本书列出的“测量仪器工具的借领与使用规则”和“测量记录与计算规则”

(6)服从教师的指导，每人都必须认真、仔细地操作，培养独立工作能力和严谨的科学态度，同时要发扬互相协作精神。每项技能训练都应取得合格的成果并提交书写工整规范的技能训练报告，经指导教师审阅签字后，方可交还测量仪器和工具，结束训练。

(7)技能训练过程中，应遵守纪律，爱护现场的花草、树木，爱护周围的各种公共设施，任意踩踏或损坏者应予赔偿。

二、测量仪器工具的借领与使用规则

1.测量仪器工具的借领

(1)在教师指定的地点办理借领手续，以小组为单位领取仪器工具。

(2)借领时应该当场清点检查。实物与清单是否相符，仪器工具及其附件是否齐全，背带及提手是否牢固，脚架是否完好等。如有缺损，可以补领或更换。

(3)离开借领地点之前，必须锁好仪器箱并捆扎好各种工具；搬运仪器工具时，必须轻取轻放，避免剧烈振动。

(4)借出仪器工具之后，不得与其他小组擅自调换或转借。

(5)技能训练结束，应及时收装仪器工具，送还借领处检查验收，消除借领手续。如有遗失或损坏，应写出书面报告说明情况，并按有关规定给予赔偿。

2.测量仪器使用注意事项

(1)携带仪器时，应注意检查仪器箱盖是否关紧锁好，拉手、背带是否牢固。

(2)打开仪器箱之后，要看清并记住仪器在箱中的安放位置，避免以后装箱困难。

(3)提取仪器之前，应注意先松开制动螺旋，再用双手握住支架或基座轻轻取出仪器，放在

三脚架上，保持一手握住仪器，一手去拧连接螺旋，最后旋紧连接螺旋使仪器与脚架连接牢固。

(4)装好仪器之后，注意随即关闭仪器箱盖，防止灰尘和湿气进入箱内。仪器箱上严禁坐人。

(5)人不离仪器，必须有人看护，切勿将仪器靠在墙边或树上，以防跌损。

(6)在野外使用仪器时，应该撑伞，严防日晒雨淋。

(7)若发现透镜表面有灰尘或其他污物，应先用软毛刷轻轻拂去，再用镜头纸擦拭，严禁用手帕、粗布或其他纸张擦拭，以免损坏镜头。观测结束后应及时套好物镜盖。

(8)各制动螺旋勿扭过紧，微动螺旋和脚螺旋不要旋到顶端。使用各种螺旋都应均匀用力，以免损伤螺纹。

(9)转动仪器时，应先松开制动螺旋，再平衡转动。使用微动螺旋时，应先旋紧制动螺旋。动作要准确、轻捷，用力要均匀。

(10)使用仪器时，对仪器性能尚未了解的部件，未经指导教师许可，不得擅自操作。

(11)仪器装箱时，要放松各制动螺旋，装入箱后先试关一次，在确认安放稳妥后，再拧紧各制动螺旋，以免仪器在箱内晃动。受损，最后关箱上锁。

(12)测距仪、电子经纬仪、电子水准仪、全站仪、GPS 等电子测量仪器，在野外更换电池时，应先关闭仪器的电源；装箱之前，也必须先关闭电源，才能装箱。

(13)仪器迁站时，对于长距离或难行地段，应将仪器装箱，再行迁站。在短距离和平坦地段，先检查连接螺旋，再收拢脚架，一手握基座或支架，一手握脚架，竖直地搬移严禁横扛仪器进行搬移。罗盘仪迁站时，应将磁针固定，使用时再将磁针放松。装有自动归零补偿器的经纬仪迁站时，应先旋转补偿器关闭螺旋将补偿器托起才能迁站，观测时应记住及时打开。

3. 测量工具使用注意事项

(1)水准尺、标杆禁止横向受力，以防弯曲变形。作业时，水准尺、标杆应由专人认真扶直，不准贴靠树上、墙上或电线杆上，不能磨损尺面分划和漆皮。塔尺的使用，还应注意接口处的正确连接，用后及时收尺。

(2)测图板的使用，应注意保护板面，不得乱写乱扎，不能施以重压。

(3)皮尺要严防潮湿，万一潮湿，应晾干后再收入尺盒内。

(4)钢尺的使用，应防止扭曲、打结和折断，防止行人踩踏或车辆碾压，尽量避免尺身着水。携尺前进时，应将尺身提起，不得沿地面拖行，以防损坏分划。用完钢尺，应擦净、涂油，以防生锈。

(5)小件工具如垂球、测钎、尺垫等的使用，应用完即收，防止遗失。

(6)测距仪或全站仪使用的反光镜，若发现反光镜表面有灰尘或其他污物，应先用软毛刷轻轻拂去，再镜头纸擦拭。严禁用手帕、粗布或其他纸张擦拭，以免损坏镜面。

三、测量记录与计算规则

(1)所有观测成果均要使用硬性(2H 或 3H)铅笔记录，同时熟悉表上各项内容及填写、计算方法。

(2)记录观测数据之前，应将表头的仪器型号、日期、天气、测站、观测者及记录者姓名等无一遗漏地填写齐全。

(3)观测者读数后，记录者应随即在测量手簿上的相应栏内填写，并复诵回报，以防听错、记错。不得另纸记录事后转抄。

(4)记录时要求字体端正清晰，字体的大小一般占格宽的一半左右，字脚靠近底线，留出空隙作改正错误用。

(5)数据要全，不能省略零位。如水准尺读数 1.300，度盘读数 30°00′00″中的“0”均应填写。

(6)水平角观测，秒值读记错误应重新观测，度、分读记错误可在现场更正，但同一方向盘左、盘右不得同时更改相关数字。竖直角观测中分的读数，在各测回中不得连环更改。

(7)距离测量和水准测量中，厘米及以下数值不得更改，米和分米的读记错误，在同一距离、同一高差的往、返测或两次测量的相关数字不得连环更改。

(8)更正错误，均应将错误数字、文字整齐划去，在上方另记正确数字和文字。划改的数字和超限划去的成果，均应注明原因和重测结果的所在页数。

(9)按四舍六入，五前单进双舍(或称奇进偶不进)的取数规则进行计算。如数据 1.1235 和 1.1245 进位均为 1.124。

技能训练一　水准仪的认识和使用

一、技能训练目标

1. 认识 DS_3 型水准仪各部件的名称及作用。

2. 练习水准仪的安置、粗平、瞄准、精平与读数。

3. 能够测量地面两点间的高差。

二、组织与设备

1. 技能训练学时数安排 2 学时，技能训练小组由 5 人组成。

2. 技能训练设备为每组 DS_3 型水准仪 1 台，记录板一块，记录表格，铅笔，测伞 1 把。

3. 技能训练场地安排不同高度的两个点，分别立两根水准尺，供全班共用，便于检核技能训练成果。各组在练习仪器安置、整平、瞄准、精平、读数的基础上，每人都要按步骤独自完整的做一遍，练习观测两根水准尺，分别编号为 A、B，记录在技能训练报告一中。

4. 技能训练结束时，每人上交一份技能训练报告一。

三、方法与步骤

1. 安置仪器

各组因共用两根水准尺，在测站点的选择时，最好应选在两根水准尺连线的垂直平分线上，以免各组观测时相互干扰，有利教师逐组指导和学生测量结果相互校核。将三脚架张开，使其高度在胸口附近，架头大致水平，并将脚尖踩入土中，力求踩实，然后用连接螺旋将仪器连接在三脚架上。

2. 认识仪器

了解仪器各部件的名称及其作用并熟悉其使用方法。同时熟悉水准尺的分划注记，精确读数。

3. 粗略整平

先对向转动两只脚螺旋，使圆水准器气泡向中间移动，使气泡、圆水准器的圆圈及另一脚螺旋大致呈一直线，再转动另一脚螺旋，使气泡移至居中位置。圆水准器气泡移动的规律：气泡需要向哪个方向移动，左手拇指就向哪个方向转动脚螺旋。如图 1a)，气泡偏离在 a 的位置，首先按箭头所指的方向同时转动脚螺旋①和②，使气泡移到 b 位置，如图 1b)所示，再按照箭头方向转动脚螺旋③，使气泡居中。

4. 瞄准与视差消除

首先用望远镜对着明亮背景，转动目镜调焦螺旋，使十字丝清晰。然后松开制动螺旋，转动仪器，用准星和照门(缺口)瞄准水准尺，拧紧制动螺旋(手感螺旋有阻力)，转动微动螺旋，使水准尺成像在十字丝交点处。当成像不太清晰时，转动物镜对光螺旋，使尺像清晰。此时如果眼睛上下晃动，十字丝交点总是指在标尺物像的一个固定位置，即无视差现象。如果眼睛上下晃动，十字丝横丝在标尺上错动就是有视差存在，说明标尺物像没有呈现在十字丝平面上。视差的存在将影响读数的准确性。消除视差时要仔细调节物镜对光螺旋，使水准尺看得最清楚，这时如十字丝不清楚或出现重影，再旋转目镜对光螺旋，使十字丝成像清晰，从而完全消除视差。然后再利用微倾螺旋使十字丝精确照准水准尺。

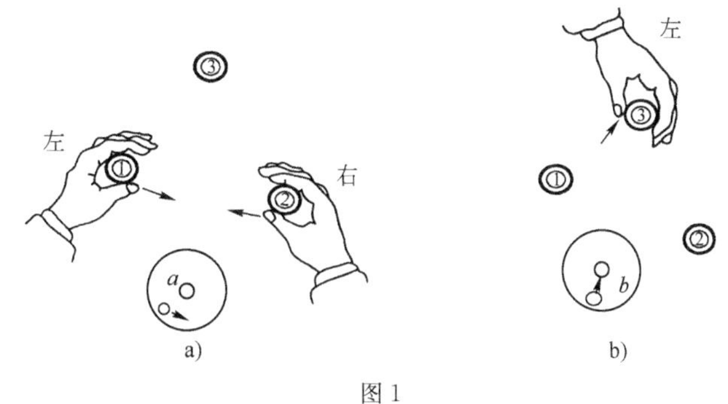

图 1

5. 精平、读数

先观察管水准器中气泡的位置，如气泡在前端则微倾螺旋向前转动，如气泡在后端则微倾螺旋向后转动，使管水准器中的气泡基本居中，然后用眼睛在水准管气泡窗观察，缓缓转动微倾螺旋使符合水准管气泡两端的半影像吻合，视线即处于精平状态，在同一瞬间立即用中丝在水准尺上读取米、分米、厘米，估读毫米，即读出四位有效数字。读数后再检查一下符合水准管气泡两端的半影像是否吻合。若气泡不吻合，则应重新精平，重新读数。

6. 测量地面两点的高差

按上述 DS_3 型水准仪的使用方法，读出后视尺 A 的读数，再读出前视尺 B 的读数，根据高差的计算公式计算 A、B 两点的高差。

四、注意事项

1. 将水准仪脚螺旋调到可上可下的中间位置，三脚架头应在大致水平，仪器安放到三脚架头上，必须旋紧连接螺旋，使连接牢固。

2. 转动脚螺旋可使水准仪粗略整平。转动脚螺旋时要用“气泡移动的方向与左手拇指的旋转方向一致”的原则进行。

3. 瞄准目标必须消除视差，水准尺必须扶竖直，掌握标尺刻划规律，读数应由刻划顺序读取（不管上下，只管由小到大）。

4. 在水准尺上读数时，符合水准器中气泡必须居中。精确整平时，微倾螺旋的转动方向与左侧半气泡影像的移动方向一致。

5. 水准测量实施中，读完后视读数后，当望远镜转到另一个方向继续观测时，符合水准器气泡就会有微小的偏移，相互错开（精平是带有方向性的）。因此，每次瞄准水准尺时，在读数前必须重新再次转动微倾螺旋，使气泡影像吻合后才能读数，后视与前视读数之间切忌转动脚螺旋。

技能训练报告一　水准仪的认识和使用

日期______组别______学号______姓名______仪器编号______成绩______

一、完成下列 DS_3 型水准仪各部件名称的填写

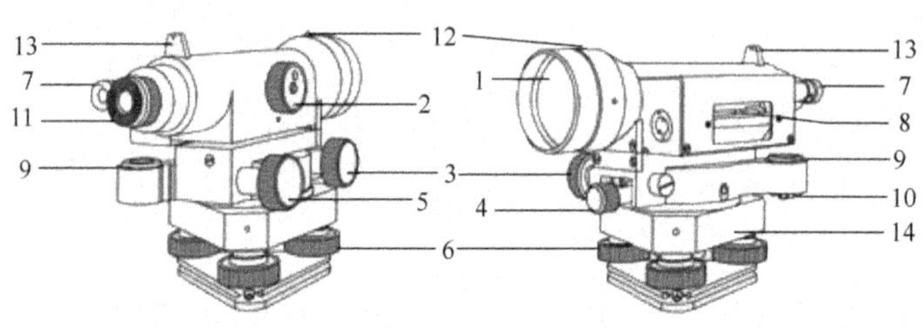

图 2　DS_3 微倾式水准仪的构造

1-(　　　);2-(　　　);3-(　　　);4-(　　　);5-(　　　);6-(　　　);7-(　　　);8-(　　　);9-(　　　);10-(　　　);11-(　　　);12-(　　　);13-(　　　);14-(　　　)

二、完成下列填空

1. 安置仪器后，转动__________使圆水准气泡居中，转动__________看清十字丝，通过__________概略地瞄准水准尺，转动__________精确照准水准尺，转动__________消除视差，转动__________使符合水准气泡居中，最后读数。

2. 如果发现__________现象，说明存在视差，在读数前必须消除视差，否则会影响测量的__________。

3. 消除视差的步骤是转动__________使__________清晰，再转动__________使__________清晰。

4. 用微倾水准仪进行水准测量时，除了调节脚螺旋使__________气泡居中外，读数前还必须转动__________使__________气泡居中，才能读数，读数要求估读到__________。

5. 调节圆水准器的作用是使__________，调节管水准器的作用是使仪器__________。

6. 物镜光心与__________的连线成为视准轴。

7. 独立的平面直角坐标是以__________为坐标原点，__________为 x 轴，以__________为 y 轴。

8. 水准仪上圆水准器的作用是使仪器__________，管水准器的作用是使仪器__________。

9. 通过水准管__________与内壁圆弧的__________为水准管轴。

10. 微倾水准仪由__________、__________、__________三部分组成。

11. 水准仪安置的安置高度对测算地面两点间的高差__________(填有或无)影响，对各点的高程测量__________(填有或无)影响。

12. 通过圆水准器内壁圆弧零点的__________称为圆水准器轴。

13. 用水准仪望远镜筒上的准星和照门照准水准尺后，在目镜中看到图像不清晰，应该

________螺旋，若十字丝不清晰，应旋转________螺旋。

14. 水准点的符号，采用英文字母________表示。

15. 在同一水平视线下，某点水准尺的读数越大，则该点高程就越________（填高或低）。

16. 水准仪精确整平时，微倾螺旋的旋转方向与左半侧气泡影像的移动方向________（填相同或相反）。

三、技能训练记录计算水准尺上读数

1. A 尺的读数为________ m。B 尺的读数为________ m。

2. 计算（假设 A 点的高程 $H_A=150.789$m）

(1)A 点比 B 点（高、低）________。

(2)AB 两点的高差 $h_{AB}=$________ m，求 B 点的高程 $H_B=$________ m。

(3)水准仪的视线高 $H_i=$________ m，求 B 点的高程 $H_B=$________ m。

技能训练二　简单水准测量

一、技能训练目标

1. 能够正确使用水准仪。

2. 能进行简单水准测量的施测、记录与计算。

3. 通过一个已知水准点，用一个测站（简单水准测量）测出地面上其余 6 点的高程。

二、组织与设备

1. 技能训练学时数安排 2 学时，技能训练小组由 5 人组成。

2. 技能训练设备为每组 DS_3 型水准仪 1 台，记录板一块，记录表格，铅笔，测伞 1 把。

3. 技能训练场地安排不同高度的 7 个点，供全班共用，便于检核技能训练成果。其中 BM. A 点为已知点（假定高程为 81.256m），其余 6 个点为高程待定点。各组在继续练习仪器安置、整平、瞄准、精平、读数的基础上，每人都要独自完整的做一遍，记录在技能训练报告二中。

4. 技能训练结束时，每人上交一份技能训练报告二。

三、方法与步骤

简单水准测量一般适用于从已知水准点到待定点之间的距离较近（小于 200m），高差较小（小于水准尺长），由一个测站即可测出所有待定点的高程。其计算方法有高差法和视线高法（仪高法）。

一个测站的基本操作程序是：(1)在已知水准点和待定点之间安置水准仪，进行粗平。(2)照准后视点（即已知水准点）上的水准尺，精确整平，按横丝读出后视读数。(3)松开水平制动螺旋，按顺序逐点照准各前视点（即待定点）上的水准尺，再次精确整平，按横丝读出各点前视读数，记录在技能训练记录表上。(4)按有关公式计算高差或视线高程，推算待定点的高程。

四、注意事项

1. 仪器安放到三脚架头上，必须旋紧连接螺旋，使连接牢固。

2. 瞄准目标必须消除视差，水准尺必须扶竖直，掌握标尺刻划规律，读数应向数值增加方向读（不管上下，只管由小到大）。

3. 在水准尺上读数时，符合水准气泡必须居中，不能用脚螺旋调整符合水准气泡居中，必须转动微倾螺旋调整。

4. 水准测量实施中，读完后视读数当望远镜转到另一个方向继续观测时，符合水准器气泡就会有微小的偏移，相互错开（精平是带有方向性的）。因此，每次瞄准水准尺时，在读数前必须重新再次转动微倾螺旋，使气泡影像吻合后才能读数，但后视与前视读数之间切忌转动脚螺旋。

5. 用微倾螺旋调整弧线影像的规律是：观察镜内左侧的弧线移动方向与微倾螺旋转动方向一致。

6. 简单水准测量只有一个后视读数，而可以有多个前视读数，它们在读数时的视线高一样。因此，在安置水准仪进行粗平后，进行精准整平时就不能再调节脚螺旋，而只能调节微倾螺旋。从而保证了同一个测站的视线高度是一致的，否则读取的前后读数是不能用的。

7. 弄清一个测站的后视点、前视点、后视读数、前视读数、视线高的概念，不要混淆。

8. 注意区别高差法、仪高法在观测、记录、计算中的异同。

9. 检查用高差法、仪高法求得的同一待定水准点的高程是否相同。

技能训练报告二　简单水准测量

日期______组别______学号______姓名______仪器编号______成绩______

一、填空题

1. 微倾式水准仪的基本操作程序为：__________、__________、__________、__________和读数。

2. 在水准测量中，水准仪安装在两立尺点等距处，可以消除__________。

3. 水准测量的方法有__________和__________。

4. 水准点是指____________________。

5. 转点是指__________。它在工程测量中起__________作用。

6. 一测站的高差 h_{AB} 为负值时，表示__________高，__________低。

7. 一般工程水准测量高程差允许闭和差为__________或__________。

8. 转动物镜对光螺旋的目的是使__________影像__________。

9. 微倾水准仪精平操作是旋转__________使水准管的气泡居中，影像符合。

10. 水准测量的测站校核，一般用__________法或__________法。

11. 水准测量时，由于尺竖立不直，该读数值比正确读数__________。

12. 水准测量中丝读数时，不论是正像或倒像，应由__________到__________，并估读到__________。

13. 测量时，记录员应对观测员读的数值，再__________一遍，无异议时，才可记录在表中。记录有误，不能用橡皮擦拭，应__________。

二、技能训练记录计算

水准测量记录手簿(高差法)　　表1

测站	测点	后视读数(m)	前视读数(m)	与 BM. A 间高差(m)	高程(m)	备　注
I	BM. A		—	—	81.256	已知水准点
	1	—				待定水准点
	2	—				待定水准点
	3	—				待定水准点
	4	—				待定水准点
	5	—				待定水准点
	6	—				待定水准点

水准测量记录手簿(仪高法)　　表2

测站	测点	后视读数(m)	视线高(m)	前视读数(m)	高程(m)	备注
I	BM.A			—	81.256	已知水准点
	1	—				待定水准点
	2	—				待定水准点
	3	—				待定水准点
	4	—				待定水准点
	5	—				待定水准点
	6	—				待定水准点

技能训练三　路线水准测量

一、技能训练目标

1. 能进行路线水准测量的观测、记录和检核的方法。

2. 掌握水准测量的闭合差调整及推求待定点高程的方法。

二、组织与设备

1. 技能训练安排 3 学时，技能训练小组由 5 人组成。

2. 技能训练设备为每组 DS_3 型水准仪一台，水准尺 1 根，记录板 1 块，记录表格，铅笔，测伞 1 把，尺垫 1 个。

3. 技能训练场地选定一条闭合(或附合)水准路线，其长度以安置 6～10 个测站为宜，中间设待定点 B、C。

4. 从已知水准点 A 出发，水准测量至 B、C 点，然后再测至 A 点(或另一个水准点)。根据已知点高程(或假定高程)及各测站的观测高差，计算水准路线的高差闭合差，并检查是否超限。如外业精度符合要求，对闭合差进行调整，求出待定点 B、C 的高程。各测站的操作可以轮流进行，其余同学必须确认操作及读数结果，各自记录、计算在技能训练报告三中，每人上交一份技能训练报告三。

三、方法与步骤

1. 背离已知点方向为前进方向，在 A、B、C 点间要设若干转点。第 1 测站安置水准仪在 A 点与转点 1(拼音缩写 ZD_1、英文缩写 TP_1)之间，前、后距离大约相等，其视距不超过 100m，粗略整平水准仪。

2. 操作程序是后视 A 点上的水准尺，精平，用中丝读取后尺读数，记入技能训练报告三的表 1 中。前视转点 1 上的水准尺，精平并读数，记入表 1 中。然后立即计算该站的高差。

3. 迁至第 2 测站，继续上述操作程序，直到最后回到 A 点(或另一个已知水准点)。

4. 根据已知点高程及各测站高差，计算水准路线的高差闭合差，并检查高差闭合差是否超限，其限差公式为：

平地　$f_{h容} = \pm 40\sqrt{L}$ (mm)　或　山地　$f_{h容} = \pm 12\sqrt{n}$ (mm)

式中：n——测站数

L——水准路线的长度，以 km 为单位。

5. 若高差闭合差在容许范围内，则对高差闭合差进行调整，计算各待定点的高程。

四、注意事项

1. 在每次读数之前，要消除视差，并使符合水准气泡严格居中。

2. 在已知点和待定点上不能放置尺垫，但在松软的转点必须用尺垫，在仪器迁站时，前视点的尺垫不能移动。

3. 弄清每一个测站的前视点、后视点、前视读数、后视读数、转点、中间点的概念，不要混淆。

4. 在路线水准测量过程中必须十分小心地测量转点的后视读数和前视读数并认真记录计算，一旦有错将影响后面的所有测量，造成后面全部结果错误。

5. 分清测量路线、测段、测站的概念。

6. 每个测段、每个测站的记录和计算与路线水准测量的成果计算不要混淆。要搞清各自的计算步骤和计算公式。

7. 注意检查高差闭合差是否超限，如超限应重测。

8. 搞清已知水准点只有后视读数；转点既有后视读数，又有前视读数；中间点只有前视读数。

9. 各测站的视线高度不一样。

技能训练报告三　路线水准测量

日期_____组别_____学号_____姓名_____仪器编号_____成绩_____

一、实习场地布置草图

二、技能训练主要操作步骤

三、水准测量记录及高差计算

已知水准点 $H_A=128.376$m。技能训练数据记入表 3，并进行高差计算，确保高差总和无误。

路线水准测量记录　　　　表 3

<table>
<tr><th>测段</th><th>测站</th><th colspan="2">点　号</th><th>后视读数(m)</th><th>前视读数(m)</th><th>测站高差(m)</th><th>测段高差(m)</th><th>备注 1</th></tr>
<tr><td rowspan="6">第一测段</td><td rowspan="2">I</td><td>后</td><td>A</td><td></td><td>—</td><td rowspan="2"></td><td rowspan="6"></td><td>已知水准点</td></tr>
<tr><td>前</td><td>TP_1</td><td>—</td><td></td><td>转点</td></tr>
<tr><td rowspan="2">II</td><td>后</td><td>TP_1</td><td></td><td>—</td><td rowspan="2"></td><td>转点</td></tr>
<tr><td>前</td><td>TP_2</td><td>—</td><td></td><td>转点</td></tr>
<tr><td rowspan="2">III</td><td>后</td><td>TP_2</td><td></td><td>—</td><td rowspan="2"></td><td>转点</td></tr>
<tr><td>前</td><td>B</td><td>—</td><td></td><td>待定点、转点</td></tr>
</table>

续上表

测段	测站	点号		后视读数(m)	前视读数(m)	测站高差(m)	测段高差(m)	备注 1
第二测段	IV	后	B		—			待定点、转点
		前	TP_3	—				转点
	V	后	TP_3		—			转点
		前	TP_4	—				转点
	VI	后	TP_4		—			转点
		前	C	—				待定点、转点
第三测段	VII	后	C		—			待定点、转点
		前	TP_5	—				转点
	VIII	后	TP_5		—			转点
		前	TP_6	—				转点
	IX	后	TP_6		—			转点
		前	A	—				已知水准点
		Σ						

四、待定点高程计算

根据表 3 计算,填入表 4,求待定点高程。

待定点高程计算 表 4

点号	测站数	高差(m)			高程(m)	备注
		观测值	改正数	改正后的高差		
A					H_A=128.376	已知
B						
C						
A						
辅助计算						

五、填空题

1. 水准路线的布设形式通常有__________、__________、__________。

2. 在水准测量中,测站检核通常采用__________和__________。

3. 水准测量时，地面点之间的高差等于后视读数__________前视读数。

4. 测定待定点的高程的方法有两种：__________和__________。

5. 普通水准仪操作的主要程序：安置仪器、__________、瞄准水准尺、__________和读数。

6. 在进行水准测量时，对地面上 A、B、C 点的水准尺读取读数，其值分别为 1.325m，1.005m，1.555m，则高差 $h_{BA}=$__________，$h_{BC}=$__________，$h_{CA}=$__________。

7. 已知 A 点相对高程为 100m，B 点相对高程为 −200m，则高差 $h_{AB}=$__________；若 A 点在大地水准面上，则 B 点的绝对高程为__________。

8. 为了消除 i 角误差，每站前视、后视距离应__________，每测段水准路线的前视距离和后视距离之和应__________。

9. 地面点的标志，按保存时间长短可分为__________和__________。

10. 测量工作的程序是__________、__________。

11. 在实际测量工作中，应遵守的原则有：__________、__________。

技能训练四　高程测设

日期______组别______学号______姓名______仪器编号______成绩______

一、高程测设

在现场提供一个已知高程的点 A(H=83.000)，通过高程引测，在给定建筑物墙面（木桩）上标出新建建筑物±0.000（相当于 85 高程__________ m）的位置，并写出±0.000 处前视读数的计算过程。

水准测量手簿　　　　表 5

测站	点号	后视读数(m)	前视读数(m)	高差	高程	备注
I	A		——		83.000	已知
	TP1	——				
II	TPI		——	—		
	B	——				现场给定

B 点前视读数 $b_{应}$ 的计算过程。

二、填空题

1. 高程测设是利用水准测量的方法，根据已知水准点，将__________测设到现场作业面上。

2. 由于高差有正有负，所以坡度也有正负，坡度上升时 i 为__________。

3. 坡度线的测设方法一般有__________和__________。

4. 所谓坡度 i 是指直线两端的__________与__________之比

5. 在某基坑旁边有一控制水准点，其相对高程为±0.000，在该点的水准尺读数为 1.893m，又从基础详图知，该基础垫层底面的高程为－1.800m，问基坑开挖过程中，当放入基坑底部的水准尺读数是__________时，此处的高程即为设计高程。

6. 水准仪的四条轴线为__________、__________、__________、__________。

7. 水准仪的圆水准器轴应与仪器竖轴__________。

8. 在水准测量中，测站检核通常采用__________和__________。

9. 水准测量误差的主要来源__________、__________、__________。

10. 设 A 点高程 40.150m，B 点高程 41.220m；施工单位一个测同引入场内 M 点高程：从 A 点引测，前视读数 1.10m，后视读数 1.40m；现从 B 点校核 M 点高程，后视读数 1.10m，前视读数应为__________。

11. 地面上有一控制点 A，该点相对于黄海的高程为 H_A，在设计图纸上查得该工程的±0.000的绝对高程为 H_B，某施工员在高程测设过程中，在 A 点的水准尺读数为 a，当 B 点的水准尺读数 b=__________，此处即为待测高程位置。

三、为了保证高程测设的精度符合要求，在测设过程中应该注意哪些问题？

四、已知学院新建文体中心一层地面的设计高程为 **83.450m**，在文体中心外 **78m** 处有一高程控制点 **A**，其绝对高程为 **83.000m**，某施工员在高程测设过程中，读得 **A** 点处水准尺的读数为 **1.992m**，请你帮这位施工员计算相关的测设数据，并写出详细的测设方案。

技能训练报告四　高程测设

一、技能训练目标

1. 根据给定高程控制点，测设出待测点的高程，并做好标记。

2. 体会转点的作用。

二、组织与设备

1. 技能训练学时数安排 2 学时，技能训练小组由 5 人组成。

2. 技能训练设备为每组 DS_3 型水准仪 1 台，水准尺一根，记录表格，铅笔，测伞 1 把。

3. 技能训练场地安排一个高程控制点(已知高程)，供全班共用。每组指定一根木桩，要求学生根据图纸要求将高程测设在木桩上，并在木桩上做好标记。各组在继续练习仪器安置、整平、瞄准、精平、读数的基础上，每人都要独自完整的做一遍，记录在技能训练报告四中。

4. 技能训练结束时，每人上交一份技能训练报告四。

三、方法与步骤

1. 安置仪器：根据控制点与待测点之间的间距确定是否需要设置转点(距离在 100m 以且通视良好，内可以不设置转点)，在控制点与待测点中间安置水准仪，整平仪器，并在控制点 A 放置水准尺，设 A 点的高程为 50.356m，新建工程的 ±0.000 相当于绝对高程 51.200m，即 $H_{设}=51.200$ 请你组测出并标注 ±0.000 的位置。水准仪精平后，读出 A 点位置水准尺上的后视读数 a。

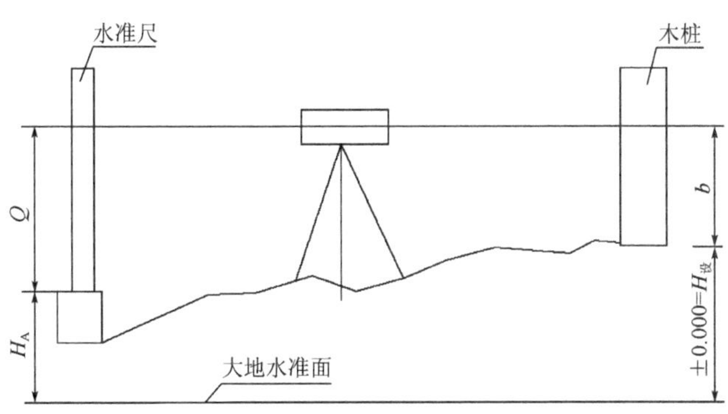

图 3　±0.000 的测设方法

2. 测设数据的计算：因为新建工程的 ±0.000 相当于绝对高程 51.200m，故有：$H_A+(a-b_{应})=H_{设}$ 若 $a=1.673$m，则有，$b_{应}=H_A+a-H_{设}=50.356+1.673-51.200=0.829$m。

3. 在需测定 ±0.000 区域钉一根长木桩。将水准尺移至 ±0.000 区域的木桩上，水准尺紧贴木桩沿垂直方向上下移动，使水准尺的读数恰好为 0.829m，水准尺的底部即为 ±0.000 的位置，沿尺的底部划线作出标志▼，并标注 ±0.000。

四、注意事项

1. 在每次读数之前，要消除视差，并使符合水准气泡严格居中。
2. 测站的选择必须放置在待测点与控制点的中垂线上，而且要求通视良好。
3. 测量数据要求正确处理，每一个数据计算错误都会影响测设精度。
4. 仪器搬迁过程中一定要注意规范性。

技能训练五　经纬仪的认识、使用与测回法测水平角

一、技能训练目标

1. 理解水平角测量原理。了解 DJ_6 型光学经纬仪各主要部件的名称和作用。

2. 练习经纬仪对中、整平、瞄准和读数的方法，掌握基本操作要领。

3. 要求对中误差小于 1mm，整平误差小于一格。

4. 掌握测回法观测水平角的观测顺序、记录和计算方法。上、下半测回角值互差不超过 $\pm 40''$；各测回差不超过 $\pm 24''$。

二、组织与设备

1. 技能训练时数安排 2～3 学时，技能训练小组由 3～5 人组成。

2. 技能训练设备为每组 DJ_6 型光学经纬仪 1 台，记录板 1 块，记录表格，铅笔，测伞 1 把。另外花杆两根供全班共用。

3. 在技能训练场地每组打一木桩，桩顶钉一小钉或划十字作为测站点（如果是水泥地面，可用红色油漆或粉笔在地面上画十字作为测站点），各组的测站点最好布置在一条直线上，以便教师指导，周围布置 A、B 两个目标，供测角共用。

4. 在熟悉经纬仪的使用后，每人用测回法测水平角二个测回，技能训练结束时，每人交一份技能训练报告五。

三、方法与步骤

1. 由指导教师讲解经纬仪的构造及技术操作方法。

2. 学生自己熟悉经纬仪各个螺旋的功能。

3. 经纬仪的安置，经纬仪的安置包括对中和整平两项内容。

(1)松开三脚架，安置于测站点上。其高度大约在胸口附近，架头大致水平。

(2)打开仪器箱，双手握住仪器支架，将仪器从箱中取出置于架头上。一手紧握支架，一手拧紧连接螺旋。

4. 经纬仪的使用

对中：对中是把经纬仪水平度盘的中心安置在所测角的顶点铅垂线上。调整对中器对光螺旋，看清测站点。一脚固定，移动三脚架的另外两个脚，使对中器中的十字丝对准测站点，踩紧三脚架，通过逐个调节三脚架架腿高度使圆水准气泡居中。

整平：转动照准部，使水准管平行于任意一对脚螺旋，同时相对旋转这对脚螺旋，使水准管气泡居中；将照准部绕竖轴转动 90°，旋转第三只脚螺旋，使气泡居中。再转动 90°，检查气泡误差，直到小于刻划线的一格为止。对中整平应反复多次同时进行，一般起码是粗略对中、粗略整平（伸缩脚架）、精准对中、精准整平（调节脚螺旋）两次完成。

瞄准：用望远镜上瞄准器瞄准目标，从望远镜中看到目标，旋紧望远镜和照准部的制动螺旋，转动目镜螺旋，使十字丝清晰。再转动物镜对光螺旋，使目标影像清晰，转动望远镜和照准

部的微动螺旋，使目标被单根竖丝平分，或将目标夹在双根竖丝中央，瞄准必须十分准确，否则等于目标方向没有照准。

读数：打开反光镜，调节反光镜使读数窗亮度适当，旋转读数显微镜的目镜，看清读数窗分划，根据使用的仪器用分微尺或测微尺读数。

5. 测回法测水平角

(1)度盘配置：如要测 n 个测回，则按公式 $180°/n$ 递增配置水平度盘。若测两个测回，其配置为，根据公式计算第一测回盘左起始读数为 0°01′00″左右，第二测回盘左起始读数为 90°01′00″左右。

(2)一测回观测

盘左：瞄准左边目标 A，进行读数记 a_1，顺时针方向转动照准部，瞄准右边目标 B，进行读数记 b_1，计算上半测回角值 $\beta_{左}=b_1-a_1$。

盘右：瞄准右目标 B，进行读数记 b_2，逆时针方向转动照准部，瞄准目标 A，进行读数记 a_2，计算下半测回角值 $\beta_{右}=b_2-a_2$。

检查上、下半测回角值互差是否超限±40″，计算一测回角值。

(3)测站观测完毕后，检查各测回角值互差不超过±24″，计算各测回的平均角值。

四、注意事项

1. 按正确的方法寻找目标和进行瞄准，瞄准目标时，尽可能瞄准其底部。

2. 同一测回观测时，盘左起始方向度盘配置好后，切勿误动度盘变换手轮或复测扳手。

3. 同一测回观测时，除盘左起始方向度盘配置好外，其余方向均不得再动度盘变换手轮或复测扳手调零。

4. 用水平角计算公式计算水平角时，当不够减时则将右目标读数加上 360°以后再减左侧目标读数来计算水平角。

5. 在操作中，千万不要将轴座连接螺旋当成水平制动螺旋而松开。

技能训练报告五　经纬仪的认识、使用与测回法测水平角

日期______组别______学号______姓名______仪器编号______成绩______

一、完成下列 DJ_6 型经纬仪各部件名称的填写

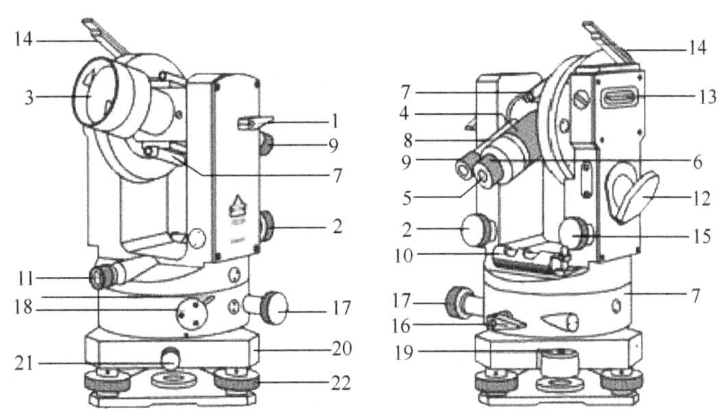

图 4　DJ_6 型经纬仪的构造

1-(　　　);2-(　　　);3-(　　　);4-(　　　);5-(　　　);6-(　　　);7-(　　　);8-(　　　);9-(　　　);

10-(　　　);11-(　　　);12-(　　　);13-(　　　);14-(　　　);15-(　　　);16-(　　　);17-(　　　);

18-(　　　);19-(　　　);20-(　　　);21-(　　　);22-(　　　)

二、完成下列填空

1. 移动三脚架的其中__________,使对中器中的十字丝对准__________,踩紧三脚架,通过调节三脚架架腿__________使圆水准气泡居中。

2. 转动照准部,使水准管平行于任意一对脚螺旋,同时__________旋转这对脚螺旋,使水准管气泡居中;将照准部绕竖轴转动__________,旋转第三只脚螺旋,使气泡居中。再转动 90°,检查气泡误差,直到小于刻划线的__________为止。

3. 经纬仪采用光学对中时,其对中误差不应大于__________ mm;采用垂球对中时,其对中误差不应大于__________ mm。

4. 经纬仪的使用主要包括__________、__________、瞄准和读数四项基本操作。

5. 经纬仪整平时,伸缩脚架,使__________气泡居中;再调节脚螺旋,使照准部__________气泡精确居中。其中后者的误差控制在__________以内。

6. 由于水平度盘是按照顺时针刻划和注记的,所以在计算水平角时,总是用__________目标的读数减去__________目标的读数,如果不够减,则应在右目标的读数加上 360°,再减去做目标的读数,绝不可以倒过来减。

7. 分微尺测微器的读数原理:两度盘分划值均为 1°,正好等于分微尺全长,分微尺等分成 6 大格,每大格代表__________;大格依次标注数字 0～6,每个大格再分为 10 小格,每小格代表__________。因此,该读数窗的读数可精确到__________,估读到__________。

8. DJ_6 光学经纬仪的构造，主要由＿＿＿＿＿、＿＿＿＿＿和基座三部分组成。

9. 对中的目的是使仪器的中心与测站点标志中心处于＿＿＿＿＿。

10. 经纬仪安置过程中，整平的目的是使＿＿＿＿＿，对中的目的是使仪器＿＿＿＿＿与＿＿＿＿＿点位于同一铅垂线上。

11. 当经纬仪的竖轴位于铅垂线位置时，照准部的水准管气泡应在任何位置都＿＿＿＿＿。

12. 根据水平角的测角原理，经纬仪的视准轴应与＿＿＿＿＿相垂直。

三、技能训练记录计算

测回法测水平角记录计算表 表 6

测站	目标	竖盘位置	水平度盘读数 (°　′　″)	半测回角值 (°　′　″)	一测回角值 (°　′　″)	各测回平均角值 (°　′　″)
第一测回 O	A	盘左				
	B					
	A	盘右				
	B					
第二测回 O	A	盘左				
	B					
	A	盘右				
	B					

四、简述用测回法测量∠*AOB* 的步骤

(1)＿＿＿＿＿＿＿＿＿＿＿＿＿＿＿＿＿＿＿＿＿＿＿＿＿＿＿＿＿＿＿＿

(2)＿＿＿＿＿＿＿＿＿＿＿＿＿＿＿＿＿＿＿＿＿＿＿＿＿＿＿＿＿＿＿＿

(3)＿＿＿＿＿＿＿＿＿＿＿＿＿＿＿＿＿＿＿＿＿＿＿＿＿＿＿＿＿＿＿＿

(4)＿＿＿＿＿＿＿＿＿＿＿＿＿＿＿＿＿＿＿＿＿＿＿＿＿＿＿＿＿＿＿＿

技能训练六　用测回法测三角形的三个内角

一、技能训练目标

1. 继续练习经纬仪的对中、整平、瞄准和读数，掌握基本操作要领。

2. 要求光学对中误差小于 1mm，整平误差小于一格。

3. 掌握测回法观测水平角的观测顺序、记录和计算方法。上、下半测回角值互差不超过 $\pm 40''$。

4. 各测回角值互差不超过 $\pm 24''$。

5. 用测回法依次测量三角形的三个内角，三个内角之和与 180°较差不超过 $\pm 60''\sqrt{3} = \pm 104''$。

二、组织与设备

1. 技能训练时数安排 2～3 学时，技能训练小组由 3～5 人组成。

2. 技能训练设备为每组 DJ_6 型光学经纬仪 1 台，记录板 1 块，记录表格，铅笔，测伞 1 把。

3. 在技能训练场地每组打三个木桩，桩顶钉一小钉或划十字作为三角形的三个角点 A、B、C(如果是水泥地面，可用红色油漆或粉笔在地面上画十字作为测站点)，供测角用。

4. 在熟悉经纬仪的使用后，用测回法测三个水平角，技能训练结束时，每人交一份技能训练报告六。

三、方法与步骤

1. 经纬仪的使用

对中：调整对中器对光螺旋，看清测站点，一脚固定移动三脚架的另外两个脚，使对中器中的十字丝对准测站点，踩紧三脚架，通过调节三脚架高度使圆水准气泡居中。

整平：转动照准部，使水准管平行于任意一对脚螺旋，同时相对旋转这对脚螺旋，使水准管气泡居中；将照准部绕竖轴转动 90°，旋转第三只脚螺旋，使气泡居中。再转动 90°，检查气泡误差，直到小于刻划线的一格为止。对中整平应反复多次进行，一般起码是粗略对中、粗略对中、精准对中、精准对中两次完成。

瞄准：用望远镜上瞄准器瞄准目标，从望远镜中看到目标，旋紧望远镜和照准部的制动螺旋，转动目镜螺旋，使十字丝清晰。再转动物镜对光螺旋，使目标影像清晰，转动望远镜和照准部的微动螺旋，使目标被单根竖丝平分，或将目标夹在双根竖丝中央。

读数：打开反光镜，调节反光镜使读数窗亮度适当，旋转读数显微镜的目镜，看清读数窗分划，根据使用的仪器用分微尺或测微尺读数。

2. 测回法测水平角

(1)度盘配置：设共测 n 个测回，则按公式 $180°/n$ 递增配置水平度盘。若测两个测回配置，根据公式计算第一测回盘左起始读数为 $0°00'00''$或稍大于 0°，第二测回盘左起始读数为 $90°00'00''$或稍大于 90°。

(2)一测回观测

盘左:瞄准左边目标 A,进行读数记 a_1,顺时针方向转动照准部,瞄准右边目标 B,进行读数记 b_1,计算上半测回角值 $\beta_{左}=b_1-a_1$。

盘右:瞄准右目标 B,进行读数记 b_2,逆时针方向转动照准部,瞄准目标 A,进行读数记 a_2,计算下半测回角值 $\beta_{右}=b_2-a_2$。

检查上、下半测回角值互差是否超限±40″,计算一测回角值。

(3)测站观测完毕后,检查各测回角值互差不超过±24″,计算各测回的平均角值。

3.用同样方法,依次测量三角形的三个内角,求三个内角之和。

4.检查三个内角之和与180°较差是否超过 $\pm 60''\sqrt{3}=\pm 104''$。如果超限,精度判为不合格。

四、注意事项

1.测量水平角,盘左位置时观测方向应顺时针方向观测。盘右位置时观测方向应逆时针方向观测。

2.按正确的方法寻找目标和进行瞄准,瞄准目标时,尽可能瞄准其底部。

3.同一测回观测时,除盘左起始方向度盘配置好外,其余方向均不得再动度盘变换手轮或复测扳手。

4.计算公式计算水平角时,当不够减时则将右目标读数加上360°以后再减左侧目标读数来计算水平角。

5.在操作中,千万不要将轴座连接螺旋当成水平制动螺旋而松开。

技能训练报告六　用测回法测三角形的三个内角

日期______组别______学号______姓名______仪器编号______成绩______

一、技能训练记录计算

测回法测水平角记录　　表 7

测站	目标	竖盘位置	水平度盘读数（° ′ ″）	半测回角值（° ′ ″）	一测回角值（° ′ ″）	各测回平均角值（° ′ ″）
A第一测回	B	盘左				
	C					
	B	盘右				
	C					
A第二测回	B	盘左				
	C					
	B	盘右				
	C					
B第一测回	C	盘左				
	A					
	C	盘右				
	A					
B第二测回	C	盘左				
	A					
	C	盘右				
	A					
C第一测回	A	盘左				
	B					
	A	盘右				
	B					
C第二测回	A	盘左				
	B					
	A	盘右				
	B					
△ABC 的三个内角之和						
三个内角之和与 180°较差						
是否超过限值						

二、填空题

1. 经纬仪整平时，通常要求整平后管水准气泡偏离不超过__________。

2. 分微尺测微器的读数方法：读数时，先调节望远镜，使能清晰地看到读数窗内度盘的影像。然后读出位于分微尺的__________的注记度数。再以度盘分划线为指标，在__________读取不足1°的分数，并估读秒数(秒数只能是6的倍数)。

3. 经纬仪测量水平角时，上下半测回较差大于__________秒时，应予以重测。

4. 用测回法对某一角度观测6测回，第4测回的水平度盘起始位置的预定值应为__________。

5. 测量水平角时，要用望远镜十字丝分划板的__________瞄准观测标志。注意尽可能瞄准目标的__________，调节读数显微镜__________使读数窗内分划线清晰。

6. 水平度盘是用于测量水平角，水平度盘是由光学玻璃制成的圆环，圆环上刻有0～360°的分划线，并按照__________方向注记。

7. 用测回法测定某目标的竖直角，可消除__________误差的影响。

8. 经纬仪的安置工作包括__________、__________。

9. 当经纬仪的竖轴位于铅垂线位置时，照准部的水准管气泡应在任何位置都__________。

三、用测回法测量三角形三个内角时，哪些操作可能导致测量不符合精度要求？

技能训练七　竖直角观测

一、技能训练目标

1. 理解竖直角测量原理。

2. 熟悉经纬仪竖直度盘部分的构造。

3. 掌握竖直角观测、记录及计算的方法。

4. 掌握竖盘指标差的计算方法。

5. 限差要求：同一测站不同目标的指标差互差，DJ_6 型光学经纬仪应不超过±25″。

6. 观察经纬仪应满足的几何条件。

二、组织与设备

1. 技能训练时数安排 2 学时，技能训练小组由 3～5 人组成。

2. 技能训练设备为每组 DJ_6 型光学经纬仪 1 台，记录板 1 块，记录表格，铅笔，测伞 1 把。

3. 选择技能训练场地周围 3 个以上高目标，目标最好高、低都有，以便观测的竖直有仰角和俯角。高目标可选择避雷针、电视天线等的顶部，低目标可选择地面上的一个低点。

4. 每人练习对一目标进行竖直角观测一个测回，记入技能训练报告七，技能训练结束时，每人上交一份技能训练报告七。

三、方法与步骤

(1)在技能训练场地安置经纬仪，进行对中、整平，每人选一个目标。转动望远镜使视线上仰，观察竖盘读数的变化规律。写出竖直角及竖盘指标差的计算公式。

(2)盘左：瞄准目标，用十字丝的横丝切于目标顶端，转动竖盘指标水准管微动螺旋，使指标水准管气泡居中，读取竖盘读数 L，计算竖直角 α_L，记入技能训练报告七。

(3)盘右：同法观测读取竖盘读数 R，计算竖直角值 α_R，记入技能训练报告七。

(4)计算一测回竖盘指标差及竖直角平均值。其公式为

竖直角公式(顺时针注记)：$\alpha_L = 90° - L$

$$\alpha_R = R - 270°$$

$$\alpha = \frac{1}{2}(\alpha_L + \alpha_R) = \frac{1}{2}(R - L - 180°)$$

竖盘指标差公式(顺时针注记)：$x = \frac{1}{2}(\alpha_R - \alpha_L) = \frac{1}{2}(L + R - 360°)$

四、注意事项

1. 对中、整平的步骤和要求与观测水平角时相同。

2. 若盘左位置时望远镜向上仰，竖盘读数比 90°小，则该仪器的竖盘为顺时针注记。若盘左位置时望远镜向上仰，竖盘读数比 90°大，则该仪器的竖盘为逆时针注记。注意两种注记方

式竖直角的计算公式是相反的。

3. 用十字丝的横丝切于目标顶端，每次读数前应使竖盘指标水准管气泡居中。

4. 计算竖直角和指标差时，应注意正、负号。竖盘是顺时针注记时，计算指标差的公式为 $x=\frac{1}{2}(\alpha_{\mathrm{R}}-\alpha_{\mathrm{L}})=\frac{1}{2}(L+R-360°)$。而指标差的符号与实际情况相符，即当 x 为正时竖盘指标差的实际位置比理论位置偏大。

5. 量一个竖直角时，盘左、盘右要瞄准同一目标的相同部位。

技能训练报告七　竖直角观测

日期______组别______学号______姓名______仪器编号______成绩______

一、判断你使用的经纬仪的竖直度盘是顺时针标记还是逆时针标记？请写出判断理由。

二、写出你组使用的经纬仪的竖直角、竖盘指标差计算公式。

三、竖直角观测记录表格

表 8

测站	目标	竖盘位置	竖盘读数 (°　′　″)	半测回竖直角 (°　′　″)	指标差 (′　″)	一测回竖直角 (°　′　″)
O	A	左				
		右				
O	B	左				
		右				
O	C	左				
		右				

你组使用的经纬仪的指标差最大互差是多少？

四、填空题

1. 竖盘指标差是指当__________水平，指标水准管气泡居中时，__________没指向__________所产生的读数差值。
2. 用盘左盘右法测定某目标的竖直角，可消除__________误差的影响。
3. 竖盘读数前必须将__________居中，否则该竖盘读数__________。
4. 经纬仪是测定角度的仪器，它既能观测__________角，又可以观测__________角。
5. 水平角是经纬仪置测站点后，所照准两目标的视线，在__________面上投影的夹角。

6. 竖直角有正、负之分，仰角为__________，俯角为__________。

7. 竖直角为照准目标的视线与该视线所在竖面上的__________之间的夹角。

8. 用测回法观测水平角，可以消除仪器误差中的__________、__________、__________。

9. 同一测站不同目标的指标差互差，DJ_6 型光学经纬仪应不超过__________″。

10. 用 DJ_6 经纬仪观测竖直角，盘右时竖盘读数为 $R=260°00'12''$已知竖盘指标差 $x=-12''$则正确的竖盘读数为__________。

五、简答题

1. 竖直角测量与水平角测量有哪些异同？

2. 测量竖直角时，为什么用十字丝中横丝切于目标位置，且每次读数前应使竖盘指标水准管气泡居中？

3. 经纬仪安置的高低对测水平角有何影响？对测量竖直角有何影响？如何消除指标差的影响？

4. 测量竖直角有何用处？

5. 经纬仪应满足的几何条件？

技能训练八　钢尺距离丈量和视距测量

一、技能训练目标

1.掌握钢尺一般量距方法。

2.钢尺量距相对误差应不大于 1/3 000。

3.掌握用水准仪或经纬仪测量给定线段的水平距离。

二、组织与设备

1.技能训练时数安排 2 学时，每小组 5～6 人。

2.技能训练设备为钢尺、经纬仪、标杆、水准尺、测杆、记录板、2m 小卷尺、测伞。

3.在地面确定两个固定点，用钢尺一般量距方法测量地面两个固定点间的距离，每人验证钢尺量距测距结果，记入技能训练报告八。

4.用水准仪或经纬仪测量给定线段的水平距离。

5.技能训练结束后，每人上交一份技能训练报告八。

三、方法与步骤

1.直线定线：用目估定线或经纬仪定线方法，定出丈量方向线。本技能训练以经纬仪定线进行测量。

2.钢尺量距一般方法：平坦地面的丈量工作，需由 A 至 B 沿地面逐个标出整尺段位置，丈量 B 端不足整尺段的余长，完成往测。

3.为了检核和提高测量精度，还应由 B 点按同样的方法量至 A 点，称为返测。以往、返丈量距离之差的绝对值 $|\Delta D|$ 与往返测距离平均值 $D_{平均}$ 之比并化成分子是 1 的形式，即相对误差来衡量测距的精度。若精度符合要求，则取往返测量的平均值作为 A、B 两点的水平距离。如不符合则重新测量，直至符合为止。

4.将钢尺量距的数据记入测量手簿，并进行计算。

四、注意事项

1.前后尺手动作要配合，定线要直，尺身要水平，尺子要拉紧，用力要均匀，待尺子稳定时再读数或插测钎。用测钎要竖直插下。前、后尺所量测钎的部位应一致。

2.钢尺性能脆易折断，防止打结、扭曲、拖拉，并严禁车碾、人踏，以免损坏，用毕擦净。

技能训练报告八　钢尺距离丈量和视距测量

日期______组别______学号______姓名______仪器编号______成绩______

一、钢尺距离丈量记录表格

表 9

线段	丈量方向	整尺段数 n	零尺段 q(m)	线段长度(m)	平均值(m)	往返差值 ΔD(m)	相对误差 K	视距测量	
								尺间隔	距离(m)
A—B	往测								
	返测								

二、填空题

1. 丈量地面两点间的距离，指的是两点间的__________距离。

2. 某直线 AB 的方位角为 $123°20'$，则它的反方位角为__________。

3. 确定直线丈量方向线的工作称为__________，按精度要求不同有__________法或__________法两种方法。

4. 直线定向的标准方向有__________、__________、__________。

5. 由__________方向顺时针转到测线的水平夹角为直线的坐标方位角。

6. 距离丈量的相对误差的公式为__________。

7. 坐标方位角的取值范围是__________。

8. 距离丈量是用__________误差来衡量其精度的，该误差是用分子为__________的__________形式来表示。

9. 直线的象限角是指直线与标准方向的北端或南端所夹的__________角，并要标注所在象限。

10. 用平量法丈量距离的三个基本要求是__________、__________、__________。

11. 某直线的方位角与该直线的反方位角相差__________。

三、简答题

1. 简述目估定线的操作步骤？

2. 钢尺丈量倾斜地面距离的方法有哪些？各种的适用条件是什么？

技能训练九　角度距离测设

一、技能训练目标

1. 能够用盘左盘右取中法测设已知水平角。

2. 能够用垂线之距法精确测设已知水平角。

3. 能够准确量取给定的距离，并在地面上作出符合施工要求的测量标志。

二、组织与设备

1. 技能训练时数安排 2 学时，技能训练小组由 5 人组成。

2. 技能训练设备为每组 DJ_6 型光学经纬仪 1 台，记录板 1 块，记录表格，铅笔，测伞 1 把。

3. 现场给定一个测站点 O 和一条已知边 OA。

4. 每人练习测设一个给定的水平角$\angle AOB$，并使 OB 的长度为 10m，将测设数据记入技能训练报告九，技能训练结束时，每人上交一份技能训练报告。

三、方法与步骤

1. 盘左盘右取中法

如图 5a)所示，OA 为已知方向，欲在 O 点测设已知角值β，定出该角的另一边 OB，可按下列步骤进行操作。

(1)安置经纬仪于 O 点，盘左瞄准 A 点，同时配置水平度盘读数为 $0°00'00''$。

(2)顺时针旋转照准部，使水平度盘增加角值 β 时，在视线方向定出一点 B'。

(3)纵转望远镜成盘右，瞄准 A 点，读取水平度盘读数。

(4)顺时针旋转照准部，使水平度盘读数增加角值 β 时，在视线方向上定出一点 B''。若 B' 和 B''重合，则所测设之角已为 β。若 B' 和 B''不重合，取 B' 和 B''中点 B，得到 OB 方向，则$\angle AOB$ 就是所测设的 β 角。

2. 精确方法

当水平角测设精度要求较高时，可采用垂线支距法进行改正。如图 5b)所示，水平角测设步骤如下：

(1)在 O 点安置经纬仪，先用盘左、盘右取中的方法测设 β 角，在地面上定出 B'点。

(2)用测回法对$\angle AOB'$观测若干个测回，求出各测回平均值 β_1，并计算 $\Delta\beta=\beta-\beta_1$ 值。

(3)量取 OB'的垂直距离。

(4)计算垂直支距距离。

$$BB'=OB'\tan\Delta\beta\approx OB'\frac{\Delta\beta}{\rho''}$$

其中

$$\rho''=20°62'65''$$

(5)自点 B'沿 OB'的垂直方向量出距离 BB'，定出 B 点，则$\angle AOB$ 就是要测设的角度。量取改正距离时，如 $\Delta\beta$ 为正，则沿 OB'的垂直方向向里量取；如 $\Delta\beta$ 为负，则沿 OB'的垂直

方向向外量取。

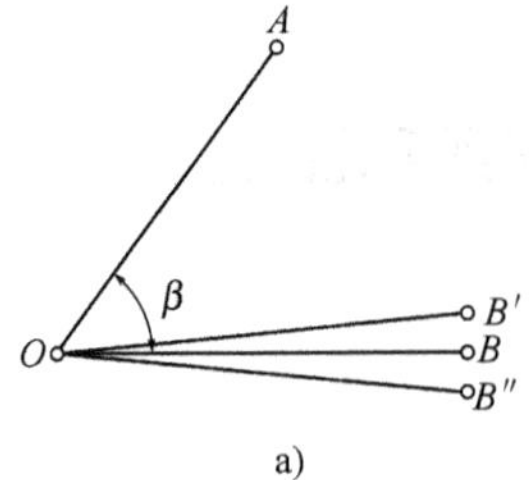

a)

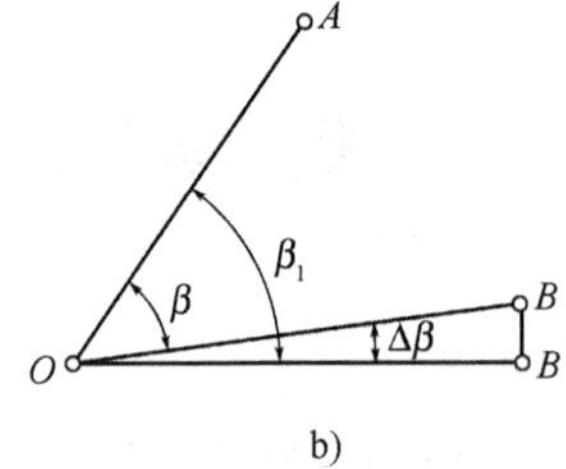

b)

图 5

技能训练报告九　角度距离测设

日期______组别______学号______姓名______仪器编号______成绩______

一、请叙述用一般方法测设已知水平角的操作步骤

(1)____

(2)____

(3)____

(4)____

____

二、给定控制点 $A(120,150)$、$B(140,180)$，及待放样点 $P(100,110)$，请计算测设数据 β 和 D_{Ap} 并写出详细的测设方案。

三、填空题

1.在施工测量中测设点的平面位置，根据地形条件和施工控制点的布设，可采用__________法、__________法、__________法和__________。

2.测设的基本工作有__________、__________和__________。

3.当施工控制网与建筑物的主轴线平行或垂直，且量距比较方便时宜采用__________法进行点的平面位置测设。

4.当待测设的点与控制点的距离较近，且量距比较方便，但是主轴线与建筑物的控制网不平行或垂直时宜采用__________进行放样。

5.用极坐标法进行坐标放样前，需要知道或者计算的参数有__________和__________。

技能训练十　全站仪的认识和使用

一、技能训练目标

1. 了解全站仪的基本构造，各部件的名称、功能，熟悉各旋钮、按键的使用方法。

2. 掌握全站仪的安置方法和棱镜的安置方法。

3. 掌握全站仪测量水平距离、水平角、竖直角和高差方法。

二、组织与设备

1. 技能训练时数安排2学时，每小组5～6人。

2. 技能训练设备为全站仪、反射棱镜、对中杆、记录板、2m小卷尺、测伞等。

3. 在地面确定七个固定点，以便安置全站仪和测杆反射棱镜。

4. 每组在教师直接指导下，轮流顺次操作全站仪。

5. 用全站仪测量水平距离、水平角、竖直角、高差等，测量结果，记入技能训练报告十，并用钢尺丈量水平距离进行比较。技能训练结束后，每人上交一份技能训练报告。

三、方法与步骤

1. 打开三脚架，安置于测站点 O 的正上方，并使架头大致水平，高度与观测者身高相适应。将全站仪安放在架头上，旋紧连接螺旋。对光学对中器进行调焦，然后提起两脚架腿，并移动脚架使对中器中心对准地面标志点。升降架腿，使照准部圆水准器气泡居中，完成对中操作。按照与经纬仪整平的相同方法进行全站仪的整平，即旋转脚螺旋使长水准管的气泡在两个相互垂直的方向上均居中，完成仪器的整平操作，最后量取仪器高。

2. 安置棱镜杆于另一固定点 A 上，经对中整平后，用棱镜觇标上的瞄准器对准全站仪，量取棱镜高。

3. 在老师的讲解下熟悉全站仪各主要部件的名称和作用。认识操作面板各按键，熟悉各旋钮、按键的作用与使用方法，掌握各显示符号的含义。

4. 打开仪器的电源按键，按显示屏的提示完成开机，设置相关参数，输入仪器高和棱镜高。

5. 仪器的目标照准：瞄准固定点 A 的棱镜中心。瞄准时将望远镜的十字丝中丝对准水平觇标，竖丝瞄准竖直觇标。

6. 按测距键，进入距离测量模式，开始距离测量，测距完成时显示水平角 HR、水平距离 HD、高差 VD 或水平角 HR、竖直角 V、斜距 SD。

7. 同样方法可以测量 B～F 点各数据。

四、注意事项

1. 望远镜不得对准太阳测距，太阳光会烧毁测距接收器。

2. 在保养物镜、目镜和棱镜时，应吹掉透镜和棱镜上的灰尘，不要用手指触摸透镜和棱镜；

只能用清洁、柔软的布清洁透镜，如需要，可用纯酒精弄湿后再用。不要使用其他液体，因为它可能损坏仪器的组合透镜。

3.全站仪属精密贵重测量仪器，要防日晒、防雨淋、防碰撞震动。

4.棱镜是易碎的精密光学器件，在安置镜站时必须小心谨慎。

5.中心螺旋要旋紧。

技能训练报告十　全站仪的认识和使用

日期______组别______学号______姓名______仪器编号______成绩______

一、全站仪基本测量记录

仪器高：

表10

测站	目标	棱镜高（m）	水平角（° ′ ″）	竖直角（° ′ ″）	斜距（m）	平距（m）	高差（m）	钢尺量距（m）
O	A							
	B							
	C							
	D							
	E							
	F							

注：水平角测量以 OA 为起始方向 0°00′00″。

二、填空题

1. 全站仪整平时，伸缩脚架，使__________气泡居中；再调节脚螺旋，使照准部__________气泡精确居中。要求整平后管水准气泡偏离不超过__________。

2. 全站仪采用光学对中时，其对中误差不应大于__________ mm。

3. 移动全站仪三脚架使对中器的十字丝对准__________，踩紧三脚架，通过调节三脚架架腿__________使圆水准气泡居中。

4. 对中的目的是使仪器的中心与测站点标志中心处于__________。

5. 用光学对中器对中的误差控制在__________。

三、回答下列问题

1. 全站仪具有哪些功能？

2. 利用全站仪怎样进行水平距离、高差、角度的测量？

3. 为什么未输入棱镜高，所测高程不正确？

技能训练十一　全站仪坐标测量与放样

一、技能训练目标

1. 通过全站仪的使用，熟悉全站仪的使用功能。

2. 掌握全站仪测定地面点坐标和高程的方法和操作步骤，能进行控制测量、地形图测绘、竣工图测绘。

3. 掌握全站仪测设地面点坐标的方法和操作步骤，会建筑物的定位、放线等施工测量。

二、组织与设备

1. 技能训练安排 4 学时，每组 4～5 人。

2. 技能训练设备为全站仪、反射棱镜、对中杆、记录板、2m 小卷尺、测伞等。

3. 在地面确定若干个固定点，以便安置全站仪和测杆反射棱镜。

4. 每组在教师直接指导下，轮流顺次操作全站仪。

5. 用全站仪站仪测量各点坐标和高程，测量结果，记入技能训练报告十一(表 11)。

6. 用全站仪测设给定坐标点，并在地面上做出符合施工规范要求的测量标志。

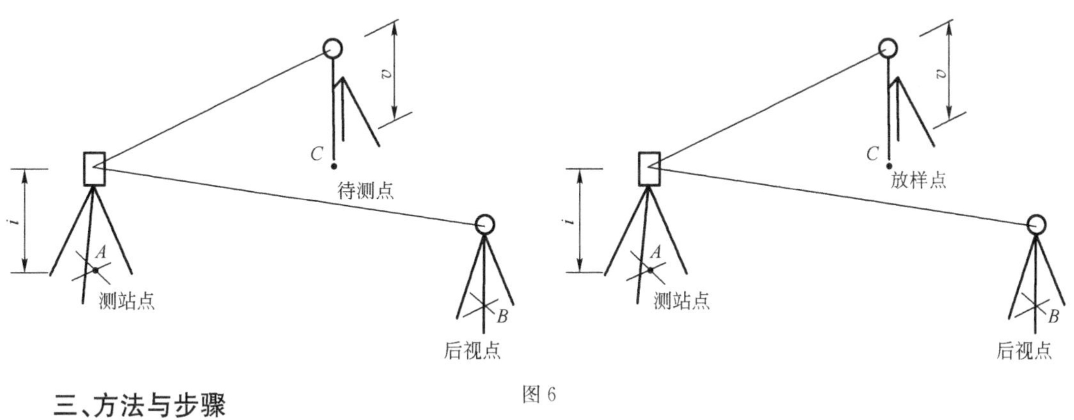

图 6

三、方法与步骤

(一)坐标测量

1. 全站仪安置在 A 点上，该点称为测站点，B 点称为后视点。全站仪对中、整平后，进行气象等基本设置。

2. 定向设置：输入测站点的坐标 x_A、y_A，高程 H_A，全站仪的仪高 i，后视点的坐标 x_B、y_B，按计算方位键，精确瞄准后视点 B 按设方位键，仪器自动计算出 AB 方向的方位角 α_{AB}，并将其设为当前水平角。(这时，仪器水平度盘被锁定，水平度盘 $0°$方向为坐标纵轴 x 方向)。

3. 转动全站仪瞄准 C 点，输入反射棱镜高 v，按坐标测量键，仪器就能根据 α_{AC}和距离 D_{AC} 以及测站点的坐标自动计算出 C 点位置的坐标 x_C、y_C，高程 H_C，记录到表格中。

4. 同样方法可以测量 D～G 各点坐标和高程。

(二)坐标放样

1. 全站仪的安置与定向同坐标测量。

2. 建站完成后,需校核建站是否正确,操作方法如下,将棱镜安置在另外一个控制点 D 上,用全站仪测量 D 点的坐标,如果实测坐标与给定坐标在误差范围内,说明建站正确,否则应从新建站。

3. 进入坐标放样界面,输入待放样点 C 的坐标并确认,根据仪器的提示,将仪器旋转到指定方向,使显示屏上的水平度盘显示为 0°00′00″,固定仪器,指挥棱镜扶持者将棱镜安置在全站仪指示的方向线上,并根据主操作手的指挥,使棱镜中心精确对准全站仪的十字丝交点,点击测量,根据提示数据,前后移动棱镜,使显示屏上的调整距离显示为 0.000m,此点即为待测点 C 的位置。

4. 在此点打下木桩,并根据主操作手的提示,在木桩上钉上小铁钉。

四、注意事项

1. 望远镜不得对准太阳测距,太阳光会烧毁测距接收器。

2. 在保养物镜、目镜和棱镜时,应吹掉透镜和棱镜上的灰尘,不要用手指触摸透镜和棱镜;只能用清洁、柔软的布清洁透镜,如需要,可用纯酒精弄湿后再用。不要使用其他液体,因为它可能损坏仪器的组合透镜。

3. 全站仪属精密贵重测量仪器,要防日晒、防雨淋、防碰撞震动。

4. 棱镜是易碎的精密光学器件,在安置镜站时必须小心谨慎。

5. 中心螺旋要旋紧。

6. 全站仪放样往往需要两个人的绝好配合,强调相互合作。

7. 埋设的测量标志尽可能避开施工人员的必经通道,测量标志应坚实牢固,以防被损坏。

8. 不要用眼睛盯着激光束看,也不要用激光束指向别人,反射光束对仪器来说都是有效测量。

技能训练报告十一　全站仪坐标测量与放样

日期______组别______学号______姓名______仪器编号______成绩______

一、全站仪坐标测量记录

仪器高：

全站仪坐标测量　　表11

测站	目标	棱镜高(m)	X(m)	Y(m)	H(m)	备注
A	C					
	D					
	E					
	F					
	G					

已知：A(　　,　　)、B(　　,　　)、H_A=83.235m(坐标由老师现场给定)。

二、全站仪坐标放样记录

全站仪坐标放样观测手簿　　表12

点　名	X	Y	测设误差	
站点 O			$X_{测}-X_{理}$ (mm)	$Y_{测}-Y_{理}$ (mm)
后视点 M				
待测点 A				
待测点 B				

三、填空题

1. 全站仪主要由__________、__________和微处理器三部分组成。

2. 全站仪进行距离或坐标测量前，需要设置正确的大气改正数，设置方法可以是直接输入测量时的__________和__________。

3. 全站仪进行距离或坐标测量时，不仅要设置正确的大气改正数，还要设置__________。

4. 根据全站仪坐标测量的原理，在测站点瞄准后视点后，方位角值应设置为__________。

5. 在用全站仪进行点放样时，若棱镜高和仪高输入错误或者忘记输入，__________放样点的高程位置(填影响或者不影响)。

6. 全站仪可以完成采集__________、__________、__________三种基本数据功能。

7. 全站仪进行坐标测量时，要先设置__________、__________、__________。

8. 全站仪可以实现的功能有__________、__________、__________、__________。

9. 全站仪内部有__________，可以自动测量仪器竖轴和水平轴的倾斜误差，并对角度观测值施加改正。

四、回答下列问题

1. 已知控制点 A(150,510)、B(320,250)，简述用全站仪放出点 P(180,320)的操作步骤。

2. 已知控制点 P(100,100)，Q(150,150)，简述用全站仪测量 M 点的平面坐标。

第二篇　实训教学指导书

一、实训目的

(1)测量实训是建筑工程测量教学中一项最重要的实践性教学环节。其目的是使学生在了解和初步掌握建筑工程测量基本知识和基本技能的基础上，进行一次充分、全面、系统的训练，以达到熟练使用测量仪器、提高操作技能和应用课堂所学知识的能力；

(2)培养学生严肃认真、实事求是、一丝不苟的科学实践态度；

(3)培养学生独立工作和解决实际问题的能力；

(4)培养学生吃苦耐劳、爱护仪器用具、相互协作的职业道德。

二、任务和要求

(1)测量基本功训练；

(2)闭合水准路线测量；

(3)闭合导线测量；

(4)用经纬仪和钢尺测设1个矩形；

(5)用水准仪测设±0.000高程线、05线和一条坡度线；

(6)用全站仪放样测设1个矩形；

(7)实训中测设的精度要求为：水平距离相对误差1/5 000，水平角误差±1′范围内；

(8)记录每天的实习出勤情况、实习内容、所有的测量数据、每天的收获与教训、与同学交流的体会、合理化的建议等。

三、实习组织

(1)实践期间的考勤抽查、测量指导、考核工作，由指导教师负责；

(2)实习工作按小组进行，每组5～6人，选组长一人，负责组内实习考勤、分工、组织和仪器管理；

(3)实习场地安排在校园内进行。

四、实习内容及时间安排

表13

实习内容	时间安排	备　注
1.实习动员、明确实习内容、借领仪器用具、踏勘训练场和测区	半天	做好测量前的准备工作
2.水准仪、经纬仪、全站仪基本功的训练和考核	四天	按考核表要求进行训练和考核
3.闭合水准路线测量	一天	外业测量、内业求12个待定点高程
4.用全站仪进行闭合导线测量	一天	外业测量、内业求12个导线点的平面坐标，并用全站仪测坐标进行比较

续上表

实 习 内 容	时间安排	备　注
5.用经纬仪和钢尺测设多边形;用水准仪测±0.000高程线和05线、坡度线;用线锤和经纬仪进行轴线投测	一天	测设1个30m×12m的矩形、水平线、坡度线、垂直投点;并检查精度
6.用全站仪放样	一天	按给定图纸进行施工放样
7.整理实习报告	半天	进行实习总结

五、每组配备的仪器用具

经纬仪一台,水准仪一台,全站仪一台,棱镜一个,30m钢尺一盒,水准尺二支,花杆二根,木桩若干,锤子一把,有关记录表,计算器及铅笔等。

六、实习注意事项

(1)组长要切实负责,合理安排,使每一同学都有练习的机会,不要单纯追求进度;组员之间应团结协作,密切配合,以确保实习任务顺利圆满完成。

(2)实习过程中,应严格遵守教材中"测量实习注意事项"与"测量仪器操作注意事项"中的有关规定。

(3)实习前要做好准备,随着实习进度阅读"实习指导书"及教材有关章节。

(4)每一项实习工作完成之后,要及时计算、整理观测成果。原始数据、资料、成果应及时妥善保存,不得丢失。

七、实习内容说明

1.闭合水准路线测量。

(1)在校园内模拟某一开发区建立施工高程控制网,布设并测量待定点的高程,作为今后大规模施工时,高程的控制点。

(2)通过实训,掌握复杂水准测量的施测、记录、计算、闭合差的调整及高程计算的方法。

(3)指导教师给定一已知水准点的位置和高程,并给出11个待定点的位置,组成一闭合水准路线。

(4)用简单水准测量方法,依次分别测出相邻两点间的高差。

(5)记录测量原始数据。

(6)完成内业计算。

(7)上交闭合水准路线测量报告

2.全站仪闭合导线测量。

(1)在校园内模拟某一开发区建立施工平面控制网,布设全站仪闭合导线并测量导线点的平面位置坐标,作为大规模施工时,平面的控制点坐标。

(2)闭合导线测量是用全站仪观测转折角,测量导线长度,依次测定各导线的边长和各转折角,根据起始数据(可假定起始点的横、纵坐标都为1 000m),求出各导线点的坐标,并将推算出的坐标与全站仪直接测出的坐标值相比较。

(3)指导教师给定一已知导线一个点的平面位置和方位角,并给出11个待定点的位置(为了方便起见，导线点的选择与闭合水准路线相同)，组成一闭合导线。

(4)用测回法，依次分别测出相邻两条导线间的夹角(全部测水平角的左角，则导线点的应按逆时针分布)。

(5)用全站仪测量导线边长。

(6)及时记录测量原始数据并及时检核。

(7)内业计算 12 个导线点的坐标。

(8)上交闭合导线测量报告。

3.测设 10m×12m 矩形

(1)在校园内模拟一建筑物四角点的定位。

(2)指导教师给定一已知点和一已知方向。

(3)用测设点的平面位置的基本方法，确定其他三个角点。

(4)最后检查该矩形的其他边长和角度是否符合精度要求。

4.测设一条水平线和一条坡度线

(1)指导教师给定一个已知点，测设一条水平线。

(2)指导教师给定一个已知点和一个方向，测设一条 5%坡度线。

(3)最后检查水平线、坡度线是否符合精度要求。

5.用线锤和经纬仪垂直投点

(1)指导教师在某堵墙上给定一个已知点，用线锤往上或往下投测。

(2)指导教师在某堵墙上给定同一个已知点，用经纬仪往上或往下投测。

(3)比较用经纬仪和线锤所投点位是否一致。

6.用全站仪放样

(1)根据给定的施工图，在校园内模拟一建筑物四角点的定位。

(2)指导教师给定一已知点和一已知方向。

(3)学生分别用测量模式、放样模式(坐标自己假定)确定其他三个角点。

(4)最后检查该矩形的其他边长和角度是否符合精度要求。

基本功训练内容一　三角形高程测量

班级______________________姓名___________成绩___________

在现场提供一条 *ABCA* 闭合水准路线，测其相邻点的高差，将结果填入表 14。

水 准 测 量 手 簿　　　　表 14

测站	点号	后视读数(m)	前视读数(m)	高差(m)	
				+	−
I	*A*		—		
	B				
II	*C*				
III	*A*	—			
总和∑		$\sum a=$	$\sum b=$	$\sum h=$	
计算校核		$\sum a-\sum b=$			

水准测量所用时间__________

评分标准：

1. 在 8 分钟内完成得基本分 30 分，每提前 30 秒钟另加 2 分；超过 8 分钟本表不得分。
2. 圆水准器气泡居中，得基本分 10 分。
3. 目标照准、影像清晰无视差，得基本分 10 分。
4. 水准管气泡影像符合成一条弧线，得基本分 10 分。
5. 读数精确，闭合差≤5mm，得基本分 30 分，每减少闭合差 1mm 另加 2 分；超过 5mm 本表不得分。
6. 测量时，数据自行记录、自行计算正确、不得涂改，得基本分 10 分。
7. 第 1 项为时间得分，第 2～6 项之和为精度得分。

基本功训练内容二　测回法测量水平角

班级______________________姓名___________成绩___________

在现场提供一个水平角，用测回法测量，将结果填入表15。

水平角测量手簿　　表15

测站	测回	竖盘位置	目标	水平度盘读数 ° ′ ″	半测回角值 ° ′ ″	一测回角值 ° ′ ″
O	第一测回	左	A			
			B			
		右	A			
			B			
	第二测回	左	A			
			B			
		右	A			
			B			

角度测量所用时间__________

评分标准：

1. 在10分钟内完成得基本分30分，每提前30秒钟另加2分；超过8min本表不得分。
2. 对中精度偏离小于1mm，使测站点位的像进入分划板圆圈中心，得基本分10分。
3. 水准管气泡处于居中位置，偏离小于一格，得基本分10分。
4. 目标照准、影像清晰，得基本分10分。
5. 读数精确，不得涂改，上下两个半测回的较差绝对值≤40″，得基本分30分，每减少较差6″，另加2分；较差超过40″本表不得分。
6. 测量时，数据自行记录、自行计算正确、不得涂改，得基本分10分。

基本功训练内容三　全站仪坐标测量

班级____________________姓名__________成绩__________

全站仪基本测量手簿　表 16

测　站	目　标	X	Y	Z
O	A			
	B			—
	C			
	D			

假设后视方向的方位角为 122°49′28″，O 点的坐标为(120.785，220.586，83.275)

基本测量时间________

评分标准：

1. 在 8 分钟内完成得基本分 30 分，每提前 1 分钟另加 2 分；超过 8 分钟本表不得分。

2. 对中精度偏离小于 1mm，使测站点位的像进入分划板圆圈中心，得基本分 10 分，每超出 1mm 扣 5 分，对中误差超出 2mm，本项不得分。

3. 水准管气泡处于居中位置，偏离小于一格，得基本分 15 分，每超出 1 个扣 5 分，超出二格，本项不得分。

4. 目标照准、影像清晰，得基本分 5 分。

5. 测量时，数据自行记录、不得涂改，测量准确得基本分 40 分，每个坐标值超出标准值 10mm 扣一分，直到该坐标值的基本分(5 分)扣完为止。

实习内容一　闭合水准路线水准测量手簿

班级＿＿＿＿＿＿＿＿＿＿＿＿姓名＿＿＿＿＿＿成绩＿＿＿＿＿＿

闭合水准路线水准测量手簿　　　　表 17

测站	点号	后视读数（m）	前视读数（m）	实测高差（m）	改正数（mm）	改正后的高差（m）	高程（m）	备　注
I	1						89.312	已知
	2							
II								
	3							
III								
	4							
IV								
	5							
V								
	6							
VI								
	7							
VII								
	8							
VIII								
	9							
IX								
	10							
X								
	11							
XI								
	12							
XII								
	1						89.312	已知
Σ								

实习内容二　闭合导线测量

班级____________姓名____________成绩____________

闭 合 导 线 测 量 手 簿　　表 18

测站	观测角（左角）	改正后角值	坐标方位角	导线边长（m）	坐标增量计算值(m)		改正后坐标增量(m)		计算坐标(m)		全站仪测定坐标(m)	
					$\Delta x'$	$\Delta y'$	Δx	Δy	x	y	x	y
1	2	3	4	5	6	7	8	9	10	11	12	13
1												
2												
3												
4												
5												
6												
7												
8												
9												
10												
11												
12												
1												
2												
Σ												
辅助计算												

实习内容三　测设 12m×20m 矩形和±0.000 高程线

班级______________________姓名__________成绩__________

(1)指导教师在测量实训场给定一已知点 A 和一已知方向 AP。

(2)模拟一建筑物四角点的定位。

(3)分别用直角坐标法、极坐标法、距离交会法、角度交会法,确定 B、C、D 三个角点。

(4)检查该矩形的其他边长和角度是否符合精度要求。

(5)给定一基准点 O,高程为 50.356m,在 A 点木桩上测设绝对高程为 51.300m 的±0.000高程线。

(6)由指导教师或组与组之间交叉检核。

一、用直角坐标法

1.设计测设方案

2.测设精度检查

二、用极坐标法

1.设计测设方案

2.测设精度检查

三、用距离交会法

1.设计测设方案

2.测设精度检查

四、用角度交会法

1.设计测设方案

2.测设精度检查

五、测设±0.000 高程线

1.设计测设方案

2.测设精度检查

实习内容四　测设一条水平线、一条坡度线

班级______________________姓名__________成绩__________

(1)指导教师在某堵墙上给定一个已知点,测设一条水平线。

(2)指导教师在某堵墙上给定一个已知点和一个方向,测设一条−5%坡度线。

(3)最后检查水平线、坡度线是否符合精度要求。

一、设计测设方案

二、测设精度检查

实习内容五　用经纬仪和线锤练习垂直投点

班级______________________姓名___________成绩___________

(1)指导教师在某堵墙上给定一个已知点,用线锤往上或往下投测。

(2)指导教师在某堵墙上给定同一个已知点,用经纬仪往上或往下投测。

(3)比较用经纬仪和线锤所投点位是否一致。

一、设计测设方案

二、测设精度检查

技能考核项目一　高程测设

班级__________________学号_________主操作手姓名_________成绩_________

在现场提供一个已知高程的点 $A(H=83.000)$，通过高程引测，在给定建筑物墙面(或木桩)上标出新建建筑物±0.000(相当于 85 高程 83.575m)的位置，并写出±0.000 处前视读数的计算过程。

水 准 测 量 手 簿　　表 19

测　站	点　号	后视读数(m)	前视读数(m)	高差	高程
I	A		—		83.000
	TP_1	—			
II	TP_1		—		
	B	—			83.575

B 点前视读数的计算过程：

高程测设所用时间_________′_________″；测设误差_________ mm

评分细则：

表 20

项　目	评 分 细 则	得　分
工作态度(10 分)	是否服从管理(2 分)；按时出勤(2 分)；爱护仪器和测量标记(2 分)；及时盖好仪器箱盖(2 分)；立尺规范(2 分)	
仪器操作规范程度(10 分)	操作过程规范(2 分)；圆水准器居中(2 分)；视野明亮、成像清晰、十字丝清晰，目标瞄准精确(2 分)；管水准器成一条连续的圆滑曲线(2 分)；仪器移动规范(2 分)	
熟练程度(30 分)	在 6 分钟内完成全部测设工作并计算正确，得基本分 18 分，每提前 1 分钟加 3 分	
测量精度(30 分)	测设误差≤5mm，得基本分 15 分，每减少误差 1mm 另加 5 分；超过 5mm 项不得分	
记录计算(20 分)	数据自行记录、自行计算正确、(表格每空 2 分，计算错误的不得分)不得涂改(数据有涂改的不得分)；b 计算规范、正确得 4 分，水准尺读数精确(2 分)	

技能考核项目二　角度距离测设

班级＿＿＿＿＿＿＿＿学号＿＿＿＿＿主操作手姓名＿＿＿＿＿成绩＿＿＿＿＿

现场提供一个测站和一个目标方向，用盘左盘右取中法测设给定角值的水平角，在实地标示出待测水平角的另一条边，并在该边长方向上用钢尺量出给定的长度。

给定水平角度＿＿＿＿＿边长＿＿＿＿＿m

测设所用时间＿＿＿＿＿

评分标准：

表 21

项　目	评分细则	得　分
工作态度（10 分）	服从管理（2 分）；按时出勤（2 分）；爱护仪器和测量标记（2 分）；及时盖好仪器箱盖（2 分）；规范取用仪器（2 分）。	
仪器操作规范程度（10 分）	操作过程规范（2 分）；圆水准器居中（2 分）；视野明亮、成像清晰、十字丝清晰，目标瞄准精确（2 分）；管水准器误差在 1 格以内（2 分）；对中误差在 1mm 以内（2 分）。	
熟练程度（30 分）	在 8min 内完成全部测设工作并计算正确，得基本分 15 分，每提前 30 秒加 3 分，每推后 30 秒扣 3 分。本项满分 30 分	
测量精度（30 分）	所测水平角的误差在 40″，得基本分 20 分，每减少误差差 6″，另加 1 分；较差超过 40″的，每超过 6″扣 1 分。	
记录计算（20 分）	测量已知角度的边长长度准确，角度标志规范、清晰。	

iaoxue Zhidaoshu

技能考核项目三　施工放样

班级__________________学号_________主操作手姓名_________成绩_________

现场给定两个已知点坐标值和四个待放样点的坐标值(坐标详见施工图,考试时由监考老师提供),两个同学互为主副操作手,在实地测设出四点的精确位置,其中三个点运用全站仪进行放样,另外一个点运用经纬仪和钢尺进行放样,并钉上木桩和铁钉,两铁钉之间拉线。

全站仪基本测量手簿

表 22

点　　名	X	Y	测设误差	
站点 O			$X_{测}-X_{理}$ (mm)	$X_{测}-X_{理}$ (mm)
后视点 M				
待测点 A				
待测点 B				
待测点 C				
待测点 D				

基本测量时间___________

表 23

项　　目	评 分 细 则	得　　分
工作态度 (10 分)	是否服从管理(2 分);按时出勤(2 分);爱护仪器和测量标记(2 分);及时盖好仪器箱盖(2 分);仪器取用规范(2 分)。	
仪器操作 规范程度 (10 分)	操作过程规范(2 分);圆水准器居中(2 分);视野明亮、成像清晰、十字丝清晰,目标瞄准精确(2 分);管水准器误差在 1 格以内(2 分);对中误差在 1mm 以内(2 分)。	
熟练程度 (30 分)	在 60min 内完成全部测设工作并计算正确,得基本分 18 分,每提前 1 分钟加 1 分,每推后 1 分钟扣一分。	
测量精度 (30 分)	读数精确,不得涂改,每个坐标值误差在 5mm 以内得满分,超出部分,每 5 毫米扣 1 分,直至本项扣至零分。	
成果标记 (20 分)	木桩竖直、稳固,铁钉能够精确标示点的位置、并牢固,拉线松紧程度适中,符合放样要求。	

xue Zhidaoshu